데이터 분석과 해석

SAS 통계학

권혁제 저

박영사

머리말

데이터 분석과 해석: SAS 통계학

Pen Paper Problem Practice Perfect Pleasure Peace

Patience and Persistence …
and Consistency

Dance with SAS

FREE as the wind

감사하는 마음   Nature
기도하는 마음   Let It Be...
사랑하는 마음   ONE AND ALL

차례

데이터 분석과 해석: SAS 통계학

제1장

통계학의
주제

제1장
통계학의 주제

1.1 통계학의 정의

통계학

효율적인 의사결정을 하기 위해 자료를 수집, 요약분석하고 그리고 그 분석결과를 해석하는 과정 및 기법을 연구하는 학문이다.

해 설

통계학의 정의에 비추어 볼 때 통계학의 핵심은 (1) 자료의 수집, (2) 자료의 요약분석, (3) 분석결과의 해석에 있으며 이러한 과정의 목적은 좀 더 정확한 의사결정을 하는데 도움이 되는 정보를 얻는데 있는 것이다. 따라서 통계학은 경제, 경영, 정치학, 심리학, 교육학, 생물학, 물리학, 의학 등 의사결정과 관련된 거의 모든 분야에 걸쳐 활용되고 있다

예제 1.1

당신이 다음과 같은 직책에 있다고 할 때, 통계학을 이용하여 의사결정에 유용한 정보를 얻으려 한다면 그것에는 어떠한 것이 있을 수 있는지 제시해 보시오,

(1) 선거참모	(2) 전구 생산공장의 생산부장
(3) 마케팅 담당자	(4) 의약품 개발 연구원
(5) 자동차보험회사의 보험료 책정 책임자	(6) 교육학자

해설

각 직책에 있는 사람들은 통계학을 이용하여 여러 가지 형태의 의사결정 정보를 얻을 수 있으며 여기에서는 대표적인 것 한 가지씩을 제시하기로 한다.

(1) 선거참모인 경우 당신은 우리 당 후보자에 대한 유권자들의 지지도가 연령별, 지역별로 얼마인가를 알아내어 이에 대한 대응전략을 세우고자 할 것이다.

(2) 전구 생산공장의 생산부장은 생산되는 전구의 불량률을 알아내어 이를 낮추는 대책을 세우고자 할 것이다.

(3) 마케팅 담당자는 제품에 대한 소비자들의 선호도를 알아내어 판매전략에 이용하고자 할 것이다.

(4) 새로운 의약품을 개발한 사람은 환자에게 투약했을 경우 치료효과가 있는지를 알고 싶을 것이다.

(5) 자동차보험회사의 보험료 책정 책임자는 연령별, 남녀별, 직업별, 사고율을 알아내어 정확하게 차등화하여 보험료를 부과하려할 것이다.

(6) 교육학자인 당신이 새로운 학습방법을 개발했을 때 당신은 그것이 학생들의 학습효과에 얼마나 영향을 미치는지 알고 싶을 것이다.

1.2 모집단과 표본

모집단과 표본

통계분석에서 어떤 관심분야에 대한 조사 대상들의 집합을 모집단(population)이라 하며, 모집단의 일부, 즉 모집단의 부분집합을 표본(sample)이라 한다.

해 설

신입생 정원이 2,000명인 대학에서 이들 신입생의 한달 평균용돈이 얼마인가를 조사한다고 했을 때 조사대상이 되는 것은 바로 신입생 2,000명이다. 따라서 이 조사에서는 신입생 2,000명이 모집단이 되고, 조사항목은 여러 가지가 있겠으나 여기서는 신입생들의 한달 용돈이 조사항목이 된다. 그러나 2000명을 모두 조사하는 것이 시간적으로나 비용면에서 어려움이 있어 일부만 뽑아 200명을 조사하였다면, 이 경우 모집단의 부분(집합)인 200명은 표본이 된다.

모집단과 표본의 관계를 그림으로 표시하면 〈그림 1-1〉과 같다.

그림 1-1   모집단과 표본의 관계

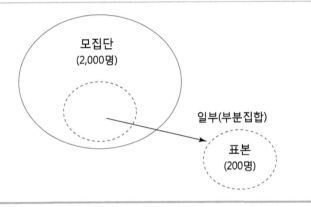

예제 1.2

거의 대부분의 통계조사는 모집단이 아닌 표본조사에 의해 이루어지고 있는데 그 이유는 무엇인가? 그리고 표본조사의 한 예를 들어 보시오.

해설

표본조사를 하는 이유는 모집단 전체를 조사하려면 막대한 비용과 시간이 소요되기 때문이며 또 어떤 경우는 모집단 자체를 조사하는 것이 불가능할 때도 있기 때문이다. 한 예로 선거일 전에 당선 예상자를 조사하려는 경우 모집단에 해당하는 유권자 전체를 조사한다는 것은 불가능한 일이기 때문에 모집단의 일부를 뽑아 표본조사를 하는 것이 불가피한 것이다.

모수와 통계량

모집단(population)을 요약하여 하나의 값으로 표시하는 척도를 모수(parameter)라 하며, 표본(sample)을 요약하여 하나의 값으로 표시하는 척도를 통계량(statistic)이라 한다.

예제 1.3

통계학을 배우는 학생들이 가장 많이 혼동하는 것 중의 하나가 바로 이 모수와 통계량의 구분이다. 다음 예를 살펴보자. 모집단의 데이터 값이 {1, 2, 3, 4, 5}이고 표본의 데이터 값이 {2, 4}로 구성되어 있다고 하자.

모집단을 이루는 5개의 데이터 값들을 요약하여 하나의 값으로 나타내기 위해 평균을 구하여 3의 값을 얻었다고 할 때 모집단의 평균, 즉 모평균 3을 모수라 한다. 마찬가지로 표본을 이루는 2개의 데이터 값들을 요약하여 하나의 값으로 나타내기 위해 평균을 구하여 3의 값을 얻었을 때 표본평균 3을 통계량이라 한다

> **NOTE**
>
> 여기에서 주의할 것은 모집단이든 표본이든 구성 데이터 값들을 요약하여 하나의 값으로 표시하는 방법, 즉 측정척도는 여러 가지가 있을 수 있다는 점이다. 위의 예에서 평균은 단지 모집단이나 표본의 구성 데이터 값들을 하나의 값으로 요약하는 방법 중의 하나일 뿐인 것이다. 그리고 현실적으로 데이터 값들은 모집단보다는 표본을 통해 얻은 것이 대부분이므로 당연히 통계분석에서 주로 활용되는 것은 통계량인 것이며, 통계분석의 중요한 역할 중의 하나는 바로 이 통계량을 통해 모수를 추정하는데 있는 것이다.

예제 1.4

다음에서 따옴표로 표시한 데이터 값을 요약하는 측정척도가 통계량인지 모수인지를 확인하시오.

(1) 통계학을 수강하는 40명의 학생으로부터 5명을 뽑아 이들의 통계학 중간시험 점수를 '평균'하였다.

(2) 수학능력시험 응시자 전원의 점수를 조사하여 '평균'을 구하였다.

(3) 대학생 200명을 임의로 선정하여 이들의 '흡연비율'을 조사한 결과 70%로 나타

났다.

(4) 주식투자자 100명을 뽑아 이들의 작년 한해 동안의 주식투자에 대한 '평균 수익률'
이 얼마인지 조사하였다.

해설

(1) 5명의 표본에 대한 점수를 하나의 값으로 요약하기 위한 방법이므로 통계량에
해당한다.

(2) 응시자 전원을 대상으로 구한 모평균에 해당하므로 모수이다.

(3) 표본 200명에 대해 조사한 것이므로 흡연비율 70%는 통계량이다.

(4) 표본 100명의 투자수익률을 대상으로 한 평균수익률이므로 이는 통계량이다.

1.3 기술통계학과 추측통계학

통계학은 크게 기술통계학(descriptive statistics)과 추측통계학(inferential statistics)
으로 구분된다.

기술통계학

수집된 자료를 요약분석하여 자료에 내재되어 있는 특성을 알기 쉽게 표시하는 통계적
방법을 말한다.

해 설

자료의 내용, 즉 자료의 특성을 나타내는데 통계학이 활용되고 있다면 그것은
기술통계학의 분야에 속하는 것이다.

기술통계학을 활용한 예로 인구센서스 조사를 들 수 있다. 이 센서스 자료를
통해 1차적으로 알려고 하는 것은 인구가 얼마인가 하는 것이다. 그러나 이 자
료를 연령별로 구분하여 분석한 결과, 70세 이상의 인구가 20%였다면 이 20%
라는 숫자는 조사자료에서 노인인구의 비중을 기술하는 것이고 이 정보는 사회

복지 정책에 대한 의사결정에 중요한 정보가 되는 것이다.

추측통계학

표본에 포함된 정보를 통해 이 표본이 뽑혀진 모집단의 특성을 추측하는데 사용되는 통계적 방법을 말한다.

해 설

고등학교 학생의 흡연비율을 알기위해 고등학생 200명을 표본으로 뽑아 조사한 결과 54%가 흡연하는 것으로 나타났다면, 여기서 우리는 표본 200명에 대한 흡연비율 54%를 기초로 검정과정을 통해 모집단, 즉 고등학교 학생 전체의 54%가 흡연을 하는 것으로 추측하는 것이므로 이는 추측통계학에 속한다.

예제 1.5

어느 전자대리점의 판매부장이 지난 1년간 TV, 냉장고, 세탁기의 매출액을 월별로 작성하여 제품별로 월평균 매출액과 함께, 최고 매출액을 기록한 달과 최저 매출액을 기록한 달을 알아내려고 한다면 이는 기술통계학, 추측통계학 중 어디에 속하는 문제인가?

해설

이는 조사된 자료를 요약 정리하여 서술하는 것이기 때문에 기술통계학의 문제에 속한다.

예제 1.6

직경 10mm의 베어링을 하루 10,000개씩 생산하는 공장이 있다. 그러나 직경의 오차가 0.1mm가 넘는 제품은 불량품으로 분류되어 판매할 수 없다. 이 공장의 생산책임자가 불량률을 조사하기 위해 100개의 베어링을 임의로 선택하여 검사한 결과 5개의 불량품이 나왔다면 이는 기술통계학, 추측통계학 중 어디에 속하는 문제인가?

해설

하루 생산량 10,000개를 모두 검사한 것이 아니라 표본 100개를 대상으로 하여 5%의 불량률을 계산한 것이고, 이를 기초로 모집단 10,000개에 대한 불량품은 500개가 될 것으로 추측하는 것이므로 이는 추측통계학 문제에 속한다.

예제 1.7

기업체 대표 200명을 표본으로 하여 고혈압 여부를 검사한 결과 이 중 42명이 고혈압인 것으로 나타났다. 이 표본조사 결과를 기초로 모집단인 전체 기업체 대표에 대해 어떤 추측을 할 수 있는가?

해설

표본 200명 중 42명이 고혈압이고 이는 21%(=42/200×100)에 해당하므로 기업체 대표 전체의 21% 정도는 고혈압 증세를 보인다고 추측할 수 있다. 따라서 이는 추측통계학에 해당하는 문제이다.

1.4 자료의 측정유형

자료의 측정유형

통계자료를 측정하는 자(scale)에 해당하는 척도는 명목척도(nominal level), 순위척도(ordinal level), 등간척도(interval level), 비율척도(ratio level)의 네 가지로 크게 구분되며 이러한 척도로 측정된 변수를 각각 명목(척도)변수, 순위(척도)변수, 등간(척도)변수, 비율(척도)변수라 한다.

명목척도

측정척도를 몇 개의 범주(category)로 구분하고, 조사된 측정 대상이 이 중 어떤 범주에 속하는지를 분류하는데 사용되는 척도이다.

예를 들어 어느 대학에서 신입생을 대상으로 종교유무를 조사하였다고 하자. 그러면 이때 대답은 '있다' 또는 '없다'일 것이며, 이는 종교가 '있다', '없다'의 두 범주 중 어떤 범주에 속하느냐를 나타내는 것에 해당하다. 따라서 종교유무를 나타내는 변수의 측정결과는 '있다', '없다'의 두 가지 범주의 구분을 표시하는 명목척도에 의해 측정된 것이다.

예제 1.8

남녀별로 종교유무를 조사하기 위한 조사표 설문을 만든다면 당신은 어떻게 만들겠는가?

해 설

먼저 조사대상자가 남자인지 여자인지를 알아야 하고 또 종교유무를 알아야 하므로 두 가지 항목을 조사하여야 한다.

(1) 당신의 성은?

　　남자(M) (　)　　　　　　　　　　　여자(F) (　)

(2) 당신은 종교를 가지고 있습니까?

　　예(Y) (　)　　　　　　　　　　　아니오(N) (　)

예제 1.9

위 설문에 대한 조사를 마치고 설문지에 나타난 측정내용을 데이터로 작성하려고 할 때 변수는 몇 개가 필요하며 각 변수의 측정척도는 무엇인가?

해 설

성을 표시하는 변수(X_1)와 종교유무(X_2)를 표시하는 변수 두 개가 필요하다. 이때 남녀를 각각 M, F로 표시하였다고 하면 성을 나타내는 변수의 값은 M, F 두 종류로서 명목척도에 의해 측정된 것이다. 종교유무를 나타내는 변수 역시 Y, N 두 종류의 값을 가지므로 명목척도에 의해 측정된 명목변수에 해당한다. 만약 5명에 대해 조사가 이루어지고 이에 대한 데이터 작성이 완료되었다면 그 데이터는 다음 표와 유사한 형태를 띨 것이다.

	X_1	X_2
1	M	Y
2	M	N
3	F	N
4	F	Y
5	M	Y

위 표에서 첫 번째 열(column)은 설문응답자의 번호이다. 여기서는 5명에 대한 조사가 이루어졌음을 표시하고 있으며 X_1, X_2로 이름 붙여진 두 번째 열과 세 번째 열은 각각 성과 종교유무를 나타내는 변수이다. 이에 반해 설문응답자 번호가 붙여진 각 행은 각 응답자의 응답 내용을 표시하고 있다. 즉 첫 번째 응답자는 남자이고 종교를 가지고 있음을 나타내고 있다.

예제 1.10

위에서 종교가 '있다'라고 답한 경우를 '1'로 표시하고 '없다'라고 답한 경우를 '2'로 표시한다고 해도 종교여부를 나타내는 변수는 여전히 명목척도변수라고 할 수 있는가?

해 설

종교를 나타내는 변수가 취할 수 있는 값은 '1' 또는 '2'이고, 이 값은 크기를 나타내는 것이 아니고 단지 어떤 범위를 나타내는 문자에 불과한 것이다. 이는 '있다'를 'Y' 그리고 '없다'를 'N'으로 표시하는 것과 동일하다. 즉 이 경우는 '2'가 '1'의 두 배라는 식의 크기를 기준으로 한 이야기는 할 수 없다. 결국 여기서의 '1'과 '2'는 분류를 나타내는 문자에 불과하므로 종교여부를 나타내는 변수는 여전히 명목척도 변수이다.

순위척도

등급 또는 중요성의 정도에 따라 순위를 측정하는 척도이다.

해 설

어느 식당에서 종업원의 손님에 대한 친절도를 조사하기 위해 '아주 친절하다', '약간 친절하다', '보통이다', '약간 불친절하다', '아주 불친절하다'의 다섯 가지로 나누었다면, 친절도 변수가 취할 수 있는 값은 친절의 정도를 나타내는 다섯 가지로서 순위를 표시하고 있으므로 친절도는 순위척도에 의해 측정된 것이다.

 NOTE

위 설명에서 친절도 변수가 취할 수 있는 '값'이라는 표현에서 통계학을 처음 배우는 학생의 경우 혼란을 일으킬 때가 많다. 이는 '값'이라는 표현에서 먼저 수치를 생각하기 때문이다. 그러나 여기서 '값'이라는 표현은 측정내용을 의미하는 것이기 때문에 반드시 숫자만을 뜻하는 것은 아니다. 다시 말해 위에서 친절도를 표시하는 순위변수는 '아주 친절하다', '약간 친절하다', '보통이다', '약간 불친절하다', '아주 불친절하다'의 다섯 가지 값을 가지고 있다. 물론 이들 값을 'A', 'B', 'C', 'D', 'E' 또는 '1', '2', '3', '4', '5'의 다섯 가지 값으로 나타낼 수도 있다.

예제 1.11

자동차 회사에서 소비자를 대상으로 자동차 구입 후 애프터 서비스에 대한 만족도를 조사하려 한다. 이에 대한 조사표 설문 항목을 만들어 보시오. 그리고 이에 대한 데이터를 작성하려고 할 때 만족도 변수가 나타내는 값은 어떻게 표시하면 좋겠는가?

해 설

설문 항목은 일반적으로 다음과 같은 형태를 가질 것이다.
자동차 구입 후 애프터 서비스에 대해 당신은 얼마나 만족하고 있습니까?

(1) 아주 만족한다　　(　)
(2) 조금 만족한다　　(　)
(3) 보통이다　　　　(　)
(4) 다소 불만이다　　(　)
(5) 아주 불만이다　　(　)

그리고 데이터를 작성할 때 만족도 변수 값의 표시는 '아주 만족한다'를 '1', '조금 만족한다'를 '2', '보통이다'를 '3', 그리고 '다소 불만이다'를 '4', '아주 불만이다'를 '5'로 나타낼 수 있는데, 여기서 1, 2, 3, 4, 5는 순위를 나타내는 서수의 의미를 지니고 있다.

다른 방법으로 '아주 만족한다'를 '5', '조금 만족한다'를 '4', '보통이다'를 '3', '다소 불만이다'를 '2', 그리고 '아주 불만이다'를 '1'로 나타낼 수도 있는데 높은 만족도가 큰 숫자와 연계되어 이해하기가 쉽다.

어떤 경우라 하더라도 이 숫자는 만족도의 크기가 아닌 순서를 나타내고 있음에 유의해야 한다. 즉 5와 4의 차이와 2와 1의 차이가 동일하게 1이라 해서 5(아주 만족)와 4(조금 만족)사이의 만족도 차이가 2(다소 불만)와 1(아주 불만)사이의 만족도 차이와 동일한 것은 아니다. 더 나아가 4가 2의 두 배라고 해서 만족의 정도가 두 배임을 뜻하는 것은 더욱 아닌 것이다.

등간척도

측정척도 사이의 간격이 일정한 경우를 등간척도라 한다.

해 설

등간척도의 가장 좋은 예로는 온도를 측정하는 척도인 섭씨나 화씨를 들 수 있다. 이러한 등간척도의 특징은 측정척도의 간격이 동일하기 때문에 데이터 값을 기준으로 이들 사이에 순위를 매길 수 있음은 물론 데이터값들 사이의 차이가 의미를 가진다는 점이다.

여기서 데이터 값들 사이의 차이가 의미를 가진다는 말은 측정척도 사이의 간격이 일정하기 때문에 데이터 값 사이의 차이가 크게 난 경우가 적게 난 경우보다 더 큰 격차를 보인다고 해석할 수 있다는 뜻이다. 다시 말해 기온이 섭씨 10도에서 20도로 상승한 경우와 기온이 섭씨 15도에서 20도로 상승한 경우가 있을 때 전자가 후자보다 온도의 변화가 더 크게 일어났다고 말할 수 있는 것이다.

바로 이 점이 등간척도가 순위척도와 구별되는 점이다. [예제 1.11]에서 언급한 것처럼 순위척도에서 친절도의 데이터값이 1, 2, 3, 4, 5로 나타났을 때 이 값이 순위를 나타낼 수는 있으나 각 데이터값 사이의 차이가 일정한 측정수준(친절도)을 표시하지는 않기 때문에 등간척도에서와는 달리 2에서 4로의 변화가

4에서 5로의 변화보다 더 큰 친절도의 변화를 표시한다고 할 수 없는 것이다.

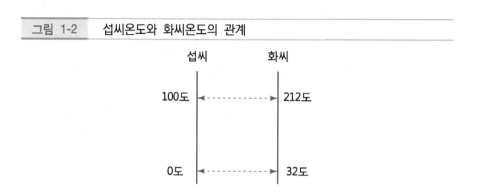

그림 1-2   섭씨온도와 화씨온도의 관계

> **NOTE**
>
> 섭씨와 화씨의 관계식은 $F = 32 + \dfrac{9}{5}C$이다. (C:섭씨, F:화씨)

그러나 등간척도로 측정된 변수에서 주의할 것은 어떤 등간척도를 사용하느냐에 따라 그 데이터값이 얼마든지 달라질 수 있기 때문에 등간척도에 의해 측정된 값들의 비율은 어떤 의미도 가질 수 없다.

즉 온도를 측정하는 척도로서 섭씨를 사용했을 경우 10도, 15도, 20도로 측정된 온도가 화씨로 측정하게 되면 50도, 59도, 68도가 되어 동일한 기온에 대해서 섭씨를 이용한 데이터 값과 화씨를 이용한 데이터 값이 다르게 나타나게 된다. 다시 말해 위의 예에서 본 바와 같이 섭씨온도 상에서의 5도 차이는 화씨를 기준으로 했을 때는 9도로 다르게 나타나고 있어 등간척도로 측정된 값인 온도들 사이의 비율은 아무런 의미를 지니지 못한다. 더 나아가 얼음이 처음 어는 기온을 섭씨에서는 0도로 하여 측정하고 있는 반면 바로 동일한 온도를 화씨에서는 32도를 기준으로 하여 측정하고 있기 때문에 '0'이라는 데이터값도 '0'이라는 일반적 의미보다는 단순히 어떤 측정수준을 '0'으로 간주한 것에 불과하다.

예제 1.12

A 지역과 B 지역의 연평균 기온은 각각 섭씨 20도와 섭씨 10도라고 한다. 두 지역의 기온을 측정한 척도는 무엇인가? 그리고 다음과 같은 해석을 할 수 있는가?

(1) A 지역의 기온이 B 지역보다 섭씨 10도 높다.

(2) A 지역과 B 지역의 기온은 섭씨 10도의 차이가난다.

(3) A 지역의 기온은 B 지역보다 2배 높다.

해설

기온을 측정하는 섭씨 단위는 등간척도에 의한 척도이다. 그리고 등간척도에 의해 측정된 값은 차이에 대한 의미는 가지고 있으나 비율에 대한 의미는 없기 때문에 (1)과 (2)의 해석은 가능하나 비율에 의한 해석인 (3)은 의미가 없다.

다시 말해서 A, B 지역의 기온은 화씨로 나타내면 화씨 50도, 68도가 되어 동일한 두 지역의 기온에 대해서 섭씨 기준으로는 A 지역의 기온이 B 지역의 2배인 결과를 보인 반면 화씨 기준에 의하면 A 지역의 기온이 B 지역의 1.36배인 것으로 서로 다른 결과를 보이고 있어 등간척도에 의한 데이터값의 비율은 의미가 없음을 확인할 수 있다.

비율척도

측정척도의 간격이 일정할 뿐 아니라 측정척도 자체에 비율의 의미가 내재되어 있는 척도이다.

해설

비율척도가 등간척도와 구별되는 특징은 비율척도가 '0'의 의미를 가지고 있을 뿐 아니라 데이터 값 사이의 비율 역시 의미를 지니고 있다는 점이며, 이러한 면에서 비율척도는 등간척도보다 더 정교한 측정척도라 할 수 있다. 비율척도의 예로는 화폐단위를 들 수 있다.

예제 1.13

달러로 표시한 A, B, C 세 사람의 연간 총소득이 각각 $20,000, $16,000, $10,000 라고 할 때 이 소득이 측정된 척도는 무엇이며 이를 등간척도와 구별하여 설명하시오.

해설

세 사람의 소득은 달러라는 화폐단위를 나타내는 비율척도에 의해 측정된 것이다. 비율척도가 등간척도와 구별되는 점은, 등간척도가 측정하는 내용을 모두 포함하면서 동시에 비율척도에 의해 측정된 값만이 가지는 '0'의 의미와 데이터값들 사이의 비율에 대한 의미를 동시에 가지고 있다는 점이다.

따라서 먼저 데이터 값의 크기에 따라 소득수준의 순위를 A, B, C 순서로 정할 수 있으며 척도의 간격이 달러라는 화폐단위로 일정하므로 A와 B의 소득격차 ($4,000)보다 B와 C의 소득격차($6,000)가 더 크다고 이야기할 수 있다. 또한 비율의 의미를 지니고 있다는 면에서 A의 소득은 C의 2배에 달한다고 말할 수 있다. 만약 D의 소득이 $0로 측정되었다면 이는 D의 소득이 없다는 것을 의미하는 것으로서 '0'의 의미를 지니고 있다.

예제 1.14

명목척도, 순위척도, 등간척도, 비율척도를 측정척도의 정교함에 따라 올바르게 배열한 것은?

(1) 순위척도 명목척도 등간척도 비율척도
(2) 명목척도 순위척도 비율척도 등간척도
(3) 명목척도 등간척도 비율척도 순위척도
(4) 명목척도 순위척도 등간척도 비율척도

해설

등간척도는 척도 사이의 간격이 일정하기 때문에 순위척도에 의해 측정되는 내용을 모두 포함하고 있으며 또 비율척도는 등간척도가 지니고 있지 못한 데이터 값들에 대한 비율의 의미와 '0'의 의미를 모두 지니고 있으므로 명목척도 순위척도 등간척도 비율척도의 순으로 비율척도에 접근할수록 측정척도의 정교성은 높아진다. 따라서 (4)가 정답이다.

1.5 통계프로그램의 이용

'80년대 중반이후 PC(Personal Computer)의 눈부신 발달과 함께 이를 기반으로 한 PC용 통계분석 소프트웨어의 개발은 통계학을 이용한 의사결정과정을 용이하게 함으로써 통계학의 응용분야를 확대하는 계기가 되었다. 이러한 소프트웨어로는 Minitab을 위시하여 계량경제학에서 많이 쓰이는 EVIEWS, RATS, SHAZAM, STATA, SYSTAT, LIMDEP 등을 들 수 있다. 그러나 무엇보다도 PC 환경에서 운용되는 SAS(Strategic Application System)와 SPSS(Statistical Package for Social Science) 그리고 R의 출현은 통계학의 활용도를 한 단계 높이는 계기를 마련하였다.

 NOTE

SAS의 경우 그 응용분야가 초기의 통계분석 중심에서 벗어나 의사결정을 위한 전반적인 전략수립 분야로 확대되어 가고 있다. 따라서 SAS의 약자도 Statistical Analysis System에서 이제는 Strategic Application System으로 쓰이고 있다.

이러한 통계프로그램을 이용하여 실제 자료를 분석하는 과정을 거침으로써 통계이론 자체를 좀 더 확실히 이해할 수 있을 뿐만 아니라 특히 정확한 의사결정을 위한 데이터 분석능력을 배양할 수 있기 때문에 통계학을 배우는 과정에서 통계프로그램의 활용은 필수적인 것이다. 이러한 측면에서 본서에서는 위 소프트웨어 가운데 활용도가 높은 SAS를 선택하여 예제에서 제시되는 자료를 분석할 때 SAS를 통해 어떻게 분석결과를 얻을 수 있는지 그 과정을 단계별로 자세하게 설명하기로 한다. 따라서 SAS를 사용해 보지 못한 독자의 경우라 하더라도 본서에서 언급하고 있는 내용을 접할 때마다 SAS 입문서의 해당부분을 참조하면서 진행한다면 본서를 무리없이 이해할 수 있으리라고 본다.

제2장

수집 데이터의
요약

제2장
수집 데이터의 요약

  수집된 데이터 자체는 정리가 되지 않은 상태이기 때문에 이로부터 데이터가 내
포하고 있는 내용을 파악한다는 것은 쉬운 일이 아니다. 따라서 데이터가 포함하고
있는 내용을 파악하기 위해서는 먼저 데이터를 일목요연하게 정리하여야 하며 이와
같이 데이터를 정리 요약하는 방법에는 도수분포표를 이용하는 방법과 그래프를 이
용하는 방법이 있다.

2.1 도수분포표를 이용한 데이터의 요약

도수분포표

미리 구간을 설정해 놓고 각 구간의 범위 안에 조사된 데이터 값들이 몇 개씩 속하는가
를 표시한 표를 도수분포(frequency distribution) 또는 도수분포표(frequency table)라
한다.

해 설

  위의 정의에서 설정된 각 구간을 계급(class)이라 하는데 도수(frequency)란 바로

이 계급에 속한 데이터 값들의 개수를 의미한다. 또 각 계급에 설정된 구간 범위, 즉 계급의 간격을 급간(class interval)이라고 한다.

 NOTE

이때의 도수를 절대도수라 표현하기도 한다. 이는 아래에서 살펴 볼 상대도수의 대응개념이다.

예제 2.1

통계학을 수강하는 학생 100명으로부터 20명을 표본으로 추출하여 통계학 점수를 조사하여 다음과 같은 결과를 얻었다.

88 67 76 80 86 94 78 84 82 75 80 75 65 84 78 82 71 60 87 75

(1) 80점에서 89점 사이의 계급에 속하는 도수는 얼마인가? 그리고 이 계급의 급간은 얼마인가?
(2) 계급을 60점 이상 69점 이하, 70점 이상 79점 이하, 80점 이상 89점 이하, 90점 이상의 네 계급으로 나누어 도수를 구하고 이를 기반으로 도수분포표를 작성하시오.

해설

(1) 80점에서 89점 사이의 구간에 속하는 점수는 88, 80, 86, 84, 82, 80, 84, 82, 87로써 9개가 있다. 따라서 80점에서 89점 사이 계급의 도수는 9라고 말한다. 급간은 9점(=89−80)이 된다.
(2) (1)과 같은 방법으로 주어진 각 계급의 도수를 구하여 도수분포를 구하면 다음과 같다.

계급	도수
90점 이상	1
80점 이상−89점 이하	9
70점 이상−79점 이하	7
60점 이상−69점 이하	3

20명의 점수가 정리되지 않은채 나열되어 있는 경우 이 자료가 어떤 내용을 가

지고 있는지 발견하기가 쉽지 않으나 이를 정리하여 도수분포를 작성하면 위에서 보는 바와 같이 일목요연하게 자료가 요약됨으로써, 80점대의 점수를 받은 학생이 9명으로 가장 많고 그 다음 70점대가 7명이 되어, 결국 20명 중 16명이 70점 이상 89점 이하에 속해 있음을 쉽게 파악할 수 있다.

앞서 도수분포표는 급간이 9인 4개의 계급으로 이루어져 있으나 계급의 수와 급간의 설정은 자료를 정리하는 사람에 따라 달라질 수 있으며, 도수분포를 작성하는 사람은 미리 계급의 수, 급간, 계급의 경계를 결정해야 한다.

NOTE

계급의 경계란 계급 구간에서의 하한값과 상한값을 말하며 이 값들이 해당 계급에 속할 것인지의 여부를 확실하게 해야 한다. [예제 2.1]의 해설 (2)에 있는 도수분포표에서 세 번째 급간의 하한값과 상한값은 각각 80과 89이고 이들 값은 '이상'과 '이하'로 나타나있으므로 해당 급간에 속한다.

계급수의 결정

계급의 수를 결정해야 하는 경우 그 기준이 확실하게 정해진 것은 아니나 일반적으로 아래의 공식에 따라 계급 수를 결정한다.

$$계급의\ 수 = (자료의\ 측정값들의\ 개수)^{1/3}$$

예제 2.2

데이터 값이 200개로 구성된 자료에 대해 도수분포표를 작성하려고 할 때 계급의 수는 몇 개로 하면 좋겠는가?

해설

데이터 값이 200개이므로 $200^{1/3} = 5.84$가 되어 계급 수는 약 6개로 설정하면 된다.

NOTE

계급의 수는 어디까지나 자료의 특성에 따라 계급의 수를 정하면 되는 것이기 때문에 공식에 의해 구해진 결과에 전적으로 의존할 필요는 없다. [예제 2.1]의 경우 데이터 값이 20개이므로 앞서 제시된 공식에 따르면 $20^{1/3} = 2.714$로써 계급 수가 약 3개로 나타나고 있으나, 자료의 특성이 점수이기 때문에 60점대 70점대 80점대 90점대 등 4개의 계급으로 나누는 것이 효율적이다.

급간의 결정

계급의 수가 정해지면 다음 단계는 각 계급의 구간인 급간을 결정해야 하는데 이는 다음 공식에 따라 결정하는 것이 일반적이다.

$$급간 = \frac{가장\ 큰\ 측정값 - 가장\ 작은\ 측정값}{계급\ 수}$$

예제 2.3

[예제 2.1]에서 계급을 4개로 할 경우 급간은 얼마로 하는 것이 적당하겠는가?

해설

최고 점수와 최저 점수가 각각 94점과 60점이고 계급 수를 4개로 하였으므로 급간은 $\frac{94-60}{4} = 8.5$로 나타나 약 9점이나 10점 정도로 정하면 무리가 없을 것이다.

 NOTE

계급의 수와 급간이 결정되면 끝으로 각 계급의 상한과 하한값을 어느 계급에 포함시킬 것인지를 정하여 계급 사이의 경계값이 중복되는 일이 없도록 해야 한다.

예제 2.4

[예제 2.1]의 해설 (2)에서 구한 도수분포표의 계급 및 급간을 다음과 같이 정해도 무리가 없겠는가?

계급	도수
90점 이상	1
80점 이상 90점 미만	9
70점 이상 80점 미만	7
60점 이상 70점 미만	3

해설

계급과 계급 사이의 경계값이 중복이 되지 않으므로 위와 같이 도수분포표를 작성해도 무방하다. 예를 들어 경계값이 되는 80점의 경우 세 번째 계급은 하한값이 80점 이상이고 그 아래 계급은 상한값이 80점 미만이므로 세 번째 계급 하나에만 속하며 중복되는 일이 없다.

상대도수와 상대도수분포표

어느 계급에 속한 도수가 전체 도수에서 차지하는 비율을 상대도수(relative frequency)라 하며 이러한 상대도수를 각 계급별로 표시한 것을 상대도수분포(relative frequency distribution) 또는 상대도수분포표(relative frequency table)라 한다.

 NOTE

각 계급에 속한 상대도수를 모두 합하면 '1'이 된다. 이는 뒤에서 살펴볼 확률분포(probability distribution)의 근간이 된다.

예제 2.5

[예제 2.1(2)]에서 구한 도수분포표에서 '80점 이상 89점 이하' 계급의 상대도수는 다음과 같이 구한다.

해설

'80점 이상 89점 이하' 계급의 도수는 9이고 전체 도수는 20(=3+7+9+1)이므로
상대도수는 9/20 = 0.45이다.

예제 2.6

[예제 2.1(2)]에서 구한 도수분포표로부터 상대도수분포표를 작성하시오.

해설

먼저 각 계급의 상대도수를 계산한다. 전체 도수가 20이므로 각 계급의 상대도수는
각각 0.05(=1/20), 0.45(=9/20), 0.35(=7/20), 0.15(=3/20)가 되므로 다음과 같이
상대도수분포표를 작성할 수 있다.

계급	도수	상대도수
90점 이상	1	0.05
80점 이상 89점 이하	9	0.45
70점 이상 79점 이하	7	0.35
60점 이상 69점 이하	3	0.15
전체	20	1.0

누적도수와 누적도수분포

어느 계급의 누적도수는 이 계급의 도수와 그 위의 계급에 속하는 도수를 모두 합하여 구
하며 이러한 누적도수를 각 계급별로 표시한 것을 누적도수분포(relative frequency
distribution) 또는 누적도수분포표(relative frequency table)라 한다.

예제 2.7

[예제 2.1(2)]에서 구한 도수분포표에서 '80점 이상 89점 이하' 계급의 누적도수는 다
음과 같이 구한다.

'80점 이상 89점 이하' 계급의 도수는 9이고 그 위의 계급인 '90점 이상' 계급의 도수가 1이므로 누적도수는 10(=9+1)이 된다.

 NOTE

어느 계급의 누적도수가 전체 도수에서 차지하는 비율을 누적상대도수라고 한다.

예제 2.8

[예제 2.1(2)]에서 구한 도수분포표로부터 누적도수분포표를 작성하시오.

해설

먼저 각 계급의 누적도수를 계산하면 각 계급의 누적도수는 1, 10(=3+7), 17(=1+9+7), 20(=1+9+7+3)이 된다. 따라서 도수와 상대도수 그리고 누적도수를 하나의 표에 다음과 같이 나타낼 수 있다.

계급	도수	상대도수	누적도수
90점 이상	1	0.05	1
80점 이상 89점 이하	9	0.45	10
70점 이상 79점 이하	7	0.35	17
60점 이상 69점 이하	3	0.15	20
전체	20	1.0	

지금까지 살펴본 예에서는 자료의 크기가 작기 때문에 도수분포표를 간단히 작성할 수 있었으나 실제로 자료의 크기가 큰 경우는 통계프로그램을 이용하지 않으면 안된다. [예제 2.9]에서는 SAS를 이용하여 어떻게 원하는 결과를 얻을 수 있는지를 설명하기로 한다.

예제 2.9

아래는 미국에 있는 45개 대학의 등록금에 대한 자료이다(단위: 천달러). 이 자료에 대해 도수분포표를 작성하려 한다. 이와 관련하여 다음 물음에 답하시오.

(1) 계급의 수는 얼마가 적당하겠는가?
(2) 급간을 어느 정도로 설정하는 것이 좋겠는가?
(3) 도수분포표와 상대도수분포표를 작성하시오.

6.5	4.0	7.1	8.3	5.4	7.6	9.0	15.7	16.7
6.4	5.0	8.5	5.7	7.7	7.2	12.4	7.1	5.5
9.7	4.4	7.0	6.3	8.3	6.9	5.7	7.6	7.9
7.9	6.0	8.2	10.4	9.9	3.9	9.8	8.2	5.6
7.9	6.4	7.4	7.0	13.0	8.7	6.4	6.7	7.4

해설

(1) 데이터 값들의 개수가 모두 45개이므로 다음과 같이 적정한 계급 수를 구할 수 있다.

$$\text{계급의 수} = (\text{자료의 측정값들의 개수})^{1/3} = (45)^{1/3} \approx 3.5$$

따라서 4개의 계급을 지정할 수 있다.

(2) 급간 $= \dfrac{\text{가장 큰 측정값} - \text{가장 작은 측정값}}{\text{계급 수}}$ 에 의해 급간이 결정되므로 먼저

데이터 값들 중에서 가장 큰 값과 가장 작은 값을 찾아야 한다. 가장 큰 값과 가장 작은 값이 각각 16.7과 3.9이고 계급의 수는 위의 (1)에서 4개로 정해졌으므로 이들 값을 공식에 대입하면 $\dfrac{16.7 - 3.9}{4} = 3.2$ 의 급간값을 구할 수 있다. 그러나 급간은 가능한 한 정수로 하는 것이 편리하므로 급간을 3으로 하면 될 것이다.

이때 주의할 것은 급간이 3이고 계급의 수가 4이므로 최저 경계값과 최고 경계값의 차이는 12(=3×4)가 되는데 이는 자료에 있는 최저 데이터 값과 최고 데이터 값의 차이 12.8(=16.7−3.9)보다 작으므로 자료에 있는 모든 데이터 값을 포함할 수 없게 된다. 따라서 급간을 3으로 그대로 유지한다면, 계급의 수를 하나 증가시켜 5로 하면 도수분포표를 구성하는 최저 경계값과 최고 경계값의

차이는 15가 되어 자료에 있는 모든 데이터 값을 포함할 수 있다. 최저 경계값을 3으로 하고 급간을 3으로 하여 5개의 계급을 구성하면 다음과 같은 도수분포표를 작성할 수 있다.

이 도수분포표로부터 등록금이 6,000달러 이상 9,000달러 미만의 대학이 60%로 가장 큰 비중을 차지하고 있음을 알 수 있다.

계급	도수	상대도수(%)	누적도수
3.0 이상−6.0 미만	9	20.0	9
6.0 이상−9.0 미만	27	60.0	36
9.0 이상−12.0 미만	5	11.1	41
12.0 이상−15.0 미만	2	4.4	43
15.0 이상−18.0 미만	2	4.4	45

NOTE

위의 도수분포표를 작성할 때 급간과 계급의 수를 편의에 따라 달리 할 수 있으며 이렇게 할 경우 도수분포표의 결과도 달라지게 된다. 예를 들어 급간을 2로 하려면 계급의 수를 증가시키면 된다.

위의 자료를 가지고 SAS를 이용하여 도수분포표를 구하려는 경우 어떠한 과정을 거쳐야 하는지 단계별로 살펴보기로 하자.

NOTE

아래 프로그램에서 대문자로 쓰여진 부분은 SAS 시스템에서 지정된 문장이기 때문에 사용자가 변형해서는 안되며 소문자로 쓰여진 부분만 사용자 임의로 변형할 수 있다.

[sas program]

```
DATA ex29; ①
  INPUT tuition @@; ②
  CARDS; ③
```

```
    6.5   4.0   7.1   8.3   5.4   7.6   9.0  15.7  16.7
    6.4   5.0   8.5   5.7   7.7   7.2  12.4   7.1   5.5
    9.7   4.4   7.0   6.3   8.3   6.9   5.7   7.6   7.9
    7.9   6.0   8.2  10.4   9.9   3.9   9.8   8.2   5.6
    7.9   6.4   7.4   7.0  13.0   8.7   6.4   6.7   7.4
; ④
RUN; ⑤

DATA ex29; ⑥
  SET ex29; ⑦
      IF tuition < 6.0 THEN group=1; ⑧
  ELSE IF tuition < 9.0 THEN group=2;
  ELSE IF tuition < 12.0 THEN group=3;
  ELSE IF tuition < 15.0 THEN group=4;
  ELSE IF tuition < 18.0 THEN group=5; ⑨
RUN;

PROC PRINT DATA=ex29; ⑩
RUN;

PROC FREQ DATA=ex29; ⑪
  TABLES group; ⑫
RUN;
```

해설

①에서 ⑤까지는 SAS데이터세트(data set)를 만드는 과정의 프로그램으로서 처음에 항상 DATA 스테이트먼트로 시작한다.

① ex29라는 파일이름을 가진 SAS데이터세트를 만들도록 SAS시스템에 지시하는 것이다. 즉 "DATA 데이터이름"으로 시작하는 이 과정은 SAS데이터세트를 만드는 첫 단계인 것이다. 그리고 SAS에서는 해당 문장이 끝날 때는 항상 세미콜론 ';'으로 마감해야 한다.

NOTE

SAS는 흔글을 비롯한 워드프로세서나 노트패드(notepad) 등 편집용 프로그램에서 작성한 텍스트 파일을 그대로 사용하지 못하기 때문에 항상 SAS시스템 안에서 독자적으로 사용하는 SAS데이터세트를 만들어 주어야 한다. 따라서 SAS를 이용하여 통계분석을 하는 경우 제일 먼저 SAS데이터세트를 만드는 과정을 거쳐야 한다.

 NOTE

SAS데이터세트를 작성하는 과정에서 주의할 것은 이때 만들어지는 SAS데이터세트가 SAS시스템 안에서 계속 작업을 하고 있을 때는 언제든지 재사용이 가능하지만 SAS시스템을 끄고 나가게 되면 지워지는 임시 데이터파일(temporary file)이라는 점이다. 따라서 나중에 이 데이터세트를 다시 사용하고자 한다면 SAS데이터세트를 작성하는 과정에서 이를 영구적 데이터파일(permanent file)로 만들어 놓도록 저장 장소를 지정하는 등의 과정을 거쳐야 한다. 그렇지 않으면 SAS시스템에 다시 들어왔을 때 ①에서 ⑤까지의 프로그램을 다시 실행하여야 한다.
　본서에서 사용하는 데이터는 간단한 것이고 설령 나중에 다시 사용한다고 하더라도 다시 데이터 작성 프로그램을 실행하면 되므로 일시적 데이터파일로 작성하고 있다. (영구적 파일로 작성하려면 LIBNAME 스테이트먼트에 따라 저장 장소를 지정해 주어야 하는데 이에 대해서는 SAS관련 도서를 참조하기 바란다.)

② ①에서 지정한 SAS데이터세트의 파일 ex29를 구성하는 변수 이름을 지정한다. 여기서는 변수명이 'tuition'으로 지정되어 있다. 즉 한 개의 변수만이 만들어짐을 알 수 있다. 즉 INPUT 스테이트먼트 다음에 나오는 것이 변수 이름이다.

 NOTE

파일은 한 개 이상의 변수에 대한 데이터가 모여서 구성되는 것이므로 변수는 파일의 부분집합에 해당한다. 그리고 변수에 대응하는 데이터의 입력 형태는 위에서 아래 방향으로 열(column) 형태를 띠게 되는 것이 일반적이나 입력 변수 수가 적을 때는 왼쪽에서 오른쪽 방향으로 행(row)의 형태를 띨 수도 있다.
　다시 말해 SAS데이터세트를 만들기 위해 SAS시스템이 데이터를 읽어들이는 방법은 각 변수에 대응하는 데이터를 위에서 아래로 차례로 읽는다. 따라서 입력 데이터를 구성할 때는 각 변수에 대응하는 값을 위에서 아래로 데이터를 입력하여 열(column)의 형태를 띠도록 해야 하며 입력 데이터의 열은 변수 개수만큼 생긴다.

그러나 위와 같이 tuition변수 데이터의 입력 형태가 위에서 아래로 하나의 열로 되어 있지 않고 왼쪽에서 오른쪽으로 되어 있을 경우는 SAS시스템이 입력 형태대로 왼쪽에서 오른쪽으로 읽어들이도록 해야 하는데 이러한 지시를 하는 것이 @@이다. 이와 같이 입력 자료가 행(row)의 형태일 때는 반드시 INPUT 문장 끝에 '@@'를 적어주어야 한다.

③ CARDS 스테이먼트는 데이터 입력이 시작됨을 알려준다. CARDS 스테이트먼트 다음 행부터 데이터를 입력하면 된다.

④ SAS에서는 각 실행단계마다 그 끝을 ';'로 표시하기 때문에 여기서 ';'는 데이터 입력이 끝났음을 알린다. 즉 ③과 ④ 사이가 분석대상이 되는 데이터이다.

⑤ 최종적으로 지금까지의 각 과정을 실행할 것을 지시하는 것이다.

⑥ ex29라는 이름의 SAS데이터 파일을 만든다.

⑦ 그런데 ⑥에서 만들어지는 ex29의 데이터세트는 데이터 입력에 의해 만들어지는 것이 아니고 SET 다음에 나오는 파일 이름을 가진, 즉 앞에서 이미 만들어진 ex29를 가지고 새로운 데이터 파일을 만들라는 것이다. 따라서 ⑦에 표시된 ex29는 이미 작성된 데이터 파일이고 ⑥에 표시된 ex29는 파일 이름은 같지만 새로이 만들어진 데이터 파일인 것이다. 이러한 과정은 이미 만들어 놓은 데이터 파일에서 새롭게 변수를 만든다거나 변형시킬 필요가 있을 때 이용한다. 따라서 새로이 만들어진 데이터세트 ex29는 기존에 이미 만들어진 데이터세트 ex29를 갱신한 것이므로 새로운 내용을 포함하고 있다.

 NOTE

데이터 입력을 알리는 CARDS 문장이 없기 때문에 데이터 입력에 의한 파일 작성이 아님을 알 수 있다. 물론 SET이라는 문장이 나오는 즉시 기존 파일을 가지고 새로운 파일을 작성하려고 한다는 것을 알 수 있는 것이다.

⑧-⑨ [IF ⓐ THEN ⓑ; ELSE ⓒ;]형태의 조건문이다. 이는 ⓐ 조건이 만족되면 ⓑ의 내용을 실행하고 그렇지 않으면 ⓒ의 내용을 실행하라는 의미이다. 우리가 살펴보고 있는 프로그램에서는 ⓒ의 내용에 다시 [IF ⓐ THEN ⓑ; ELSE ⓒ;]

형태의 조건문이 들어가 있다.

먼저 ⑧은 ⑦에 표시된 파일에서 tuition 변수값이 6.0 미만이라는 조건을 만족시키면 group이라는 새로운 변수를 만들고 그 값을 1로 하라는 것이다. 실제로는 tuition값이 모두 3.0 이상이므로 이는 3.0 이상 6.0 미만의 계급을 간단히 1로 표시하고 있는 것이다. 그러나 tuition 변수값이 6.0 미만이라는 조건을 만족시키지 않으면 ELSE 다음의 내용을 실행하게 되는데 그 조건문이 tuition<9.0으로 되어 있으나 이 조건문의 실행은 바로 ⑧의 조건문(tuition<6.0)이 참(true)이 아닐 경우에 실행되는 것이므로, 실제로는 tuition<6.0의 구간은 제외된 상태가 된다. 따라서 tuition 변수값이 6.0 이상 9.0 미만이면 group의 변수값을 2로 하라는 의미가 된다. 따라서 45개의 관찰치는 5개 계급 가운데 어느 계급에 속하는지가 group 변수의 값에 의해 나타나게 된다.

⑨까지의 과정이 끝나고 새로운 변수인 group이 생성되면 변수는 tuition과 group 두 개가 되고 이들 변수가 ⑥에 지정된 ex29에 저장되어 새로운 파일을 만드는 것이다. 따라서 ⑦의 ex29는 tuition이라는 하나의 변수로 구성되어 있는데 반해 ⑥의 ex29는 tuition과 group의 두 변수로 구성되어 있어 ⑥과 ⑦에서 표시된 파일 이름은 ex29로 동일하더라도 내용은 전혀 다르다. 결국 ⑥에서 ⑨까지의 프로그램은 도수분포표를 만드는데 필요한 계급을 지정하기 위한 것이다.

⑩ 이는 'DATA=' 다음에 지정한 ex29 파일을 화면에 출력할 것을 지시하는 것이다.

NOTE

SAS에는 여러 프로시저(procedure)가 있는데 지정한 파일을 화면에 표시하도록 하는 프로시저가 PRINT 프로시저이다. SAS에서 프로시저란 어떤 특정한 분석을 위해 만들어진 실행프로그램이라고 생각하면 된다. 즉 PRINT 프로시저는 SAS데이터 파일을 화면에 표시하여 그 내용을 보고자 할 때 필요한 프로그램이며 아래에서 살펴 볼 FREQ 프로시저는 도수분포표를 만들고 이에 관련된 분석을 위한 프로그램인 것이다. SAS시스템은 결국 프로시저들의 집합체라 할 수 있다. 이러한 프로시저를 불러내는 방법은 'PROC 프로시저이름'의 형태로 입력하면 된다.

⑪ FREQ 프로시저를 실행하여 SAS데이터 ex29에 대한 도수분포를 구할 것을 지시한다.

⑫ ex29 파일을 구성하는 변수 가운데 group 변수에 대해서 도수분포표를 작성할 것을 지시하는 것이다. 즉 TABLES 스테이트먼트 다음에 group 변수를 지정하

면, group 변수가 취할 수 있는 1, 2, 3, 4, 5의 값들은 바로 각 구간별 계급을 표시하고 있기 때문에 이들 값이 각각 몇 개씩인가를 계산해냄으로써 도수분포를 구하는 것이다.

[결과물]

Obs ①	tuition	group ②
1	6.5	2
2	4.0	1
3	7.1	2
4	8.3	2
..	..	..
41	13.0	4
42	8.7	2
43	6.4	2
44	6.7	2
45	7.4	2

The FREQ Procedure

group ③	Frequency ④	Percent ⑤	Cumulative Frequency ⑥	Cumulative Percent ⑦
1	9	20.00	9	20.00
2	27	60.00	36	80.00
3	5	11.11	41	91.11
4	2	4.44	43	95.56
5	2	4.44	45	100.00

해설

① 위 프로그램의 ⑩을 수행한 결과이다. 즉 PRINT 프로시저를 실행한 결과 ex29의 내용이 출력되어 있다. OBS로 표시된 열은 데이터의 번호를 나타낸다. 그리고 tuition과 group은 각각 변수명이다.

② 조건문에서 지정한 조건에 따라 새로이 group 변수가 만들어졌다. 41번째 tuition 변수값은 13.0이고 이는 위 프로그램의 ⑧-⑨에서 지정한 조건에 따라

group 변수의 값이 네 번째 계급을 의미하는 4로 주어져 있다.

③ group 변수의 값을 표시하고 있는데 이는 프로그램 ⑧-⑨에서의 조건에 따라 주어진 계급을 나타내는 것이다.

④ group 변수의 값에 대한 도수를 나타내고 있다. 즉 3.0 이상 6.0 미만인 경우 (group=1)의 도수가 9개임을 보여주고 있다.

⑤ Percent라고 이름 붙여진 열은 상대도수를 나타내고 있다.

⑥ 누적도수를 나타내고 있는 열이다. group=2인 경우의 누적도수는 36인데 이는 group 변수가 2 이하의 값을 가질 때의 도수를 모두 합한 것이다.

⑦ 누적상대도수를 표시한다. 전체적으로 볼 때 group=2인, 즉 등록금 6.0 이상 9.0 미만의 대학이 27개교로서 전체 표본의 60%에 이르고 있으며 3.0 이상 9.0 미만의 대학은 36개교로 80%에 이르고 있음을 나타내고 있다.

2.2 그래프를 이용한 데이터의 요약

위에서 살펴본 도수분포표가 조사된 데이터의 특성을 나타내는데 효과적이지만 그래프에 의해 데이터를 요약하면 그 특성이 좀 더 분명하게 나타나는 경우가 많이 있다. 여기서는 그래프에 의한 데이터 요약 방법인 히스토그램(histogram), 줄기잎 그림(stem-and-leaf diagram) 그리고 오자이브(ogive) 곡선에 대해 살펴보기로 한다.

히스토그램

도수분포표에 나타나는 각 계급의 도수를 막대그래프로 표시한 것을 히스토그램(histogram) 이라고 한다.

해 설

〈그림 2-1〉은 [예제 2.9]에서 구한 group 변수에 대한 도수분포표(결과물 ④)를 히스토그램으로 나타낸 것으로서 한 눈에 각 계급의 도수분포를 파악할 수 있다. 즉 각 계급의 도수가 얼마인지가 막대의 높이에 의해 나타나고 있으며 6.0 이상 9.0

미만을 표시하는 계급 2는 도수가 27로써 가장 높은 막대로 그려져 있다.

| 그림 2-1 | 도수분포표에 대한 히스토그램 |

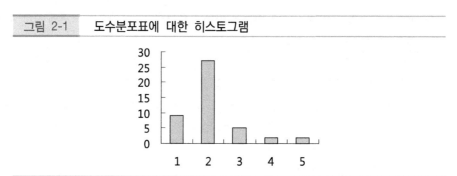

예제 2.10

다음 프로그램은 이러한 히스토그램을 SAS를 통해 어떻게 얻을 수 있는지를 보여준다.

```
[sas program]
DATA ex210; ①
    SET ex29;
RUN;

PROC GCHART DATA=ex29; ②
    HBAR group/DISCRETE; ③
RUN;
```

해설

① ex210이라는 이름의 데이터세트를 생성하는데 ②의 SET 스테이트먼트 다음에
지정한 ex29 파일을 가지고 생성하도록 하고 있다(ex29 파일은 [예제 2.9]에서 생
성한 것이다). 결과적으로 이는 데이터세트 ex29를 ex210의 파일 이름으로 복사
한 셈이다.

② GCHART 프로시저를 실행하여 데이터 ex210에 대해 아래 HBAR 스테이트먼트
에서 지정한 대로 그래프를 그릴 것을 지시한다. GCHART 프로시저 대신
CHART 프로시저를 사용할 수도 있다.

③ HBAR는 수평 막대그래프를 그리도록 지정하는 스테이트먼트이다. 여기서는
group 변수에 대해 수평 막대그래프를 그리게 된다.

그리고 '/' 다음에 나오는 것이 HBAR 스테이트먼트에 대한 옵션인데 여기서 그래프를 어떻게 그릴 것인지 여러 가지 조건을 제시할 수 있다. 즉 막대그래프 수는 계급의 수만큼 그려지고 그 크기는 각 계급에 속하는 도수에 의해 결정되는데 이러한 계급의 수를 이 옵션에서 지정하게 된다. 여기서는 group 변수의 값이 이산형이므로 'DISCRETE'라는 옵션을 지정하면 group 변수의 값을 기준으로 한 도수를 나타내는 히스토그램을 그릴 수 있다.

만약 수직 막대그래프를 그리고자 한다면 HBAR 대신에 VBAR 스테이트먼트를 사용하면 된다.

🎯 NOTE

그러나 여기에서 주의할 것은 group 변수의 값은 연속적이 아닌 단지 5개의 계급을 나타내는 1, 2, 3, 4, 5의 명목적인 값을 가지기 때문에 중간점의 의미보다는 계급을 나타내는 값으로 파악하는 것이 편리하다.

[결과물]

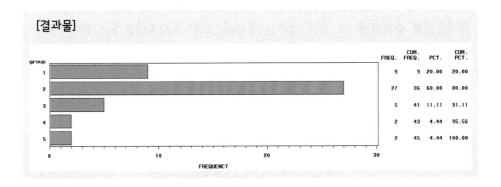

해설

위의 수평 막대그래프 오른쪽에 각 계급별로 도수, 누적도수, 상대도수 그리고 누적 상대도수가 차례로 출력되어 있다.

줄기잎 그림

도수분포표는 자료의 중요한 특성을 서술적 방법으로 나타내는데 효과적이며 이를 시각적으로 나타내려면 히스토그램이 효과적이다. 이러한 서술적인 면과 그래프의 시각적인 면을 동시에 고려하여 자료의 특성을 나타내고자 할 때 이용되는 것이 바로 줄기잎 그림 (stem-and-leaf diagram)이다.

해 설

줄기잎 그림을 작성할 때 가장 중요한 것은 자료를 구성하는 각각의 데이터 값들을 줄기(stem)와 잎(leaf)으로 구분하는 것이다. 데이터 값을 줄기와 잎으로 구분하는 일반적인 방법은 데이터 값의 가장 오른쪽 한 자리를 차지하고 있는 수를 잎으로 하고 나머지 왼쪽 자리에 있는 수를 줄기로 지정하는 방법이다. 그러므로 데이터값이 57인 경우 잎은 7이고 줄기는 5가 된다. 이와 같이 줄기와 잎의 지정 방법이 결정되면 모든 데이터 값에 대해 줄기와 잎을 구분하여 최종적으로 자료에 대한 줄기잎 그림을 작성하게 되는데 이때 주의할 것은 줄기는 오름차순으로 수직배열하고 잎의 경우는 오름차순으로 수평배열한다는 점이다.

예제 2.11

아래 자료는 어느 수퍼마켓에 근무하는 점원 16명에 대한 나이를 조사한 것이다. 점원의 나이에 관련된 자료의 특성을 파악하기 위해 줄기잎 그림을 그리려고 할 때 그과정은 다음과 같다.

18 21 22 19 34 32 40 42
56 58 64 28 29 29 36 35

해설

먼저 줄기와 잎을 구분한다. 가장 오른쪽 한 자리, 즉 일자리 수를 잎으로 하고 나머지 왼쪽 자리인 십자리 수를 줄기로 지정하기로 한다. 다음에 줄기를 오름차순으로 수직배열하고 각 줄기에 속하는 잎을 수평배열한다.

(줄기의 수직배열)
위 자료에서 개별 데이터 값에 대한 줄기는 1, 2, 2, 1, 3, 3, 4, 4, 5, 5, 6, 2, 2, 2,

3, 3이므로 오름차순으로 배열하면 1, 2, 3, 4, 5, 6이라는 여섯 개의 줄기를 형성할 수 있다. 이는 결국 점원의 나이가 10대부터 60대까지 있다는 의미이다.

(잎의 수평배열)
줄기가 3인 경우, 즉 30대인 점원은 4명으로 나이가 34, 32, 36, 35이다. 따라서 줄기가 3일 때 잎은 4, 2, 6, 5가 된다. 이를 오름차순으로 수평배열하면 2, 4, 5, 6이 되며 이를 줄기 3의 오른쪽에 나열한다. 다른 줄기에 대해서도 같은 방법으로 잎을 구성하면 아래와 같은 줄기잎 그림을 얻을 수 있다.

```
줄기   잎
 1  |  8 9
 2  |  1 2 8 9 9
 3  |  2 4 5 6
 4  |  0 2
 5  |  6 8
 6  |  4
```

이 줄기잎 그림을 통해 점원의 나이는 줄기가 2인 20대가 5명으로 가장 많고 그 나이는 각각 21, 22, 28, 29세임을 알 수 있으며 그리고 30대가 4명 그리고 60대는 1명으로 그 나이는 64세임을 쉽게 파악할 수 있다. 도수분포표와 비교해 볼 때 줄기는 계급에 해당하고 잎의 개수는 도수를 나타내고 있음을 알 수 있으며 동시에 잎의 수평배열은 히스토그램의 수평막대로 파악할 수 있어 서술적인 면과 시각적인 면을 모두 보여주고 있다.

 NOTE

위 표에서 줄기는 위에서 아래로 오름차순으로 수직배열하였으나 내림차순으로 수직배열해도 특성을 파악하는 데는 아무런 지장이 없다. 실제로 SAS의 결과물은 후자의 형태로 줄기잎 그림을 그리고 있다.

예제 2.12
[예제 2.11]에 있는 자료에 대해 SAS를 이용하여 줄기잎 그림을 그리는 과정은 다음과 같다.

```
[sas program]

DATA ex212; ①
  INPUT age @@; ②
  CARDS; ③
18 21 22 19 34 32 40 42
56 58 64 28 29 29 36 35
;
RUN;
ODS GRAPHICS OFF; ④
PROC UNIVARIATE DATA=ex212 PLOT; ⑤
  VAR age; ⑥
RUN;
ODS GRAPHICS ON; ⑦
```

해설

① DATA스텝을 통해 ex212의 이름을 가진 SAS데이터세트를 만든다.

② INPUT 스테이트먼트를 통해 변수이름을 age로 지정한다. age 변수에 대한 데이 터를 왼쪽에서 오른쪽으로 읽어들이도록 @@을 지정한다.

③ CARDS 스테이트먼트는 다음 줄부터 변수에 대응하는 데이터가 입력되어 있음을 알린다.

④ 줄기잎 그림을 그리기 위한 ODS(Output Delivery System) 설정값이다. 만약 ODS 설정이 생략되면 줄기잎 그림 대신 수평막대가 그려진다. 그래프 출력기능 을 원상복귀시키려면 끝에 ODS 설정값을 'ON'으로 변경시켜야 한다.

⑤ UNIVARIATE 프로시저를 실행하여 위에서 만든 데이터 ex212를 분석한다. PLOT옵션을 지정하여 UNIVARIATE 프로시저를 실행하면 우리가 필요로 하는 줄기잎 그림을 얻을 수 있다. 실제 UNIVARIATE 프로시저를 실행하면 평균을 비 롯해 최빈값, 메디안, 사분위수 등을 얻을 수 있다.

⑥ VAR 스테이트먼트를 통해 분석해야 할 변수이름을 지정한다. 즉 age 변수에 대 한 줄기잎 그림을 얻을 수 있다.

[결과물]

```
                    The UNIVARIATE Procedure
                         Variable:  age
```

```
          ①  ②                    ③
        Stem Leaf                  #          Boxplot
          6 4                      1             |
          5 68                     2             |
          4 02                     2          +——————+
          3 2456                   4          *——+——*
          2 12899                  5          +——————+
          1 89                     2             |
          ————+————+————+————+
        Multiply Stem.Leaf by 10**+1  ④
```

해설

① 줄기가 수직으로 표시되어 있다. 줄기는 1, 2, 3, 4, 5, 6의 여섯 개이다.

② 각 줄기에 대한 잎이 수평으로 나열되어 있다. 줄기 2에 대한 잎은 1, 2, 8, 9, 9로 나타나 있으며 이는 20대 점원의 나이가 21, 22, 28, 29, 29로서 5명임을 보여준다.

③ 각 줄기에 대한 잎의 개수를 표시한다. 따라서 20대의 점원이 5명으로 가장 많고 다음이 30대로 4명임을 나타낸다.

④ 실제 데이터의 크기는 '줄기.잎'의 형태에 10을 곱한 것이라는 것을 알려준다. 즉 줄기 2의 경우 '줄기.잎'의 형태로 표시하면 2.1, 2.2, 2.8, 2.9, 2.9가 되며 여기에 10을 곱한 21, 22, 28, 29, 29가 실제 데이터라는 것이다.

오자이브

어떤 특정한 수준 이하의 값을 가지는 데이터 값이 얼마나 많은지를 나타내는 그래프로서 누적도수곡선(cumulative frequency polygon)이라고도 한다. 즉 데이터 값에 대한 도수분포를 히스토그램에 의해 그래프로 표시할 수 있는 것과 같이 누적도수분포는 오자이브(ogive)에 의해 그래프로 표시할 수 있다.

예제 2.13

[예제 2.9]에서 사용한 데이터세트 ex29의 group 변수에 대한 누적도수 막대그래프 (오자이브)를 도출하는 과정을 살펴보자.

```
[sas program]
DATA ex213; ①
  SET ex29;
RUN;

PROC GCHART DATA=ex213; ②
  HBAR group/DISCRETE TYPE=CFREQ; ③
RUN;
```

해설

① [예제 2.9]에서 만들어진 데이터세트 ex29를 기초로 ex213라는 이름의 새로운 데이터세트를 만든다. 실제 이 경우는 원래 데이터세트를 변형시키지 않았기 때문에 두 데이터세트는 내용이 동일하다. 단지 [예제 2.13]에서 사용되는 데이터 세트라는 것을 구분하기 위해 새로이 만든 것 뿐이다.

② 데이터세트 ex213에 대해 GCHART 프로시저를 실행한다.

③ group 변수에 대한 수평 막대그래프를 그리기 위해 HBAR 스테이트먼트 다음에 변수명 group을 지정한다. group 변수가 이산형이므로 '/' 다음에 DISCRETE 옵션을 지정한다. 그리고 누적도수 막대그래프를 그리는 것이므로 'TYPE='의 옵션 값으로 'CFREQ'를 지정한다.

  아래 결과물에 각 계급별로 누적도수가 수평막대의 크기로 그려져 있다. 따라서 수평막대의 오른쪽 끝점들을 선으로 이으면 바로 오자이브 그래프가 되는 것이다.

 NOTE

위의 프로그램 ③에서 TYPE=CFREQ 대신 TYPE=CPCT 옵션을 주게 되면 계급별로 누적상 대도수에 대한 그래프를 얻을 수 있는데 이를 누적상대도수 오자이브 그래프라고 한다.

[결과물]

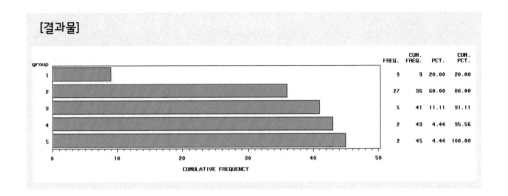

제3장

수집 데이터의
기술통계적 측정

제3장
수집 데이터의 기술통계적 측정

앞에서 살펴본 도수분포표나 히스토그램은 표본의 모든 데이터 값들을 하나의 도표에 표시하고 있어 데이터 값들이 어떻게 분포되어 있는가를 파악하는데 편리하였다. 여기에서는 이러한 분포의 특성을 도표가 아닌 수치로 나타내는 방법에 대해 살펴보기로 한다.

분포의 특성을 나타내는 방법은 먼저 자료를 구성하는 데이터 값들이 주로 어느 값을 중심으로 위치해 있는가를 파악하는 중심위치의 측정(measures of central location)과 또 이러한 데이터 값들이 서로 얼마나 차이를 두고 넓게 퍼져 있는가를 파악하는 분산의 측정(measures of dispersion)이라는 두 가지를 들 수 있다.

〈그림 3-1〉에서 (a)의 경우는 측정된 데이터 값들이 4에서 6사이의 계급을 중심으로 0에서 10까지의 범위에 걸쳐 퍼져 있는 반면 (b)에서는 데이터 값들이 6에서 8사이의 계급을 중심으로 0에서 16까지의 범위에 걸쳐 (a)보다 더 넓게 퍼져 있음을 보여주고 있다.

| 그림 3-1 | 데이터 값들의 중심위치과 분산 |

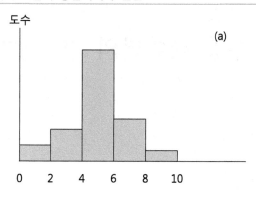

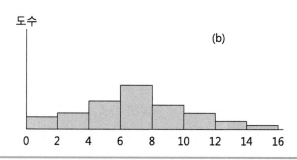

3.1 중심 위치의 측정

자료의 중심이 어디에 있는가를 측정하는 가장 대표적인 세 가지 개념으로는 평균값(mean), 중앙값(median), 최빈값(mode)을 들 수 있다.

평균

평균(mean)은 데이터 값들을 모두 더한 후, 이를 데이터 값들의 개수로 나누어 구한다. 즉 표본조사를 통해 얻은 n개의 데이터 값이 $X_1, X_2, \cdots, X_n$일 때 이 표본에 대한 평균($\overline{X}$)은 다음과 같이 구할 수 있으며 이를 산술평균이라고도 한다.

$$\overline{X} = \frac{1}{n} \sum_{i=1}^{n} X_i$$

🎯 NOTE

N개의 데이터 X_1, X_2, $\cdots$, X_N으로 구성된 모집단에 대한 평균은 표본자료를 통해 얻은 표본평균(sample mean: $\overline{X}$)과 구분하기 위해 다음과 같이 그리스 문자 μ로 표시한다. 그리고 이를 모집단으로부터 얻은 평균이라 하여 모평균(population: μ)이라 한다.

$$\mu = \frac{1}{N} \sum_{i=1}^{N} X_i$$

예제 3.1

5명의 체중을 조사한 결과가 아래와 같이 주어졌을 때 평균은 다음과 같이 구한다(단위는 kg).

72 67 60 78 82

해설

먼저 5명의 체중을 모두 더한 후 이를 5로 나누면 평균을 얻을 수 있다. 따라서 평균은

$$\overline{X} = \frac{1}{5}(72 + 67 + 60 + 78 + 82) = \frac{359}{5} = 71.8 \,(\text{kg})$$

[sas program]
```
DATA ex31; ①
  INPUT weight @@; ②
  CARDS; ③
72 67 60 78 82
;
RUN;
```

```
PROC MEANS DATA=ex31; ④
  VAR weight; ⑤
RUN;
```

해설

① DATA 스테이트먼트 다음에 만들고자 하는 SAS데이터세트의 이름을 ex31로 지정한다.

② INPUT 스테이트먼트 다음에 데이터세트를 구성하는 변수를 weight로 지정한다. weight 변수에 대한 값이 CARDS 스테이트먼트 다음에 행을 기준으로 왼쪽에서 오른쪽으로 나열되어 있어, 행 끝까지 데이터 값을 차례로 weight 변수에 입력하도록 @@를 지정하였다.

③ weight 변수에 대한 입력자료가 시작됨을 알려준다.

④ 평균을 구할 때는 MEANS 프로시저를 이용한다. MEANS 프로시저를 실행하여 데이터세트 ex31을 구성하는 변수의 평균을 구한다.

⑤ VAR 스테이트먼트는 평균을 구하고자 하는 변수를 지정한다. 따라서 ④와 ⑤의 과정을 통해 데이터세트 ex32에 있는 weight 변수의 평균을 구하게 된다. VAR 스테이트먼트 과정을 생략하면 데이터세트에 있는 모든 변수의 평균을 구할 수 있다. ex31의 경우는 변수가 weight 하나이므로 ⑤의 과정을 생략하더라도 동일한 결과를 얻을 수 있다.

[결과물]

The MEANS Procedure

Analysis Variable : weight ①

②	③	④	⑤	⑥
N	Mean	Std Dev	Minimum	Maximum
5	71.8000000	8.7292611	60.0000000	82.0000000

해설

① 분석대상이 되는 변수명을 표시하고 있다. 즉 평균을 구하고자 하는 변수이다.

② 데이터 값의 개수가 5임을 나타내고 있다.

③ 5명의 체중에 대한 평균이 71.8kg임을 표시하고 있다.

④ 표준편차가 8.729로 나타나 있다.

⑤-⑥ 5명의 체중에 대한 최소값과 최대값이 각각 60kg, 82kg으로 출력되어 있다.

예제 3.2

관찰치 수가 많은 일반적인 데이터에 대해서도 평균을 구하는 과정은 동일하다. 여기
서는 [예제 2.1]에서 다루었던 통계학 점수의 평균, 관찰치 수 그리고 최저 및 최고
점수를 구해 보기로 하자.

통계학 점수									
88	67	76	80	86	94	78	84	82	75
80	75	65	84	78	82	71	60	87	75

[sas program]

```
DATA ex32; ①
  INPUT stat @@; ②
  CARDS; ③
88 67 76 80 86 94 78 84 82 75
80 75 65 84 78 82 71 60 87 75
;
RUN;

PROC MEANS DATA=ex32; ④
  VAR stat; ⑤
RUN;
```

해설

① DATA 스테이트먼트 다음에 만들고자 하는 SAS데이터세트의 이름을 ex32로 지
정한다.

② 데이터를 구성하는 변수명 stat를 INPUT 스테이트먼트 다음에 지정한다. CARDS
스테이트먼트 다음 행에 제시된 stat 변수의 값들이 열(column)이 아닌 행(row)의

형태로 연속적으로 나열되어 있기 때문에 행 끝까지 데이터 값을 차례로 stat 변수에 입력하도록 변수명 stat 다음에 @@를 지정하였다.

③ CARDS 스테이트먼트 다음 행부터 stat 변수의 값들이 나열되어 있음을 SAS 시스템에 알린다.

④ 데이터세트 ex32에 속해 변수에 대한 평균 관련 통계량을 구하기 위해 MEANS 프로시저를 수행한다.

⑤ 평균을 구하고자 하는 변수명을 VAR 스테이트먼트 다음에 지정한다. stat 변수에 대해 평균을 구하려고 하는 것이므로 VAR 스테이트먼트 다음에 변수명 stat를 지정하였다. ex32의 경우는 변수가 stat 하나이므로 ⑤의 과정을 생략하더라도 동일한 결과를 얻을 수 있다.

[결과물]

The MEANS Procedure

Analysis Variable : stat ①

②	③	④	⑤	⑥
N	Mean	Std Dev	Minimum	Maximum
20	78.3500000	8.2861648	60.0000000	94.0000000

해설

① 분석대상이 된 변수명이 표시되어 있다. 아래에 stat 변수에 대한 평균이 출력되어 있다.

② 표본의 크기가 20명임을 표시하고 있다.

③ 20명에 대한 평균점수가 78.35로 계산되어 있다.

④ 표준편차가 8.286으로 나타나 있다.

⑤-⑥ 최저 점수와 최고 점수가 각각 60점과 94점으로 나타나 있다.

중앙값

모든 데이터 값들을 오름차순으로 배열하였을 때 중앙에 위치한 데이터 값을 중앙값 (median)이라 한다.

해 설

중앙값의 기본 개념은 데이터 값을 모두 오름차순으로 배열했을 때 중앙값보다 큰 데이터 값들의 수와 중앙값보다 작은 데이터 값들의 수가 동일하도록 결정 된 값인 것이다. 따라서 데이터 값들의 수가 홀수일 때는 중앙값이 하나가 되지 만 데이터 값들의 수가 짝수일 때는 중앙에 위치한 값이 두 개가 되므로 이러한 경우에는 이 두 데이터 값을 평균하여 중앙값으로 한다.

예제 3.3

아래는 어느 상담부서의 전화 통화시간을 측정한 것이다. 이 자료의 중앙값을 구하시오.

$$7\ 2\ 3\ 7\ 6\ 9\ 10\ 8\ 9\ 9\ 10$$

해설

먼저 오름차순으로 자료를 다음과 같이 정리한다.

$$\underbrace{2\ 3\ 6\ 7\ 7}_{5개}\ \overset{\uparrow}{8}\ \underbrace{9\ 9\ 9\ 10\ 10}_{5개}$$

데이터 값이 11개로 홀수이므로 중앙에 위치한 순위는 여섯 번째$\left(\dfrac{11+1}{2}=6\right)$ 이다. 따라서 여섯 번째 위치한 8이 중앙값이 된다.

[sas program]
```
DATA ex33; ①
  INPUT time @@;
  CARDS;
```

```
2 3 6 7 7 8 9 9 9 10 10
;
RUN;

PROC UNIVARIATE DATA=ex33; ②
  VAR time; ③
RUN;
```

해설

① DATA 스테이트먼트를 통해 time이라는 이름을 가진 변수 하나로 이루어진 SAS
  데이터세트를 작성하고 파일명은 ex33라고 지정한다.

② ex33을 분석하기 위해 UNIVARIATE 프로시저를 실행한다(여기서는 중앙값을 구하
  는 것이 분석목적이다).

③ 중앙값을 구하고자 하는 변수 time을 VAR 스테이트먼트 다음에 지정한다.

[결과물]

```
                    The UNIVARIATE Procedure
                       Variable:  time


                            Moments

   N                        11    Sum Weights              11
   Mean             7.27272727    Sum Observations         80
   Std Deviation    2.68666742    Variance          7.21818182
   Skewness         -1.0731851    Kurtosis          0.21938256
   Uncorrected SS          654    Corrected SS      72.1818182
   Coeff Variation   36.941677    Std Error Mean    0.81006071


                    Basic Statistical Measures


         Location                     Variability


      Mean    7.272727     Std Deviation          2.68667
 ①   Median  8.000000     Variance               7.21818
```

```
Mode       9.000000    Range                      8.00000
                       Interquartile Range        3.00000

                    Quantiles (Definition 5)

                    Quantile      Estimate

                    100% Max          10
                    99%               10
                    95%               10
                    90%               10
                    75% Q3             9
           ②       50% Median         8
                    25% Q1             6
                    10%                3
                    5%                 2
                    1%                 2
                    0% Min             2
```

① 중앙값이 8로 출력되어 있다. 동일한 결과가 ②에도 나타나 있다.

② 데이터 값들이 위치하는 곳에 대한 정보가 나열되어 있다. 여기서 50%는 데이터를 오름차순으로 배열했을 때 순위가 50%가 되는 위치를 뜻하며 이는 바로 중앙값(median)을 의미한다. 그리고 오른쪽에 중앙값 8이 나타나 있다. 따라서 100%는 최대값, 0%는 최소값을 의미한다. 특히 25%, 50%, 75%에 위치해 있는 값을 각각 1/4분위수(Q_1), 2/4분위수(Q_2), 그리고 3/4분위수(Q_3)라고 한다.

예제 3.4

학생 10명에 대한 수학 점수가 아래와 같을 때 이 자료의 중앙값을 구하시오.

$$92 \quad 76 \quad 84 \quad 95 \quad 86 \quad 78 \quad 62 \quad 90 \quad 89 \quad 73$$

해설

10명의 점수를 다음과 같이 오름차순으로 배열한다.

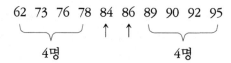

데이터 값이 10개로 짝수이므로 중앙에 위치하는 점수는 5번째와 6번째의 84점과 86점이다. 따라서 이 두 점수를 평균한 85점이 중앙값이 된다.

[sas program]
```
DATA ex34;
  INPUT time @@;
  CARDS;
92 76 84 95 86 78 62 90 89 73
;
RUN;

PROC UNIVARIATE DATA=ex34;
  VAR time;
RUN;
```

해설

[예제 3.3(해설)] 참조.

[결과물]

The UNIVARIATE Procedure
Variable: time

Quantiles (Definition 5)

Quantile	Estimate
100% Max	95.0
99%	95.0
95%	95.0
90%	93.5

	75% Q3	90.0
①	50% Median	85.0
	25% Q1	76.0
	10%	67.5
	5%	62.0
	1%	62.0
	0% Min	62.0

해설

① 중앙값이 85로 나타나 있다.

최빈값

데이터 값들 중에서 빈도수가 가장 높은 데이터 값을 최빈값(mode)이라 한다.

예제 3.5

아래에 주어진 자료에 대해 최빈값을 구하면 다음과 같다.

1 2 2 2 3 4 3 5 7 9

해설

10개의 데이터 값들 중에서 2의 빈도수가 3으로 가장 크므로 최빈값은 2이다.

관찰치 값	1	2	3	4	5	7	9
도수	1	3	2	1	1	1	1

[sas program]

```
DATA ex35;
  INPUT x @@;
  CARDS;
```

```
1 2 2 2 3 4 3 5 7 9
;
RUN;


PROC UNIVARIATE DATA=ex35;
   VAR x;
RUN;
```

해설

중앙값을 구하는데 이용한 UNIVARIATE 프로시저는 앞에서 그 결과물을 모두 제시하지 않았을 뿐이지 실제 이를 실행하면 평균을 비롯한 중앙값, 최빈값들을 모두 구할 수 있다.

[결과물]

```
                    The UNIVARIATE Procedure
                        Variable:  x


                            Moments

①   N                       10    Sum Weights              10
②   Mean                   3.8    Sum Observations         38   ③
    Std Deviation    2.52982213   Variance                6.4
    Skewness          1.1549725   Kurtosis         0.62616257
    Uncorrected SS          202   Corrected SS           57.6
    Coeff Variation  66.5742665   Std Error Mean          0.8


                    Basic Statistical Measures


            Location                  Variability


        Mean     3.800000    Std Deviation          2.52982
④       Median   3.000000    Variance               6.40000
⑤       Mode     2.000000    Range                  8.00000
                             Interquartile Range    3.00000
```

Tests for Location: Mu0=0

Test	-Statistic-		----p Value----	
Student's t	t	4.75	Pr > |t|	0.0010
Sign	M	5	Pr >= |M|	0.0020
Signed Rank	S	27.5	Pr >= |S|	0.0020

Quantiles (Definition 5)

Quantile	Estimate
100% Max	9.0
99%	9.0
95%	9.0
90%	8.0
75% Q3	5.0
50% Median	3.0
25% Q1	2.0
10%	1.5
5%	1.0
1%	1.0
0% Min	1.0

Extreme Observations ⑥

⑦		⑧	
----Lowest----		----Highest----	
Value	Obs	Value	Obs
1	1	3	7
2	4	4	6
2	3	5	8
2	2	7	9
3	7	9	10

해설

①-③ 데이터 값들의 수(N)와 평균(Mean) 그리고 합계(Sum)가 계산되어 있으며 ④
　에는 중앙값(Median)이 3으로 나타나 있다.

⑤ 최빈값(mode)이 2로 계산되어 있다. 평균을 구하기 위해 앞에서 MEANS 프로시
　저를 사용하였으나 UNIVARIATE 프로시저를 사용하면 평균, 중앙값, 최빈값 등
　을 동시에 구할 수 있어 편리하다.

⑥ 데이터 값들을 배열했을 때 양쪽 극단에 위치한 데이터 값을 보여준다.

⑦ 가장 작은 데이터 값부터 순서대로 배열했을 때 처음 5개의 데이터 값을 보여주
　고 있다. 따라서 이 자료에서는 1이 가장 작은 값이며 오른쪽 obs 아래에 있는
　숫자 1은 첫 번째 데이터 값임을 나타낸다.

⑧ 가장 큰 데이터 값까지 순서대로 배열했을 때 마지막 5개의 데이터 값을 보여주
　고 있다. 따라서 이 자료에서는 9가 가장 큰 값이며 오른쪽의 숫자는 열 번째 데
　이터 값임을 나타낸다.

가중평균

n개의 데이터 값들이 $X_1, X_2, \cdots, X_n$일 때 이들 값에 대해 각각 $w_1, w_2, \cdots, w_n$
의 가중치를 부여하여 얻은 평균을 가중평균(weighted mean)이라 하며 이는 다음과 같
이 계산한다.

$$\bar{X} = \frac{w_1 X_1 + w_2 X_2 + \cdots + w_n X_n}{w_1 + w_2 + \cdots + w_n} = \frac{\sum_{i=1}^{n} w_i x_i}{\sum_{i=i}^{n} w_i}$$

해설

위의 공식을 풀어 쓰면 $\bar{X} = \dfrac{w_1}{\sum w_i} X_1 + \dfrac{w_2}{\sum w_i} X_2 + \cdots + \dfrac{w_n}{\sum w_i} X_n$이 되는데

여기서 w_i를 X_i에 대한 도수라고 하면, $\dfrac{w_i}{\sum w_i}$는 X_i의 도수인 w_i를 전체 도수

$\sum w_i$로 나눈 것이므로 X_i의 상대도수에 해당한다. 따라서 상대도수에 해당하

는 $\dfrac{w_i}{\sum w_i}$를 모두 합하면 1이 된다. 즉 $\displaystyle\sum_{i=1}^{n}\dfrac{w_i}{\sum w_i}=1$이다.

예제 3.6

가중평균에 대한 개념은 다음과 같은 예를 생각하면 쉽게 이해할 수 있다. 갑, 을 두 학생이 통계학(3학점)과 전산개론(2학점)을 수강한 결과 갑은 통계학에서 A, 전산개론에서 B 학점을 얻은 반면, 을은 통계학에서 B 그리고 전산학개론에서 A를 받았다. 이 두 학생의 성적이 동일하다고 할 수 있는가?

해설

통계학과 전산개론의 학점수가 3학점으로 동일하다면 이들 두 학생의 성적은 평균적으로 동일하다고 할 수 있다. 그러나 통계학이 3학점이고 전산개론이 2학점이라 한다면 학점수가 높은 통계학에서 A를 받은 갑의 성적이 더 높다고 평가하는 것이 옳을 것이다. 이 경우 학점수가 가중치(weight)의 역할을 하는 것이다.

예제 3.7

[예제 3.6]에서 A학점의 평점이 4, 그리고 B학점의 평점이 3일 때 학점수를 가중치로 하여, 갑과 을 두 학생의 평균평점을 구하시오.

해설

학점수를 가중치로 한 평점에 대한 가중평균을 구하는 것이다.

$$\overline{X}=\frac{\displaystyle\sum_{i=1}^{n}X_i w_i}{\displaystyle\sum_{i=1}^{n}w_i}=\sum_{i=1}^{n}\frac{w_i}{\displaystyle\sum_{i=1}^{n}w_i}X_i=\frac{w_1}{w_1+w_2}X_1+\frac{w_2}{w_1+w_2}X_2$$

에서 학점을 가중치로 사용하였으므로 $w_1=3$, $w_2=2$이고 $X_1=4$, $X_2=3$이 된다. 그리고 통계학, 전산개론 두 과목이므로 $n=2$가 된다.

$$\text{갑의 평균평점: } \frac{(4)(3)+(3)(2)}{3+2}=\frac{18}{5}=3.6$$

$$\text{을의 평균평점: } \frac{(3)(3)+(4)(2)}{3+2}=\frac{17}{5}=3.4$$

예제 3.8

어느 중학교 학급의 수학 점수별 학생수가 다음과 같을 때 이 학급의 수학 평균점수를 구하시오.

점수	학생수
90	3
80	12
70	15
60	5

해설

평균점수를 구하려면 이 학급 학생이 얻은 총점수를 총학생수로 나누어야 한다. 따라서 이 경우는 학생수를 가중치로 하여 평균을 구하여야 한다. 아래 식에서 분자는 학생 전체가 얻은 총점수이고 분모는 총학생수에 해당한다.

$$\bar{X} = \frac{\sum_{i=1}^{n} X_i w_i}{\sum_{i=1}^{n} w_i} = \frac{(90)(3) + (80)(12) + (70)(15) + (60)(5)}{3 + 12 + 15 + 5} = \frac{2580}{35} = 73.7$$

🥧 NOTE

위 식에서 분자가 의미하는 것은 전체 학생 35명(=3+12+15+5)이 받은 총점으로서 이는 90점을 받은 학생이 3명, 80점을 받은 학생이 12명, 그리고 70점과 60점을 받은 학생이 각각 15명, 5명이므로 해당 점수에 그 점수를 받은 학생수를 곱하여 합계한 것이다.
따라서 가중평균 점수는 35명의 총점수를 학생수(35명)으로 나누어 얻게 된다.

[sas program]

```
DATA ex38; ①
  INPUT math count; ②
  CARDS;
90 3
80 12
```

```
70 15
60 5
;
RUN;


PROC MEANS DATA=ex38 VARDEF=WEIGHT;  ③
  VAR math;  ④
  FREQ count;  ⑤
RUN;
```

해설

① ex38이라는 SAS데이터세트를 만든다.

② INPUT 스테이트먼트 다음에 데이터세트를 구성하는 변수인 math와 count를 지정한다. 앞에서 살펴본 것과는 달리 CARDS 스테이트먼트 다음에 나열되어 있는 데이터가 math와 count 변수에 대응되는 두 개만의 열로 구성되어 있기 때문에 @@가 빠져있다. 만약 데이터가 90 3 80 12 70 15 60 5의 한 개 행으로 구성되어 있었다면 @@를 반드시 붙여야 한다.

③ 평균을 구하기 위해 ex38에 대해 MEANS 프로시저를 실행한다. 또한 분산을 구할 때 지정된 가중치를 사용할 것을 지시하기 위해 'VARDEF=' 다음에 WEIGHT 옵션을 지정하였다. 이때 가중치는 ⑤에서 지정한 count 변수 값이 된다. 지금 우리가 구하려고 하는 것은 가중평균이므로 이 옵션은 가중평균값에 영향을 미치지는 않으므로 생략해도 된다.

④ 이때 분석하고자 하는 변수 math이므로 이를 VAR 스테이트먼트 다음에 지정한다.

⑤ FREQ 스테이트먼트는 math의 평균을 구할 때 count를 도수(frequency)로 사용하도록 지시한다. 즉 count 변수의 값을 가중치로 사용하도록 지시한다.

[결과물]

The MEANS Procedure

Analysis Variable : math
①

N	Mean	Std Dev	Minimum	Maximum

| 35 | 73.7142857 | 8.3103083 | 60.0000000 | 90.0000000 |

해설

　① 가중평균값이 73.714로 계산되어 있다.

3.2 분산의 측정

　자료의 분포에 대한 특성을 정확히 파악하기 위해서는 자료의 중심을 나타내는 평균의 측정과 함께, 자료의 데이터 값들이 이 평균을 중심으로 얼마나 퍼져있는가를 측정하여야 한다. 아래 〈그림 3-2〉는 바로 평균개념만으로는 분포의 특성을 정확히 파악할 수 없다는 사실을 보여준다. (a)와 (b)는 모두 평균이 $\bar{X}$로 동일하나 (a)의 경우는 (b)에 비해 데이터 값들이 평균을 중심으로 집중되어 있음을 보여주고 있다.

| 그림 3-2 | 분포의 퍼짐 정도 |

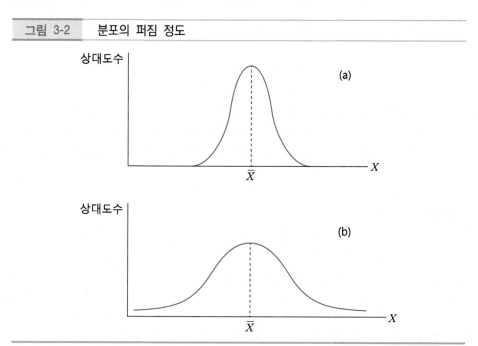

NOTE

〈그림 3-2〉에서 상대도수분포를 나타내는 그래프가 막대그래프의 히스토그램이 아닌 곡선으로 그려져 있는데 이는 히스토그램에 있는 각 계급의 중앙값을 횡축에 표시하고 이에 대응하는 해당 계급의 상대도수를 종축에 표시한 후 이들 각 점들을 연결한 것이다.

이러한 자료의 퍼짐을 측정하는 방법으로는 범위(range), 분산(variance), 표준편차(standard deviation) 등이 있다.

범위

데이터 값들 중에서 최대 데이터 값과 최소 데이터 값 사이의 차이를 범위(range)라 한다.

예제 3.9

[예제 3.1]에서 제시된 5명의 체중(kg) 자료인 72, 67, 60, 78, 82에 대한 범위를 계산하시오.

해설

5명의 체중(kg)이 각각 72, 67, 60, 78, 82이므로 범위는 최대값 82와 최소값 60의 차이인 22이다. SAS를 이용하여 범위를 구하고자 하는 경우 앞에서 살펴본 MEANS 프로시저를 RANGE 옵션을 지정하여 실행하면 된다.

```
[sas program]
DATA ex39; ①
  INPUT weight @@; ②
  CARDS;
72 67 60 78 82
;
RUN;
```

```
PROC MEANS DATA=ex39 N MEAN RANGE MIN MAX; ③
  VAR weight; ④
RUN;
```

해 설

① 파일명이 ex39인 SAS데이터세트를 만든다.

② INPUT 스테이트먼트 다음에 변수명 weight를 지정한다.

③ MEANS 프로시저를 실행하여 데이터세트 ex39를 분석하는데 이때 구하고자 하는 것을 옵션으로 지정할 수 있다. 여기서는 범위를 구하는 것이 목적이므로 RANGE라는 옵션 하나만 지정하면 되지만 관찰치들의 개수를 구하는 N, 평균을 구하는 MEAN, 그리고 최소, 최대 데이터 값을 구하는 MIN과 MAX의 옵션이 지정되어 있기 때문에 이들 값이 출력될 것이다.

④ 분석하고자 하는 변수명을 VAR 스테이트먼트 다음에 지정하고 있다.

[결과물]

The MEANS Procedure

Analysis Variable : weight

N	Mean	Range ①	Minimum ②	Maximum ③
5	71.8000000	22.0000000	60.0000000	82.0000000

해 설

① 범위가 22로 나타나 있다. 이는 바로 ②와 ③에 제시된 최소값 60과 최대값 82의 차이인 것이다.

분산

평균이 $\overline{X}$인 n개의 데이터 값 X_1, X_2, $\cdots$, X_n에 대한 표본분산은 다음과 같이 정의

된다.

$$S^2 = \frac{\sum_{i=1}^{n}(X_i - \overline{X})^2}{n-1} = \frac{\sum_{i=1}^{n}X_i^2 - \frac{\left(\sum_{i=1}^{n}X\right)^2}{n}}{n-1}$$

해 설

위 식에서 $(X_i - \overline{X})$는 데이터 값이 평균으로부터 얼마나 떨어져 있나를 나타내는 것으로서 편차(deviation)라고 하는데, 분산은 바로 이러한 편차를 각각의 데이터 값에 대해 구한 후 이를 제곱하여 합한 것을 $(n-1)$로 나눈 것이다. 따라서 표본의 데이터 값들이 평균으로부터 떨어져 있을수록 분산은 커지게 된다.

 NOTE

통계학을 처음 배우면서 항상 혼란을 일으키는 것이 모집단(population)과 표본(sample)의 구분이다. 즉 위에서 정의한 분산은 n개의 데이터 값들로 이루어진 '표본'을 대상으로 한 것이다. N개의 데이터 값들로 구성된 '모집단'에 대한 분산은 다음과 같이 정의된다(여기서 μ는 모집단의 평균인 모평균이다).

$$\sigma^2 = \frac{\sum_{i=1}^{N}(X_i - \mu)^2}{N} = \frac{\sum_{i=1}^{N}X_i^2}{N} - \left(\frac{\sum_{i=1}^{N}X_i}{N}\right)^2$$

표본이든 모집단이든 간에 분산에 대한 개념에 차이가 있는 것은 아니다. 그러나 문제가 되는 것은 모분산의 경우는 그대로 N으로 나누는 데 반해 표본분산은 표본을 구성하는 데이터 값의 개수에서 1을 뺀 $(n-1)$로 나눈다는 점인데, 이는 표본분산의 경우 편차 제곱의 합을 n으로 나누게 되면 이 결과가 모분산의 추정량으로 사용하기에는 과소평가되는 경향이 있기 때문에 이를 조정하기 위해 $(n-1)$로 나누는 것이다.

$(n-1)$로 나누는 이론적 근거는 자유도라는 개념이다. 이를 간단히 설명하면 편차의 합은 0이기 때문이다. 즉

$$\sum_{i=1}^{n}(X_i - \overline{X}) = \sum_{i=1}^{n}X_i - n\overline{X} = \sum_{i=1}^{n}X_i - n\frac{\sum_{i=1}^{n}X_i}{n} = 0$$

이므로 n개의 편차 중 $(n-1)$개의 편차가 결정되면 나머지 한 개는 자동적으로 결정되게 된다. 이러한 의미에서 표본분산은 $(n-1)$의 자유도를 가지고 있다고 하며 분산을 구할 때는 편차의 합이 0이 되는 것을 피하기 위해 편차를 제곱한 것의 합을 구하고 이를 자유도로 나누는 것이다. 또한 분석 대상이 되는 자료는 대부분 표본조사에 의해 얻은 데이터 값들이기 때문에 현실적으로는 표본분산이 주로 활용된다.

표준편차

분산에 양의 제곱근을 취한 것을 표준편차(standard deviation)라 한다.

$$S = \sqrt{\frac{\sum_{i=1}^{n}(X_i - \overline{X})^2}{n-1}} = \sqrt{\frac{\sum_{i=1}^{n}X_i^2 - \frac{\left(\sum_{i=1}^{n}X\right)^2}{n}}{n-1}}$$

해 설

데이터 값들이 평균으로부터 얼마나 떨어져 있나를 파악하는 수단으로 분산을 계산하나 이 분산의 단위는 데이터 값 단위와 일치하지 않기 때문에 분산에 대한 해석을 데이터 값의 단위를 기준으로 비교하는데는 적절하지 못한 면이 있다. 예를 들어 신장에 대한 데이터 값들의 단위가 ㎝였다면 분산은 제곱의 계산 과정을 통해 ㎠가 되기 때문이다. 이러한 분산의 단위를 원래 데이터 값들의 단위로 환원하기 위해 분산에 다시 제곱근을 취하게 되었으며 이것이 바로 표준편차인 것이다. 모집단에 대한 표준편차 역시 모분산에 양의 제곱근을 취하여 얻게 되는데 단지 모분산은 $\sigma^2 = \frac{\sum(X_i - \mu)^2}{N}$에 따라 계산된다는 것이 표본분산과 다를 뿐이다. 따라서 모집단에 대한 표준편차는 다음과 같이 표시할 수 있다.

$$\sigma = \sqrt{\frac{\sum(X_i - \mu)^2}{N}}$$

예제 3.10

[예제 3.1]에서 제시된 5명의 체중(kg) 자료인 72, 67, 60, 78, 82에 대한 분산과 표준편차를 구하시오.

해설

먼저 5명의 체중 평균을 구한다.

$$\overline{X} = \frac{(72 + 67 + 60 + 78 + 82)}{5} = 71.8$$

따라서 분산과 표준편차는 다음과 같이 구할 수 있다.

$$S^2 = \frac{\sum_{i=1}^{n}(X_i - \overline{X})^2}{n-1}$$

$$= \frac{(72-71.8)^2 + (67-71.8)^2 + (60-71.8)^2 + (78-71.8)^2 + (82-71.8)^2}{(5-1)}$$

$$= 76.2$$

$$S = \sqrt{\frac{\sum_{i=1}^{n}(X_i - \overline{X})^2}{n-1}} = \sqrt{76.2} = 8,729$$

[sas program]
```
DATA ex310; ①
  INPUT weight @@; ②
  CARDS;
72 67 60 78 82
;
RUN;

PROC MEANS DATA=ex310 N MEAN STD VAR; ③
  VAR weight; ④
RUN;
```

해설

① ex310이라는 이름의 데이터세트를 만든다.

② ex310 데이터세트를 구성할 변수명을 INPUT 스테이트먼트 다음에 weight로 지정한다.

③ MEANS 프로시저를 실행하여 ex310에 있는 변수에 대해 옵션으로 지정한 관찰치수(N), 평균(MEAN), 표준편차(STD), 분산(VAR)을 구한다.

④ weight 변수에 대해 위에서 옵션으로 지정한 것을 구한다. 여기서 주의할 것은 ③에 있는 VAR는 옵션으로 분산(variance)을 구하라는 것이고 ④에 있는 VAR는 스테이트먼트로 이후에 지정되는 변수에 대해 위에서 지정한 옵션을 구하라는 것이다. VAR 스테이트먼트를 쓰지 않으면 데이터세트를 구성하는 모든 변수에 대해 옵션으로 지정한 것을 계산한다. 따라서 ex310은 weight 변수 하나로 구성되어 있으므로 VAR 스테이트먼트를 지정하지 않아도 동일한 결과를 얻게 된다.

[결과물]

```
                    The MEANS Procedure

                 Analysis Variable : weight
                                    ①             ②
        N        Mean        Std Dev       Variance
        ─────────────────────────────────────────────
        5     71.8000000    8.7292611    76.2000000
        ─────────────────────────────────────────────
```

해설

① 표준편차는 8.729이다.

② 분산은 76.2이다.

3.3 비대칭성의 측정

변동계수

표준편차를 평균에 대한 백분율로 표시한 것을 변동계수(coefficient of variation)라 한다.

$$CV = \frac{S}{\overline{X}} \times 100$$

해 설

만약 평균과 표준편차가 모집단으로 계산된 것이라면 위의 변동계수를 나타내는 식은 다음과 같이 표시한다.

$$CV = \frac{\sigma}{\mu} \times 100$$

X를 투자에 대한 수익률(rate of return)이라 하면 평균 $\overline{X}$는 투자자의 기대수익률(expected rate of return)이며 표준편차 S는 수익률이 기대수익률로부터 얼마나 떨어져 있는가를 표시하는 것이므로 투자자의 위험을 측정하는 기준이 된다. 따라서 변동계수는 기대수익률을 기준으로 위험이 어느 정도인지를 나타내는 척도가 되는 것이다.

예제 3.11

A, B 두 회사의 주가를 한 달 동안 조사하여 평균주가($\overline{X}$)와 표준편차(S)를 조사한 결과 다음과 같은 결과를 얻었다.

$$\overline{X}_A = 45{,}000원 \quad S_A = 3{,}000원$$

$$\overline{X}_B = 5{,}000원 \quad S_B = 2{,}000원$$

이 자료로부터 우리는 A 회사 주식의 변동성이 B 회사보다 더 크다고 할 수 있는가?

해설

평균주가가 동일한 수준이라면 주가의 표준편차가 클수록 주가변동이 심하다고 할 수 있다. 그러나 위와 같이 A 회사 주가의 표준편차는 3,000원으로 B 회사의 표준편차 2,000원보다 크지만, A 회사 주가의 표준편차는 평균주가 45,000원을 기준으로 한 3,000원인데 비해 B 회사 주가의 표준편차는 평균주가 5,000원을 기준으로 한 2,000원이므로 표준편차만을 가지고 두 회사 주가의 변동성을 파악할 수는 없다. 이러한 경우 상대적인 측면에서 변동정도를 파악한 것이 변동계수인 것이다.

A, B 두 회사 주가의 변동계수를 구하면

$$(A) \quad \frac{3000}{45000} \times 100 = 6.7\,(\%)$$

$$(B) \quad \frac{2000}{5000} \times 100 = 40\,(\%)$$

로 B 회사의 주가변동성이 더 크게 나타나고 있다.

예제 3.12

다음은 5명의 고객이 어느 상점에서 지출한 금액(단위: 원)이다. SAS를 이용하여 변동계수를 구하는 과정은 다음과 같다.

$$30{,}950 \quad 5{,}800 \quad 87{,}600 \quad 45{,}100 \quad 34{,}000$$

[sas program]

```
DATA ex312; ①
  INPUT sales @@; ②
  CARDS;
30950 5800 87600 45100 34000
;
RUN;

PROC MEANS DATA=ex312 N MEAN STD CV; ③
  VAR sales; ④
RUN;
```

해설

① ex312라는 데이터세트를 만든다.

② ex312 데이터세트를 구성하는 변수는 sales이다. CARDS 스테이트먼트 다음 행에 sales 변수의 데이터가 행을 기준으로 오른쪽으로 나열되어 있어 @@를 부가하였다.

③ ex312 데이터세트에 대해 MEANS 프로시저를 실행하여 옵션으로 지정한 관찰치 수(N), 평균(MEAN), 표준편차(STD) 그리고 변동계수(CV)를 구한다.

④ VAR 스테이트먼트 다음에 분석대상이 되는 변수 sales를 지정한다.

[결과물]

The MEANS Procedure

Analysis Variable : sales

N	Mean	Std Dev	① Coeff of Variation
5	40690.00	29903.73	73.4915922

해설

① sales 변수의 평균과 표준편차는 각각 40690, 29903.7이고 변동계수는 73.49%이다.

왜도

자료의 분포가 좌우 대칭 상태에서 얼마나 벗어났는가를 나타내는 것이 왜도(skewness)이다.

해설

〈그림 3-3〉과 같이 자료의 분포가 좌우 대칭 상태에서 벗어나는 경우 자료의 분포는 어느 한 쪽으로 경사진 모양을 보이게 되는데, (a)의 경우는 오른쪽으로

비스듬하게 기울어진 형태이며, (b)의 경우는 왼쪽으로 비스듬하게 기울어진 형태를 보여주고 있다.

 그림 3-3   분포의 대칭성

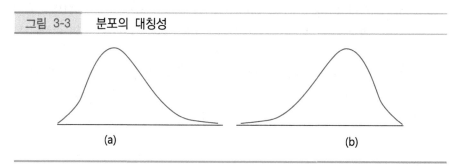

(a)   (b)

이러한 왜도는 다음과 같은 공식에 의해 계산할 수 있다.

$$g = \frac{m_3}{m_2^{3/2}} = \frac{m_3}{\sigma^3}$$

$$\text{여기서 } m_3 = \frac{\sum_{i=1}^{n}(X_i - \overline{X})^3}{n}, \quad m_2 = \frac{\sum_{i=1}^{n}(X_i - \overline{X})^2}{n}$$

이때 $g = 0$이면 자료의 분포는 대칭을 이루게 된다. $g \neq 0$이면 대칭상태에서 벗어나게 되는데, 특히 $g > 0$이면 오른쪽 분포의 꼬리가 길게 늘어짐으로써 오른쪽으로 완만한 경사를 보이며 $g < 0$이면 왼쪽 분포의 꼬리가 길게 늘어짐으로써 왼쪽으로 완만한 경사를 보인다. 그러므로 위의 그림에서 (a)는 왜도값이 $g > 0$이며 (b)는 $g < 0$임을 알 수 있다.

> 🗂 NOTE
>
> 왜도를 측정하는 방법은 하나로 고정된 것이 아니다. 위의 방법 외에 $\frac{\overline{X} - M_e}{S}$ 또는 $\frac{\overline{X} - M_o}{S}$ 등으로 측정하기도 한다(여기서 M_e는 중앙값, M_o는 최빈값).
>
> 실제 SAS나 Excel 등에서 계산되는 왜도는 $\frac{n}{(n-1)(n-2)}\sum\left(\frac{X-\overline{X}}{S}\right)^3$ 에 따라 계산된 결과라는 사실에 주의해야 한다. 따라서 왜도값의 크기보다는 부호에 더 큰 의미를 부여해야 할 것이다.

📊 NOTE

$g = 0$이 되어 자료의 분포가 좌우 대칭인 경우 앞에서 살펴본 산술평균, 최빈값, 중앙값은 모두 일치하나, $g \neq 0$이 되어 자료의 분포가 좌우 비대칭으로 이루어진 경우는 중앙값이 최빈값과 산술평균 사이에 위치하게 된다.

| 그림 3-4 | 분포의 대칭정도에 따른 산술평균, 중앙값, 최빈값의 위치 |

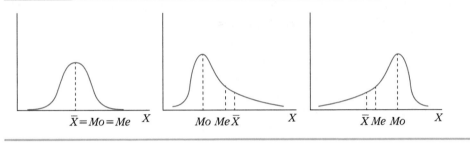

예제 3.13

다음 자료의 왜도를 구하고 이를 통해 분포가 어느 쪽으로 기울었는지를 확인하시오.

11 17 18 10 22 14 13 12

해설

X_i	$(X_i - \overline{X})^2$	$(X_i - \overline{X})^3$
11	13.14	−47.63
17	5.64	13.40
18	11.39	38.44
10	21.39	−98.93
22	54.39	401.13
14	0.39	−0.24
13	2.64	−4.29
12	6.89	−18.09

$$\overline{X} = \sum X_i / n = 117/8 = 14.625$$

$$\sum (X_i - \overline{X})^2 = 115.88$$

$$\sum (X_i - \overline{X})^3 = 283.78$$

따라서

$$m_3 = \frac{\sum (X_i - \overline{X})^3}{n} = \frac{283.78}{8} = 35.47$$

$$\sigma = \sqrt{\frac{\sum (X_i - \overline{X})^2}{n}} = \sqrt{\frac{115.88}{8}} = 3.81$$

$$m_2 = \frac{\sum (X_i - \overline{X})^2}{n} = \frac{115.88}{8} = 14.485$$

이므로 왜도는

$$g = \frac{m_3}{\sigma^3} = \frac{35.47}{3.81^3} = 0.64$$

또는 $g = \dfrac{m_3}{m_2^{3/2}} = \dfrac{35.47}{14.485^{3/2}} = 0.64$

이다. 그러므로 이 분포는 왜도가 양의 값을 가지므로 꼬리가 오른쪽으로 길게 늘어진 형태를 보일 것이다.

```
[sas program]
DATA ex313; ①
  INPUT x @@;
  CARDS;
11 17 18 10 22 14 13 12
;
RUN;


PROC MEANS DATA=ex313 N MEAN STD SKEWNESS; ②
  VAR x;
RUN;
```

해설

① 변수 x로 구성된 데이터세트 ex313을 만든다.

② MEANS 프로시저를 실행하여 데이터세트 ex313의 변수 x를 분석한다. 왜도를 구하기 위해 'SKEWNESS' 옵션을 지정하였다. 이외에 추가로 관찰치수(N), 평균 (MEAN), 표준편차(STD)를 구하기 위해 이들에 대한 옵션을 지정하였다.

🥧 NOTE
_____

다음과 같이 UNIVARIATE 프로시저를 사용하면 옵션 지정 없이 왜도, 첨도 등을 구할 수 있다.

```
PROC UNIVARIATE DATA=ex313;
   VAR x;
RUN;
```

[결과물]

The MEANS Procedure

Analysis Variable : x

N	Mean	Std Dev	Skewness ①
8	14.6250000	4.0686080	0.8025772

해설

① 왜도(skewness)가 $g = 0.802 (> 0)$로 나타나고 있어 데이터의 분포가 오른쪽으로 완만한 경사를 이루고 있음을 알 수 있다.

🥧 NOTE
_____

여기서 주의할 것은 SAS에서 계산되는 왜도는 $\dfrac{n}{(n-1)(n-2)} \sum \left(\dfrac{X - \overline{X}}{S} \right)^3$에 따라 계

산된 결과이므로 위에서 계산한 왜도값 0.64와는 차이를 보이고 있다(여기서 S는 표본의 표준편차임).

4분위값

4분위값(quartile)을 이해하기 위해서는 먼저 %분위값(percentile)을 정의해야 한다. k%분위값(k percentile)이란 데이터 값들에 대한 도수분포를 작성했을 때 k%분위값을 중심으로 이보다 작은 값을 가지는 데이터 값들의 도수가 적어도 전체 도수의 k%가 되는 값을 의미하며 이를 P_k로 표시한다. 따라서 k%분위값보다 큰 데이터 값들의 도수는 전체 도수의 $(100-k)$%에 이를 것이다.

예를 들어 50%분위값인 P_{50}은 이보다 작은 데이터 값들의 도수가 전체 도수의 50%이고 P_{50}보다 큰 데이터 값들의 도수가 전체 도수의 50%가 되므로 이는 바로 모든 데이터 값들을 오름차순으로 나열하였을 때 중앙에 위치한 값을 나타내는 중앙값에 해당한다.

특히 P_{25}, P_{50}, P_{75}는 데이터 값들을 오름차순으로 나열했을 때 1/4의 간격을 가지고 위치해 있기 때문에 이들을 각각 1사분위값(the first quartile), 2사분위값, 3사분위값이라고 하며 %분위값과 구분하여 각각 Q_1, Q_2, Q_3로 표시한다. 또한 Q_1과 Q_3의 범위를 4분위범위(interquartile range)라 한다.

해 설

n개의 데이터 값으로 구성된 자료에서 k%분위값인 P_k를 구하는 과정은 다음과 같다.

(1) P_k는 정의에 의해 P_k값보다 작은 값을 가지는 데이터의 도수가 전체 도수의 k%가 된다는 것을 의미하므로 P_k의 위치를 알기 위해서는 먼저 데이터 값들을 모두 오름차순으로 배열해야 한다. 즉 전체 도수가 n이라 할 때 전체 도수의 k%가 P_k값보다 작아야 하므로 P_k값의 위치는 오름차순으로 배열한 데이터 값들의 순위에서 $n \times \dfrac{k}{100}$ 번째가 될 것이다.

(2) 이때

$n \times \dfrac{k}{100}$ 가 정수이면 P_k의 위치는 $n \times \dfrac{k}{100} + 0.5$이고,

$n \times \dfrac{k}{100}$ 가 정수가 아니면 P_k의 위치는 $n \times \dfrac{k}{100}$ 다음의 정수가 된다.

(3) 끝으로 자료의 데이터 값들을 오름차순으로 순위를 정하고 여기에서 (2)에서 구한 P_k의 위치에 해당하는 값을 택하면 이것이 k %분위값인 것이다.

예제 3.14

다음 자료에서 30%분위값(P_{30})과 1사분위값(Q_1)을 구하시오.

$$136 \quad 182 \quad 166 \quad 132 \quad 130 \quad 186 \quad 140 \quad 155$$

해설

(30%분위값)

(1) 데이터를 구성하는 관찰치가 모두 8개이므로 $n = 8$이다. 따라서 30%분위값의 위치는

$$n \times \frac{k}{100} = 8 \times \frac{30}{100} = 2.4$$

이고 이의 의미는 데이터 값들을 오름차순으로 배열했을 때 아래부터 2.4개의 도수가 전체 도수의 30%에 해당한다는 것이다.

(2) 30%분위값을 구하기 위해서는 적어도 2.4개의 도수를 포함하고 있어야 하므로 2.4 다음의 정수인 3번째에 위치하는 데이터 값을 P_{30}으로 택하게 되는 것이다.

(3) 위의 데이터 값들을 오름차순으로 배열하면

위치	1	2	③	4	5	6	7	8
데이터값	130	132	136	140	155	166	182	186

↑
2.4번째

위에서 보는 바와 같이 $n \times \dfrac{k}{100}$ 에 따라 계산한 30%분위값의 위치가 2.4번째로 정수가 아니므로 2.4 다음의 정수인 3을 택하게 되고 이에 따라 30%분위값은 위의 오름차순으로 배열한 관찰치에서 3번째 위치에 있는 136이 된다.

이는 위의 8개 데이터 값으로 이루어진 자료에서 136보다 작은 값을 가지는 관찰치들의 도수가 '적어도' 전체 도수의 30%가 됨을 의미하는 것이다.

(1사분위값)

(1) $n \times \dfrac{k}{100} = 8 \times \dfrac{25}{100} = 2$

(2) 위에서 구한 값이 정수이므로 $Q_1(P_{25})$는

$$n \times \frac{k}{100} + 0.5 = 8 \times \frac{25}{100} + 0.5 = 2.5$$

번째에 위치한 값을 찾으면 된다.

2.5번째에 위치하는 수는 2번째 데이터 값 132에서 3번째 데이터값인 136쪽으로 0.5만큼 떨어져 있다고 가정하여 2번째 데이터 값과 3번째 데이터 값의 차이인 4(=136−132)에 0.5를 곱한 것을 2번째 데이터 값 132에 더함으로써 25%분위값, 즉 1사분위값 Q_1을 구하게 된다. 따라서 1사분위값은 132+(136−132)× 0.5=134가 된다.

위치	1	2	3	4	5	6	7	8
데이터값	130	132	136	140	155	166	182	186

↑

2.5번째

 NOTE

k%분위값(P_k)은 $\dfrac{k(n+1)}{100}$ 번째 값으로 정의되어지기도 한다. 특히 엑셀에서 PERCENTILE 함수에 의해 계산되는 %분위값은 $\dfrac{kn+(100-k)}{100}$ 번째 값으로 정의되어지기 때문에 50% 분위값, 즉 중앙값의 경우는 어떤 방법을 택하든 동일한 결과를 낳지만, 중앙값이 아닌 다른 % 분위값은 정의되는 식이 어느 것이냐에 따라 서로 다른 결과를 낳게 된다.

SAS의 UNIVARIATE 프로시저를 이용하면 4분위값을 쉽게 구할 수 있으며 다른 %분위값도 옵션을 지정하면 간단히 구할 수 있다.

```
[sas program]

DATA ex314;
   INPUT x @@;
   CARDS;
136 182 166 132 130 186 140 155
;
RUN;


PROC UNIVARIATE DATA=ex314; ①
   VAR x;
   OUTPUT OUT=ex314out PCTLPTS=30 50 75 PCTLPRE=p MEAN=mean; ②
RUN;


PROC PRINT DATA=ex314out; ③
RUN;
```

해설

① UNIVARIATE 프로시저를 실행하면 4분위값을 구할 수 있다. 여기에서는 데이터
   세트 ex314에 있는 변수 x에 대해 UNIVARIATE 프로시저를 실행하고 있다.

② 1사분위값만 구하려고 한다면 이 부분은 필요가 없다. UNIVARIATE 프로시저의
   실행결과는 기본적으로 변수에 대한 4분위값을 구해주기 때문이다. 위의 예에서
   우리는 30%분위값을 구하려는 것이므로 추가로 이에 대한 옵션을 지정해 주어
   야 한다.

   'OUTPUT' 스테이트먼트는 바로 이러한 새로운 계산결과를 파일로 저장할 때
   사용하는 것이며 다음에 나오는 'OUT='에는 이 결과를 저장할 파일이름을 지
   정한다. 'PCTLPTS='에는 바로 우리가 구하고자 하는 %분위를 기입한다. 여기
   서는 1사분위값과 30%분위값 뿐만 아니라 실행에 대한 이해를 돕기 위해 50%분
   위값, 75%분위값도 구하도록 지정하였다.

   'PCTLPTS='를 지정하는 경우는 반드시 뒤이어 'PCTLPRE='가 나와야 하는데
   여기에는 앞에서 구하도록 지시한 %분위값을 파일에 저장할 때 사용할 변수명의
   '처음 시작 글자'를 기입한다. 여기서는 시작 글자를 'p'로 지정하였으므로 30%
   분위값은 p30이라는 변수명으로 50%분위값은 p50이라는 변수명으로 저장될
   것이다. 이 프로그램을 실행한 결과를 보면 쉽게 이해가 될 것이다. 추가로
   'MEAN='은 평균을 계산하고 이를 'MEAN=' 다음에 지정한 변수명에 저장한다.

③ UNIVARIATE 프로시저를 실행하면 기본적인 결과만 출력될 뿐 ② 부분에서 요구한 결과는 제시되지 않는다. 이를 보기 위해서는 추가로 요구한 결과가 저장되어 있는 파일 ex314out을 출력해 보아야 한다.

[결과물]

```
                 Basic Statistical Measures

        Location                    Variability

Mean      153.3750     Std Deviation          22.45591
Median    147.5000     Variance              504.26786
Mode         .         Range                  56.00000 ①
                       Interquartile Range    40.00000 ②


                  Quantiles (Definition 5)


                  Quantile      Estimate

                  100% Max        186.0
                  99%             186.0
                  95%             186.0
                  90%             186.0
                  75% Q3          174.0
                  50% Median      147.5
                  25% Q1          134.0   ③
                  10%             130.0
                  5%              130.0
                  1%              130.0
                  0% Min          130.0
```

Obs	mean	p25	p30	p50	p75
		④	⑤		
1	153.375	134	136	147.5	174

해설

① 데이터 값 중에서 최소값 130과 최대값 186의 차이인 범위(range)가 56(=186-130)으로 나타나 있다.

② 1사분위값(Q_1) 134와 3사분위값(Q_3) 174의 차이, 즉 4분위범위(interquartile range)가 40임을 나타내고 있다.

③ 1사분위값(Q_1)이 134로 나타나 있다. 그리고 바로 위에 중앙값에 해당하는 중앙값인 2사분위값(Q_2)과 3사분위값(Q_3)이 각각 147.5, 174로 나타나 있다.

④-⑤ 프로그램의 ③ 부분을 실행한 결과이다. p25, p30이라는 변수명 아래 1사분위값과 30%분위값이 134, 136으로 출력되어 있으며 오른쪽에는 Q_2와 Q_3가 각각 147.5, 174로서 앞에서와 동일한 결과를 보이고 있다.

상자그림

상자그림(box plot)은 자료의 분포 형태를 4분위값(Q_1, Q_2, Q_3)과 최소값, 최대값의 다섯 가지 정보를 이용하여 그래프로 나타낸 것으로서, 데이터 값들이 어떤 분포의 형태를 띠고 있으며 이들 데이터 값들 중 이상값(outlier)이 있는지 여부를 알아내는데 유용하다.

 NOTE

이상값(outlier)이란 데이터 값들의 분포를 그렸을 때 평균으로부터 4*표준편차 이상 떨어져 위치한 데이터 값을 말한다. 즉 어떤 표본의 평균이 $\overline{X}$이고 표준편차가 S일 때 데이터 값이 $\overline{X}+4\dfrac{S}{\sqrt{n}}$보다 크거나 $\overline{X}-4\dfrac{S}{\sqrt{n}}$보다 작으면 이 데이터 값을 이상값이라고 한다(3장 5절 [경험법칙] 참조). 이러한 이상값이 존재하게 되면 이로 인해 평균이나 분산이 크게 영향을 받게 되기 때문에 자료 분석에서 이상값 유무를 확인하는 것은 매우 중요하다.

예제 3.15

어느 회사에서 사원들의 출근에 소요되는 시간을 조사하여 다음의 결과를 얻었을 때 이 자료의 상자그림은 다음과 같이 작성한다.

최소값=20, Q_1=20, Q_2=50, Q_3=80,   최대값=120   (단위: 분)

해설

먼저 수평축을 그리고 여기에 25%분위값에 해당하는 1사분위값 Q_1과 75%분위값인 3사분위값 Q_3를 표시한 후, 그 위에 이들 값 사이의 범위, 즉 4분위범위(inter-quartile range)를 가로 크기로 하여 아래와 같은 상자 모양의 형태로 표시한다(이때 상자의 세로 크기는 상자가 직사각형이 되도록 임의로 정하면 된다).

다음에 중앙값인 2사분위값 Q_2를 작은 막대의 선 모양으로 상자 안에 표시한다. 끝으로 상자 양 끝에 최소값과 최대값을 표시하고 이들을 상자에 점선으로 연결시킨다.

그림 3-5   상자그림과 4분위수

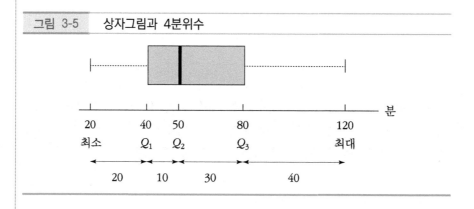

상자그림(box plot)의 경우 이를 그리는 것보다 이것이 나타내는 의미를 파악하는 것이 더욱 중요하다. 먼저 〈그림 3-5〉에서 상자그림은 4분위범위, 즉 Q_1에서 Q_3 사이에 전체 도수의 50%가 속해 있으므로, 우리는 사원의 50%가 40분에서 80분 사이의 시간을 출근하는데 소비하고 있음을 확인할 수 있다. 그리고 이들 50%의 반인 25%는 40분에서 50분의 시간이 소요되고 나머지 25%는 50분에서 80분 사이의 시간이 소요되고 있음을 보여주고 있다.

여기서 상자그림이 보여주는 아주 중요한 사실은, 상자가 표시하는 범위에서 Q_1과 Q_2에 속하는 도수와 Q_2와 Q_3에 속하는 도수는 각각 25%로서 동일하나 그 구간의 출근시간 범위는 각각 10분(=50-40)과 30분(=80-50)으로서 Q_1과 Q_2의 출근시간 범위가 작기 때문에, 이를 도수분포 측면에서 보면 도수가 1사분위값 Q_1과 2사분위값 Q_2 사이에 '집중되어 있다'는 사실을 확인할 수 있다는 점이다.

　　다시 말해 Q_1과 Q_2 사이 그리고 Q_2와 Q_3 사이에는 각각 전체 도수의 25%가 속해 있으나 전자의 경우는 동일한 도수가 40분과 50분 사이에 속해 있는 반면, 후자의 경우는 50분과 80분 사이에 속해 있으므로 전자의 Q_1과 Q_2 범위에 비해 후자의 Q_2와 Q_3 범위에는 도수가 상대적으로 넓게 퍼져 있음을 알 수 있다.

　　상자그림은 이러한 사실을 2사분위값 Q_2를 표시하는 상자 안의 굵은 세로 줄이 상자의 중앙에 위치한 것이 아니라 왼쪽으로 치우쳐서 위치해 있다는 사실을 통해 우리에게 쉽게 확인시켜 준다.

　　또한 상자를 벗어나 왼쪽으로는 최소값까지 연결된 점선과 오른쪽으로는 최대값까지 연결된 '점선의 길이'를 비교함으로써 도수분포가 어느 쪽으로 기울었는지를 파악할 수 있는데 위의 예에서는 오른쪽의 점선의 길이가 왼쪽보다 길기 때문에 분포가 오른쪽으로 완만한 경사를 보이는 형태임을 추측할 수 있다.

예제 3.16

상자그림이 다음과 같은 경우 상자그림이 나타내는 자료의 개략적인 도수분포 형태를 그려보시오.

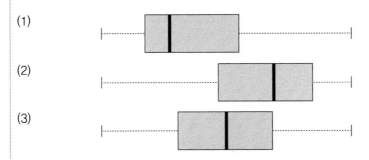

(1)

(2)

(3)

해 설

(1) 3사분위값 Q_3에서 최대값까지 연결한 오른쪽 점선의 길이가 2사분위값 Q_2에서 최소값까지 연결한 왼쪽 점선의 길이보다 길므로 분포는 아래 그림과 같이 오른쪽으로 길게 완만한 경사를 지닌 모양을 가질 것이다.

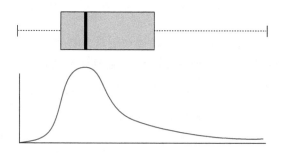

앞에서처럼 반드시 봉오리가 하나로 나타나리라는 보장은 없다. 그러므로 상자그림의 경우
는 분포가 어느 쪽으로 기울어져 있는가를 확인하는 데 유효하며 계급별 도수를 통해 실제
분포의 모양을 확인하는데는 줄기잎 그림을 이용하는 것이 더 효과적이다.

(2) 왼쪽 점선의 길이가 오른쪽 점선의 길이보다 길기 때문에 이 자료의 도수분포는
왼쪽으로 길게 완만한 경사를 지니는 형태를 보일 것이다.

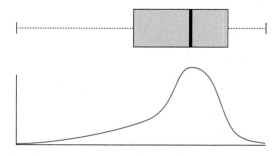

(3) 왼쪽과 오른쪽의 점선의 길이가 거의 같고 중앙값인 2사분위값 Q_2가 상자의 중
앙에 위치해 있으므로 분포형태는 좌우 대칭의 모양을 가질 것이다.

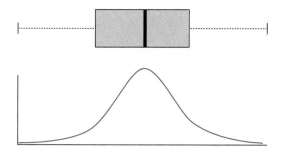

예제 3.17

아래에 주어진 데이터의 분포형태를 상자그림을 통해 확인하고자 할 때는 UNIVARIATE
프로시저를 이용한다.

> 38 74 13 58 26 55 80 26 51 46
> 19 34 69 30 39 29 37 47 9 52

[sas program]

```
DATA ex317;
  INPUT x @@;
  CARDS;
38 74 13 58 26 55 80 26 51 46
19 34 69 30 39 29 37 47  9 52
;
RUN;

PROC UNIVARIATE DATA=ex317 PLOT;  ①
  VAR x;
RUN;
```

해설

① UNIVARIATE 프로시저를 이용하여 데이터세트 ex317에 있는 변수 x를 분석한다.
  4분위값 외에 상자그림을 그리고자 할 때는 UNIVARIATE 프로시저에서 PLOT
  옵션을 지정한다.

[결과물]

```
                    The UNIVARIATE Procedure
                       Variable:  x
                                                  ①
        Stem Leaf                   #         Boxplot
           8 0                      1            |      ⑦
           7 4                      1            |
           6 9                      1            |
           5 1258                   4         +----+    ④
```

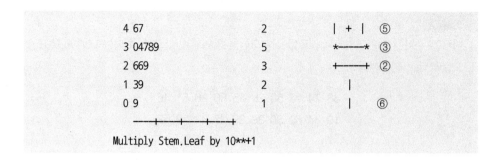

```
    4 67              2          |  +  |   ⑤
    3 04789           5          *─────*   ③
    2 669             3          +─────+   ②
    1 39              2          |
    0 9               1          |         ⑥
        ─────+────+────+────+
    Multiply Stem.Leaf by 10**+1
```

해설

① 상자그림이 수직 형태로 그려져 있다.

②-④ 이 상자그림은 옆의 줄기잎 그림을 기준으로 데이터 값들이 아래에서 위로 배열되어 있기 때문에 아래의 ②는 1사분위값, ③은 2사분위값, 즉 중앙값, 그리고 ④는 3사분위값을 표시한다. 이를 왼쪽으로 수평으로 이동하여 줄기잎 그림과 비교하면 1사분위값은 20대의 값을 가지며 2사분위값과 3사분위값은 각각 30대와 50대의 값을 가지고 있음을 보여주고 있다. 실제 결과물의 앞 부분에서 이들 값들은 27.5, 38.5, 53.5로 계산되어 있다.(줄기잎 그림에 대해서는 2장을 참조)

⑤ '+'는 평균의 위치를 표시한다. 또한 왼쪽의 줄기잎 그림을 통해 평균이 40대의 값을 가지고 있음을 보여주고 있다.

⑥ 1사분위값보다 작은 데이터 값들의 위치를 표시하는 상자 아래 부분이 점선으로 표시되어 있다.

⑦ 3사분위값보다 큰 데이터 값들의 위치를 표시하는 상자 윗 부분이 점선으로 표시되어 있다. 상자 윗 부분의 점선 길이가 아래 부분보다 더 길기 때문에 이 자료의 분포는 오른쪽으로 길게 완만한 경사를 이루고 있음을 알 수 있다. 이러한 사실은 왼쪽의 줄기잎 그림에서 더 확실하게 나타난다. ODS(output delivery system)하에서 SAS의 결과물이 Results viewer로 출력되는 경우 줄기-잎 그림 대신 수평막대 형태의 도수분포표가 출력된다.

 NOTE

SAS에서는 Q_1과 Q_3에서 왼쪽과 오른쪽으로 점선을 그릴 때 데이터 값 중에서 이상값이 발생할 가능성이 있는 값에 대해 부가적인 표시를 제공하고 있다. 즉 〈그림 3-6〉에서 보는 바와 같이 Q_1과 Q_3에서 그려지는 점선은 상자의 하단과 상단이 표시하는 Q_1과 Q_3에서 각각 좌우로 4분위범위(Q_3-Q_1)의 1.5배만큼 떨어진 곳까지를 경계로 하여 점선으로 표시하고 이를 수염(whisker)이라고 한다.

이때 상한 수염(upper whisker)의 위치는 Q_3에서 4분위범위의 1.5배를 넘지 않는 관찰치 중 최대값에 의해 정해지며, 하한 수염(lower whisker)의 위치는 Q_1에서 4분위범위의 1.5배보다 작지 않은 관찰치 중 최소값에 의해 정해진다.

이 경계값을 넘어 각각 4분위범위의 3배만큼 떨어진 곳까지의 범위에 속하는 데이터 값이 있는 경우 이는 'o'로 표시하고 있다. 그리고 이보다 더 멀리 떨어져 있는 데이터 값은 '*'로 표시하고 있다. 따라서 '*'로 표시된 데이터 값은 이상값이 될 소지가 충분히 있다.

그림 3-6   상자그림과 이상값

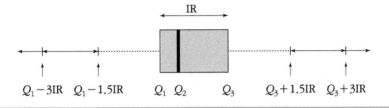

예제 3.18

[예제 3.17]의 자료에서 몇 개의 데이터 값이 다음과 같이 변경되었다. UNIVARIATE 프로시저를 이용하여 상자그림을 그리고 데이터 값들의 이상값 여부를 확인하시오.

$$38 \quad 174 \quad 13 \quad 58 \quad 26 \quad 155 \quad 80 \quad 26 \quad 51 \quad 46$$
$$19 \quad 134 \quad 69 \quad 30 \quad 39 \quad 29 \quad 37 \quad 47 \quad 9 \quad 52$$

[sas program]

```
DATA ex318;
  INPUT X @@;
  CARDS;
38 174 13 58 26 155 80 26 51 46
19 134 69 30 39 29 37 47  9 52
;
RUN;
```

```
PROC UNIVARIATE DATA=ex318 PLOT; ①
  VAR x;
RUN;
```

해설

  ① 상자그림(box plot)을 그리기 위해 UNIVARIATE 프로시저를 실행하면서 PLOT
  옵션을 지정하였다.

[결과물]

```
                    The UNIVARIATE Procedure
                        Variable:  X


                      Extreme Observations


          ----Lowest----        ----Highest---
               ②                     ③
          Value     Obs        Value     Obs

              9      19           69      13
             13       3           80       7
             19      11          134      12
             26       8          155       6
             26       5          174       2


  Stem Leaf                #       Boxplot
    16 4                   1          *      ①
    14 5                   1          0
    12 4                   1          0
    10
     8 0                   1          |
     6 9                   1       +-----+
     4 67128               5       *--+--*
     2 6690789             7       +-----+
     0 939                 3          |
       ----+----+----+----+
    Multiply Stem.Leaf by 10**+1
```

해설

① 줄기가 12이고 잎이 4인 관찰치와 줄기가 14이고 잎이 5인 관찰치가 '0'으로 표시되어 있다. 그런데 여기서 주의할 것은 줄기값의 간격이 2로 되어 있다는 점이다. 이러한 경우 예를 들어 줄기가 14인 행에는 실제 관찰치 값의 줄기가 14인 것뿐만 아니라 15인 관찰치도 함께 포함되어 있다는 사실이다. 따라서 줄기가 14이고 잎이 5인 경우 실제 관찰치 값은 145일 수도 있고 155일 수도 있기 때문에 이를 직접 확인해야 한다.

가장 간단한 방법은 줄기–잎 그림 위의 결과물 ②와 ③에 최소값과 최대값의 양 극단에 위치한 5개의 관찰치 값이 제시되어 있어 이를 이용하면 쉽게 확인할 수 있다. 그러므로 '0'으로 표시된 관찰치 값은 줄기가 12, 14로 나타났지만 실제 값은 134와 155임을 알 수 있다. 또 '*'로 표시되어 이상값으로 추정되는 관찰값 역시 줄기가 16이고 잎이 4로 나타났으나 실제값은 174임을 확인할 수 있다. 상자그림을 그려봄으로써 이러한 이상값의 가능성이 있는 데이터 값을 쉽게 파악할 수 있다.

3.4 그룹화된 데이터의 중심위치와 분산의 측정

그룹화된 데이터의 평균

데이터 값이 도수분포표의 형태로 그룹화되어 있는 자료에 대한 평균은 도수를 가중치로 사용하여 구하게 된다. 즉 각 계급의 중앙에 위치한 중앙값을 구하고 여기에 해당 계급의 도수를 곱한 후 이를 총도수로 나누어 계산한다. 이를 수식으로 나타내면 다음과 같다.

$$\overline{X} = \frac{\sum_{i=1}^{k} f_i X_i}{n}$$

$\overline{X}$: 평균 f_i: i번째 계급의 도수

X_i: i번째 계급의 중앙값 k: 계급의 수

n: 총도수($\sum_{i=1}^{k} f_i$)

예제 3.19

다음 도수분포표는 어느 회사의 연령별 근로자 수를 나타내는 자료이다. 이로부터 이 회사 근로자들의 평균 연령을 구하시오.

계급(이상-미만)	도수
10 − 20	4
20 − 30	66
30 − 40	47
40 − 50	36
50 − 60	12
60 − 70	4

해설

계급(이상-미만)	도수 (f)	계급 중앙값 (X)	$f_i \times X_i$
10 − 20	4	15	60
20 − 30	66	25	1650
30 − 40	47	35	1645
40 − 50	36	45	1620
50 − 60	12	55	660
60 − 70	4	65	260
합계	$\sum f_i = 169$		$\sum f_i X_i = 5895$

따라서 평균은 $\overline{X} = \dfrac{\sum f_i X_i}{\sum f_i} = \dfrac{5895}{169} = 34.88$

🥧 NOTE

앞에서 살펴본 가중평균 산출방식과 동일함을 알 수 있다.

[sas program]

```
DATA ex319; ①
  INPUT mid f;
  CARDS;
```

```
15    4
25   66
35   47
45   36
55   12
65    4
;
RUN;

PROC MEANS DATA=ex319; ②
  VAR mid;
  FREQ f; ③
RUN;
```

해설

① 계급의 중앙값과 도수의 변수명을 각각 mid, f로 한 데이터세트 ex319를 만든다.
② MEANS 프로시저를 통해 중앙값을 나타내는 mid 변수의 평균을 구한다.
③ 이때 f를 해당 데이터 값의 도수로 사용하도록 한다.

[결과물]

The MEANS Procedure

Analysis Variable : mid

N	Mean ①	Std Dev	Minimum	Maximum
169	34.8816568	10.9646708	15.0000000	65.0000000

해설

① 도수를 가중치로 한 mid 변수의 평균은 34.88이다.

그룹화된 데이터의 중앙값

중앙값은 앞에서 정의한 바와 같이 데이터 값들을 크기의 순서대로 나열했을 때 중앙에 위치한 값을 뜻한다. 따라서 측정 자료가 도수분포표의 형태로 그룹화되어 있는 경우에는 먼저 중앙값이 속해 있는 계급을 확인한 후, 그 계급에서 중앙값이 위치해 있는 순위가 몇번째인지를 계산하고 여기에 보간법(interpolation)을 적용하여 중앙값을 산출한다. 이는 다음과 같은 식으로 나타낼 수 있다.

$$중앙값 = L + \frac{(n/2) - f_c}{f} \, i$$

L : 중앙값이 속해 있는 계급의 하한값(lower limit)

n : 총도수

f_c : 중앙값이 속해 있는 바로 전 계급까지의 누적도수

f : 중앙값이 속해 있는 계급의 도수

i : 중앙값이 속해 있는 계급의 급간

예제 3.20

다음 도수분포표로부터 중앙값을 계산하시오.

계급	도수
3.55 − 3.65	1
3.65 − 3.75	1
3.75 − 3.85	6
3.85 − 3.95	6
3.95 − 4.05	10
4.05 − 4.15	10
4.15 − 4.25	13
4.25 − 4.35	11
4.35 − 4.45	13
4.45 − 4.55	7
4.55 − 4.65	6
4.65 − 4.75	7
4.75 − 4.85	5
4.85 − 4.95	4

해설

먼저 누적도수를 구하여 중앙값이 위치해 있는 계급을 찾는다. 아래의 누적도수분포를 보면 총도수가 100으로 짝수이므로 중앙값은 50번째와 51번째의 값을 평균하여 얻는 것이 원칙이다. 그러나 여기서 주어진 자료는 도수분포표의 형태로 그룹화되어 있는 자료이기 때문에 앞서 공식에 나타난 바와 같이 $n/2 = 100/2 = 50$으로부터 중앙값은 50번째에 위치해 있는 것으로 간주한다.

누적도수 열을 보면 50번째의 데이터 값은 '4.25－4.35'의 계급에 속해 있음을 알 수 있다. 급간이 0.1(＝4.35－4.25)인 이 계급에는 48번째부터 58번째까지의 11개 데이터 값이 포함되어 있는데 이들이 계급에서 동일 간격을 두고 위치해 있다고 가정하면, 50번째의 중앙값은 이전 계급인 '4.15－4.25'까지의 누적도수가 47이므로 '4.25－4.35'의 계급에 속해 있는 11개 도수 중 3번째(＝50－47)에 해당하며 이는 급간(0.1)의 측면에서 보면 이 계급의 하한값 4.25에서 $0.1 \times \dfrac{3}{11}$만큼 떨어져 있는 것으로 간주할 수 있다.

따라서 중앙값은 다음과 같다.

$$L + \frac{(n/2) - f_c}{f} i = 4.25 + \frac{100/2 - 47}{11} \times 0.1 = 4.28$$

계급	도수	누적도수
3.55－3.65	1	1
3.65－3.75	1	2
3.75－3.85	6	8
3.85－3.95	6	14
3.95－4.05	10	24
4.05－4.15	10	34
4.15－4.25	13	47
4.25－4.35	11	58
4.35－4.45	13	71
4.45－4.55	7	78
4.55－4.65	6	84
4.65－4.75	7	91
4.75－4.85	5	96
4.85－4.95	4	100

```
[sas program]
DATA ex320;
  INPUT mid f; ①
  CARDS;
3.6    1
3.7    1
3.8    6
3.9    6
4.0    10
4.1    10
4.2    13
4.3    11
4.4    13
4.5    7
4.6    6
4.7    7
4.8    5
4.9    4
;
RUN;

PROC MEANS DATA=ex320 MEAN MEDIAN; ②
  VAR mid;
  FREQ f; ③
RUN;
```

해설

① 각 계급의 중앙값과 도수를 mid, f의 변수명으로 지정하고 CARDS 스테이트먼트 다음에 이들에 대한 데이터를 입력한다.

② UNIVARIATE 프로시저를 실행한다. 중앙값을 구할 때 각 계급의 도수를 가중치로 사용하기 위해 ③에서 FREQ 스테이트먼트 다음에 도수를 나타내는 변수 f를 지정하였다. 결과물 ①에 중앙값이 4.3으로 출력되어 있다.

[결과물]

Basic Statistical Measures

Location			Variability	
Mean	4.292000		Std Deviation	0.30967
① Median	4.300000		Variance	0.09589
Mode	4.200000		Range	1.30000
			Interquartile Range	0.40000

그룹화된 자료의 최빈값

앞에서 최빈값은 빈도수가 가장 높은 '데이터 값'으로 정의하였다. 그러나 그룹화된 자료
에서 최빈값은 일반적으로 빈도수가 가장 높은 계급을 의미하는 것이기 때문에 정확하게
표현한다면 최빈계급(modal class)이라는 용어가 더 적합할 것이다. 만약 계급이 아닌 하
나의 값을 최빈값으로 취하고자 한다면 최빈계급의 하한값과 상한값의 중간에 위치한 값
을 최빈값으로 한다.

예제 3.21

아래 도수분포표로부터 최빈값을 구하시오.

계급	도수
10 − 19	4
20 − 29	66
30 − 39	47
40 − 49	36
50 − 59	12
60 − 69	4
합계	169

해설

최빈계급은 빈도수가 가장 높은 두 번째 계급인 '20−29'임을 쉽게 파악할 수 있다. 여기서 최빈값을 구하려면 이 계급의 하한값과 상한값을 알아야 하는데 이때 주의할 것은 계급과 계급 사이에 불연속 부분이 존재하고 있다는 점이다.

예를 들어 19와 20 사이의 값은 첫 번째와 두 번째 계급의 어느 것에도 속하지 않고 있다. 따라서 이러한 경우는 어느 계급에도 속하지 않는 부분을 동일하게 나누어 양쪽 계급에 분할하여 계급의 급간을 정하게 된다. 따라서 첫 번째 계급의 급간은 '9.5−19.5'가 되고 두 번째 계급의 급간은 '19.5−29.5'가 되어, 두 번째 계급의 하한값과 상한값은 19.5, 29.5임을 알 수 있으며, 또한 이 계급의 도수가 66으로 가장 크므로 이들 하한 상한값 사이의 중간에 위치한 $24.5(=\dfrac{19.5+29.5}{2})$가 최빈값이 된다.

[sas program]
```
DATA ex321;
   INPUT mid f;
   CARDS;
14.5  4
24.5 66
34.5 47
44.5 36
54.5 12
64.5  4
;
RUN;
PROC UNIVARIATE DATA=ex321; ②
   VAR mid;
   FREQ f; ③
RUN;
```

해설

① 각 계급의 중앙값과 도수를 mid, f의 변수명으로 지정하고 CARDS 스테이트먼트 다음에 이들에 대한 데이터를 입력한다.

② UNIVARIATE 프로시저를 실행한다. 최빈값을 구할 때 각 계급의 도수를 가중치로 사용하기 위해 ③에서 FREQ 스테이트먼트 다음에 도수를 나타내는 변수 f를 지정하였다. 결과물 ①에 최빈값이 24.5로 출력되어 있다.

[결과물]

Basic Statistical Measures

Location		Variability	
Mean	34.38166	Std Deviation	10.96467
Median	34.50000	Variance	120.22401
① Mode	24.50000	Range	50.00000
		Interquartile Range	20.00000

그룹화된 데이터의 분산과 표준편차

도수분포표의 형태로 데이터가 그룹화되어 있을 때 분산은 다음과 같이 정의된다.

$$S^2 = \frac{\sum_{i=1}^{k}(X_i - \overline{X})^2 f_i}{n-1} = \frac{\sum_{i=1}^{k}f_i X_i^2 - \frac{\left(\sum_{i=1}^{k}f_i X_i\right)^2}{n}}{n-1}$$

S^2: 표본의 분산
X_i: i번째 계급의 중앙값
f_i: i번째 계급의 도수
n: 총도수$(= \sum f_i)$

따라서 표준편차는 분산의 제곱근이므로 다음과 같다.

$$S = \sqrt{\frac{\sum\limits_{i=1}^{k}(X_i - \overline{X})^2 f_i}{n-1}} = \sqrt{\frac{\sum\limits_{i=1}^{k} f_i X_i^2 - \dfrac{\left(\sum\limits_{i=1}^{k} f_i X_i\right)^2}{n}}{n-1}}$$

예제 3.22

자료가 다음과 같은 도수분포표로 주어졌을 때 분산과 표준편차를 구하시오.

계급	도수
10 − 19	4
20 − 29	66
30 − 39	47
40 − 49	36
50 − 59	12
60 − 69	4
합계	169

해설

위에 주어진 도수분포표를 이용하여 아래와 같은 시산표를 작성한다.

계급	도수(f)	중앙값(X)	$f \times X$	$f \times X^2$
10 − 19	4	14.5	58.0	841.00
20 − 29	66	24.5	1617.0	39616.50
30 − 39	47	34.5	1621.5	55941.75
40 − 49	36	44.5	1602.0	71289.00
50 − 59	12	54.5	654.0	35643.00
60 − 69	4	64.5	258.0	16641.00
합계	169		5810.5	219972.25

위의 계산 결과를 분산 공식에 대입하면

$$S^2 = \frac{\sum_{i=1}^{k} f_i X_i^2 - \frac{\left(\sum_{i=1}^{k} f_i X_i\right)^2}{n}}{n-1} = \frac{219972.25 - \frac{(5810.50)^2}{169}}{169-1} = 120.22$$

그리고 이의 제곱근을 구하면 표준편차를 구할 수 있다.

$$S = \sqrt{120.22} = 10.96$$

[sas program]

```
DATA ex322;
  INPUT mid f; ①
  CARDS;
14.5  4
24.5 66
34.5 47
44.5 36
54.5 12
64.5  4
;
RUN;
PROC UNIVARIATE DATA=ex322; ②
  VAR mid;
  FREQ f; ③
RUN;
```

해설

① mid와 f 두 개의 변수로 구성된 데이터세트 ex322를 작성한다. 여기서 mid는 각 계급의 중앙값이며 f는 해당계급의 도수이다.

② UNIVARIATE 프로시저를 실행한다. 분산과 표준편차를 구할 때 각 계급의 도수를 가중치로 사용하기 위해 ③에서 FREQ 스테이트먼트 다음에 도수를 나타내는 변수 f를 지정하였다. 결과물 ①에 표준편차가 10.96으로, 그리고 ②에 분산이 120.22로 출력되어 있다.

[결과물]

Basic Statistical Measures

Location		Variability		
Mean	34.38166	Std Deviation	10.96467	①
Median	34.50000	Variance	120.22401	②
Mode	24.50000	Range	50.00000	
		Interquartile Range	20.00000	

3.5 표준편차에 관한 경험법칙

경험법칙

데이터 값들의 도수분포가 좌우 대칭(symmetric)이고 종 모양(bell-shaped)의 형태를 지니는 경우 평균과 표준편차 사이에 다음과 같은 경험적 사실이 성립한다.

(1) 관찰된 데이터 값들의 약 68%는 $\overline{X} - S$에서 $\overline{X} + S$ 사이에 들어 있다.

(2) 관찰된 데이터 값들의 약 95%는 $\overline{X} - 2S$에서 $\overline{X} + 2S$ 사이에 들어 있다.

(3) 관찰된 데이터 값들의 약 99.7%는 $\overline{X} - 3S$에서 $\overline{X} + 3S$ 사이에 들어 있다.

해 설

위의 경험법칙은 데이터 값이 표본을 통해 얻은 관찰치든, 모집단으로부터 얻은 관찰치이냐에 관계없이 성립한다. 단지 모집단의 경우는 평균과 표준편차를 각각 μ와 σ로 표시하는 것이 다를 뿐이다.

아래는 이러한 경험법칙을 그림으로 표시한 것이다.

그림 3-7 | 표준편차에 관한 경험법칙

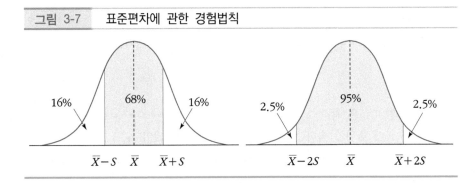

위 그림에서 $\overline{X} \pm S$ 사이에는 전체 데이터 값들의 68%가 포함되어 있고, 분포가 좌우 대칭이므로 데이터 값이 $\overline{X} - S$에서 $\overline{X}$ 사이에 속하는 것은 68%의 1/2인 34%에 달할 것이다. 마찬가지로 데이터 값이 $\overline{X} - 2S$에서 $\overline{X}$에 속하는 것은 95%의 반인 47.5%에 이를 것이다.

 NOTE

데이터의 분포에서 어떤 데이터의 값이 평균으로부터 표준편차의 4배 이상 떨어진 곳에 위치하고 있을 때 이를 이상값(outlier)이라고 한다. 즉 경험법칙 측면에서 볼 때 $\overline{X} \pm 3S$ 사이에 속하는 값을 가지는 데이터는 분포를 이루는 전체 데이터의 99.7%에 달하는데 이보다 더 큰 범위인 $\overline{X} \pm 4S$를 설정할 경우 거의 모든 데이터가 이 범위에 속한다고 볼 수 있다. 이러한 면에서 데이터 값이 $\overline{X} - 4S$보다 작거나 $\overline{X} + 4S$보다 크면 이는 정상적인 범위를 벗어났다고 판단하여 이상값이라고 한다.

예제 3.23

어느 제빵회사에서 생산하는 식빵의 중량은 평균이 $\overline{X} = 400$(g), 표준편차가 $S = 4$(g)이 되도록 제품 사양이 정해져 있다. 식빵 중량의 분포가 좌우 대칭이고 종 모양을 가진다고 가정할 때 다음 물음에 답하시오.

(1) 중량이 396g과 404g 사이에 있는 식빵은 몇 %가 되겠는가?

(2) 중량이 392g과 408g 사이에 있는 식빵은 몇 %가 되겠는가?

(3) 중량이 388g과 412g 사이에 있는 식빵은 몇 %가 되겠는가?

(4) 중량이 408g보다 적은 식빵은 몇 %가 되겠는가?

(5) 중량이 396g과 408g 사이에 있는 식빵은 몇 %가 되겠는가?

해설

(1) 396g과 404g은 각각 $\overline{X} - S = 400 - 4 = 396$, $\overline{X} + S = 400 + 4 = 404$에 해당하므로 중량이 이 범위에 속하는 식빵은 약 68%에 이를 것이다.

(2) 392g과 408g은 각각 $\overline{X} - 2S = 400 - (2)(4) = 392$, $\overline{X} + 2S = 400 + (2)(4) = 408$에 해당하므로 중량이 이 범위에 속하는 식빵은 약 95%에 이를 것이다.

(3) 388g과 412g은 각각 $\overline{X} - 3S = 400 - (3)(4) = 388$, $\overline{X} + 3S = 400 + (3)(4) = 412$에 해당하므로 중량이 이 범위에 속하는 식빵은 약 99.7%에 이를 것이다.

(4) 평균 400g을 중심으로 분포가 대칭이므로 400g보다 적은 중량을 가진 식빵은 50%이고, 400g과 408g 사이의 중량을 가진 식빵은 392g과 408g 사이에 있는 식빵의 비율인 95%의 1/2에 해당하는 47.5%이므로, 중량이 408g 이내에 있는 것은 50%+47.5%=97.5%에 이를 것이다.

(5) 먼저 396g($= \overline{X} - S$)과 400g($\overline{X}$) 사이의 중량을 가지는 식빵의 비율이 34%이고 400g과 408g($\overline{X} + 2S$) 사이에 속하는 식빵의 비율이 47.5%이므로 396g과 408g 사이의 구간에 속하는 것은 81.5%이다.

| 그림 3-8 | 표준편차와 경험법칙 |

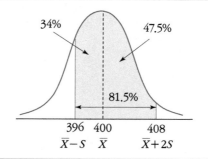

[sas program]

```
DATA ex323;
  xbar=400; s=4; ①
  prob1=CDF('NORMAL', 404, xbar, s)-CDF('NORMAL', 396, xbar, s); ②
```

```
  prob2=CDF('NORMAL', 408, xbar, s)-CDF('NORMAL', 392, xbar, s);
  prob3=CDF('NORMAL', 412, xbar, s)-CDF('NORMAL', 388, xbar, s);
  prob4=CDF('NORMAL', 408, xbar, s);
  prob5=CDF('NORMAL', 408, xbar, s)-CDF('NORMAL', 396, xbar, s);
RUN;
PROC PRINT DATA=ex323;
RUN;
```

해설

① 평균과 표준편차를 각각 xbar, s의 변수명으로 입력한다.

② 누적분포함수 CDF를 이용하여 확률변수 값의 구간확률을 구한다. 확률변수가 396g과 404g 사이의 값을 가질 확률을 구하기 위해 404g 이하의 값을 가질 확률에서 396g 이하의 값을 가질 확률을 뺀다. 즉 $P(X \leq 404) - P(X \leq 396)$에 따라 계산한다. CDF 함수에는 분포함수명, 확률변수 값, 평균, 표준편차의 순으로 입력한다.

[결과물]

Obs	xbar	s	prob1	prob2	prob3	prob4	prob5
1	400	4	0.68269	0.95450	0.99730	0.97725	0.81859

표준편차의 근사값

분포가 종 모양(bell-shaped)으로 좌우 대칭이고 평균과 표준편차가 각각 $\overline{X}$, S일 때 경험법칙은 99.7%에 이르는 거의 모든 데이터 값이 $\overline{X} - 3S$와 $\overline{X} + 3S$ 사이에 속한다는 것을 보여 준다. 이로부터 우리는 분포의 최대값이 $\overline{X} + 3S$ 근처에 위치하고 있고 최소값은 $\overline{X} - 3S$ 근처에 위치해 있다고 볼 수 있으므로 최대값과 최소값을 각각 다음과 같이 지정할 수 있다.

$$\text{최대값} \approx \overline{x} + 3s \qquad \text{최소값} \approx \overline{x} - 3s$$

이러한 사실로부터 최대값과 최소값의 차이로 정의되는 범위(range)와 표준편차의 관계를 도출할 수 있는데 특히 표본의 크기가 100을 넘는 경우 위의 경험법칙이 거의 그대로 성립하기 때문에 범위는 표준편차의 약 6배에 해당한다. 따라서 표준편차의 근사값은 다음과 같이 표시할 수 있다.

$$S \approx \frac{\text{범위}}{6}$$

해 설

표본의 크기가 30에서 100 이내인 경우는 표준편차의 근사값은 $S \approx \dfrac{\text{범위}}{6}$ 보다는 $S \approx \dfrac{\text{범위}}{4}$에 의해 더 정확하게 계산되며 표본크기가 30미만인 경우는 범위와 표준편차 사이의 관계가 안정적으로 성립하지 않기 때문에 근사값의 정확성이 떨어진다.

체비세프 정리

경험법칙은 일반적으로 분포의 형태가 좌우 대칭이고 종 모양을 가진다는 전제하에 성립하는 것인데, 러시아 수학자 체비세프(P. L. Chebyshev, 1821-1894)는 이보다 한 걸음 더 나아가 모든 분포에 대해 적용할 수 있는 체비세프 정리를 제시하였다.

체비세프 정리에 따르면, 데이터의 분포의 형태에 관계없이 데이터 값이 평균을 중심으로 표준편차의 k배 사이의 범위, 즉 $\overline{X} \pm kS$ 사이에 속하는 데이터 값들의 비율은 '최소한' $1 - \dfrac{1}{k^2}$이 된다.(여기서 k는 $k > 1$인 상수)

예제 3.24

표본평균이 20이고 표준편차가 2.5일 때 15에서 25 사이의 범위에 속하는 값을 가지는 데이터는 전체 데이터의 몇 %에 달하는지 체비세프 정리를 이용하여 계산하시오.

해 설

범위의 하한값 15와 상한값 25는 평균을 중심으로 표준편차의 2.5의 2배만큼의 범위에 해당하므로 k는 2이다. $k=2$일 때 체비세프 정리에 따르면 '적어도' 전체 데이터 값들의 75%$(=1-1/2^2)$가 $\overline{X}\pm 2S$ 사이에 속한다고 말할 수 있다. 이는 또한 임의로 데이터를 하나 뽑았을 때 그 값이 이 범위의 값을 가질 확률이 적어도 75%가 된다고 해석할 수도 있다. 만약 이 데이터들의 분포가 대칭이고 종 모양을 가진다면 경험법칙에 따라 $\overline{X}\pm 2S$의 범위에 속하는 데이터들은 전체 데이터의 95%에 이른다고 볼 수 있다.

[sas program]

```
DATA ex324;
  xbar=20; s=2.5;
  k=(25-xbar)/s; ①
  cheby=1-1/k**2; ②
RUN;
PROC PRINT DATA=ex324;
RUN;
```

해 설

① 25가 중심값 평균에서 표준편차의 몇 배만큼 떨어져 있나를 계산하고 이를 k에 저장한다. 이는 바로 확률변수 값 25에 대한 표준화 값에 해당한다.

② 데이터 값이 평균을 중심으로 표준편차의 k배 사이의 범위, 즉 $\overline{X}\pm kS$ 사이에 속하는 데이터 값들의 비율은 '최소한' $1-1/k^2$이 된다는 체비세프 정리에 따라, 데이터가 이 구간에 속할 확률을 구한다. 결과물 ①에 0.75로 출력되어 있다.

[결과물]

Obs	xbar	s	k	cheby ①
1	20	2.5	2	0.75

제4장

확률

제4장
확률

4.1 확률 개념

> **확률**
>
> 확률은 사건이 일어날 수 있는 가능성의 정도를 나타내는 '0'과 '1' 사이의 수이다.

해 설

우리가 매일 접하게 되는 생활 정보 중의 하나가 일기예보이다. 이 일기예보에서 내일 비가 내릴 것으로 예보되었다고 해서 '반드시' 내일 비가 오는 것은 아니다. 분명한 것은 내일 비가 내리지 않을 수도 있다는 사실이며 여기에는 불확실성이 내재되어 있는 것이다.

다른 예로서 주가가 상승할 것으로 예상하여 어떤 주식을 샀을 때 이 주식이 반드시 오르는 것은 아니다. 이 주가는 오를 수도 있고 내릴 수도 있는 것으로 불확실성이 내재되어 있는 것이다.

또 앞에서 우리는 통계 분석의 대상이 되는 자료의 수집은 대부분 모집단 전체가 아닌 표본조사에 의해 이루어진다는 사실을 살펴보았다. 이렇게 표본조사에 의할 경우 항상 문제가 되는 것은 모집단의 일부인 표본에 의한 분석 결과를 통해 모집단 전체를 추정하는 과정에서 발생하는 불확실성의 문제이다. 즉 표본조사 자체가 전수조사를 하지 않고 일부만을 조사하고 그 결과를 가지고 모집단을 추정하는 것이기 때문에, 표본조사 결과가 반드시 모집단 전체를 '항상' 정확히 나타낸다고 확신할 수 없는 것이며 이러한 과정에서 불확실성이 존재하게 되는 것이다.

이와 같이 불확실성이 존재할 때, 정확한 의사결정을 하기 위해 중요한 것은 이러한 불확실성이 어느 정도인가를 파악하는 것인데 이때 이용되는 개념이 확률인 것이다. 예를 들어 '내일 비가 올 확률이 80%이다'라고 했을 때 여기서 우리는 내일 비가 확실히 내린다고 볼 수는 없지만 비가 내릴 가능성이 어느 정도인지를 파악함으로써 불확실성의 정도를 판단할 수 있는 것이다.

예제 4.1

확률의 최대값과 최소값은 얼마인가?

해설

확률은 정의에 따라 어떤 사건이 일어날 수 있는 가능성을 나타내는 '0'과 '1' 사이의 수이므로 1보다 크거나 0보다 작을 수 없다. 따라서 확률은 최대값이 1이고 최소값은 0이다. 어떤 사건의 확률이 1이라는 것은 그 사건이 반드시 일어나는 경우로 불확실성이 전혀 존재하지 않는 것을 의미한다. 확률이 0인 것은 해당 사건이 절대 일어나지 않는 경우로써 이 또한 불확실성이 존재하지 않는다.

그러나 예를 들어 어느 석유 시추 작업에 대해 석유가 나올 확률이 0.05라 한다면, 이는 석유가 나올 가능성이 5%이고 그렇지 않을 가능성이 95%가 된다는 의미이므로 석유가 나올 수도 그렇지 않을 수도 있는 불확실성이 존재하는 것이다.

실험, 결과, 사건

확률에 관련된 세 가지 중요한 용어는 실험(experiment), 결과(outcome), 사건(event)이다. 실험이란 어떤 대상에 대한 관찰이나 측정 행위를 말하며, 결과란 실험에 의해 나타날 수 있는 모든 개별적 사항을 의미한다. 이 결과들 중 관심의 대상이 되는 일부분을 사건이라 한다.

예제 4.2

아래 문제에 대해 확률을 계산하시오.

(1) 주사위를 던져 5가 나올 확률
(2) 어느 농구선수는 최근 10게임에서 100번의 슛을 던져 78개를 성공시켰다. 이 선수의 슛 성공 확률은?
(3) 동전을 던져 앞면이 나올 확률
(4) 오후 9시에서 10시 사이에 주요 방송국별 TV 시청 가구를 조사한 결과 다음과 같은 결과를 얻었다. 임의의 TV 시청 가구가 A 방송을 시청하고 있을 확률은?

(단위: 가구)

방송국	시청 가구수
A	450
B	580
C	370
기타	200

해설

(1) 주사위를 던져 나타날 수 있는 결과는 1, 2, 3, 4, 5, 6이다. 5는 이 여섯 가지 결과 중의 하나이므로 1/6의 확률을 가진다.
(2) 100번의 슛 가운데 78개가 성공하였으므로 슛 성공률은 78/100=0.78, 즉 78% 이다.
(3) 동전을 던져 나타날 수 있는 결과는 앞면과 뒷면이 나타나는 두 가지이다. 따라서 앞면은 이 두 가지 중의 하나이므로 1/2의 확률을 가진다.
(4) 위의 방송국별 시청 가구수는 도수분포표에 해당한다. 조사된 시청 가구수가 1,600(=450+580+370+200)가구이고 이 중 450가구가 A 방송을 시청하고 있었으므로 A 방송을 시청할 확률은 450/1600=0.281이 된다.

예제 4.3

[예제 4.2]의 (1), (2), (3), (4)의 확률 계산에서 실험(experiment), 결과(outcome), 사건(event)에 해당하는 것은 무엇인가?

(1) 주사위를 던지는 행위가 '실험'이 되며 여기서 나타날 수 있는 1, 2, 3, 4, 5, 6이 '결과'이다. 이들 결과 중 관심의 대상의 되는 것은 5로서 이것이 나타날 확률을 구하는 것이므로 주사위를 던져서 5가 나타나는 것이 '사건'에 해당한다.

(2) 농구선수가 슛을 하는 행위가 '실험'이 되며 이 실험의 결과 나타날 수 있는 슛의 성공 또는 실패가 '결과'에 해당한다. 여기서 관심의 대상이 되는 것은 슛의 성공이므로 이것이 '사건'에 해당한다.

(3) 동전을 던지는 행위가 '실험'이며 '결과'는 동전의 앞면과 뒷면이다. 나타날 수 있는 두 가지 결과 중 관심의 대상이 되는 앞면이 나오는 것이 '사건'에 해당한다.

(4) 방송국별로 TV 시청 가구를 조사하는 행위가 '실험'이 된다. 또 각 가구의 방송국 채널의 선택에 따라 나타나게 되는 방송국별 시청 가구수가 '결과'가 되며 이 중에서 A방송을 시청하는 경우가 '사건'에 해당한다.

🍰 NOTE

불확실성을 판단하는데 이용되는 확률은 측정의 접근방법에 따라 객관적 확률(objective probability)과 주관적 확률(subjective probability)로 구분되며 객관적 확률은 다시 고전적 확률(classical probability)과 경험적 확률(empirical probability)로 구분된다.

[예제 4.2(1)]의 경우와 같이 나타날 수 있는 여섯 가지 결과인 1, 2, 3, 4, 5, 6이 모두 동일한 가능성을 가지고 나타날 수 있을 때 이로부터 계산된 확률을 고전적 확률이라 한다. (3)의 경우도 나타날 수 있는 결과가 앞면 또는 뒷면으로 동일한 가능성을 가지고 나타나므로 고전적 확률에 해당한다. 따라서 고전적 확률은 나타날 수 있는 결과의 가능성이 모두 동일하기 때문에 확률을 구할 때 모든 가능한 '결과의 개수'와 발생하는 '사건의 개수'가 확률 계산의 기초가 되는 것이다.

이에 반해 (2)와 (4)의 경우와 같이 표본조사를 통한 '실제 결과'에 기초하여 관찰치들에 대한 상대도수 개념으로 계산된 확률은 경험적 확률이라 한다.

주관적 확률은 용어가 의미하는 바와 같이 개인이 자신의 정보를 이용하여 제시하는 확률을 말한다. 예를 들어 지질학자가 어느 지역에서 5년 내에 지진이 발생할 확률이 0.08이라고 했다면 이는 주관적 확률에 해당하는 것이다.

4.2 주변확률과 조건확률

주변확률

조건이 부가되지 않은 상태에서 어떤 하나의 사건이 발생할 확률을 비조건확률(unconditional probability) 또는 주변확률(marginal probability)이라고 한다. 사건을 A라 할 때 주변확률은 $P(A)$로 표시한다.

해 설

예를 들어 52장으로 이루어진 카드에서 하트 에이스가 뽑힐 확률을 구하면 1/52이 되는데 이는 하트 에이스가 뽑히는 하나의 사건이 발생할 확률을 내포하고 있을 뿐이며 어떤 조건하에서 에이스가 뽑히는 사건이 발생할 확률을 의미하는 것이 아닌 것이다.

조건확률

이미 한 사건이 발생한 상태에서 하나의 또 다른 사건이 발생할 가능성을 나타내는 확률을 조건확률(conditional probability)이라 한다. 이미 A 사건이 발생한 상태에서 B 사건이 발생할 조건확률은 $P(B \mid A)$로 표시한다.

해 설

주변확률에서 들었던 예를 다시 들어 보자. 52장의 카드에서 먼저 12장의 하트 카드만을 뽑은 후에 이 '12장의 하트 중에서' 한 장의 카드를 뽑을 때 하트 에이스가 뽑힐 확률을 구하면 1/12이 될 것이다. 이때 1/12의 확률은 '이미 발생한 사건'인 12장의 하트 카드 중에서 하트 에이스가 뽑히는 사건에 대한 확률이며 이는 이미 발생한 사건이 전제 조건이 되는 조건확률에 해당한다.

예제 4.4

아래는 대학생 100명에 대해 그들이 좋아하는 스포츠를 조사한 것이다. 이로부터 주변확률과 조건확률을 비교해 보자.

성별 \ 스포츠	농구	야구	축구	배구	계
남	24	20	10	4	58
여	16	14	8	4	42
계	40	34	18	8	100

해설

위와 같이 변수별로 도수를 나타낸 표를 분할표(cross-tabulation 또는 contingency table)라 하는데 위의 분할표는 성별을 나타내는 변수와 스포츠를 나타내는 두 변수로 구분하여 도수를 표시하고 있다. (이때 성별 변수가 가지는 값은 '남'과 '여'이고 스포츠를 나타내는 변수가 가지는 값은 '농구', '야구', '축구', '배구'이므로 이 두 변수는 질적 변수에 해당한다.)

위 분할표에서 '계'라고 이름 붙여진 행(row)과 열(column)의 숫자를 분할표의 주변합계(marginal total)라 하는데 이는 주변확률을 계산할 때 이용되는 사건의 수에 해당한다. 행으로 표시된 계(40, 34, 18, 8)가 의미하는 것은 남녀를 불문하고 100명이 좋아하는 스포츠에 대한 종류별로 도수를 표시하고 있다. 그러므로 이 조사를 기준으로 판단할 때 대학생이 여러 스포츠 가운데 농구를 좋아할 확률은 40/100, 즉 0.4가 되며 이는 바로 주변확률 또는 비조건확률인 것이다. 마찬가지로 열로 표시된 계(58, 42)는 100명의 응답자 중 58명이 남자이고 42명이 여자임을 나타내고 있으며 우리는 이로부터 조사에 답한 응답자가 남성일 확률은 58/100, 즉 0.58이라고 말할 수 있는데 이 확률 또한 주변확률임을 알 수 있다.

그런데 '남'으로 표시된 행이 의미하는 것은 남자 응답자 58명 중 농구, 야구, 축구, 배구를 좋아하는 대학생이 각각 24, 20, 10, 4명이라는 것이다. 따라서 '남학생 중에서' 농구를 좋아할 확률은 24/58, 즉 0.414가 되며 이는 남자라는 사건이 이미 확실하게 결정된 상태에서 여러 스포츠 중 농구를 좋아할 확률을 구한 것이므로 조건확률에 해당하는 것이다. 이는 아래와 같은 표에서 농구를 좋아할 확률을 구하는 것과 같다.

성별 \ 스포츠	농구	야구	축구	배구	계
남	24	20	10	6	58

일반적으로 A 사건이 이미 발생한 후에 B 사건이 발생할 조건확률은 $P(B|A)$로 표시한다. 남학생으로서 농구를 좋아할 확률 24/58는 바로 A 사건이 남학생이고 B 사건이 농구일 때의 조건확률이 $P(B|A) = 24/58 = 0.414$임을 의미하는 것이다.

예제 4.5

[예제 4.4]의 분할표를 보고 다음에 답하시오.

(1) 대학생에게 좋아하는 스포츠가 무엇인지를 물었을 때 야구를 좋아한다고 대답할 확률은 얼마인가? 그리고 이 확률은 주변확률인가, 조건확률인가?
(2) 여대생에게 좋아하는 스포츠가 무엇인지를 물었을 때 배구를 좋아한다고 대답할 확률은 얼마인가? 그리고 이 확률은 주변확률인가, 조건확률인가?

해설

(1) 100명의 응답자 중 야구를 좋아하는 대학생은 34명이므로 이 조사에 따르면 대학생이 야구를 좋아할 확률은 34/100=0.34이다. 그리고 이는 조건이 전제되지 않은 상태에서 단지 야구를 좋아하는 것을 하나의 사건으로 간주하여 이에 대한 확률을 구한 것이므로 주변확률에 해당한다.
(2) 먼저 응답자를 여대생으로 한정하여, 즉 여학생이라는 조건하에서 배구를 좋아할 확률을 구하는 것이므로 이는 조건확률에 해당하며, 이 조사에 따라 판단한다면 4/42=0.095의 조건확률을 가질 것이다.

결합확률

앞에서 살펴본 바와 같이 주변확률 또는 비조건확률은 하나의 사건을 기준으로 이 사건이 발생할 가능성을 나타내는 것이며 조건확률은 두 가지 사건을 기준으로 하되 한 사건이 이미 발생한 상태에서 나머지 한 사건이 발생할 가능성을 나타내는 것이다.

이에 반해 결합확률은 두 가지 사건을 기준으로 하되 두 사건이 '동시에' 발생할 가능성을 나타내는 확률이다. A 사건과 B 사건이 동시에 발생할 결합확률은 $P(A \text{ and } B)$ 또는 $P(A \cap B)$로 표시한다.

NOTE

여기서 두 사건이 '동시에' 일어난다는 의미는 두 사건이 일어나는 시점이 동일하다는 것이 아니라 A가 먼저 발생했던 B가 먼저 발생했던 상관없이 두 사건이 모두 발생했다는 의미 이다.

예제 4.6

아래는 [예제 4.4]의 분할표를 옮겨놓은 것이다.

성별 \ 스포츠	농구	야구	축구	배구	계
남	① 24	20	10	4	58
여	16	14	8	4	42
계	40	34	18	8	100

해설

위 분할표에는 성을 나타내는 변수가 두 가지 값(남, 여)을 갖고, 스포츠 변수가 네 가지 값(농구, 야구, 축구, 배구)을 가지고 있으므로 $2 \times 4 = 8$개의 칸이 생기며 이 8 개의 칸에 100명의 학생수가 분할되어 분포되어 있는 것이다.

①에 있는 24명은 100명의 응답자 학생 중 남자이면서 농구를 좋아하는 학생수를 표시한다. 따라서 100명의 대학생을 대상으로 한 이 조사에서 ①의 칸에 속하는 학 생은 남학생이면서 동시에 농구를 좋아하는 학생이다. 즉 남학생이라는 사건과 농구 를 좋아한다는 사건이 동시에 만족되어야 되는 것이다. 이로부터 임의로 대학생을 선정했을 때 그 학생이 남학생이면서 농구를 좋아할 확률은 24/100 = 0.24이며 이는 결합확률에 해당한다. 다시 반복하지만 결합확률은 두 사건이 동시에 발생할 가능성 을 구하는 것이고 조건확률은 이미 한 사건이 확실히 발생한 상태에서 나머지 한 사 건이 발생할 가능성을 구하는 것이므로 결합확률은 100명이 결과(outcomes)의 대상 이 되는 반면, 남학생 중에서 농구를 좋아할 조건확률은 58명이 결과(outcomes)의 대상이 되는 것이다.

예제 4.7

[예제 4.6]의 분할표에 따를 때, 임의로 대학생을 한 사람을 뽑았을 때 이 학생이 축 구를 좋아하는 여학생일 확률을 구하시오.

해설

여학생이라는 사건과 축구를 좋아한다는 사건이 동시에 발생해야하므로 결합확률을 구해야 하며 8/100＝0.08이 된다.

확률의 기본법칙: 덧셈법칙

(덧셈법칙)　　$P(A \cup B) = P(A) + P(B) - P(A \cap B)$

해 설

A, B 두 사건 중 어느 한 사건이 발생할 확률 $P(A \cup B)$는 A 사건이 발생할 확률 $P(A)$에 B 사건이 발생할 확률 $P(B)$를 더한 후, 여기서 $P(A \cap B)$를 뺀 결과와 같다. 즉 A 또는 B 사건이 발생할 확률은 각각의 주변확률을 더하고 여기에서 A, B 두 사건이 동시에 발생할 결합확률을 뺀 결과와 같다.

이를 벤 다이어그램(Venn Diagram)으로 표시하면 쉽게 이해할 수 있다.

A 사건이 일어날 확률은 U로 표시된 직사각형에서 A로 표시된 원의 면적이 차지하는 비율이고 마찬가지로 B 사건이 일어날 확률은 직사각형 U에서 사각형 B가 차지하는 비율이다. 여기서 A 사건이나 또는 B 사건이 발생할 확률을 구하기 위해서는 $P(A)$와 $P(B)$를 더해야 하는데 이렇게 했을 경우 원 A와 사각형 B가 겹치는 부분이 중복되어 계산되므로 이 부분, 즉 $P(A \text{ and } B)$를 빼는 것이다.

그림 4-1　확률의 덧셈법칙

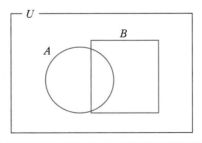

NOTE

$P(A \text{ and } B) \neq \varnothing$일 때, 즉 A 사건과 B 사건이 동시에 발생할 확률이 공집합이 아니라는 것은 A와 B 사건이 동시에 발생할 수 있다는 것을 의미하는 것으로서 앞서 벤 다이어그램에서 보면 A와 B 사이에 겹치는 부분이 존재한다는 것을 뜻한다.

그러나 $P(A \text{ and } B) = \varnothing$인 경우는 A와 B 사건이 동시에 발생할 수 없다는 것으로서 벤 다이어그램에서와 같이 겹치는 부분이 존재하지 않는다는 것을 의미한다.

그림 4-2   배타적 확률

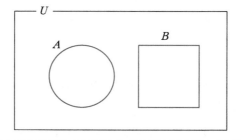

이와 같이 $P(A \text{ and } B) = \varnothing$이 되어 A와 B 사건이 동시에 발생할 수 없을 때 A, B는 서로 '배타적(exclusive)'이라고 한다. A와 B가 서로 배타적일 때 A 또는 B 사건이 발생할 확률은 $P(A \cup B) = P(A) + P(B)$가 된다.

예제 4.8

아래는 [예제 4.4]의 분할표를 옮겨놓은 것이다. 임의로 대학생 한 사람을 뽑았을 경우 그 학생이 남학생이거나 또는 야구를 좋아할 확률은 얼마인가?

성별 \ 스포츠	농구	야구	축구	배구	계
남	24	20	10	4	58
여	16	14	8	4	42
계	40	34	18	8	100

해설

$P(\text{남} \cup \text{야구}) = P(\text{남}) + P(\text{야구}) - P(\text{남} \cap \text{야구})$에서

$P(\text{남}) = 0.58$, $P(\text{야구}) = 0.34$, $P(\text{남} \cap \text{야구}) = 0.2$이므로

$P(\text{남} \cup \text{야구}) = 0.58 + 0.34 - 0.2 = 0.72$

확률의 기본법칙: 곱셈법칙

(곱셈법칙) $P(A \cap B) = P(A) \cdot P(B|A)$

해 설

A와 B가 동시에 일어날 결합확률 $P(A \cap B)$는 A의 주변확률 $P(A)$에, A가 발생한 상태하에서 B가 일어날 조건확률 $P(B|A)$를 곱하여 구할 수 있다.

이를 아래의 벤 다이어그램을 통해 살펴보면 곱셈법칙의 의미를 쉽게 확인할 수 있다.

그림 4-3   확률의 곱셈법칙

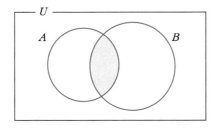

결합확률 $P(A \cap B)$은 전체 집합 U의 면적에서 바탕색 부분의 면적이 차지하는 비율에 해당한다. 그리고 이것은 A가 U에서 차지하는 비율에다 바탕색 부분이 A에서 차지하는 비율을 곱한 것과 동일하다는 것을 알 수 있다. 그런데 여기서 바탕색 부분은 A 사건의 내용과 B 사건의 내용을 모두 가지고 있으므로 바탕색 부분이 A에서 차지하는 비율은 바로 A가 발생한 상태에서 B가 발생할 조건확률 $P(B|A)$로 볼 수 있다.

따라서 $P(A \cap B) = P(A) \cdot P(B|A)$의 곱셈법칙이 성립하는 것이다.

전체 집합 U에서 바탕색 부분이 차지하는 비율은 다른 한편으로 B가 U에서 차지하는 비율에다 바탕색 부분이 B에서 차지하는 비율을 곱한 것과도 동일하기 때문에 $P(A \cap B) = P(B) \cdot P(A|B)$의 곱셈법칙도 성립한다.

즉 A와 B가 동시에 발생할 결합확률은 이들 사건에 대한 주변확률과 조건확률로서 표현할 수 있다.

$$P(A \cap B) = P(A) \cdot P(B|A) = P(B) \cdot P(A|B)$$

이러한 곱셈법칙으로부터 다음과 같이 조건확률을 나타낼 수 있다.

$$P(A|B) = \frac{P(A \cap B)}{P(B)}$$

$$P(B|A) = \frac{P(A \cap B)}{P(A)}$$

예제 4.9

아래는 [예제 4.4]의 분할표를 옮겨놓은 것이다. 다음 확률을 구하시오.

성별 \ 스포츠	농구	야구	축구	배구	계
남	24	20	10	4	58
여	16	14	8	4	42
계	40	34	18	8	100

(1) $P(남 \cap 배구)$ (2) $P(남)$

(3) $P(배구)$ (4) $P(남 \,|\, 배구)$과 $P(배구 \,|\, 남)$

(5) 응답자 100명 중에서 1명을 뽑았을 때, 이 학생이 남학생이 되는 결과와 배구를 좋아하는 결과, 즉 남학생일 사건과 배구 선호일 사건은 서로 독립적인지 확인하시오.

해설

(1) 100명의 대학생 중 남학생이면서 배구를 좋아하는 학생은 4명이므로 결합확률 $P(남 \cap 배구)$는 4/100이다.

(2) 100명 중 58명이 남학생이므로 주변확률 $P(남)$은 58/100이다.

(3) 100명 중 8명이 배구를 좋아하므로 주변확률 $P(배구)$는 8/100이다.

(4) 조건부확률은 결합확률과 주변확률로 다음과 같이 나타낼 수 있다. 즉 배구를 선호하는 학생이 남학생일 확률은 다음과 같다.

$$P(남 \,|\, 배구) = \frac{P(남 \cap 배구)}{P(배구)} = \frac{4/100}{8/100} = \frac{1}{2}$$

$P(남 \,|\, 배구)$는 배구를 좋아한다는 사건이 이미 발생한 후의 상태(조건), 즉

배구를 좋아하는 학생들만 분류해 놓은 상태에서 한 사람을 뽑을 때 그 학생이 남학생이 될 조건부확률로서, 이를 분할표에서 구하면 배구를 좋아하는 8명 중 남학생은 4명이므로 확률은 1/2이 된다.

또한 남학생 중 배구를 선호할 확률은 다음과 같이 계산할 수 있다.

$$P(배구 \mid 남) = \frac{P(남 \cap 배구)}{P(남)} = \frac{4/100}{58/100} = \frac{4}{58}$$

실제 분할표에서 보듯이 남학생 58명 중에서 배구를 좋아하는 학생이 4명이므로 남학생 중 배구를 좋아할 확률은 4/58가 된다.

(5) 남학생 그리고 배구선호라는 두 사건이 서로 독립적이기 위해서는 정의에 의해 $P(남 \cap 배구) = P(남) \cdot P(배구)$의 관계가 성립해야 한다. 그런데

$$P(남 \cap 배구) = 4/100 = 0.04$$

$$P(남) \cdot P(배구) = \frac{58}{100} \cdot \frac{8}{100} = \frac{464}{10000} = 0.0464$$

로 서로 다르다. 따라서 서로 독립적이 아니다.

 NOTE

$P(A \mid B) = P(A)$ 또는 $P(B \mid A) = P(B)$일 때 A, B 두 사건은 서로 독립적(independent) 이라고 정의한다. 이것은 A, B 중 어느 한 사건이 발생했을 때 이것이 나머지 한 사건이 발생할 확률에 영향을 미치지 않는다는 것을 의미한다. 예를 들어 동전 두 개를 던져서 모두 앞면이 나올 확률을 구할 때, 첫 번째 동전이 앞면이 나오든 뒷면이 나오든 이것이 두 번째 동전이 어떤 면이 나오느냐에 영향을 주는 것이 아니다.

이와 같이 A, B 두 사건이 서로 독립적일 때 위의 곱셈법칙에서 A, B 두 사건의 결합 확률은 $P(A \cap B) = P(A) \cdot P(B)$이 된다.

예제 4.10

다음 문제에 대한 확률을 구하시오.

(1) 동전 두 개를 던져 모두 뒷면이 나올 확률

(2) 주사위를 두 번 던졌을 때 첫 번째에는 1, 그리고 두 번째에는 6이 나올 확률

해설

(1) 첫 번째 동전을 던져 뒷면이 나올 확률이 1/2, 두 번째 동전이 뒷면이 될 확률이 1/2이고 이들 사건은 서로 독립적이기 때문에 $\frac{1}{2} \times \frac{1}{2} = \frac{1}{4}$의 확률을 가진다.

(2) 처음 던진 주사위에서 1이 나올 확률이 1/6이고 두 번째로 던진 주사위에서 6이 나올 확률이 1/6이며 또 이들 사건이 독립적이기 때문에 두 사건의 확률을 곱하면 1/36이 된다.

나무그림

분할표의 내용을 나무가 가지를 쳐나가듯이 그림으로 표시한 것을 나무그림(tree diagram)인데 조건확률과 결합확률을 나타내는 데 아주 유용하다.

예제 4.11

아래는 [예제 4.4]의 분할표를 옮겨놓은 것이다. 분할표의 내용을 나무그림으로 나타내는 방법을 단계별로 살펴보자.

성별 \ 스포츠	농구	야구	축구	배구	계
남	24	20	10	4	58
여	16	14	8	4	42
계	40	34	18	8	100

해설

(1) 첫 단계로 먼저 변수의 순서를 정한다.

위 분할표에 나타난 변수는 성별을 표시하는 변수와 스포츠 종류를 나타내는 변수 2개가 있으며 순서는 성별 변수, 스포츠 변수의 순으로 하기로 한다.

(2) 변수의 순서가 정해지면 줄기에 해당하는 시작점을 표시하고 여기에 각 변수가 취할 수 있는 값의 개수만큼을 가지로 표시한다.

즉 앞서 분할표에서 성별 변수는 명목변수(nominal variable)로서 이 변수가 취할 수 있는 값은 남학생과 여학생 두 가지 값을 가지므로 두 개의 가지를 실선으로 표시하고, 실선의 적당한 위치에 성별 변수의 각 값이 나타날 수 있는 확률을 표시한다.

그림 4-4   나무그림

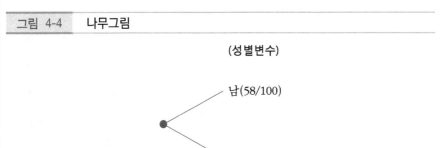

(성별변수)

남(58/100)

여(42/100)

---

(3) 다음에는 각각의 가지를 다시 시작점으로 하여 두 번째 변수인 스포츠 변수가 취할 수 있는 값인 농구, 야구, 축구, 배구에 대한 가지를 실선으로 표시하고, 이들 실선의 적당한 위치에 스포츠 변수의 각 값이 나타날 수 있는 확률을 기재한다.

여기서 표시하는 확률은 1단계로 성별에 따라 구분한 가지를 기준으로 표시하는 것이므로 조건확률에 해당한다. 예를 들어 〈그림 4-5〉 나무그림에 나타난 바와 같이 남학생 가지에서 시작한 스포츠 변수의 가지들은 남학생 58명을 대상으로 했을 때 이들이 농구, 야구 등을 좋아할 확률을 표시하는 조건확률인 것이다. 즉 남학생이라는 사건이 확정적으로 발생한 상태에서 이들이 어떤 스포츠를 좋아하는지를 나타내는 확률인 것이다.

따라서 어떤 사건도 아직 발생하지 않은 상태에서 남학생이라는 사건과 농구를 좋아한다는 사건이 동시에 발생하는 결합확률은 $P(남) \cdot P(농구 \mid 남)$이므로 1단계 가지의 주변확률 58/100에 2단계 조건확률 24/58를 곱한 24/100가 된다.

그림 4-5   나무그림과 확률

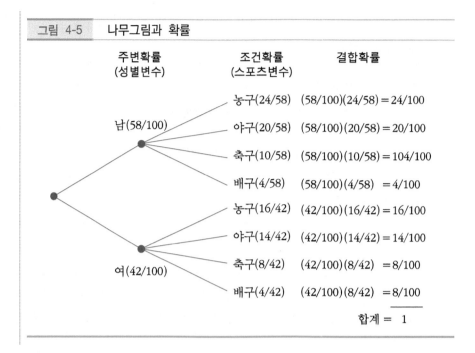

예제 4.12

아래는 어느 상점에서 200명의 고객에 대해 구매액과 지불방법을 조사하여 분할표로
작성한 결과이다. 이를 기준으로 다음에 답하시오.

구매액 \ 지불방법	현금	카드	계
10만원 미만	40	45	85
10만원 이상	32	83	115
계	72	128	200

(1) 구매액, 지불방법의 순서에 따라 나무그림을 그리시오.

(2) 이 상점에서 고객이 10만원 이상을 구매할 확률은?

(3) 고객이 10만원 미만의 물품을 구입하고 이를 카드로 지불할 확률은?

(4) 10만원 이상의 물품을 구매한 고객 중에서 구매액을 현금으로 지불할 확률은?

(5) 구매액이 10만원 미만이거나 지불방법으로 현금을 택할 고객의 확률은?

(6) 구매액이 10만원 미만이 되는 사건과 지불방법이 현금이 되는 두 사건은 서로 독립
적인가?

(7) (1)에서 그린 나무그림을 변수의 순서를 바꾸어 지불방법, 구매액의 순서에 따라 다

시 그리시오. 그리고 두 사건이 동시에 발생하는 결합확률을 계산하고 이를 (1)의
나무그림에서 계산한 결합확률과 비교하시오.

해설

(1) 구매액 지불방법 순에 따라 나무그림을 그리면 다음과 같다.

그림 4-6	**나무그림과 확률**

주변확률 (구매액)	조건확률 (지불방법)	결합확률
10만원 미만 (85/200)	현금(40/85)	(85/200)(40/85) = 40/200
	카드(45/85)	(85/200)(45/85) = 45/200
	현금(32/115)	(115/200)(32/115) = 32/200
10만원 이상 (115/200)	카드(83/115)	(115/200)(83/115) = 83/200

(2) 지불방법에는 관계없이 구매액이 10만원 이상이 되는 하나의 사건만이 관심의
대상이 되므로 이는 주변확률에 해당하며 115/200이다. 나무그림에서는 1단계
구매액에 의해 구분되는 2개 가지 중 아래 가지에 해당한다.

(3) 구매액이 10만원 미만이라는 사건과 지불방법이 카드가 되는 사건이 같이 발생
하는 확률이므로 이는 결합확률로서 45/200이다.

이는 $P(10만원 미만 \cap 카드) = P(10만원 미만) \cdot P(카드 \mid 10만원 미만)$이므
로 1단계에서 10만원 미만의 가지가 나타내는 주변확률 85/200와, 10만원 미만
의 구매 고객 중 지불방법이 카드인 2단계에서의 조건확률 45/85를 곱하면
45/200의 결합확률을 얻게 된다.

(4) 구매액이 10만원 이상이라는 사건이 이미 발생한 상태에서 현금지불이라는 사
건이 발생할 확률을 구하는 것이므로 이는 조건부확률 $P(현금 \mid 10만원 이상)$
에 해당하며 이는 나무그림에 32/115로 나타나 있다.

(5) 구매액이 10만원 미만이라는 사건과 지불방법이 현금이라는 사건 중 어느 한 사
건이라도 발생하는 경우의 확률이므로, 분할표에 나타난 확률을 덧셈법칙에 대

입한다.

$$P(10만원 \ 미만 \cup 현금) = P(10만원 \ 미만) + P(현금) - P(10만원 \ 미만 \cap 현금)$$

$$= \frac{85}{200} + \frac{72}{200} - \frac{40}{200} = \frac{117}{200}$$

(6) 두 사건이 독립적인지를 확인하기 위해서는 정의에 따라

$$P(10만원 \ 미만 \cap 현금) = P(10만원 \ 미만) \cdot P(현금)$$

의 관계식이 성립하는지를 확인해야 한다. 여기서

$$P(10만원 \ 미만 \cap 현금) = \frac{40}{200} = 0.2$$

$$P(10만원 \ 미만) \cdot P(현금) = \frac{85}{200} \cdot \frac{72}{200} = 0.153$$

로서 양변이 서로 다르다. 따라서 두 사건은 독립적이 아니다.

(7) 두 나무그림이 나타내는 결합확률은 동일하다. 예를 들어 (1)의 나무그림에서 계산한 결합확률 $P(10만원 \ 이상 \cap 현금)$과 〈그림 4-7〉 나무그림에서 계산한 결합확률 $P(현금 \cap 10만원 \ 이상)$은 모두 32/200로 같다. 즉 A, B 두 사건의 결합확률은 $P(A \cap B) = P(B \cap A)$로 동일하다.

그림 4-7	나무그림과 확률

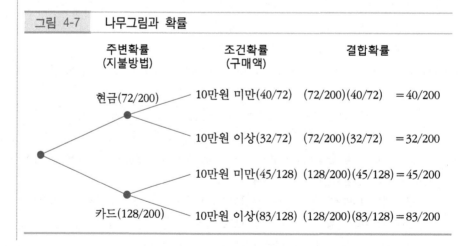

4.3 베이즈 정리

사전확률과 사후확률

주변확률 $P(A)$와 조건확률 $P(B|A)$를 이미 알고 있을 때 우리는 $P(A) \cdot P(B|A)$를 통해 결합확률 $P(A \cap B)$를 구할 수 있다. 그런데 여기서 관심의 대상이 되는 것은 이미 알고 있는 $P(A)$와 $P(B|A)$를 이용하여 역으로 $P(A|B)$를 알 수 있는가라는 점이다. 18세기 영국의 장로교 목사인 베이즈(Reverend Thomas Bayes)는 여기에 관심을 갖고 연구하였으며 후에 이는 베이즈 정리(Bayes theorem)로 완성되었다.

이때 이미 알려져 있는 조건확률 $P(B|A)$를 사전확률(prior probability)이라고 하며 이러한 정보를 이용하여 사후적으로 알아낸 조건확률 $P(A|B)$를 사후확률(posterior probability)이라고 한다.

베이즈 정리의 중요성은 바로 이러한 사후확률을 실험을 통하지 않고 이미 알려진 사전확률을 이용해 알아낼 수 있다는 점에 있는 것이다.

예제 4.13

아프리카 어느 종족은 인구의 10%가 그 종족 특유의 풍토병에 걸린다고 한다. 그리고 이 풍토병에 걸렸는지 여부를 검사할 수 있는 시약이 있는데 이 시약은 100% 정확한 것이 아니어서, 실제로 풍토병에 걸린 사람을 검사했을 때 양성 반응을 보이는 비율은 90%이며, 반대로 풍토병에 걸리지 않은 사람을 검사했을 경우에도 양성 반응을 보이는 비율은 15%에 이른다고 한다.

(1) 풍토병에 걸린 경우를 A_1, 걸리지 않은 경우를 A_2라 표시할 때 주변확률 $P(A_1)$과 $P(A_2)$를 구하시오.

(2) 검사결과가 양성으로 나타나는 경우를 B_1으로 표시할 때 조건확률 $P(B_1|A_1)$과 $P(B_1|A_2)$을 구하시오.

(3) 결합확률 $P(B_1 \cap A_1)$과 $P(B_1 \cap A_2)$를 구하시오.

(4) 위의 내용은 결국 검사결과가 양성으로 나왔다고 해서 모두 풍토병에 걸렸다고 볼 수 없다는 것을 의미한다. 그러면 여기에서 사후확률 측면에서 우리의 관심 대상이 되는 조건확률은 얼마인가?

(5) [예제 4.13]의 내용을 나무그림으로 그리시오.

 해설

(1) 인구의 10%가 풍토병에 걸리므로 $P(A_1) = 0.1$이다. 따라서 풍토병에 걸리지 않을 확률은 $P(A_2) = 1 - P(A_1) = 0.9$이다.

📊 NOTE

풍토병을 하나의 변수로 간주할 때, 이 변수는 질적변수(qualitative variable) 또는 명목변수(nominal variable)로서 취할 수 있는 값은, 양이 아닌 질적인 내용을 표시하는 '풍토병에 걸린 경우(A_1)'와 '풍토병에 걸리지 않은 경우(A_2)'의 두 가지이다. 여기서 A_1과 A_2는 동시에 발생할 수 있는 사건이 아니기 때문에 서로 배타적(exclusive)이다.

또한 앞에서 언급한 아프리카 종족은 A_1과 A_2 중 어느 하나에 반드시 속하기 때문에 A_1 집합과 A_2 집합을 합하면 전체 집합, 즉 아프리카의 종족을 나타내게 된다.

이와 같이 일어날 수 있는 사건이 서로 배타적($A_1 \cap A_2 = \varnothing$)이고 이들 사건들의 합집합이 전체집합($U$)가 될 때($A_1 \cup A_2 = U$), 이들 사건은 완전배타적(exhaustive)이라고 한다.

베이즈 정리는 바로 이러한 완전배타적 사건을 전제로 한 것이다.

아래 그림 (A)는 이를 벤 다이어그램으로 표시한 것이다. 그림 (B)는 A_1과 A_2가 배타적이지만 $A_1 \cup A_2 = U$가 성립하지 않으므로 완전배타적은 아니다.

그림 4-8   완전 배타적 사건(A)과 배타적 사건(B)

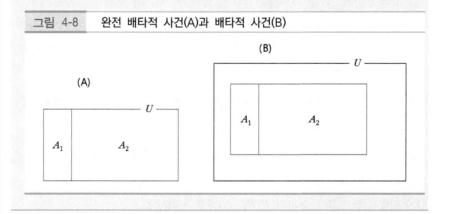

---

(2) $P(B_1|A_1)$은 풍토병에 걸린 것으로 확인된 사람을 검사했을 때 양성 반응을 보일 확률로서 조건부확률에 해당하며 0.9인 것으로 나타나 있다. 이는 실제 풍토

병에 걸린 사람을 검사했을 때의 결과가 양성을 보임으로써 풍토병에 걸린 것으로 올바르게 판단할 확률이 90%임을 의미한다. $P(B_1|A_2)$는 풍토병에 걸리지 않은 것으로 확인된 사람을 검사했을 때의 결과가 양성 반응을 보일 조건부확률로서 0.15인 것으로 나타나 있다. 이는 실제 검사결과가 풍토병에 걸리지 않은 사람을 걸린 것으로 잘못 판단할 확률이 15%에 이름을 의미한다.

(3) $P(B_1 \cap A_1) = P(A_1) \cdot P(B_1|A_1) = (0.1)(0.9) = 0.09$

$P(B_1 \cap A_2) = P(A_2) \cdot P(B_1|A_2) = (0.9)(0.15) = 0.135$

(4) 검사 결과가 양성 반응을 보였을 때 주의할 점은, 이 양성 반응은 실제 풍토병에 걸려서 양성 반응이 나타날 수도 있으나, 풍토병에 걸리지 않았음에도 양성 반응이 나타날 수도 있다는 점이다. 전자의 경우는 풍토병에 걸린 사람에 대해 양성 반응을 보인 것이므로 올바른 검사결과를 나타낸 것이지만 후자의 경우는 풍토병에 걸리지 않은 사람을 걸린 것으로 양성 반응을 보인 것이므로 잘못된 검사결과를 나타낸 것이다.

따라서 우리의 관심의 대상이 되는 것은 어떤 사람의 검사 결과가 양성 반응을 보였을 때, 실제로 이 사람이 정말로 풍토병에 걸렸을 확률이 얼마가 될 것인가 하는 것으로서 이는 바로 조건부확률 $P(A_1|B_1)$을 의미하는 것이다.

그림 4-9   사전확률과 나무그림

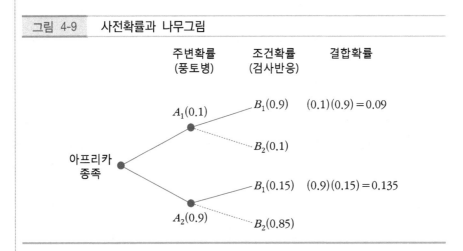

그리고 조건확률 $P(A_1|B_1)$은 위에서처럼 $P(A_1)$, $P(A_2)$, $P(B_1|A_1)$, $P(B_1|A_2)$ 등의 주변확률과 사전확률이 이미 알려져 있는 경우 베이즈 정리를 통해 쉽게 사후적으로 구할 수 있는 사후확률이다.

(5) 풍토병 발병 여부에 관계없이 분석대상이 되는 것은 검사결과가 양성(B_1)으로 나타난 경우이므로 나무그림에서 B_1이 아닌 사건(B_2로 표시됨)은 점선으로 나타내었다.

베이즈 정리

A_1과 A_2가 완전배타적일 때 사후확률 $P(A_1|B_1)$은 이미 알려진 사전확률 $P(A_1)$, $P(B_1 \cap A_1)$, $P(A_2)$, $P(B_1 \cap A_2)$로 나타낼 수 있다.

$$P(A_1|B_1) = \frac{P(A_1)P(B_1|A_1)}{P(A_1)P(B_1|A_1) + P(A_2)P(B_1|A_2)}$$

해 설

베이즈 정리는 다음과 같이 쉽게 도출해 낼 수 있다.

먼저 사후확률 $P(A_1|B_1)$은 $P(A_1|B_1) = \dfrac{P(A_1 \cap B_1)}{P(B_1)}$로 나타낼 수 있는데 여기에서 분자에 있는 결합확률은 $P(A_1 \cap B_1) = P(B_1 \cap A_1) = P(A_1)P(B_1|A_1)$이다.

그리고 〈그림 4-10〉에 나타난 바와 같이 B_1의 사건이 발생할 확률 $P(B_1)$은 A_1 사건과 B_1 사건이 같이 발생할 결합확률 $P(A_1 \cap B_1)$과 A_2 사건과 B_1사건이 같이 발생할 결합확률 $P(A_2 \cap B_1)$을 더한 것이므로 $P(B_1)$은 다음과 같이 표시할 수 있다.

$$P(B_1) = P(A_1 \cap B_1) + P(A_2 \cap B_1) = P(A_1)P(B_1|A_1) + P(A_2)P(B_1|A_2)$$

이를 분모에 대입하면 베이즈 정리의 결과를 얻을 수 있다.

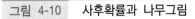

그림 4-10 | 사후확률과 나무그림

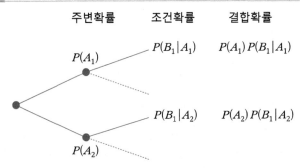

주변확률　　　조건확률　　　결합확률

$P(A_1)$ 　　$P(B_1|A_1)$　　$P(A_1)P(B_1|A_1)$

$P(B_1|A_2)$　　$P(A_2)P(B_1|A_2)$

$P(A_2)$

 NOTE

k 개의 완전배타적 사건 A_1, A_2, $\cdots$, A_k에 대한 일반적인 베이즈 정리는 다음과 같다.

$$P(A_1|B_1) = \frac{P(A_1)P(B_1|A_1)}{P(A_1)P(B_1|A_1) + P(A_2)P(B_1|A_2) + \cdots + P(A_k)P(B_1|A_k)}$$

예제 4.14

위의 [예제 4.13]에서 풍토병 검사 결과가 양성으로 나왔을 때 이 사람이 실제로 풍토병에 걸렸을 확률을 구하시오.

해설

이는 풍토병에 걸린 경우를 A_1, 그렇지 않은 경우를 A_2, 그리고 양성 반응을 보이는 것을 B_1으로 표시했을 때 사후확률 $P(A_1|B_1)$을 구하는 것에 해당한다. 즉 양성 반응은 풍토병에 걸렸을 때 뿐 아니라 풍토병에 걸리지 않은 상태에서도 나타날 수 있기 때문에, 여기서는 바로 양성 반응이 나타난 경우에 실제 풍토병에 걸렸다고 볼 수 있는 확률을 구하고자 하는 것이다. 베이즈 정리를 이용하면

$$P(A_1|B_1) = \frac{P(A_1)P(B_1|A_1)}{P(A_1)P(B_1|A_1) + P(A_2)P(B_1|A_2)}$$

$$= \frac{0.1 \times 0.9}{0.1 \times 0.9 + 0.9 \times 0.15} = \frac{0.09}{0.225} = 0.4$$

가 된다. 즉 검사결과가 양성일 경우 실제로 풍토병에 걸렸을 확률은 0.4이다.

예제 4.15

어느 자동차 회사는 자동차 생산에 필요한 전자부품을 A, B, C 세 중소기업으로부터 전량 공급받고 있으며 구매비율은 각각 20%, 30%, 50%이다. 그리고 A, B, C 세 기업의 부품에 대한 불량률은 각각 4%, 3%, 1%라고 한다. 이러한 상황을 나무그림으로 그리시오. 그리고 만약 자동차 회사에 납품된 부품 1개를 임의로 뽑아 검사한 결과 불량으로 판정되었을 때 이 부품이 A 기업 제품일 확률은 얼마인가?

해설

부품이 불량으로 나타나는 사건을 D라고 표시하고 나무그림을 그리면 다음과 같다.

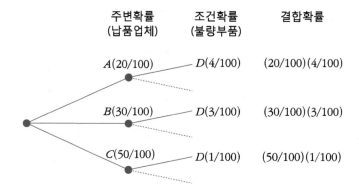

주변확률 (납품업체)	조건확률 (불량부품)	결합확률
$A(20/100)$	$D(4/100)$	$(20/100)(4/100)$
$B(30/100)$	$D(3/100)$	$(30/100)(3/100)$
$C(50/100)$	$D(1/100)$	$(50/100)(1/100)$

불량품으로 판정된 부품이 A 회사 제품일 확률을 구하는 것이므로 이는 사후확률 $P(A \mid D)$에 해당한다. 그리고 이는 베이즈 정리에 따라

$$P(A \mid D) = \frac{P(A)P(D \mid A)}{P(A)P(D \mid A) + P(B)P(D \mid B) + P(C)P(D \mid C)}$$

$$= \frac{P(A \cap D)}{P(A \cap D) + P(B \cap D) + P(C \cap D)}$$

$$= \frac{0.2 \times 0.04}{0.2 \times 0.04 + 0.3 \times 0.03 + 0.5 \times 0.01} = \frac{0.008}{0.022} = 0.364$$

가 된다. 즉 A 회사에서 제조된 불량품일 확률은 36.4%이다.

제5장

확률분포

제5장
확률분포

5.1 이산형 확률분포

이산형 확률변수

변수의 값이 확률에 의해 결정되는 변수를 확률변수(random variable)라 하며 이러한 확률변수의 값이 불연속적일 때 이를 이산형 확률변수(discrete random variables)라 한다.

> **해 설**

주사위를 던져서 나오는 숫자를 X라 했을 때 X는 1에서 6 사이의 여섯 개 값을 가질 수 있는 변수이다. 그리고 이때 나오는 각 숫자는 각각 1/6의 확률을 가지고 나타나기 때문에 X는 확률변수인 것이다. 특히 X는 1, 2, …, 6의 여섯 개의 불연속적인 값을 가지므로 이산형 확률변수인 것이다.

예제 5.1

동전을 던져서 앞면 또는 뒷면이 나오는 결과를 이산형 확률변수라 할 수 있는가?

해설

동전을 던져서 앞면 또는 뒷면이 나오는 결과를 X라 하고 앞면이 나왔을 때를 1, 뒷면이 나왔을 때를 2라고 표시하기로 한다면 X는 1과 2의 값을 가지는 확률변수가 되는데, 이때 X가 가질 수 있는 1과 2의 두 값은 1/2의 확률에 의해 결정되므로 X는 이산형 확률변수에 해당한다.

이산형 확률분포

이산형 확률변수의 각 변수 값과 이 변수 값이 나타날 확률을 도표, 그래프, 수식 등으로 나타낸 것을 이산형 확률변수의 확률분포(probability distribution for discrete random variables) 또는 간단히 이산형 확률분포(discrete probability distribution)라 한다.

해 설

동전을 던져서 나오는 앞면 또는 뒷면의 결과를 X라 할 때 X에 대한 확률분포는 다음과 같이 도표, 그래프, 수식으로 나타낼 수 있다. 동전의 앞면이 나올 때를 1, 뒷면이 나올 때를 2로 표시하기로 하면 X는 1과 2의 값을 가지게 될 것이며, 이들 두 값 가운데 어느 값을 가지는가는 1/2의 확률에 의해 결정되므로 이산형 확률변수에 해당한다.

확률분포는 확률변수가 취할 수 있는 모든 값과 이 확률변수 값이 나타날 확률을 표시한 것이므로 이를 먼저 도표로 나타내면 다음과 같다.

(1) 도표로 표시한 확률분포

X	$P(X = x)$
1	0.5
2	0.5

위에서 $P(X = x)$는 확률변수 X가 $X = x$의 값을 가질 확률을 표시한다. 즉 $P(X = 1) = 0.5$, $P(X = 2) = 0.5$임을 나타내는 것으로서 이는 동전의 앞면이 나오는 경우를 1, 뒷면이 나오는 경우를 2로 나타내었으므로 $P(앞면) = 0.5$, $P(뒷면) = 0.5$임을 의미하는 것이다.

NOTE

$P(X=x)$는 확률변수 X가 $X=x$의 값을 가질 확률이므로 다음과 같은 조건이 성립한다.

$$① \ 0 \le P(X=x) \le 1$$
$$② \sum_{all\ x} P(X=x) = 1$$

즉 $P(X=x)$는 확률이므로 당연히 0과 1 사이의 값을 가지며 모든 확률변수 값에 대한 확률을 합하면 1이 된다.

(2) 그래프로 표시한 확률분포

이는 횡축에 확률변수 값을 표시하고 종축에 각 확률변수 값이 나타날 확률을 표시하여 나타내는 것으로서 상대도수분포표와 유사한 형태를 지닌다.

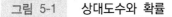

그림 5-1 　상대도수와 확률

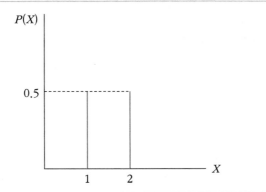

(3) 수식으로 표시한 확률분포

$$P(X=x) = 0.5 \qquad (x=1,\ 2)$$

여기서 $P(X=x)$는 확률변수 X가 $X=x$의 값을 가질 확률을 표시하는 것으로서 $P(X=x) = 0.5$는 확률변수가 1과 2의 값을 가질 확률이 0.5로 동일함을 나타내고 있다. 이와 같이 확률변수 X값에 대한 확률이 동일할 때 이러한 확률분포를 균등분포(uniform distribution)라고 한다.

NOTE

> 모든 확률변수에 대한 확률분포를 수식으로 나타내는 것이 쉬운 일은 아니다. 그러나 통계
> 학을 배우는 현단계에서 필요한 것은 확률분포의 수식을 구하는데 있는 것이 아니고 분석대
> 상이 되는 확률변수에 대한 분포가 이미 알려진 어느 확률분포에 근사한지를 알아내는데 있
> 는 것이기 때문에 확률분포의 식을 구하는 데 따른 여려움은 겪지 않아도 된다.

예제 5.2

주사위를 던져서 나오는 숫자를 X라 했을 때 X의 확률분포를 (1) 도표, (2) 그래프 그
리고 (3) 수식으로 나타내시오. 그리고 $0 \leq P(X = x) \leq 1$과 $\sum_{x=1}^{6} P(X = x) = 1$이 됨
을 확인하시오.

해설

X는 1에서 6사이의 정수 값을 갖는 이산형 확률변수로서 이들 확률변수 값들은 모
두 동일하게 1/6의 확률을 가지고 나타나게 된다.

(1) 도표로 표시한 확률분포

X	$P(X = x)$
1	1/6
2	1/6
3	1/6
4	1/6
5	1/6
6	1/6

상대도수분포표와 유사한 형태를 띠고 있다.

(2) 그래프로 표시한 확률분포

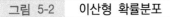

그림 5-2   이산형 확률분포

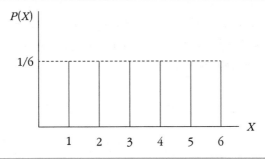

(3) 수식으로 표시한 확률분포

$$P(X = x) = 1/6 \quad (x = 1,\ 2,\ \cdots,\ 6)$$

주사위를 던져서 어떤 숫자가 나오는 확률, 즉 $P(X)$는 1/6로서

$$0 \leq P(X = x) \leq 1$$

이고 $P(1) + P(2) + P(3) + P(4) + P(5) + P(6) = 1$이 되어

$$\sum_{x=1}^{6} P(X = x) = 1$$

임을 확인할 수 있다.

위의 예제에서 주사위를 던져서 1이나 2가 나타날 확률은 다음과 같이 수식으로 표시한다.

$$P(X = 1 \text{ or } X = 2) = P(1) + P(2) = 1/6 + 1/6 = 1/3$$
$$\text{또는 } P(1 \leq X \leq 2) = P(1) + P(2) = 1/3$$

예제 5.3

어느 공장에서 생산한 전자제품을 무작위로 100개를 뽑아 조사한 결과 두 개는 불량품으로 그리고 나머지는 합격품으로 판정되었다. 이 경우 확률변수로 간주할 수 있는 것은 무엇인가? 그리고 이 확률변수의 확률분포를 도표와 그래프로 표시하시오.

해설

합격품과 불량품은 각각 0.98과 0.02의 확률을 가지고 나타날 수 있기 때문에 생산된 제품이 합격품인가 불량품인가를 확률변수로 볼 수 있다. 즉 합격품을 '0'으로 불량품을 '1'로 표시하기로 하고 이를 나타내는 확률변수를 X라 하면, X는 0과 1의 값을 갖는 이산형 확률변수인 것이다.

X	$P(X = x)$
0	0.98
1	0.02

그림 5-3 이산형 확률분포

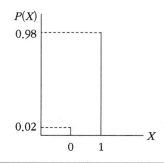

만약 이를 수식으로 나타낸다면 $P(X = x) = (0.02)^x (0.98)^{1-x}$으로 표시할 수 있다.

🔗 NOTE

위의 예제에서 수식으로 표시한 $P(X = x) = (0.02)^x (0.98)^{1-x}$은 시행횟수가 1회인 이항분포의 특수한 예에 해당한다.

즉 제품을 n개 추출하였을 때 불량품의 개수는 0, 1, …, n개가 나타날 수 있다. 극단적으로 하나도 불량품이 아닐 수도 있고 n개 모두가 불량품일 수도 있다. 이를 일반화하기 위해 불량품의 개수를 X라 하면 불량품이 0일 확률은 $P(X = 0)$, 1개일 확률 $P(X = 1)$ 그리고 더 나아가 불량품이 x개일 확률은 $P(X = x)$로 표시하게 되며, 이때 우리가 알고자 하는 것은 바로 추출된 n개 제품 중 불량품(또는 합격품)이 x개일 확률 $P(X = x)$가 얼마가 되는가 하는 것이다.

이때 확률변수는 X가 되며, 이러한 확률분포는 이항분포(binomail distribution)를 하게 된다. 이는 뒤에서 자세히 살펴볼 것이다.

이산형 확률변수의 평균

확률변수에 대한 평균을 기대값(expected value)이라 하며 다음과 같이 구한다.

$$\mu = \sum x P(X = x)$$

즉 확률변수 x에 대한 각각의 값에다 그 값이 나타날 확률 $P(X = x)$를 곱한 후 이를 모두 더한 것이다. 이를 도수분포표 측면에서 보면 $P(X = x)$는 상대도수에 해당하는 것으로서 가중치 역할을 하고 있음을 알 수 있다.

따라서 기대값은 확률변수에 대한 가중산술평균인 것이다.

 NOTE

$P(x)$를 가중치로 하는 x의 가중산술평균은 $\dfrac{\sum x P(X = x)}{\sum P(X = x)}$에 따라 구할 수 있다. 그런데 여기서 $\sum P(X = x) = 1$이므로 가중산술평균은 $\sum x P(X = x)$가 되는 것이다. (가중산술평균은 3장 1절을 참조할 것)

예제 5.4

아래 표는 자동차 보유대수별 가구수를 조사한 결과이다. 이로부터 자동차 보유대수에 대한 기대값을 구하는 과정은 다음과 같다.

X	0	1	2	3
$P(X = x)$	0.10	0.65	0.20	0.05

해설

이는 상대도수분포표로서 자동차 보유대수별로 조사대상 가구에 대한 비율 또는 상대도수를 표시한 것이다. 즉 자동차를 한 대 보유한 가구가 조사대상 전체 가구의 65%이며 두 대를 보유한 가구는 20%에 달한다는 것을 보여준다.

이는 역으로 조사대상 가구 중에서 한 가구를 임의로 뽑았을 때 이 가구가 자동차를 두 대 보유하고 있을 확률은 0.2에 이른다는 것을 나타내는 것이기도 하다. 따라서 자동차 보유대수를 나타내는 X는 0, 1, 2, 3의 값을 가지며 또한 각 값은 상대도수인 확률에 의해 결정되는 이산형 확률변수에 해당한다.

이때 한 가구당 몇 대의 자동차를 보유하고 있는지를 알려면 확률변수 X의 가중평균, 즉 기대값을 구하면 된다. 확률변수 X의 기대값을 $E(X)$라 하면

$$E(X) = \sum x P(X = x) = 0\,(0.1) + 1\,(0.65) + 2\,(0.2) + 3\,(0.05) = 1.2$$

가 된다. 따라서 가구당 1.2대꼴로 자동차를 보유하고 있음을 알 수 있다.

```
[sas program]
DATA ex54;
   INPUT x prob;
   xprob=x*prob; ①
   CARDS;
   0  0.1
   1  0.65
   2  0.2
   3  0.05
;RUN;

PROC PRINT DATA=ex54;
   SUM prob xprob; ②
RUN;
```

해설

① INPUT 스테이트먼트에서 지정한 두 변수 x와 prob를 곱하여 xprob 변수에 저장하였다. xprob 변수값들을 합계하면 바로 기대값이 되며 이 결과가 ③에 1.20으로 출력되어 있다.

② SUM 스테이트먼트는 지정된 변수, 즉 prob, xprob의 합계를 출력할 것을 요구하는 것이다.

[결과물]

Obs	x	prob	xprob
1	0	0.10	0.00
2	1	0.65	0.65
3	2	0.20	0.40
4	3	0.05	0.15
		═══	═══
		1.00	1.20 ③

 NOTE

위에서 제시된 프로그램은 개념에 대한 이해력을 높이기 위해 공식을 그대로 따라 전개한 것이나 아래와 같이 간단히 처리하는 방법도 있다. 이 방법에 대한 설명은 다음 예제에서 설명할 것이다.

```
PROC MEANS DATA=ex54 VARDEF=WEIGHT;
  VAR x;
  WEIGHT prob;
RUN;
```

[결과물]

N	Mean	Std Dev	Minimum	Maximum
4	1.2000000	0.6782330	0	3.0000000

이산형 확률변수의 분산과 표준편차

이산형 확률변수의 분산(variance)과 표준편차(standard deviation)는 다음과 같이 정의 된다.

$$\text{분산:} \quad \sigma^2 = \sum (X - \mu)^2 P(X)$$

$$\text{표준편차:} \quad \sigma = \sqrt{\sigma^2} = \sqrt{\sum (X - \mu)^2 P(X)}$$

예제 5.5

[예제 5.4]에서 살펴본 자동차 보유대수별 가구수에 대한 상대도수분포표를 예로 하여 이산형 확률변수인 X의 분산과 표준편차를 구하는 과정을 살펴보기로 하자.

해설

먼저 분산을 구하려면 확률변수 X의 평균, 즉 기대값을 알아야 하는데 [예제 5.4]에서 구한 바와 같이 평균, 즉 기대값은 $\mu = E(X) = 1.2$이다.

X	$P(X)$	$(X - \mu)$	$(X - \mu)^2$	$(X - \mu)^2 P(X)$
0	0.10	-1.2	1.44	0.144
1	0.65	-0.2	0.04	0.026
2	0.20	0.8	0.64	0.128
3	0.05	1.8	3.24	0.162

$$\sigma^2 = \sum (X - \mu)^2 P(X) = 0.144 + 0.026 + 0.128 + 0.162 = 0.46$$

$$\sigma = \sqrt{0.46} = 0.678$$

 NOTE

이산형 확률변수에 대한 분산은 아래와 같은 변형된 식으로도 구할 수 있다.

$$\sigma^2 = \sum X^2 P(X) - \mu^2$$

위의 식은 다음의 도출과정을 통해 쉽게 얻을 수 있다.

$$\sigma^2 = \sum (X - \mu)^2 P(X)$$
$$= \sum (X^2 - 2\mu X + \mu^2) P(X)$$
$$= \sum X^2 P(X) - 2\mu \sum X P(X) + \sum \mu^2 P(X)$$

$$\text{(여기서 } \sum XP(X) = \mu, \ \sum P(X) = 1)$$
$$= \sum X^2 P(X) - 2\mu^2 + \mu^2$$
$$= \sum X^2 P(X) - \mu^2$$

[sas program]

```
DATA ex55; ①
  INPUT x prob @@; ②
  CARDS;
  0 0.1 1 0.65 2 0.2 3 0.05
RUN;

PROC MEANS DATA=ex55 MEAN VAR STD VARDEF=WEIGHT; ③
  VAR x; ④
  WEIGHT prob; ⑤
RUN;
```

해설

① 확률변수 X와 이에 대한 확률 $P(X)$에 각각 x prob라는 변수명을 지정하여 ex55라는 이름의 SAS데이터파일을 작성한다.

② @@을 지정함으로써 CARDS 스테이트먼트 아래의 데이터를 행 끝까지 대응하는 변수에 입력하도록 한다.

③ 데이터파일 ex55에 있는 변수 x에 대한 평균과 분산 그리고 표준편차를 구하기 위해 MEANS 프로시저를 실행한다.

이를 위해 평균과 분산 표준편차를 나타내는 MEAN VAR STD를 옵션으로 지정하였다. 그리고 분산을 구할 때 지정된 가중치를 사용할 것을 지시하기 위해 'VARDEF =' 다음에 WEIGHT 옵션을 지정하였다.

④ x 변수에 대해 ②에서 지정한 평균, 분산, 표준편차를 구하도록 하기 위해 VAR 스테이트먼트 다음에 x를 지정하였다.

여기에서 주의할 것은 ④의 VAR는 어떤 변수에 대해 분석을 실행할 것인지를 나타내는 variable 스테이트먼트이며 ③의 VAR는 ④에서 지정한 변수의 분산 (variance)을 구할 것을 지정하는 옵션이다.

⑤ x의 평균과 분산을 구할 때 prob 변수의 값을 가중치로 사용하여야 하므로

WEIGHT 스테이트먼트 다음에 가중치로 사용할 변수명을 prob로 지정하였다.
⑥ 결과물에 기대값이 1.2로, 분산과 표준편차가 각각 0.460, 0.678으로 출력되어
있다.

[결과물]

```
                    Analysis Variable : x
              Mean          Variance         Std Dev
            ----⑥----------------------------------------
            1.2000000       0.4600000       0.6782330
            ----------------------------------------------
```

예제 5.6

아래 확률분포표의 빈 칸에 알맞는 수를 기입하고 이를 이용하여 확률변수 X의 기대
값과 분산 그리고 표준편차를 구하시오.

X	$P(X)$	$XP(X)$	X^2	$X^2P(X)$
1	0.10	( )	( )	( )
2	0.10	( )	( )	( )
3	0.20	( )	( )	( )
4	0.25	( )	( )	( )
5	0.35	( )	( )	( )

$$\sum XP(X) =(\qquad) \quad \sum X^2P(X) =(\qquad) \quad \sum X^2P(X) - \mu^2 =(\qquad)$$

해설

X	$P(X)$	$XP(X)$	X^2	$X^2P(X)$
1	0.10	(0.1)	(1)	(0.1)
2	0.10	(0.2)	(4)	(0.4)
3	0.20	(0.6)	(9)	(1.8)
4	0.25	(1.0)	(16)	(4.0)
5	0.35	(1.75)	(25)	(8.75)

$$\sum XP(X) =3.65 \quad \sum X^2P(X) =15.05 \quad \sum X^2P(X) - \mu^2 =1.728$$

확률변수 X의 기대값과 분산은 각각 3.65, 1.728임을 알 수 있다. 그리고 표준편차는 분산의 제곱근인 $\sqrt{1.728} = 1.314$이다.

[sas program]
```
DATA ex56;
  INPUT x prob @@;
  CARDS;
  1 0.1 2 0.1 3 0.2 4 0.25 5 0.35
RUN;

PROC MEANS data=ex56 MEAN VAR STD VARDEF=WEIGHT;
  VAR x;
  WEIGHT prob;
RUN;
```

해설

[예제 5.5] 참조.

[결과물]

```
                    Analysis Variable : x
            Mean            Variance          Std Dev
        ─────────────────────────────────────────────
          3.6500000        1.7275000        1.3143439
        ─────────────────────────────────────────────
```

해설

확률변수 X의 기대값은 3.65, 분산과 표준편차는 각각 1.728, 1.314로 출력되어 있다.

예제 5.7

확률변수 X에 대한 확률분포가 다음과 같을 때 X의 기대값과 분산, 표준편차를 구하시오.

X	0	5	10	15	20
$P(X)$	0.06	0.12	0.62	0.15	0.05

해설

아래 결과물에 기대값과 분산, 표준편차가 각각, 10.05, 17.74, 4.21로 출력되어 있다.

[sas program]

```
DATA ex57;
  INPUT x p @@;
  CARDS;
  0 0.06 5 0.12 10 0.62 15 0.15 20 0.05
RUN;

PROC MEANS data=ex57 MEAN VAR STD VARDEF=WEIGHT;
  VAR x ;
  WEIGHT p;
RUN;
```

[결과물]

```
              Analysis Variable : x
          Mean        Variance       Std Dev
        ─────────────────────────────────────
        10.0500000    17.7475000    4.2127782
        ─────────────────────────────────────
```

5.2 이항분포

이산형 확률분포에서 가장 널리 이용되는 분포인 이항분포(binomial distribution)는 다음과 같은 특성을 가진 분포이다.

(1) 실험(experiment)의 결과는 '두 가지'로 이들은 상호배타적(mutually exclusive)

이다. 일반적으로 두 결과 중 하나를 성공(success), 다른 한 결과를 실패 (failure)라 한다. 여기서 말하는 성공과 실패는 단지 두 가지 결과를 나타내는 상황을 표시하는 것일 뿐, 좋고 나쁜 의미의 성공과 실패는 아니라는 점에 유의해야 한다.

또한 두 결과가 상호배타적이라는 의미는 성공과 실패가 동시에 발생할 수 없음을 의미하는 것으로서, 두 가지 결과만이 나타날 수 있는 상태에서 성공이 나타날 확률을 p라 하면 실패는 당연히 $(1-p)$가 된다.

 NOTE

동전을 던지는 실험을 했을 때 나타나는 결과는 앞면, 아니면 뒷면의 두 가지이다. 따라서 앞면을 성공으로 표시하면 뒷면은 실패로 표시할 수 있으며, 앞면과 뒷면이 동시에 나타날 수 없다는 점에서 이 실험 결과는 상호배타적이다. 물론 이때 앞면이 나타날 확률 p와 뒷면이 나타날 확률 $(1-p)$는 모두 0.5이다.

(2) 실험은 수차의 시행(trial)에 의해 이루어지며, 각 시행은 독립적(independent)이며 매번 시행 때마다 나타나는 성공의 확률은 동일하다. 여기서 독립적이라는 것은 어느 한 시행에 의해 나타나는 결과가 그 다음 시행으로 인해 나타나는 결과에 영향을 미치지 않는다는 것을 의미한다.

 NOTE

동전을 던져서 앞면과 뒷면 가운데 어떤 면이 나오는가를 실험했을 때 동전을 한 번 던지는 행위가 시행(trial)에 해당한다. 따라서 동전을 n번 던져서 앞면이 몇 번 나오는지를 조사하는 실험을 했다면 이 실험은 n번의 시행으로 이루어진 실험이다.

그리고 각 시행 때마다, 즉 동전을 한 번 던질 때마다 앞면이 나타날 확률은 0.5로 동일하다. 이 경우 어느 한 시행에서 동전의 앞면이 나올 확률이 다음 시행에서 앞면 또는 뒷면이 나올 확률에 영향을 미치지 않으므로 각 시행은 서로 독립적이라고 말한다.

(3) 이항분포에서의 확률변수는 n번의 시행을 통해서 얻을 수 있는 성공의 횟수이다.

NOTE

이항분포에서 가장 주의깊게 이해해야 할 부분이 바로 이 부분이다. 예를 들어 동전을 다섯 번 던지는 실험을 했을 때 매번 나타나는 결과는 앞면이거나 뒷면의 두 가지가 될 것이다. 그런데 여기서 앞면(이를 '성공' '실패' 중 '성공'이라고 하자)이 다섯 번 동전을 던지는 시행 과정에서 몇 번 나오는가를 조사한다고 했을 때, 앞면이 나타나는 성공의 횟수는 0, 1, 2, 3, 4, 5가 될 것이다. 다시 말해서 성공의 횟수가 0이라는 것은 5번 동전을 던져서 앞면이 한 번도 나타나지 않은 경우이며 앞면이 세 번 나오고 뒷면이 두 번 나왔다면 성공의 횟수는 3이 되는 것이다.

그러므로 다섯 번 동전을 던졌을 때 앞면이 나타나는 '성공의 횟수'는 0, 1, 2, 3, 4, 5 가운데 어느 한 숫자가 될 것이고 이는 앞면이 나타나는 확률에 의존하므로 '확률변수'가 되는 것이다.

예제 5.8

PC를 보유하고 있는 사람 중 100명을 임의로 선정하여 PC를 구입할 때 기종선택에 대한 정보를 어디로부터 얻었는가를 조사한 결과, 다음과 같은 자료를 얻었다. 이는 이항분포의 특성을 만족시키고 있는가?

정보수집방법	응답자수
신문·TV광고	20
PC전문잡지 광고	32
PC전문가	48

해설

표본을 구성하는 100명의 응답자 각자에 대한 PC구입관련 정보수집방법은 세 가지로 나타나고 있으므로 이항분포가 가지는 특성을 지니고 있지 않다.

예제 5.9

통계학을 수강하는 학생들에게 강의 첫 날 교수가 수강생들의 수준을 알아보기 위해 통계학 관련 문제 10개를 4지선다형 객관식으로 출제하여 실시하였다. 어느 학생이 응답하는 정답의 개수를 X라 할 때 이 X는 이항분포의 특성을 만족시키는 확률변수라고 할 수 있는가?

해설

이항분포의 특성을 만족시키고 있는지 차례로 살펴보자.

(1) 수강생이 각 문제에 대해 응답한 결과는 정답 오답의 두 가지 뿐이며 또 이 두 가지 결과가 동시에 나타날 수 없기 때문에 상호배타적이다.

(2) 이 실험은 문제 수인 10번의 시행으로 이루어졌다고 볼 수 있으며 어느 한 문제에서 정답을 택할 확률이 다른 문제에서 정답을 택할 확률에 영향을 미치지 않으므로 각 시행은 독립적이며 각 시행에서의 성공확률도 동일하다.

(3) 끝으로 이항분포에서의 확률변수는 n번의 시행을 통해서 얻은 성공의 횟수가 되는데, 여기에서 성공의 횟수는 정답의 개수이므로 X는 0, 1, 2, …, 10 가운데 어느 한 값을 가질 수 있으며 각 값을 가질 확률은 성공확률에 의존하므로 X는 이항분포의 특성을 만족시키는 확률변수가 된다.

이항분포의 확률함수

이항분포의 확률함수는 n번의 시행에서 성공의 횟수(X), 즉 이항분포의 확률변수 X의 값이 각각 0, 1, 2, … n일 때의 확률이 각각 얼마인가를 나타내는 것으로서 n번의 시행에서 p의 확률을 가진 성공이 x번 나타날 확률을 구하는 이항분포 확률함수는 다음과 같다.

$$P(X=x) = \frac{n!}{x!\,(n-x)!}p^x(1-p)^{n-x} \tag{5.1}$$

예제 5.10

자동차 매연검사에서의 통과 확률은 0.9라고 한다. 이 경우 임의로 10대를 선정하여 검사결과를 조사하였을 때 8대가 검사에서 합격할 확률은 다음과 같이 구한다.

해설

먼저 자동차 한 대에 대해 매연검사를 했을 때 그 결과는 합격과 불합격, 즉 성공과 실패의 두 가지이며, 또 동일한 매연조사를 10대에 대해 시행한 것이므로 표본수 10대가 시행횟수에 해당한다. 그리고 검사를 통과한 자동차 대수인 성공횟수는 0, 1,

2, …, 10의 값을 갖는 이항분포의 확률변수이다.

다시 말해서 조사한 10대가 모두 불합격하여 성공횟수가 0일 수도 있고 모두 합격하여 10이 될 수도 있는데, 여기에서 구하고자 하는 것은 바로 10대 중 8대가 검사에 통과할 확률, 즉 확률변수 값이 $X=8$이 될 확률을 구하는 것이므로, 이는 이항분포 확률함수에 $n=10$, $X=8$, $p=0.9$를 대입하여 구할 수 있다.

$$P(X=x) = \frac{n!}{x!\,(n-x)!}p^x\,(1-p)^{n-x} = \frac{10!}{8!\,2!}(0.9)^8(0.1)^2$$
$$= 45\,(0.4305)(0.01) = 0.1937$$

즉 합격 확률이 0.9인 매연검사에서 10대를 조사하여 8대가 합격할 확률은 약 19.4%에 이른다는 것을 알 수 있다.

[sas program]

```
DATA ex510;
  n=10;
  x=8;
  p=0.9; ①
  prob=PDF('BINOMIAL', x, p, n); ②
RUN;

PROC PRINT DATA=ex510;
RUN;
```

해설

① 시행횟수(n), 성공횟수(x), 성공확률(p)을 입력하고 있다.

② 이항분포의 확률을 구하기 위해 PDF 함수에 해당 인수를 지정한다. 이항분포 확률변수에 대한 확률을 구하는 것이므로 작은 따옴표 안에 'BINOMIAL'이라고 지정한 후, 순서대로 성공횟수, 성공확률 그리고 시행횟수를 지정한다.

이는 10대를 매연검사했을 때 8대가 합격할 확률을 계산하고 있으며 결과물에 prob 변수 값이 0.19371로 나타나 있다.

[결과물]

Obs	n	x	p	prob
1	10	8	0.9	0.19371

예제 5.11

[예제 5.10]에서 10대 중 6대가 불합격할 확률을 구하시오.

해설

이 경우는 검사에서 불합격하는 대수가 이항분포에서 성공횟수를 나타내는 확률변수가 된다. 앞에서 언급한 바와 같이 이항분포에서 말하는 성공, 실패는 좋다, 나쁘다의 의미가 아니라 이항분포에서 나타나는 두 가지 결과 중 확률변수 값으로 택한 어느 한 결과를 성공이라고 표시하는 것이므로, 여기서는 불합격 대수가 이항분포에서의 성공횟수에 해당한다. 따라서 성공 확률 p는 불합격 확률인 0.1이 되어 10대 중 6대가 불합격할 확률은

$$P(X = x) = \frac{n!}{x!\,(n-x)!}p^x\,(1-p)^{n-x}$$

$$= \frac{10!}{6!\,4!}(0.1)^6(0.9)^4 = 210\,(0.0000006561) = 0.000138$$

이 된다. 이는 물론 네 대가 합격할 확률과 동일하다.

[sas program]

```
DATA ex511;
  n=10;
  x=6;
  p=0.1;
  prob=PDF('BINOMIAL', x, p, n);
RUN;

PROC PRINT DATA=ex511;
RUN;
```

해설

[예제 5.10] 해설 참조.

[결과물]

Obs	n	x	p	prob
1	10	6	0.1	.000137781

예제 5.12

어느 카드회사 회원의 20%는 카드 사용액을 기한내에 납부하지 않는다고 한다. 만약 회원 중 5명을 임의로 뽑는다면, 기한내에 납부하지 않은 회원수는 0에서 5까지의 정수 값을 갖는 확률변수가 될 것이다. 이때 각 확률변수 값에 대한 확률을 구하시오.

해설

표본이 5명이고 조사 결과는 기한내 납부와 그렇지 않은 경우의 두 가지이다. 따라서 이는 5번의 시행으로 이루어진 이항분포를 따르는 실험이며, 확률변수의 값인 성공횟수는 바로 카드사용액을 기한내에 납부하지 않은 회원수가 된다. 확률변수 값이 0에서 5까지이므로 이들 값에 따른 확률을 구하기 위해 식 (5.1)을 이용한다.

다음의 표는 일종의 X에 대한 상대도수분포표로서 X가 확률변수이기 때문에 확률분포(probability distribution)의 의미도 갖는다. 특히 위의 X는 이항분포의 확률변수이기 때문에 위와 같은 분포표를 이항확률분포 또는 간단히 이항분포라고 한다.

다음 이항확률분포에서 확률변수가 취할 수 있는 값을 횡축에, 그리고 각 확률변수의 값이 나타날 확률을 종축에 표시하면 이항확률분포를 다음과 같은 도표로 나타낼 수 있다.

성공횟수(X)	확 률
0	$P(X=0) = \dfrac{5!}{0!5!}(0.2)^0(0.8)^5 = 0.3277$
1	$P(X=1) = \dfrac{5!}{1!4!}(0.2)^1(0.8)^4 = 0.4096$
2	$P(X=2) = \dfrac{5!}{2!3!}(0.2)^2(0.8)^3 = 0.2048$
3	$P(X=3) = \dfrac{5!}{3!2!}(0.2)^3(0.8)^2 = 0.0512$
4	$P(X=4) = \dfrac{5!}{4!1!}(0.2)^4(0.8)^1 = 0.0064$
5	$P(X=5) = \dfrac{5!}{5!0!}(0.2)^5(0.8)^0 = 0.0003$

그림 5-4   이항확률분포

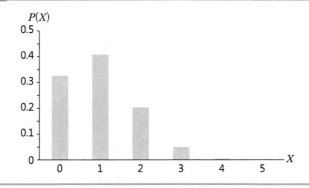

NOTE

[예제 5.12]에서 임의로 뽑힌 5명의 회원 중 4명 이상이 기한내 납부를 하지 않을 확률을 구하고자 하는 경우, 이는 4명이 기한내 납부를 하지 않을 확률과 5명이 기한내 납부를 하지 않을 확률을 더하면 된다. 즉 $P(X \geq 4) = P(X=4) + P(X=5) = 0.0064+0.0003=0.0067$ 이 된다.

[sas program]

```
DATA ex512;
  n=5;
```

```
  p=0.1;
  DO x=0 TO 5; ①
    prob=PDF('BINOMIAL', x, p, n); ②
    OUTPUT; ③
  END; ④
RUN;

PROC PRINT DATA=ex512;
  VAR x prob; ⑤
RUN;
```

해설

① DO/END 스테이트먼트는 반복연산을 할 때 이용하는 것으로서, ④에 있는 END 스테이트먼트가 위치한 곳까지의 과정을 DO에서 지정한 대로 반복한다. 여기서는 기한내 납부를 하지 않는 회원수를 성공횟수로 하는 확률변수 값이 0에서 5까지의 정수 값을 가질 때의 확률을 차례로 구하는 것이므로, 이러한 반복과정을 DO/END 스테이트먼트를 이용하여 일괄처리한다.

  'DO x=0 TO 5'의 의미는 x 값에 0에서 5까지의 정수 값을 차례로 지정할 것을 명령하는 것이다. 즉 처음 x에 '0'을 지정하면 ②의 과정을 실행하여 END까지의 과정을 실행한다. END까지의 과정이 마무리되면 다시 위의 DO 부분으로 이동하여 x=1에 대한 과정을 END까지 실행하고 다시 DO 부분으로 이동하여 x=2에 대한 과정을 실행한다. 이러한 과정을 x=5까지 반복하게 된다.

② 이항분포의 확률을 구하기 위해 PDF 함수에 해당 인수를 입력한다. 이항분포 확률변수에 대한 확률을 구하는 것이므로 작은 따옴표 안에 'BINOMIAL'이라고 지정한 후, 순서대로 성공횟수(x), 성공확률(p) 그리고 시행횟수(n)를 지정한다. DO 문장에서 처음에 x=0으로 지정했기에 prob에는 x=0일 때의 이항분포확률이 저장되어 있을 것이다. DO~END 사이에 있으므로 x=5까지의 확률이 차례로 반복계산될 것이다.

③ OUTPUT 스테이트먼트는 ② 과정에서 계산되어 prob에 저장된 x=0일 때의 이항분포 확률을 데이터세트 data512에 저장하도록 지정하는 것이다.

 NOTE

실제로 OUTPUT 스테이트먼트는 데이터세트 생성 입장에서 보면 여러 변수값으로 구

성된 하나의 행(row)을 완성하고 새로운 행의 생성을 준비하고자 할 때 이미 완성된
행의 내용을 데이터세트에 저장하도록 지시하는 역할을 한다.

④ 반복계산 과정의 끝을 나타내고 있다. 프로그램 실행은 다시 DO 스테이트먼트
부분으로 이동하여 다음 차례의 과정을 처리하게 된다.

⑤ 프로시저 PROC PRINT에 의해 데이터세트 ex512를 구성하는 변수들을 출력하게
되는데 VAR 스테이트먼트 다음에 변수명을 지정하게 되면 지정된 변수만을 출
력하게 된다. 여기서는 x, prob 두 변수만을 출력할 것을 지정하는 것이다.

⑥ 확률변수 값에 따른 각각의 확률이 계산되어 있다.

[결과물]

Obs	x	prob ⑥
1	0	0.32768
2	1	0.40960
3	2	0.20480
4	3	0.05120
5	4	0.00640
6	5	0.00032

이항분포표

실제로 이항분포를 하는 확률변수의 확률을 하나하나 계산한다는 것은 상당히 귀찮은 일
이기 때문에 인터넷을 통해 이항확률분포표를 이용하면 계산 과정을 거치지 않고서도 주
어진 시행횟수(n)와 성공횟수(x) 및 성공확률(p)에 따라 쉽게 확률을 알아낼 수 있다.

예제 5.13

[예제 5.12]에서 구한 각 확률변수 값에 대한 확률을 이항분포표를 통해 구하는 방법
은 다음과 같다. $n=5$이므로 먼저 이항분포표에서 가장 왼쪽에 있는 시행횟수 n을

표시하는 열에서 5를 찾는다. 그리고 오른쪽에는 성공횟수 x를 표시하는 열이 있고 표의 첫 번째 행에는 성공 확률 p가 0.05 간격으로 나열되어 있다. 따라서 $n = 5$, $x = 2$, $p = 0.2$인 경우, $n = 5$이면서 x가 2인 행과 $p = 0.2$인 열이 만나는 곳에 표시된 0.20480이 확률이 되는 것이다.

해설

		p		
n x		0.15	0.2	0.25
5	0	0.4437	0.32768	0.2373
	1	0.3915	0.4096	0.3955
	2	0.1382	0.2048	0.2637
	3	0.0244	0.0512	0.087891
	4	0.0022	0.0064	0.0146
	5	0.0001	0.00032	0.0010

예제 5.14

[예제 5.12]에서 $n = 5$, $p = 0.2$일 때 성공횟수를 확률변수로 하는 이항확률분포를 작성하였다. 이때 임의로 추출하는 회원수를 $n = 10$, $n = 20$으로 증가시켰을 때의 확률분포를 작성하고 이를 도표로 그린 후 비교해 보시오.

해설

$P(X = x) = \dfrac{n!}{x!\,(n-x)!} p^x (1-p)^{n-x}$에 따라 이항분포확률을 계산한다.

이때 주의할 것은 $n = 5$일 때 확률변수 값은 0, 1, $\cdots$, 5이나, $n = 10$일 때의 확률변수 값은 0, 1, 2, $\cdots$, 10, 그리고 $n = 20$일 때의 확률변수 값은 0, 1, 2, $\cdots$, 20이 된다는 점이다. 이러한 경우 계산량이 많기 때문에 통계관련 소프트웨어를 이용할 수밖에 없다.

[sas program]

```
DATA ex514;
  p=0.2;
```

```
  DO n=5, 10, 20; ①
   DO x=0 TO n; ②
     prob=PDF('BINOMIAL', x, p, n); ③
     OUTPUT; ④
   END; ⑤
  END; ⑥
RUN;
PROC GCHART DATA=ex514; ⑦
  VBAR x / SUMVAR=prob GROUP=n MIDPOINTS=0 to 10; ⑧
RUN;
```

해 설

① 실행횟수, 즉 추출회원수를 각각 $n=5$, $n=10$, $n=20$일 때로 했을 경우의 반
   복계산과정을 DO/END 스테이트먼트를 이용하여 설정하고 있다. 이 경우는 ⑥
   에 설정된 END까지의 중간과정을 반복처리한다.

② DO/END 스테이트먼트가 다시 설정되어 있다. 여기서는 각각의 확률변수 값에
   대한 변화를 지정하고 있다. 바로 위에서 $n=5$로 지정되었으므로 여기서는 확
   률변수 값을 0에서 5까지 변화시키도록 설정한 것이다. 반복과정의 범위는 프로
   그램 실행과정에서 가장 먼저 만나는 ⑤의 END까지이다.

③ PDF 함수를 이용하여 각 확률변수 값에 따른 이항분포 확률을 계산하여 prob에
   저장하고 있다.

④ prob에 저장된 내용을 데이터세트 ex514에 저장한다. 이들 내용이 결과물에 출
   력되어 있다.

⑦ 데이터세트 ex514를 대상으로 프로시저 GCHART를 실행한다. 프로시저 GCHART
   는 각종 도표를 그리는 프로시저이다.(SAS 시스템에 SAS/GRAPH 모듈이 없는 경우
   는 CHART 프로시저를 이용한다.)

⑧ VBAR 스테이트먼트 다음에, 도표의 횡축에 설정할 변수를 설정한다. 우리는 각
   확률변수 값을 횡축에 설정하고 이에 대응하는 확률을 종축에 설정하여 도표를
   그리고자 하는 것이므로 확률변수 x를 지정한 후, 종축에 표시할 확률은 옵션
   'SUMVAR='에 prob를 지정하였다. 그리고 이러한 도표를 $n=5$, 10, 20의 세 경
   우에 대하여 비교가 가능하도록 그리기 위해 옵션 'GROUP='에 n을 지정하였다.
     'MIDPOINTS='에는 횡축에 지정할 확류변수 값의 범위를 설정하는 것이며,
   여기서는 0에서 10까지로 하였다.

아래 결과물에 $n = 5$, 10, 20일 때의 이항확률분포를 나타내는 도표가 출력되어 있다.

이항분포의 모양은 성공확률인 p와 시행횟수 n에 의존하는데, 우리는 아래 결과물 도표를 통해 동일한 p하에서 $n(=5, 10, 20)$이 커짐에 따라 그 모양이 좌우 대칭의 형태를 띠어가고 있음을 알 수 있다.

[결과물]

Obs	p	n	x	prob	Obs	p	n	x	prob	Obs	p	n	x	prob
1	0.2	5	0	0.32768	7	0.2	10	0	0.10737	18	0.2	20	0	0.01153
2	0.2	5	1	0.40960	8	0.2	10	1	0.26844	19	0.2	20	1	0.05765
3	0.2	5	2	0.20480	9	0.2	10	2	0.30199	20	0.2	20	2	0.13691
4	0.2	5	3	0.05120	10	0.2	10	3	0.20133	21	0.2	20	3	0.20536
5	0.2	5	4	0.00640	11	0.2	10	4	0.08808	22	0.2	20	4	0.21820
6	0.2	5	5	0.00032	12	0.2	10	5	0.02642	23	0.2	20	5	0.17456
					13	0.2	10	6	0.00551	24	0.2	20	6	0.10910
					14	0.2	10	7	0.00079	25	0.2	20	7	0.05455
					15	0.2	10	8	0.00007	26	0.2	20	8	0.02216
					16	0.2	10	9	0.00000	27	0.2	20	9	0.00739
					17	0.2	10	10	0.00000	28	0.2	20	10	0.00203
										29	0.2	20	11	0.00046
										30	0.2	20	12	0.00009
										31	0.2	20	13	0.00001
										32	0.2	20	14	0.00000
										33	0.2	20	15	0.00000
										34	0.2	20	16	0.00000
										35	0.2	20	17	0.00000
										36	0.2	20	18	0.00000
										37	0.2	20	19	0.00000
										38	0.2	20	20	0.00000

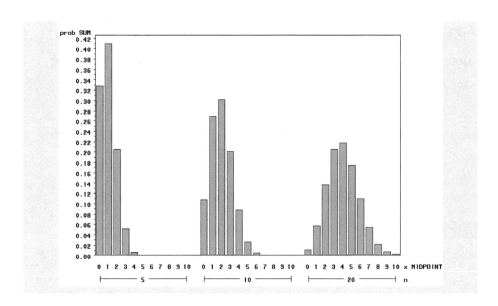

아래 그림은 시행횟수 n이 '주어진' 상태에서 성공확률 p가 변할 때 이항분포 모양이 어떻게 되는지를 보여준다. 즉 $p<0.5$인 경우는 확률을 나타내는 막대가 왼쪽으로 치우쳐지는 모양을 보이며 $p>0.5$인 경우는 분포가 오른쪽으로 치우쳐지는 모양을 보이고 있다. 반면에 $p=0.5$일 때는 좌우가 거의 대칭되는 모양을 보이고 있다.

그림 5-5 　이항분포의 모양

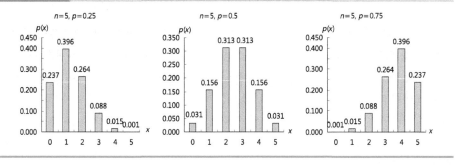

이항분포의 평균과 표준편차

시행횟수가 n이고 성공확률이 p인 이항분포의 평균과 표준편차는 다음 식에 따라 쉽게 구할 수 있다.

$$\text{평균}: \quad \mu = np \qquad\qquad (5.2)$$
$$\text{표준편차}: \quad \sigma = \sqrt{np(1-p)}$$

예제 5.15

은행에 주택 구입자금을 신청한 사람들이 실제로 은행으로부터 대출승인을 받는 비율은 75%라고 한다. 대출 신청자 중 20명을 표본으로 하고, 대출 받는 사람 수를 X라 했을 때 X에 대한 평균과 표준편차 구하는 과정을 살펴보자.

해설

여기서 표본수 20명은 시행횟수 n에 해당하며 시행의 결과는 대출승인 또는 비승인의 두 가지이고, 또한 이때 관심의 대상이 되는 것은 대출승인이고 성공확률 p는 바로 승인확률 0.75라 볼 수 있으므로, 신청자 중 몇 명이 대출승인을 받을 것인가의 확률은 이항확률분포에 따라 결정될 것이다. 즉 확률변수 X는 이항분포를 하므로 X의 평균과 표준편차는 식 (5.2)에 따라 구할 수 있다.

$$\mu = np = (20)(0.75) = 15(\text{명})$$
$$\sigma = \sqrt{np(1-p)} = \sqrt{20 \times 0.75 \times (1-0.75)} = 1.936$$

그리고 성공확률 p가 0.75로서 0.5보다 크므로 이항분포의 모양은 오른쪽으로 치우친 형태를 가질 것이다. 결과물 그래프에서 이를 확인할 수 있다. 확률변수 값 전체 구간에서(0, 1, …, 20) 볼 때, 오른쪽으로 치우친 모양을 하고 있으며 평균값(X =15)에서 가장 높은 확률을 보이고 있다.

[sas program]
```
DATA ex515;
  p=0.75;
```

```
   n=20;
   mu=n*p; ①
   sigma=SQRT(n*p*(1-p)); ②
   DO x=0 TO n;
      prob=PDF('BINOMIAL', x, p, n); ③
      OUTPUT;
   END;
RUN;

PROC PRINT DATA=ex515;
   VAR mu sigma;
RUN;

PROC GCHART DATA=ex515;
   VBAR x / SUMVAR=prob MIDPOINTS=0 to 20; ④
RUN;
```

해설

①-② 확률변수의 평균과 표준편차를 계산하는 과정이다. 결과물 ⑤에 계산결과가 각각 15, 1.936으로 출력되어 있다.

③ 확률변수 값(x)이 0에서 10까지 변할 때 각각의 확률을 PDF 함수를 이용하여 계산한 후 이를 prob에 저장하고 있다([예제 5.14] 참조).

④ [예제 5.14] 해설 ⑧ 참조.

[결과물]

```
        Obs    mu    sigma
         1     15    1.93649 ⑤
```

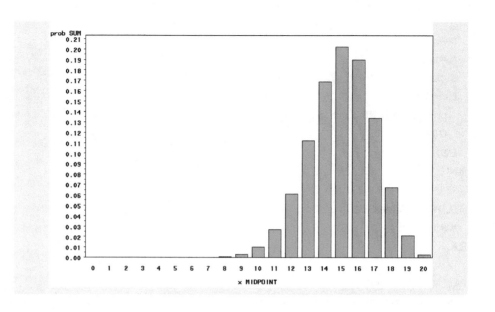

예제 5.16

어느 건설현장의 경우 아주 무더운 여름날에는 근로자의 10%가 결근한다고 한다. 본 사에서는 이에 대한 대책을 세우기 위해 임의로 뽑은 10명을 표본으로 하여 결근 확률에 대한 몇 가지 조사를 시행하였다. 아래의 물음은 이 조사 과정의 일부이다.

(1) 여기에서 확률변수는 무엇인가? 그리고 이 확률변수는 이산형인가 연속형인가?
(2) 표본으로 뽑힌 10명 중 한 명도 결근하지 않을 확률은?
(3) 이 실험의 이항분포표를 작성하시오.
(4) 이 실험의 이항분포표를 도표로 그리시오.
(5) 확률변수의 평균과 표준편차를 구하시오.

해설

(1) 어느 한 근로자를 임의로 선정했을 때 이 사람에 대한 실험 결과는 결근과 출근 두 가지 중의 하나이며 이 사람이 결근할 확률은 0.1이다. 따라서 10명을 표본으로 한 위 실험에서 결근자 수에 대한 확률은 시행횟수 n이 10이고 성공 확률 p가 0.1인 이항분포를 하며 이때 확률변수는 결근자 수가 된다. 확률변수의 값은 0에서 10까지의 정수 값을 가지므로 이산형 확률변수임을 알 수 있다.

(2) 시행횟수가 n이고 성공 확률이 p일 때 성공횟수가 x번 나타날 확률은 식 (5.1)

에 따라 구할 수 있다.

여기에서 관심의 대상이 되는 사건(event)은 결근이므로 성공 확률은 결근 확률이 되고 성공횟수는 결근자수가 됨을 알 수 있으며, 시행횟수는 10명을 표본으로 하였으므로 $n = 10$이 된다. 따라서 한 명도 결근하지 않을 확률은 성공횟수를 나타내는 확률변수 X가 0임을 의미하므로 이를 식 (5.1)에 대입하면

$$P(X = 0) = \frac{n!}{x!\,(n-x)!}p^x\,(1-p)^{n-x}$$

$$= \frac{10!}{0!\,(10-0)!}(0.1)^0\,(1-0.1)^{10} = 0.349$$

가 된다.

(3) 확률변수 X가 취할 수 있는 각 값에 대하여 확률을 구하여 이항분포표를 작성할 수 있으나 이것은 지루한 계산과정을 거쳐야 하므로 이미 계산되어 있는 이항분포표를 이용하면 편리하다. 즉 이항분포표에서 $n = 10$일 때 확률변수 X의 값을 나타내는 11개의 행($X = 0, 1, \cdots, 10$)과 이항분포표의 가장 위에 표시된 성공 확률이 0.1이 되는 열이 만나는 부분을 찾으면 된다. 그러나 엑셀(MS-Excel)을 포함한 모든 소프트웨어에서는 이를 계산하는 함수를 제공하고 있을 뿐만 아니라, 인터넷을 통해 이항분포표를 쉽게 이용할 수 있다.

		p
n	x	0.1
10	0	0.349
	1	0.387
	2	0.194
	3	0.057
	4	0.011
	5	0.001
	6	0.000
	7	0.000
	8	0.000
	9	0.000
	10	0.000

(4) 아래 결과물 도표 참조.

(5) $\mu = np = (10)(0.1) = 1$

$\sigma = \sqrt{np\,(1-p)} = \sqrt{10 \times 0.1 \times (1-0.1)} = 0.948$

[sas program]

```
DATA ex516;
  p=0.1;
  n=10;
  mu=n*p;
  sigma=SQRT(n*p*(1-p));
  DO x=0 TO n;
    prob=PDF('BINOMIAL', x, p, n);
    OUTPUT;
  END;
RUN;

PROC PRINT DATA=ex516;
  VAR mu sigma;
RUN;
PROC GCHART DATA=ex516;
  VBAR x / SUMVAR=prob MIDPOINTS=0 to 10;
RUN;
```

해설

[예제 5.15] 해설 참조.

[결과물]

| | | | ① | ② | ③ | ④ |
Obs	p	n	mu	sigma	x	prob
1	0.1	10	1	0.94868	0	0.34868
2	0.1	10	1	0.94868	1	0.38742
3	0.1	10	1	0.94868	2	0.19371
4	0.1	10	1	0.94868	3	0.05740
5	0.1	10	1	0.94868	4	0.01116
6	0.1	10	1	0.94868	5	0.00149
7	0.1	10	1	0.94868	6	0.00014
8	0.1	10	1	0.94868	7	0.00001
9	0.1	10	1	0.94868	8	0.00000
10	0.1	10	1	0.94868	9	0.00000
11	0.1	10	1	0.94868	10	0.00000

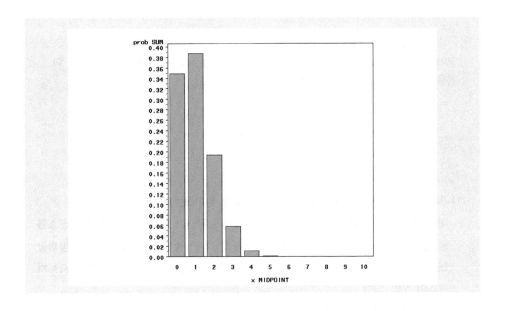

해설

①과 ②에 평균과 표준편차가 각각 1, 0.948로 출력되어 있다.

③과 ④열에 각 확률변수 값에 따른 확률이 출력되어 있다. 한 사람도 결근하지 않을 확률, 즉 $X = 0$일 때의 확률이 0.34868임을 확인할 수 있다.

그리고 성공확률 p가 0.1이므로(p<0.5) 분포가 왼쪽으로 치우쳐져 있음을 도표에서 확인할 수 있다. 물론 앞에서 언급한 바와 같이 시행횟수 n이 커지면 좌우 대칭의 모습을 보일 것이다.

5.3 포아송 분포

포아송 분포

이산형 확률분포에서 이항분포와 함께 가장 널리 활용되는 분포가 포아송 분포(Poisson distribution)이다. 포아송 분포는 시간이나 거리, 면적과 같이 어떤 특정 기간이나 구역에서 관심의 대상이 되는 사건(event)에 대한 발생횟수의 확률을 구하는데 이용된다.

NOTE

포아송 분포는 1837년 이를 개발한 프랑스 수학자 포아송(S. D. Poisson, 1781-1840)의 이름을 따서 붙여진 것이다.

예제 5.17

다음은 포아송 분포를 하는 확률변수의 예이다.

(1) 8시에서 9시 사이에 고속도로 요금 정산소를 통과하는 승용차 수.

여기서는 한 시간을 특정 구간으로 하고 있으며 관심이 되는 사건은 요금 정산소를 통과하는 승용차 대수인데, 이 경우 정해진 한 시간 동안에 승용차가 X대 통과할 확률은 포아송 분포에 따라 결정된다. 물론 확률변수는 정산소를 통과하는 승용차 대수인 X가 된다.

(2) 하루 동안에 공장에서 생산되는 불량품 수.

하루 동안이라는 시간이 일정하게 주어졌으며 관심의 대상이 되는 사건은 불량품 수이다. 따라서 하루 동안에 불량품이 X대 발생할 확률은 포아송 분포를 한다. 이 경우 포아송 분포의 확률변수는 불량품 수가 된다.

(3) 도로 1km 거리의 구간에 있는 움푹 패인 정해진 크기의 구덩이 수.

1km라는 일정한 거리의 구간이 정해졌으며 관심의 대상이 되는 사건은 구덩이 수이다. 이 경우 정해진 구간에서 구덩이가 X개 발생할 확률은 포아송 분포에 따라 결정된다.

(4) 자동차 공장 생산라인의 도색 과정에서 새로 도색한 자동차 표면에 나타난 흠집 수.

자동차 표면이 일정한 구역이 되고 이 구역에서 관심의 대상이 되는 사건인 흠집이 X번 발생할 확률은 포아송 분포에 따라 결정된다.

해설

위의 예제에서 보듯이 포아송 분포는 확률변수가 이산형으로서 사건의 발생횟수를 나타내고 있다는 점에서 이항분포와 유사하다. 그러나 중요한 차이점 중의 하나는 이항분포와는 달리 포아송 분포에는 표본의 크기 개념이 없다는 점이다. 즉 이항분포가 주어진 표본 크기를 시행횟수로 간주하여 이 중에서 성공횟수에 대한 확률의 분포를 가리키는데 반해, 포아송 분포는 일정한 기간이나 구역 안에서 발생하는 사건의 횟수에 대한 확률의 분포인 것이다. 또한 이항분포의 경우 한 번 시행을 통해 나타나는 결과가 성공과 실패의 두 가지인 반면 포아송 분포는 한 가지 결과만이 관심의 대상이 된다.

🥧 NOTE

8시에서 9시 사이에 고속도로 요금 정산소를 통과하는 승용차 수가 x대일 확률은 포아송 분포를 한다는 것을 위에서 보았다. 이 경우 한 시간 동안에 정산소를 통과하는 승용차들 중 몇 대를 표본으로 하여 이를 분석 대상으로 한 것이 아니라 표본의 수가 정해지지 않은 상태에서 해당 시간대에 통과한 승용차 수가 관심의 대상이 되므로 확률변수 x값은 0 이상의 모든 정수가 될 수 있다.

그러나 이항분포는 조사된 표본 수 n을 기준으로 한 것이기 때문에 이때 확률변수 x가 취할 수 있는 값이 0에서 n까지의 정수 값이 된다.

또한 이 경우 관심의 대상이 되는 실험의 결과는 해당 시간대에 통과한 승용차 대수 한 가지이다. 물론 이항분포에서와 같이 성공 실패의 두 가지로 구분한다면 해당 시간대에 통과한 승용차와 통과하지 않은 승용차의 두 가지로 구분이 가능하다. 그러나 여기에서는 이항분포와는 달리 표본의 수가 정해져 있지 않기 때문에 해당 시간대에 정산소를 통과하지 않은 승용차의 수를 알 수도 없을 뿐 아니라 이에 관심을 갖는다는 것도 의미가 없다. 이와 같이 포아송 분포의 관심 대상은 한 가지에만 국한된다.

표 5-1	포아송 분포와 이항분포의 비교		
구분 \ 분포		포아송 분포	이항분포
유사점	분포형태	이산형	이산형
	확률변수(X)	사건의 발생횟수	성공횟수
차이점	X값의 범위	$X = 0, 1, 2, \cdots$	$X = 0, 1, 2, \cdots, n$
	표본크기의 개념	없음	있음
	구간 개념	있음	없음
	관심대상의 결과	한 가지	두 가지

포아송 확률분포함수

X가 일정한 기간 동안 또는 지정된 일정한 구역에서 발생하는 사건의 횟수를 표시하는 확률변수라 할 때 사건이 x번 발생할 확률을 나타내는 포아송 확률분포함수는 다음과 같다.

$$P(X=x) = \frac{\lambda^x e^{-\lambda}}{x!} \ , \qquad\qquad x=0,\ 1,\ 2,\ \cdots \qquad\qquad (5.3)$$

λ: 일정 기간 동안에 일어나는 사건의 평균 발생횟수

e: 자연대수의 밑수로서 2.71828

 NOTE

식 (5.3)에서 λ는 일정 기간 동안에 일어나는 사건 발생횟수에 대한 기대값이므로 n번의 시행 중 사건이 발생할 확률이 p인 경우 $\lambda = np$에 따라 구할 수 있다.

예제 5.18

1977년부터 1987년 사이에 미국의 어느 시에서 발생한 자살사건의 발생건수를 조사한 결과 월평균 2.75명이 자살하는 것으로 나타났으며, 월평균 자살자 수의 분포는 포아송 분포를 하는 것으로 확인되었다. 임의로 선택한 어느 달에 5명의 자살자가 발생할 확률을 구하는 과정을 살펴보자.

해설

월평균 자살자 수인 2.75명이 λ에 해당하고 확률변수 X가 5의 값을 가질 때의 확률을 구하는 것이므로 이를 식 (5.3)에 대입하면

$$P(X=5) = \frac{2.75^5 e^{-2.75}}{5!} = 0.084$$

가 된다.

여기에서 만약 자살자 수가 두 명 이하일 확률을 구한다면 확률변수 X가 각각 $X = 0,\ 1,\ 2$일 때의 확률을 구하여 더하면 된다.

$$
\begin{aligned}
P(X=0) + P(X=1) + P(X=2) &= \frac{2.75^0 e^{-2.75}}{0!} + \frac{2.75^1 e^{-2.75}}{1!} + \frac{2.75^2 e^{-2.75}}{2!} \\
&= 0.064 + 0.176 + 0.242 \\
&= 0.481
\end{aligned}
$$

[sas program]

```
DATA ex518;
  lambda=2.75;
  prob=PDF('POISSON', 5, lambda); ①
  cprob=CDF('POISSON', 2, lambda); ②
RUN;


PROC PRINT DATA=ex518;
RUN;
```

해설

① PDF 함수를 이용하여 확률변수 값이 5일 때의 확률을 구한다. 이를 위해 PDF 함수의 첫 항의 위치에 포아송 분포임을 알리기 위해 'POISSON'이라 지정하고, 두 번째 항의 위치에 확률변수 X가 5임을 지정한다. 그리고 끝으로 포아송 분포의 평균 값(λ)인 2.75를 입력한다. 여기서는 lambda에 저장되어 있기 때문에 lambda를 입력하였다.

　　결과물에 확률 $P(X = 5)$가 prob 변수명 아래 0.0837로 나타나 있다.

② CDF 함수는 누적확률을 구하는 함수이다. PDF 함수와 같이 첫 항의 위치에 분포 이름 'POISSON'을 지정한다. 그리고 두 번째 항의 위치에 확률변수 값을 지정하게 되는데, CDF 함수에서는 바로 지정된 확률변수 값까지의 누적확률을 계산해 준다. 따라서 여기서는 $P(X = 0) + P(X = 1) + P(X = 2)$을 계산한다. 세 번째 항의 위치에는 포아송 분포의 평균 값(λ)인 2.75를 입력한다.

　　결과물에 누적확률 $P(X \leq 2)$가 cprob의 변수명 아래 0.481로 출력되어 있다.

[결과물]

Obs	lambda	prob	cprob
1	2.75	0.083786	0.48146

예제 5.19

어느 항공사에 고객이 예약 확인을 위해 오전 중(9시–12시)에 전화를 걸었을 때 시간당 평균 6명의 고객이 통화중이라는 메시지를 받는 것으로 알려져 있다. 그리고 통화 중 메시지를 받게 되는 고객수는 포아송 분포를 하는 것으로 알려져 있다.

오늘 오전에 예약 확인 전화를 한 고객 중 적어도 5명 이상이 통화중이라는 메시지를 받을 확률은 얼마인가?

해설

오전에 전화를 한 고객 중 평균 6명이 통화중이라는 메시지를 받게 되므로 $\lambda=6$이다. 따라서 5명 이상이 통화중임을 경험할 확률은 포아송 분포의 확률분포함수 $P(X=x) = \dfrac{\lambda^x e^{-\lambda}}{x!}$을 이용하여 $P(X \geq 5)$를 구하면 된다.

이는 확률변수 X가 4 이하의 값을 가질 확률 $P(X \leq 4)$를 구한 후 이를 1에서 **빼**면 된다. 포아송 분포표를 이용하여 $P(X \leq 4)$를 계산하면

$$P(X \leq 4) = P(0) + P(1) + P(2) + P(3) + P(4)$$
$$= 0.0025 + 0.0149 + 0.0446 + 0.0892 + 0.1339$$
$$= 0.2851$$

이 된다. 따라서 적어도 5명 이상이 통화중이라는 메시지를 받을 확률은

$$P(X \geq 5) = 1 - P(X \leq 4) = 1 - 0.2851 = 0.7149$$

이다.

	λ		
x	5.50	6.00	6.50
0	0.0041	0.0025	0.0015
1	0.0225	0.0149	0.0098
2	0.0618	0.0446	0.0318
3	0.1133	0.0892	0.0688
4	0.1558	0.1339	0.1118
5	0.1714	0.1606	0.1454
6	0.1571	0.1606	0.1575

[sas program]

```
DATA ex519;
  lambda=6;
  cprob=CDF('POISSON', 4, lambda); ①
  cprob5=1-cprob; ②
RUN;

PROC PRINT DATA=ex519;
RUN;
```

해설

① CDF 함수를 이용하여 포아송 분포의 누적확률을 구하고 있다. 두 번째 입력 위치에 4가 지정되어 있으므로 이는 누적확률 $P(X \leq 4)$를 구하여 이를 cprob에 저장하는 과정이다.

② $P(X \geq 5) = 1 - P(X \leq 4)$를 계산하는 과정이다. 이 값이 결과물 ③에 0.7149로 출력되어 있다.

[결과물]

Obs	lambda	cprob	cprob5
1	6	0.28506	0.71494 ③

포아송 분포의 평균과 표준편차

포아송 분포의 평균, 즉 기대값은 포아송 확률분포함수에 나타난 λ이고 표준편차는 λ의 제곱근이 된다.

$$평균: \quad \lambda$$
$$표준편차: \quad \sqrt{\lambda}$$

예제 5.20

생산과정에서 발생하게 되는 대형 판유리 내부의 공기방울 수는 1㎡당 0.04개로서 포아송 분포를 하는 것으로 알려져 있다. 10㎡의 대형 유리창을 설치했을 때 이 유리창 내부에 공기방울이 하나도 없을 확률을 구하시오. 그리고 이 포아송 분포의 평균은 얼마인가?

해설

공기방울이 1㎡당 0.04개 나타나므로 10㎡의 대형 유리창에서는 $10 \times 0.04 = 0.4$(개)의 공기방울이 나타난다고 할 수 있다. 따라서 λ값은 10㎡의 대형 유리창에서 발견되는 평균 공기방울 수인 0.4가 된다.

공기방울이 하나도 발견되지 않을 확률은 바로 확률변수가 $X=0$일 때의 확률이므로

$$P(X=0) = \frac{e^{-\lambda}\lambda^x}{x!} = \frac{(2.718^{-0.4})(0.4^0)}{0!} = 2.718^{-0.4} = 0.670$$

이다.

포아송 분포의 평균은 바로 λ 값이므로 0.4가 된다.

[sas program]

```
DATA ex520;
  lambda=0.4;
  prob=PDF('POISSON', 0, lambda);
RUN;

PROC PRINT DATA=ex520;
RUN;
```

[결과물]

Obs	lambda	prob
1	0.4	0.67032

 NOTE

일반적으로 포아송 분포는 왼쪽으로 치우친 모양을 보이는데 다음 그림에서 보는 바와 같이 λ값이 커짐에 따라 왼쪽으로 치우친 정도가 완화되어 좌우 대칭의 모양에 접근함을 알 수 있다.

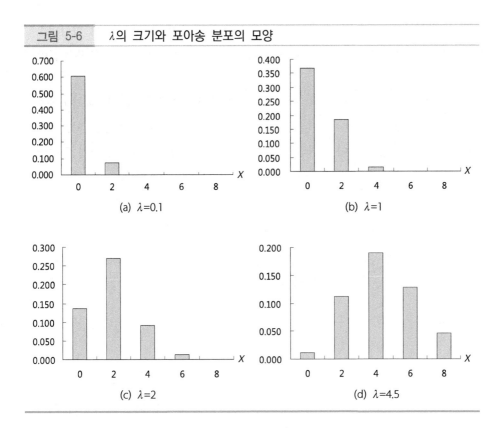

| 그림 5-6 | λ의 크기와 포아송 분포의 모양 |

(a) λ=0.1

(b) λ=1

(c) λ=2

(d) λ=4.5

5.4 연속형 확률분포

연속형 확률변수

앞에서 살펴본 이항분포와 포아송 분포의 확률변수와 같은 이산형 확률변수의 경우는 확률변수가 어떤 특정 값을 가질 확률을 구하는 것이 가능하였다. 즉 확률변수 X가 2일 확률을 구한다든가 또는 X가 2 이하의 이산형 값을 가질 확률을 구하려고 할 때는 확률분포함수에 각 확률변수 값을 대입하여 각각 $P(X = 2)$, $P(X \le 2) = P(X = 0) + P(X = 1) + P(X = 2)$ 등을 계산하면 되었다.

그러나 연속형 확률변수의 경우는 확률변수가 가질 수 있는 값 자체가 연속형인 관계로 무한히 많기 때문에 이 중 어느 특정한 값을 가질 확률은 당연히 0이 되므로 이산형에서와 같은 특정 값에 대한 확률을 구한다는 것은 무의미하다.

주사위를 던졌을 때 나오는 숫자는 1/6의 확률을 가진 확률변수이고 확률변수 값은 1에서 6까지의 자연수이므로 이산형 확률변수이다. 이 경우 각 확률변수 값에 대한 확률을 계산할 수 있다.

그러나 만약 확률변수가 1 이상 6 이하의 값을 갖는 연속형이라면 1에서 6까지 사이에 무한히 많은 확률변수 값이 존재하기 때문에 이러한 무한히 많은 확률변수 값 중에서 어느 특정한 값이 나타날 확률은 0이 되는 것이므로, 확률분포가 연속형인 경우는 어느 특정값에 대한 확률을 구한다는 것은 의미가 없다.

 NOTE

연속형 확률변수 X가 x_1 '이하'의 값을 가질 확률 $P(X \leq x_1)$이나 x_1 '미만'의 값을 가질 확률 $P(X < x_1)$은 동일하다는 점에 주의해야 한다.

연속형 확률함수

연속형 확률분포에서는 확률변수 X가 어떤 특정값을 가질 때의 확률은 의미가 없기 때문에, 연속형 확률분포에서의 확률은 항상 확률변수 X가 '어떤 구간 사이'의 값을 가질 때의 확률이라는 의미를 지니게 된다.

따라서 연속형 확률변수 X에 대한 확률함수를 $f(x)$라 했을 때, 연속형 확률함수 $f(x)$는 확률변수 X가 $X = x$의 값을 가질 때의 확률을 나타내는 것이 아니고, 아래의 두 조건을 가진 확률분포의 그래프를 나타내는 하나의 함수에 해당하는 것이다.

$$f(x) \geq 0$$

$$\int_{-\infty}^{\infty} f(x)dx = 1$$

이러한 의미에서 연속형 확률함수 $f(x)$를 확률밀도함수(probability density function)라고 하며, 확률변수 X가 어느 구간 사이의 값을 가질 확률은 확률밀도함수 $f(x)$의 그래프와 확률변수 X를 표시하는 횡축 사이의 면적이 된다.

확률변수 X가 a에서 b까지의 값$(a < X < b)$을 갖는 연속형 확률변수라 하고 확률변수 X의 연속적 분포를 나타내는 함수, 즉 확률밀도함수를 $f(x)$라고 하면, 확률변수가 취할 수 있는 모든 값의 구간에 대한 확률은 1이 되며, X가 이산형이 아닌 연속형이므로 이를 식으로 나타내려면 Σ가 아닌 적분기호로 표시해야 한다.

$$\int_a^b f(x)dx = 1$$

이는 $f(x)$의 그래프가 아래 그림과 같이 그려졌을 때 a에서 b까지 구간의 그래프 아래의 면적이 1이 됨을 의미한다. 따라서 확률변수 X가 c에서 d까지의 값을 가질 확률은 $P(c \le X \le d) = \int_c^d f(x)dx$로서 바탕색 부분의 면적이 된다.

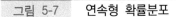

그림 5-7   연속형 확률분포

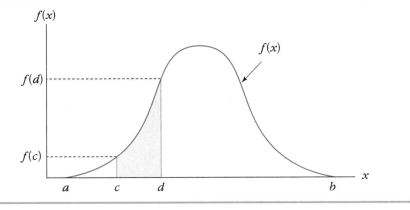

종축에 표시된 $f(c)$는 확률분포의 그래프를 나타내는 함수인 $f(x)$에서 $x = c$일 때의 함수값인 것이다. x가 c의 값을 가질 때의 확률은 c에서 c까지의 $f(x)$그래프 아래 면적이므로 $P(c \le x \le c) = \int_c^c f(x)dx = 0$이 되는 것이다.

따라서 확률밀도함수 $f(x)$는 연속형 확률변수의 확률분포 그래프를 나타내는 함수로서, $f(x) \ge 0$이면서 동시에 확률변수 X의 범위에 대한 $f(x)$ 아래의 면적이 1이 되는 조건을 만족시키는 함수인 것이지 $f(x)$ 함수값 자체가 확률을 나타내는 것은 아닌 것이다.

아래 표는 연속형 확률변수 X에 대한 누적확률을 표시한 것이다. 다음 확률을 구하시오.

k	0	1	2	3	4	5
$P(X \leq k)$	0	0.008	0.064	0.216	0.512	1.0

(1) $P(X = 1)$ (2) $P(X \leq 1)$

(3) $P(X > 3)$ (4) $P(2 \leq X \leq 4)$

(5) $P(X < 1 \text{ or } X > 4)$ (6) $P(X > -1)$

(1) 확률변수 X는 연속형이기 때문에 어떤 특정 확률변수 값에 대한 확률은 0이다.
$P(X = 1) = 0$

(2) 위의 표가 누적확률을 표시하고 있으므로 $P(X \leq 1) = 0.008$이다.

(3) 확률변수 X가 3보다 클 확률은 X가 3까지의 값을 가질 누적확률을 1에서 빼면 된다.
즉 $P(X > 3) = 1 - P(X \leq 3) = 1 - 0.216 = 0.784$

(4) $P(2 \leq X \leq 4) = P(X \leq 4) - P(X \leq 2) = 0.512 - 0.064 = 0.448$

(5) $P(X < 1 \text{ or } X > 4) = P(X < 1) + P(X > 4)$
$$= P(X < 1) + 1 - P(X < 4)$$
$$= 0.008 + 1 - 0.512$$
$$= 0.496$$

(6) 위의 표에서 X는 0에서 5까지 구간의 모든 실수 값을 갖는 연속형 확률변수임을 알 수 있다. 따라서 X가 -1 이상의 값을 가질 확률은 $P(X > -1) = 1$이다.

5.5 정규분포

정규분포

가장 중요한 분포인 정규분포는 다음과 같은 특성을 가지고 있다.

1) 평균 μ를 중심으로 좌우 대칭의 종 모양을 하고 있다.

2) 확률변수 X는 $-\infty$에서 $+\infty$ 범위의 값을 가지며 정규분포 밀도함수인 $f(x)$는 점근적 성질을 갖는다.

3) 정규분포곡선 아래 전체의 면적은 1이다. 이 특성은 정규분포가 연속적 확률분포라는 사실을 의미한다.

4) 확률변수 X가 정규분포를 하는 경우

 - 확률변수 X가 평균 μ를 중심으로 $\mu - \sigma \leq X \leq \mu + \sigma$ 사이에 분포되어 있을 확률은 68%가 된다. 즉

$$P(\mu - \sigma \leq X \leq \mu + \sigma) = \int_{\mu - \sigma}^{\mu + \sigma} f(x)dx = 0.68$$

 - 확률변수 X가 평균 μ를 중심으로 $\mu - 2\sigma \leq X \leq \mu + 2\sigma$ 사이에 분포되어 있을 확률은 95%가 된다. 즉

$$P(\mu - 2\sigma \leq X \leq \mu + 2\sigma) = \int_{\mu - 2\sigma}^{\mu + 2\sigma} f(x)dx = 0.95$$

 - 확률변수 값 X가 평균 μ를 중심으로 $\mu - 3\sigma \leq X \leq \mu + 3\sigma$ 사이에 분포되어 있을 확률은 99.7%가 된다. 즉

$$P(\mu - 3\sigma \leq X \leq \mu + 3\sigma) = \int_{\mu - 3\sigma}^{\mu + 3\sigma} f(x)dx = 0.997$$

5) 정규분포는 전적으로 평균과 표준편차를 나타내는 두 모수, μ와 σ에 의해 결정된다. 여기서 μ는 평균으로서 분포의 중심값을 나타내며, σ는 표준편차로서 분포의 퍼짐 정도를 나타내는 값이다. 따라서 μ와 σ의 값에 따라 정규분포 모양도 다르게 나타난다.

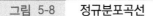

아래는 평균이 μ인 정규분포의 그래프를 나타낸다. 아래 정규분포 그래프를 통해 위에서 언급한 정규분포의 특성을 살펴보기로 하자.

그림 5-8　정규분포곡선

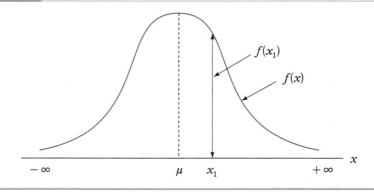

해설

(1) 평균 μ를 중심으로 좌우 대칭을 이루는 종을 엎어놓은 모양을 하고 있다.

(2) 정규분포는 확률변수 값이 $+\infty$ 또는 $-\infty$로 접근함에 따라 $f(x)$는 0에 수렴하는 점근적 특성을 가지고 있다.

(3) 확률변수 값 x를 표시하는 횡축과 정규분포곡선 아래의 면적이 1이고 $f(x) \geq 0$ 이므로 $f(x)$는 정규분포에 대한 확률밀도함수이다.

　즉 $f(x) \geq 0$이고 $\displaystyle\int_{-\infty}^{\infty} f(x)dx = 1$이므로 $f(x)$는 확률밀도함수의 조건을 만족시키고 있다.

(4) 정규분포에서 평균 μ를 중심으로 양쪽으로 표준편차($\pm\mu$)만큼의 거리에 수직선을 그어 $\mu - \sigma \leq X \leq \mu + \sigma$ 구간에 있는 정규분포곡선 아래의 면적을 구하면 정규분포곡선 전체 아래 면적의 약 68%에 달한다.

$$P(\mu - \sigma \leq X \leq \mu + \sigma) = \int_{\mu-\sigma}^{\mu+\sigma} f(x)dx = 0.68$$

　그리고 평균을 중심으로 양쪽으로 표준편차의 2배 거리에 수직선을 그어 $\mu - 2\sigma \leq X \leq \mu + 2\sigma$ 구간에 있는 정규분포곡선 아래의 면적을 구하면 정규분포곡선 전체 아래 면적의 약 95%에 달한다.

$$P(\mu - 2\sigma \leq X \leq \mu + 2\sigma) = \int_{\mu-2\sigma}^{\mu+2\sigma} f(x)dx = 0.95$$

또한 평균을 중심으로 양쪽으로 표준편차의 3배 거리까지 $\mu - 3\sigma \leq X \leq \mu + 3\sigma$의 구간을 설정하는 경우 정규분포곡선의 면적은 전체의 99.7%에 이른다.

$$P(\mu - 3\sigma \leq X \leq \mu + 3\sigma) = \int_{\mu-3\sigma}^{\mu+3\sigma} f(x)dx = 0.997$$

또한 정규분포는 좌우 대칭이므로 확률변수가 $\mu \leq X \leq \mu + \sigma$ 또는 $\mu - \sigma \leq X \leq \mu$ 사이에 분포되어 있을 확률은 동일하게 34%임을 알 수 있다.

그림 5-9   정규분포와 표준편차에 따른 확률

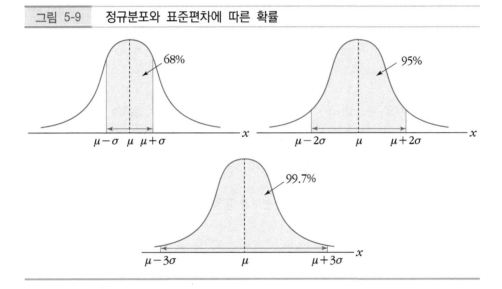

예제 5.23

좌우 대칭의 종 모양을 하는 정규분포는 그 형태가 평균과 표준편차를 나타내는 두 모수 μ와 σ에 의해 다음과 같이 여러 가지 모양으로 나타난다.

해설

(1) 평균이 μ로 동일하고 표준편차가 서로 다른 $(\sigma_1 < \sigma_2)$ 경우의 정규분포 〈그림 5-10〉에 나타난 바와 같이 표준편차가 클수록 분포는 옆으로 퍼지게 된

다. 또한 분포가 양 옆으로 퍼진 상태에서 정규분포의 특성상 확률변수 X가 평균 μ를 중심으로 $\mu - \sigma \leq X \leq \mu + \sigma$ 사이에 분포되어 있을 확률은 68%, $\mu - 2\sigma \leq x \leq \mu + 2\sigma$ 사이에 분포되어 있을 확률은 95%가 되어야 하기 때문에 표준편차가 커질수록 분포는 좌우로 완만한 형태를 가지게 된다.

| 그림 5-10(a) | 평균이 동일하고 표준편차가 다른 경우 |

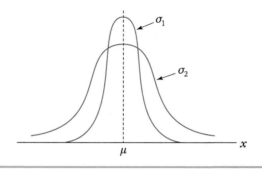

(2) 평균이 서로 다르고($\mu_1 < \mu_2$) 표준편차가 σ_1으로 동일한 경우의 정규분포

평균이 다르기 때문에 중심 위치가 다르다. 그러나 분포의 퍼짐 정도를 나타내는 표준편차는 동일하다.

| 그림 5-10(b) | 평균이 다르고 표준편차가 동일한 경우 |

(3) 평균이 μ_1, μ_2로 서로 다르고($\mu_1 < \mu_2$) 표준편차도 서로 다른 $\sigma_1 < \sigma_2$ 경우의 정규분포

평균이 다르므로 분포의 중심 위치가 서로 다르다. 또한 표준편차가 σ_2인 분포가 σ_1의 경우보다 양쪽으로 더 퍼져 있는 모양을 하고 있다.

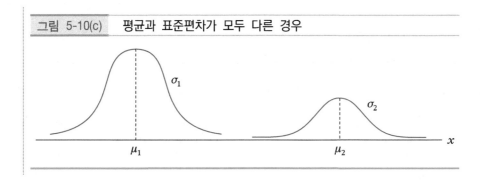

그림 5-10(c) 평균과 표준편차가 모두 다른 경우

NOTE

정규분포에서는 중심 위치의 측정수단인 중앙값과 최빈값이 평균과 일치한다.

정규분포의 확률밀도함수

위에서 살펴본 바와 같이 정규분포를 표시하는 곡선은 좌우 대칭의 종 모양의 형태를 공통적으로 가지지만 평균(μ)과 표준편차(σ)에 따라 중심 위치나 분산의 정도는 서로 다르게 나타난다. 따라서 이를 표시하는 정규분포 확률밀도함수에는 평균과 표준편차가 모수로 포함되어 있다.

$$f(x) = \frac{1}{\sqrt{2\pi}\,\sigma}\,e^{-\frac{1}{2}\left(\frac{x-\mu}{\sigma}\right)^2}, \quad -\infty < x < \infty$$

그리고 확률변수 X가 어떤 범위의 값을 가질 확률은 이 확률밀도함수가 나타내는 곡선의 아래 면적에 의해 표시된다. 따라서 확률변수 X가 x_0에서 x_1까지 사이의 값을 가질 확률은 확률밀도함수 $f(x)$를 해당 구간에 걸쳐 적분하면 된다.

$$P(x_0 \leq X \leq x_1) = \int_{x_0}^{x_1} f(x)dx$$

예제 5.24

다음은 정규분포를 나타내는 모수(parameter)로서 평균과 표준편차 값을 표시한 것이다. 정규분포의 모수로서 적합한 것은?

(1) $\mu = 3$, $\sigma = 1$ (2) $\mu = -3$, $\sigma = 5$

(3) $\mu = 0$, $\sigma = 1$ (4) $\mu = 3$, $\sigma = 0$

(5) $\mu = 4$, $\sigma = -1$ (6) $\mu = 8$, $\sigma = 8$

해설

확률밀도함수에서 확률변수 X가 취할 수 있는 값의 범위가 $-\infty < X < \infty$이므로 X의 평균 역시 $-\infty < \mu < \infty$ 구간의 값을 갖는다. 그러나 평균이 어떤 값을 가지든 표준편차는 양의 값을 가져야 한다. 따라서 (4)와 (5)의 경우는 정규분포를 나타내는 모수라고 볼 수 없다.

예제 5.25

위의 [예제 5.24]에서 주어진 모수 가운데 어떤 모수를 가진 정규분포에서 아래의 확률이 가장 높게 나타날 것인지 정규분포 특성을 이용하여 확인하시오.

(1) $P(X \leq -8)$ (2) $P(X > 16)$

해설

확률변수 X가 정규분포를 하는 경우 X가 $\mu \pm \sigma$ 사이의 값을 가질 확률은 68%, $\mu \pm 2\sigma$ 사이에 있을 확률은 95%, 그리고 $\mu \pm 3\sigma$ 사이에 있을 확률은 99.7%가 된다는 사실을 이용한다.

(1) [예제 5.24]에서 $\sigma > 0$을 만족시키는 (1), (2), (3), (6) 가운데 $P(X \leq -8)$의 확률이 가장 큰 정규분포를 찾아내기 위해서는 먼저 구간의 경계가 되는 값 -8이 각 분포의 평균 μ에서 표준편차 σ의 몇 배에 해당하는 거리만큼 떨어져 있는가를 확인해야 하는데 이는 아래 식에 따라 쉽게 계산할 수 있다.

$$\frac{X - \mu}{\sigma}$$

NOTE

$\dfrac{X-\mu}{\sigma}$에서 분자는 확률변수 X가 평균 μ에서 얼마나 떨어져 있는지를 표시하는 편차(deviation)를 분모인 표준편차로 나눈 것이므로, 이것의 의미는 당연히 X가 평균 μ에서 표준편차 σ의 몇 배만큼 떨어져 있는가를 나타내는 것이다.

　이는 뒤에서 살펴보게 될 표준정규분포의 확률변수 Z 값에 해당하며, 이를 확률변수 X의 표준화 확률변수(Z)라 한다.

① ($\mu = 3$, $\sigma = 1$)인 정규분포

$X \leq -8$ 구간의 경계값 (-8)은

$$\frac{X-\mu}{\sigma} = \frac{-8-3}{1} = -11$$

이므로 μ로부터 왼쪽으로 σ의 11배만큼 떨어진 곳에 위치해 있다.

　즉 표준편차의 3배보다 훨씬 왼쪽으로 떨어져 위치해 있다.

　따라서 $P(\mu - 3\sigma \leq x \leq \mu + 3\sigma) = 0.997$로부터

$$P(X < \mu - 3\sigma \text{ or } X > \mu + 3\sigma) = 1 - 0.997 = 0.003$$

또한 정규분포는 대칭이므로

$$P(X < \mu - 3\sigma) = \frac{0.003}{2} = 0.0015$$

따라서 $P(X < -8)$은 0.0015보다 훨씬 더 작다는 것을 확인할 수 있다.

그림 5-11(a)	정규분포와 표준편차에 따른 구간확률

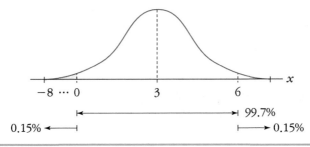

② $(\mu = -3,\ \sigma = 5)$인 정규분포

$P(X \leq -8)$에서 $X \leq -8$ 구간의 경계값 (-8)은

$$\frac{X-\mu}{\sigma} = \frac{-8-(-3)}{5} = -1$$

이므로 μ로부터 왼쪽으로 σ의 1배만큼 떨어진 곳에 위치해 있다.

따라서 $P(\mu - \sigma \leq X \leq \mu + \sigma) = 0.68$로부터

$$P(X < \mu - \sigma \ \text{or} \ X > \mu + \sigma) = 1 - 0.68 = 0.32$$

또한 정규분포는 대칭이므로

$$P(X < \mu - \sigma) = \frac{0.32}{2} = 0.16$$

임을 알 수 있다.

그림 5-11(b) **정규분포와 표준편차에 따른 구간확률**

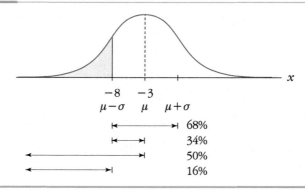

---

③ $(\mu = 0,\ \sigma = 1)$인 정규분포

표준편차가 $\sigma = 1$이므로 구간의 경계값 (-8)은 평균 $\mu = 0$으로부터 왼쪽으로 표준편차의 8배만큼 떨어져 있다.

$$\frac{X-\mu}{\sigma} = \frac{-8-0}{1} = -8$$

따라서 $P(X \leq -8)$의 확률은 $P(\mu - 3\sigma \leq X \leq \mu + 3\sigma) = 0.997$로부터

$$P(X < \mu - 3\sigma \text{ or } X > \mu + 3\sigma) = 1 - 0.997 = 0.003$$

이 된다. 또한 정규분포는 대칭이므로

$$P(X < \mu - 3\sigma) = \frac{0.003}{2} = 0.0015$$

따라서 $P(X < -8)$은 0.0015보다 훨씬 더 작다는 것을 확인할 수 있다.

그런데 ①의 $(\mu = 3,\ \sigma = 1)$인 경우와 비교해 보면 ①의 경우는 경계값 (-8)이 평균으로부터 표준편차의 11배만큼 왼쪽으로 떨어져 위치해 있기 때문에 $P(X < -8)$의 확률은 ① 경우가 ③보다 더 작을 것이다.

그림 5-11(c)	정규분포와 표준편차에 따른 구간확률

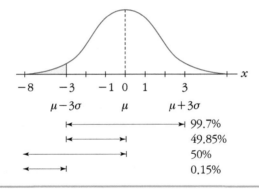

④ $(\mu = 8,\ \sigma = 8)$인 정규분포

표준편차가 $\sigma = 8$이므로 구간의 경계값 (-8)은 평균 $\mu = 8$로부터 왼쪽으로 표준편차의 2배만큼 떨어져 있다.

$$\frac{X - \mu}{\sigma} = \frac{-8 - 8}{8} = -2$$

따라서 $P(X \leq -8)$의 확률은 $P(\mu - 2\sigma \leq X \leq \mu + 2\sigma) = 0.95$로부터

$$P(X < \mu - 2\sigma \text{ or } X > \mu + 2\sigma) = 1 - 0.95 = 0.05$$

이 된다. 또한 정규분포는 대칭이므로

$$P(X < \mu - 2\sigma) = \frac{0.05}{2} = 0.025$$

가 된다.

따라서 $P(X < -8)$의 확률은, 구간의 경계값 (-8)이 각각의 평균으로부터 ①의 경우는 -11σ, ②의 경우는 -1σ, ③의 경우는 -8σ, ④의 경우는 -2σ 떨어진 곳에 위치해 있으므로, ②의 분포에서 가장 높다는 것을 알 수 있다.

그림 5-11(d)　정규분포와 표준편차에 따른 구간확률

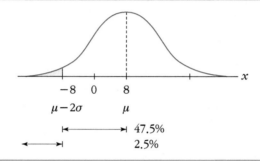

(2) $P(X > 16)$의 확률이 가장 큰 정규분포를 찾아내기 위해서는 먼저 구간의 경계가 되는 값 16이 각 분포의 평균 μ에서 표준편차 σ의 몇 배 되는 곳에 위치해 있는가를 계산한다. 이 경우는 확률변수가 경계값 16보다 큰 값을 가질 확률을 구하는 것이므로 (1)에서와는 달리 경계값이 평균에서 가까이 위치해 있는 분포일수록 확률은 더 높아질 것이다.

① $(\mu = 3, \ \sigma = 1)$인 정규분포

　$P(X > 16)$에서 구간의 경계값 16이므로

$$\frac{X - \mu}{\sigma} = \frac{16 - 3}{1} = 13$$

이므로 $X = 16$은 평균 $\mu = 3$으로부터 13σ 떨어진 곳에 위치해 있다.

　따라서 $P(\mu - 3\sigma \leq X \leq \mu + 3\sigma) = 0.997$로부터

$$P(X < \mu - 3\sigma \ \text{or} \ X > \mu + 3\sigma) = 1 - 0.997 = 0.003$$

이 되고 정규분포는 대칭이므로

$$P(X > \mu + 3\sigma) = \frac{0.003}{2} = 0.0015$$

가 된다. 따라서 따라서 $P(X > 16) = P(Z > 13)$은 0.0015보다 훨씬 더 작다는 것을 확인할 수 있다.

② ($\mu = -3$, $\sigma = 5$)인 정규분포

$$\frac{X - \mu}{\sigma} = \frac{16 - (-3)}{5} = 3.8$$

이므로 $X = 16$은 평균 $\mu = 3$으로부터 3.8σ 떨어진 곳에 위치해 있다.

따라서 $P(X > 16) = P(Z > 3.8)$이 되고 이는

$$P(X > \mu + 3\sigma) = P(Z > 3) = \frac{1 - 0.997}{2} = \frac{0.003}{2} = 0.0015$$

보다 작다.

③ ($\mu = 0$, $\sigma = 1$)인 정규분포

$$\frac{X - \mu}{\sigma} = \frac{16 - 0}{1} = 16$$

이므로 $P(X > 16) = P(Z > 16)$가 되고

$$P(X > \mu + 3\sigma) = P(Z > 3) = \frac{1 - 0.997}{2} = \frac{0.003}{2} = 0.0015$$

보다 작다.

④ ($\mu = 8$, $\sigma = 8$)인 정규분포

$$\frac{X - \mu}{\sigma} = \frac{16 - 8}{8} = 1$$

$$P(X > 16) = P(Z > 1) = \frac{(1 - 0.68)}{2} = 0.16$$

위의 네 정규분포 중 $\mu = 8$, $\sigma = 8$인 ④의 분포에서 경계값 16이 평균 $\mu = 8$로부

터 1σ만큼 떨어져 있어 가장 가까이 위치해 있음을 알 수 있다. 따라서 $P(X > 16)$의 확률은 ④의 정규분포에서 가장 높은 확률을 보일 것이다.

그럼 한 가지 예로 $\mu = 8$, $\sigma = 8$인 정규분포에서 $P(X \leq -8)$의 확률을 SAS에서 구해보기로 하자.

```
[sas program]
DATA ex525;
 x=-8;
 mu=8;
 sigma=8;
 prob=CDF('NORMAL', x, mu, sigma); ①
RUN;

PROC PRINT DATA=ex525;
RUN;
```

해설

① 누적확률 $P(X \leq -8)$을 구하기 위해 CDF 함수에 분포명, 확률변수, 평균, 표준편차를 순서대로 입력하고 있다. 아래 결과물에 $P(X \leq -8)$의 누적확률 값이 0.02275로 출력되어 있다.

[결과물]

Obs	x	mu	sigma	prob
1	-8	8	8	0.022750

표준정규분포

앞에서 살펴본 바와 같이 정규분포는 중심의 위치를 나타내는 평균 μ와 분산의 정도를 나타내는 표준편차 σ가 어떤 값을 갖느냐에 따라 그 형태가 다르게 나타날 것이다. 그러나 평균 μ와 표준편차 σ가 어떤 값을 갖더라도 정규분포를 하는 확률변수 X에 대한 구간확률은

$$P(\mu - \sigma \leq X \leq \mu + \sigma) = 0.68$$
$$P(\mu - 2\sigma \leq X \leq \mu + 2\sigma) = 0.95$$
$$P(\mu - 3\sigma \leq X \leq \mu + 3\sigma) = 0.997$$

이 된다.

따라서 확률변수 X를 평균 μ로부터 표준편차 σ의 몇 배에 해당하는 거리만큼 떨어져 있나를 나타내는 변수, 즉 표준화 변수(Z)로 변환시켜 표시한다면, 평균과 표준편차가 서로 다른 정규분포라 하더라도 이 변환 값이 동일하게 나타나는 한, 변환 값이 일정구간에 속할 확률은 같게 나타날 것이다.

이 변환 값을 표준화 값 또는 Z 값이라고 하는데 정규분포의 확률변수 X를 표준화시키게 되면 평균과 표준편차에 따라 여러 형태로 나타나는 정규분포를 하나의 통일된 표준화된 정규분포로 표시할 수 있다.

정규분포를 하는 확률변수 X를 표준화시킨 Z 값은 다음과 같이 구한다.

$$Z = \frac{X - \mu}{\sigma}$$

위와 같이 변환된 Z를 확률변수로 하는 정규분포를 표준정규분포(standard normal distribution)라 하며, 이러한 표준정규분포는 평균이 '0'이고 표준편차가 '1'인 정규분포로서 아래와 같은 확률밀도함수를 가진다.

$$f(z) = \frac{1}{\sqrt{2\pi}} e^{-z^2/2}, \quad -\infty < z < \infty$$

예제 5.26

표준화 변수 Z 값은 확률변수 X 값에서 평균 μ를 뺀 차이가 표준편차 σ의 몇 배에 해당하는지를 나타내는 값으로서 이 변환 값에 따라 정규분포를 하는 확률변수 X에 대한 구간 확률을 알아낼 수 있다.

해설

예를 들어 X가 $\mu - \sigma \leq X \leq \mu + \sigma$ 사이의 구간에 속할 확률은 X의 변환값 Z로는 $-1 \leq Z \leq 1$과 같이 표시할 수 있다. 즉 부등식 $\mu - \sigma \leq X \leq \mu + \sigma$ 양변에서 μ를 빼고 이 결과를 다시 양의 값을 갖는 표준편차 σ로 나누면 $-1 \leq Z \leq 1$이 된다.

다시 말해 확률변수 X가 평균 μ로부터 표준편차 σ만큼 좌우로 떨어져 있다는 것은 변환된 변수 Z로 나타내면 좌우로 1만큼 떨어져 있는 것으로 표시되고 있음을 알 수 있다. 따라서 평균이 μ이고 표준편차가 σ인 정규분포를 하는 확률변수 X의 구간확률 $P(\mu - \sigma \leq X \leq \mu + \sigma) = 0.68$은 표준정규분포로 나타내면 $P(-1 \leq Z \leq 1)$ $= 0.68$이 된다.

$$P(\mu - \sigma \leq X \leq \mu + \sigma) = 0.68 \quad \rightarrow \quad P(-1 \leq Z \leq 1) = 0.68$$

결국 확률변수 X를 변환시킨 Z 변수는 평균이 '0'이고 표준편차가 '1'인 정규분포를 하는 것이며 이러한 정규분포를 표준정규분포(standard normal distribution)라 한다.

| 그림 5-12 | 정규분포와 표준정규분포

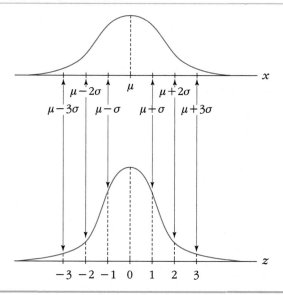

예제 5.27

$P(\mu - 2\sigma \leq X \leq \mu + 2\sigma) = 0.95$, $P(\mu - 3\sigma \leq X \leq \mu + 3\sigma) = 0.997$을 표준정규 분포의 확률변수 Z로 표시해 보시오.

해설

부등식 $\mu - 2\sigma \leq X \leq \mu + 2\sigma$ 양변에서 μ를 빼고 이 결과를 양(+)의 값을 갖는 표준편차 σ로 나누면 $-2 \leq Z \leq 2$의 변수변환 결과를 얻는다.

$$\mu - 2\sigma \leq X \leq \mu + 2\sigma$$
$$-2\sigma \leq X - \mu \leq 2\sigma$$
$$-2 \leq \frac{X - \mu}{\sigma} \leq 2 \rightarrow -2 \leq Z \leq 2$$
$$P(-2 \leq Z \leq 2) = 0.95$$
$$P(-3 \leq Z \leq 3) = 0.997$$

예제 5.28

평균이 24이고 표준편차가 5인 정규분포의 확률변수 X의 값이 각각 32, 15일 때 이를 표준정규분포의 확률변수 Z 값으로 나타내고 이를 해석하시오.

해설

평균이 μ이고 표준편차가 σ인 일반 정규분포의 확률변수 X를 표준정규분포의 확률변수 Z 값으로 변화시키기 위해서는 $Z = \dfrac{X - \mu}{\sigma}$의 변환식을 이용하면 된다.

$$Z = \frac{X - \mu}{\sigma} = \frac{32 - 24}{5} = 1.6$$
$$Z = \frac{X - \mu}{\sigma} = \frac{15 - 24}{5} = -1.8$$

즉 확률변수 X값 32는 평균 24에서 오른쪽으로 표준편차의 1.6배만큼 떨어져 있음을 나타내며 X값 15는 평균 24에서 왼쪽으로 표준편차의 1.8배만큼 떨어져 있음을 나타낸다.

NOTE

Z 값이 (-)값을 갖는다는 것은 표준편차가 (+)값을 갖기 때문에 X값이 평균 μ보다 작다는 것을 의미한다.

[sas program]

```
DATA _NULL_; ①
    mu=24;
    sigma=5;
    x1=32; x2=15;
    z1=(x1-mu)/sigma; ②
    z2=(x2-mu)/sigma;
    PUT 'z1=' z1 'z2=' z2; ③
RUN;
```

해설

① 데이터세트 이름으로 _NULL_을 지정하여 가상 데이터세트를 작성한다. _NULL_ 은 SAS에서 가상 데이터세트를 만들 때 지정하는 이름이다.

② 표준화 Z 값을 계산한다.

③ PUT 스테이트먼트를 사용하면 PUT 스테이트먼트에서 지정한 변수를 LOG 화면 에 출력한다. 따라서 간단히 계산결과를 보고자 하는 경우에 사용하면 편리하다. 즉 PRINT 프로시저를 실행하여 데이터를 출력하는 과정을 거치지 않고 데이터 세트 내용을 LOG 화면에서 확인할 수 있다. 따옴표로 묶인 내용은 그대로 출력 하며 변수를 지정하면 해당 변수값이 출력된다.

결과물 ④에 LOG 화면의 출력결과가 나타나 있다.

[결과물]

z1=1.6 z2=-1.8   ④

평균이 60이고 표준편차가 15인 정규분포의 확률변수 X의 표준화 Z 값이 2.56일 때 확률변수 X의 값을 구하시오.

해설

$Z = \dfrac{X-\mu}{\sigma}$ 의 표준화 변환식을 X에 대해 풀면 $X = \mu + Z\sigma$ 가 되므로 이 식에 $\mu,\ \sigma,\ Z$ 값을 대입하면 확률변수 X값을 구할 수 있다.

즉 $X = \mu + Z\sigma$ 식을 이용하여 우리는 평균이 0이고 표준편차가 1인 표준정규분포의 확률변수 Z 값을 평균과 표준편차가 각각 $\mu,\ \sigma$인 일반 정규분포의 확률변수 X로 역변환시킬 수 있다.

$$X = \mu + Z\sigma = 60 + (2.56)(15) = 98.4$$

결과물에 계산결과가 출력되어 있다.

[sas program]

```
DATA _NULL_;
  mu=60;
  sigma=15;
  z=2.56;
  x=mu+z*sigma;
  PUT 'x= ' x;
RUN;
```

[결과물]

x= 98.4

표준정규분포표

표준정규분포를 하는 확률변수 Z는 연속형이면서 동시에 그 범위가 $-\infty < Z < \infty$이기 때문에 어떤 특정 Z 값에 대한 확률은 존재하지 않는다. 이러한 확률변수 Z에 대한

확률은 앞에서 살펴본 바와 같이 표준정규분포 그래프의 아래 부분 면적을 구해야 한다. 이때 표준화 확률변수 Z 값의 구간에 따른 확률을 계산해 놓은 것이 표준정규분포표이다.

예제 5.30

표준정규분포표를 이용하여 $P(-\infty < Z < 1.96)$의 확률을 구하는 과정은 다음과 같다.

해설

확률변수 Z의 표준정규분포 곡선 아래 부분의 면적을 $-\infty$에서부터 1.96까지 구해야 한다. 즉

$$P(-\infty < Z < 1.96) = \int_{-\infty}^{1.96} f(z)dz$$

와 같이 확률밀도함수 $f(z)$를 $-\infty$에서부터 1.96까지 적분을 해야 하는데 표준정규분포표를 이용하면 그 값을 쉽게 구할 수 있다.

정규분포표를 이용하여 위의 확률을 구하려면 먼저 표의 첫 번째 열에 Z 값이 -3.4부터 0.1 간격으로 $+3.4$까지 나열되어 있는데 이는 주어진 Z 값의 소수점 첫 번째 자리까지를 표시하는 것이다. 그리고 표의 첫 번째 행에는 0.00에서부터 0.01 간격으로 0.09까지 나열되어 있는데 이 숫자는 표의 첫 번째 열에 나열된 Z 값의 소수점 둘째 자리의 수를 표시하는 것이다.

따라서 Z 값이 1.96이 되는 곳을 찾기 위해서는 먼저 표의 첫 번째 열에서 1.9를 찾은 후 이 1.9가 표시된 행과 표의 첫 번째 행에서 .06이 나타내는 열이 만나는 곳에 있는 0.9750이 Z 값이 1.96일 때의 확률을 표시하는 것이다.

Z	0.05	0.06	0.07	0.08
1.8	0.9678	0.9686	0.9693	0.9699
1.9	0.9744	0.9750	0.9756	0.9761
2.0	0.9798	0.9803	0.9808	0.9812

그런데 여기에서 주의할 것은 표준정규확률분포표가 Z 값의 구간을 어떻게 설정하여 확률을 계산해 놓았는가를 확인해야 한다는 점이다. 위 정규분포표의 경우는 Z 값에 대한 확률이 $-\infty$부터 해당 Z 값까지의 누적확률을 제시한 표이다. 따라서

$Z=1.96$에 대응하는 확률값 0.9750은 $\int_{-\infty}^{1.96} f(z)dz=0.9750$임을 나타내는 것이므로 우리가 구하고자 하는 $P(-\infty<Z<1.96)$는 0.975임을 알 수 있다.

다음은 SAS의 CDF 함수를 이용하여 $P(-\infty<Z<1.96)$를 구하는 과정을 보여주고 있다.

[sas program]
```
DATA ex530;
  z=1.96;
  prob=CDF('NORMAL', z); ①
RUN;

PROC PRINT DATA=ex530;
RUN;
```

 해설

① CDF 함수의 첫 번째 입력항에 'NORMAL'을 지정하고 두 번째 입력항에는 확률 변수를 입력한다. 이는 표준정규분포에서 주어진 확률변수 값까지의 누적확률을 계산한다. 이는 결국 표준정규분포에서 $Z=1.96$까지의 누적확률을 구하는 과정이다. 계산결과가 결과물에 prob 변수명 아래에 0.975로 나타나 있다.

🥧 NOTE

PROBNORM 함수를 이용하여 누적확률을 구할 수도 있다.

[결과물]
```
     Obs     z      prob
      1     1.96    0.97500
```

예제 5.31

다음 확률을 표준정규분포표를 이용하여 구하시오.

(1) $P(-2.22 < Z < 1.11)$　　(2) $P(1.54 < Z < 2.46)$　　(3) $P(Z > 1.82)$

해설

(1) 표준정규분포표는 $-\infty$부터 주어진 Z 값까지의 구간에 대한 확률을 계산한 것 이므로 $P(-2.22 < Z < 1.11)$는 다음과 같이 구할 수 있다.

$$P(-2.22 < Z < 1.11) = P(-\infty < Z < 1.11) - P(-\infty < Z < -2.22)$$
$$= 0.8665 - 0.0132 = 0.8533$$

이러한 과정이 아래 프로그램 ①에서 CDF 함수를 이용하여 처리되고 있다.

(2) $P(1.54 < Z < 2.46) = P(-\infty < Z < 2.46) - P(-\infty < Z < 1.54)$
$$= 0.9931 - 0.9382 = 0.0549$$

(3) $P(Z > 1.82) = 1 - P(Z < 1.82) = 1 - 0.9656 = 0.0344$

[sas program]

```
DATA ex531;
  prob1=CDF('NORMAL', 1.11)-CDF('NORMAL', -2.22); ①
  prob2=CDF('NORMAL', 2.46)-CDF('NORMAL', 1.54);
  prob3=1-CDF('NORMAL', 1.82);
RUN;

PROC PRINT DATA=ex531;
RUN;
```

[결과물]

Obs	prob1	prob2	prob3
1	0.85329	0.054833	0.034380

예제 5.32

어느 공장에서 생산되는 형광등의 수명은 평균이 1,240시간이고 표준편차가 160시간인 정규분포를 하는 것으로 알려져 있다. 생산된 형광등 중에서 무작위로 한 개를 뽑았을 때 이것이 1,000시간 이하의 수명을 가질 확률은 얼마인가?

해설

여기서 형광등의 수명시간은 평균이 $\mu = 1{,}240$이고 표준편차가 $\sigma = 160$인 정규분포의 확률변수이며 이 확률변수 X가 어느 구간의 값을 가질 확률을 구하기 위해서는 먼저 표준정규분포의 확률변수 Z로 변환시켜야 한다. 즉 $X = 1{,}000$이 평균 $\mu = 1{,}240$으로부터 표준편차의 몇 배만큼 떨어져 있는가를 알아야 한다.

$$Z = \frac{X - \mu}{\sigma} = \frac{1000 - 1240}{160} = -1.5$$

이므로 수명이 1,000시간 이하일 확률, 즉 $P(X \le 1000)$은 바로 $P(Z < -1.5)$의 확률과 같다. 이를 표준정규분포표에서 찾으면 $P(Z < -1.5) = 0.0668$임을 알 수 있다. 따라서 제품 수명이 1,000시간 이하일 확률은 약 6.7%이다.

NOTE

여기서 제품 수명이 1,000시간 이하일 확률이나 제품 수명이 1,000시간 미만일 확률은 같다. 즉 연속적 확률변수가 특정값을 가질 확률은 0이므로, 즉 $P(X = 1000) = 0$이 되어 $P(X \le 1000)$이나 $P(X < 1000)$은 동일한 확률을 갖는다.

[sas program]
```
DATA ex532;
  mu=1240;
  sigma=160;
  x=1000;
  z=(x-mu)/sigma; ①
  prob=CDF('NORMAL', z); ②
  prob1=CDF('NORMAL', x, mu, sigma); ③
RUN;
```

```
PROC PRINT DATA=ex532;
RUN;
```

해설

① 표준화 값을 계산하고 있고 이 계산결과가 결과물 ④에 −1.5로 나타나 있다.

② CDF 함수를 이용하여 표준정규분포에서 표준화 값이 −1.5 이하일 확률을 계산하고 있으며, 계산결과는 결과물 ⑤에 0.0668로 출력되어 있다.

③ ②에서는 표준정규분포에서의 누적확률을 구하고 있으나 여기서는 일반 정규분포를 이용하여 동일한 결과를 얻고 있다. 즉 CDF 함수의 두 번째 입력항부터 차례로 확률변수, 평균, 표준편차 등을 입력한다. 결과물 ⑤와 ⑥에 0.0668로 동일한 결과가 출력되어 있다.

 NOTE

CDF 함수에 평균, 표준편차를 지정하지 않을 경우 CDF 함수는 평균을 '0', 표준편차를 '1'로 하는 표준정규분포로 간주하고 계산한다.

[결과물]

Obs	mu	sigma	x	z	prob	prob1
1	1240	160	1000	-1.5	0.066807	0.066807
				④	⑤	⑥

예제 5.33

[예제 5.32]와 관련하여 다음 물음에 답하시오.

(1) 사용시간이 1,400시간 이내일 확률
(2) 1,500시간 이상을 사용할 확률
(3) 사용시간이 1,200시간에서 1,300시간 사이일 확률

해설

$\mu = 1240$, $\sigma = 160$이므로 이를 이용하여 표준화 확률변수 Z 값을 구하고 이에 대응하는 확률을 표준정규분포표에서 찾는다.

(1) 사용시간이 1,400시간 이내일 확률

$$Z_1 = \frac{1400 - 1240}{160} = 1, \text{ 따라서 } P(X < 1400) = P(Z < 1) = 0.8413$$

(2) 1,500시간 이상을 사용할 확률

$$Z_2 = \frac{1500 - 1240}{160} = 1.625, \text{ 따라서}$$

$$P(X \geq 1500) = 1 - P(X < 1500) = 1 - P(Z < 1.625) = 1 - 0.948 = 0.052$$

(3) 사용시간이 1,200시간에서 1,300시간 사이일 확률

$$Z_3 = \frac{1200 - 1240}{160} = -0.25, \quad Z_4 = \frac{1300 - 1240}{160} = 0.375$$이므로

$$P(1200 < X < 1300) = P(-0.25 < Z < 0.375)$$
$$= P(Z < 0.375) - P(Z < -0.25)$$
$$= 0.6462 - 0.4013 = 0.2449$$

 NOTE

위의 [예제 5.33(2)]에서 $P(Z < 1.625)$의 누적확률을 구할 때, 표준정규분포표에는 Z 값이 1.62일 때와 1.63일 때의 두 가지 값에 대한 누적확률만이 각각 0.9474, 0.9484로 제시되어 있으며 Z 값이 1.625일 때의 누적확률은 나타나 있지 않다.

이러한 경우는 다음과 같은 보간법을 이용하여 $P(Z < 1.625)$를 구한다. 즉 1.625의 Z 값은 1.62와 1.63 사이의 1/2 되는 곳에 위치해 있으므로 Z 값이 1.62일 때와 1.63일 때의 누적확률의 차이인 0.001(=0.9484-0.9474)의 1/2인 0.0005를 Z 값이 1.62일 때의 누적확률 0.9474에 더하여 Z 값이 1.625일 때의 누적확률을 0.9479(0.9474+0.0005)로 계산한다.

Z :   1.62 ------- (1.625) ------ 1.63
누적확률 :   0.9474   ↑   0.9484

0.9474+0.001×(1/2)

```
[sas program]
DATA ex533;
  mu=1240;
  sigma=160;
  z1=(1400-mu)/sigma; prob1=CDF('NORMAL', z1);
  z2=(1500-mu)/sigma; prob2=1-CDF('NORMAL', z2);
  z3a=(1200-mu)/sigma; prob3a=1-CDF('NORMAL', z3a);
  z3b=(1300-mu)/sigma; prob3b=1-CDF('NORMAL', z3b);
  prob3=prob3b-prob3a;
RUN;


PROC PRINT DATA=ex533;
RUN;
```

해설

[예제 5.31] 참조.

[결과물]

Obs	mu	sigma	z1	prob1	z2	prob2	z3a	prob3a	z3b	prob3b	prob3
1	1240	160	1	0.84134	1.625	0.052081	-0.25	0.40129	0.375	0.64617	0.24488

예제 5.34

형광등의 평균수명과 표준편차가 각각 $\mu=1,240$, $\sigma=160$의 정규분포를 한다고 할 때 60% 분위수(percentile)에 해당하는 확률변수 값은 어떻게 구하는지 살펴보자.

해설

먼저 60%의 백분위수(percentile)에 해당하는 확률변수 값을 구한다는 것은 바로 누적확률이 0.6이 되는 곳의 확률변수 값을 구한다는 것과 동일하다. 따라서 이는 표준정규분포상에서 누적확률이 0.6이 되는 곳의 Z 값을 구하고, 이를 $Z = \dfrac{X-\mu}{\sigma}$에서 얻은 $X = \mu + \sigma Z$의 관계식을 통해 구할 수 있다.

60%의 백분위수는 〈그림 5-13〉에서 보는 바와 같이 $P(-\infty < Z < z) = 0.6$이 되

는 z 값을 찾으면 된다. 누적확률이 0.6이 되는 z 값을 표준정규분포표에서 찾을 때 정확히 확률이 0.6이 되는 표준화 값이 표시되어 있지 않는 경우는 확률이 0.6에 가까운 값을 찾는다.

표준화 Z 값이 0.25일 때의 확률이 0.5987이고, 0.26일 때의 확률이 0.6026이므로 0.6의 확률에 해당하는 표준화 Z 값은 0.25와 0.26의 사이에 있을 것이다.

이러한 경우 다음과 같이 보간법을 이용하여 비례적으로 근사값을 추정하게 된다. 즉 0.6의 확률은 확률 0.5987과 0.6026 사이의 1/3되는 곳에 위치하므로(여기서 확률 0.5987과 0.6026의 차이는 0.0039이고, 확률 0.6은 0.5987과는 0.0013의 차이가 있으므로 이는 전체 0.0039의 1/3에 해당한다. 따라서 0.6은 0.5787로부터 0.0039 사이의 1/3만큼 떨어진 곳에 위치해 있다고 볼 수 있다.)

z 값 역시 0.25와 0.26의 1/3되는 곳에 위치한다고 볼 수 있으므로

$$z = 0.25 + (1/3)(0.26 - 0.25) = 0.253$$

이 됨을 알 수 있다. 즉 $P(Z < 0.253) = 0.6$임을 나타내는 것이다.

Z 값	0.25	z_1	0.26
확률	0.5987	0.6	0.6026
차이	0.0013		
차이	0.0039		

다음 $Z = \dfrac{X - \mu}{\sigma}$를 변형한 $X = \mu + \sigma Z$에 따라 변환하면 확률변수 X값을 구할 수 있다. 따라서 60%의 백분위수에 해당하는 값은

$$X = 1240 + (160)(0.253) = 1280$$

이 된다. 60%분위수가 1,280시간이라는 것은, 형광등의 평균수명이 1,280시간 이하일 확률이 60%에 이른다는 것을 의미하는 것이기도 하다.

아래에는 SAS의 PROBIT 함수를 이용하여 이러한 결과를 도출하는 과정이 제시되어 있다.

그림 5-13 표준정규분포

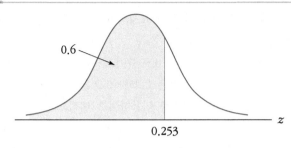

[sas program]

```
DATA ex534;
  mu=1240;
  sigma=160;
  prob=0.6;
  z=PROBIT(prob); ①
  x=mu+sigma*z; ②
RUN;


PROC PRINT DATA=ex534;
RUN;
```

해설

① PROBIT(p) 함수는 주어진 누적확률 p에 대응하는 표준화 Z 값을 계산해 준다. 따라서 여기서는 prob=0.6으로 지정되어 있으므로 누적확률이 0.6이 되는 지점의 Z 값을 계산하게 된다. 결과물에 $Z=0.253$으로 출력되어 있다.

② $Z=0.253$은 평균(μ)으로부터 표준편차(σ)의 0.253배 되는 곳에 X값이 위치해 있음을 표시하는 것이므로 $X = \mu + \sigma Z$의 변환식을 통해 X값을 구할 수 있다. 결과물에 1280.54로 출력되어 있다.

[결과물]

Obs	mu	sigma	prob	z	x
1	1240	160	0.6	0.25335	1280.54

예제 5.35

표준정규분포에서 양쪽 끝에 있는 꼬리 부분의 면적이 각각 0.025가 되는 지점에 해당하는 표준화 변수 Z 값은 얼마인가?

해설

이는 〈그림 5-14〉에 나타난 바와 같이 양쪽 꼬리 부분의 확률이 0.025가 되는 곳의 z_1, z_2 값을 구하는 것이다.

그림 5-14 표준정규분포

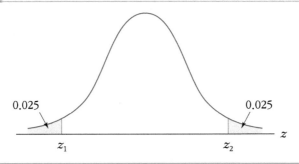

즉 $P(Z < z_1) = \int_{-\infty}^{z_1} f(z)dz = 0.025$가 되는 z_1과 $P(Z > z_2) = \int_{z_2}^{\infty} f(z)dz = 0.025$가 되는 z_2를 구하는 것이다. 이를 표준정규분포표에서 찾으면 확률값이 0.025가 되는 z_1값은 -1.96이 됨을 알 수 있다.

여기서 주의할 것은 표준정규분포표에서 제시하는 z 값에 대한 확률은 $-\infty$에서부터 z까지의 누적확률이기 때문에, 오른쪽 꼬리 부분의 확률이 0.025되는 z_2 값을 찾기 위해서는 $-\infty$부터 z_2까지의 누적확률을 기준으로 해야 한다는 점이다. 즉 누적확률이 0.975($=1-0.025$)인 표준화 값 1.96이 z_2인 것이다.

 NOTE

실제 왼쪽 꼬리 부분의 확률이 0.025가 되는 Z값이 -1.96인 경우 표준정규분포의 특성에 따라 오른쪽 꼬리 부분의 확률이 0.025가 되는 Z값은 1.96이 됨을 쉽게 확인할 수 있다. 즉 표준정규분포는 평균이 0이고 표준편차가 1로서 좌우 대칭이기 때문에 Z값에서 나타나는 '+', '-'의 의미는 Z 값이 평균 0에서 오른쪽으로 떨어져 위치해 있는지, 아니면 왼쪽에 위치해 있는지를 나타내는 것에 불과하므로 왼쪽 꼬리 부분의 확률과 오른쪽 꼬리 부분의 확률이 동일하다면 Z 값은 평균 0에서 좌우로 동일하게 떨어진 곳에 위치해 있음을 알 수 있다.

[sas program]

```
DATA ex535;
  z1=PROBIT(0.025); ①
  z2=PROBIT(1-0.025); ②
RUN;

PROC PRINT DATA=ex535;
RUN;
```

해설

① PROBIT 함수를 이용하여 표준정규분포의 누적확률이 0.025가 되는 곳의 표준화 변수 Z 값을 계산하여 z_1에 지정한다. 결과물에 -1.96으로 나타나 있다.

② 표준정규분포의 누적확률이 0.975가 되는 곳의 표준화 변수 Z 값을 계산하여 z_2에 지정한다. 결과물에 1.96으로 출력되어 있으며 이는 누적확률이 0.025가 되는 z_1과 부호만 반대이다.

[결과물]

```
        Obs      z1         z2
         1     -1.95996   1.95996
```

5.6 지수분포

예제 5.36

다음은 지수분포가 적용될 수 있는 예이다.

(1) 현금자동인출기에 손님이 다녀간 후 다음 손님이 올 때까지의 시간
(2) 복사기에 고장이 발생하는 시점 사이의 시간
(3) 주유소에 휘발유를 넣기 위해 오는 차량과 차량 사이의 시간 간격

지수분포의 확률밀도함수와 지수분포표

확률변수가 X인 지수분포의 밀도함수는 다음과 같다.

$$f(x) = \lambda e^{-\lambda x} \quad (0 < x < \infty, \ \lambda > 0)$$

$$\text{평균}: \quad \mu = \frac{1}{\lambda}$$

$$\text{표준편차}: \ \sigma = \frac{1}{\lambda}$$

 NOTE

지수분포의 모수 λ는 포아송 분포의 평균을 표시하는 것으로서 역수인 $1/\lambda$이 지수분포의 평균이 된다. 이는 앞에서 언급한 바와 같이 포아송 분포의 평균 λ는 일정한 시간 동안에

사건이 λ번 발생한다는 것을 의미하므로, 이의 역수는 사건이 한 번 발생하는데 걸리는 평균 시간을 의미하게 되고 이는 바로 지수분포의 평균을 나타내는 것이다.

이러한 지수분포는 모수 $\lambda(>0)$에 따라 그 모양이 여러 형태의 곡선으로 나타나지만 곡선의 공통적인 특색은 λ값에 관계없이 확률변수 X가 증가함에 따라 오른쪽 꼬리 부분이 감소하여 오른쪽으로 경사가 진 형태를 보인다는 점이다. 지수분포를 하는 확률변수 X의 구간확률은 지수분포가 연속형 확률분포이기 때문에 지수분포곡선과 x축 사이의 구간면적을 구하면 되며 곡선 아래의 전체 면적은 1이 된다.

그림 5-15　지수분포

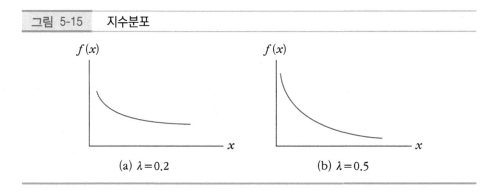

(a) $\lambda = 0.2$　　　　(b) $\lambda = 0.5$

예제 5.37

어느 대학 구내에 설치된 커피 자판기가 고장이 나는 횟수는 1주일에 평균 λ번이며 고장 횟수는 포아송 분포를 따른다고 할 때, 자판기에 고장이 발생한 후 다시 고장이 발생할 때까지의 시간 X는 확률변수로서 평균과 표준편차가 각각 $\mu = 1/\lambda$, $\sigma = 1/\lambda$의 지수분포를 하게 된다. 예를 들어 $\lambda = 0.8$이라 할 때 이는 1주일에 평균적으로 0.8번 고장이 발생한 것이므로, 한 번 고장이 난 후 다시 고장이 나는데는 평균적으로 $1/\lambda = 1/0.8 = 1.25$(주일)이 걸린다는 의미이다.

예제 5.38

포아송 분포의 평균인 λ가 0.2일 때 지수분포 확률변수 X의 평균과 표준편차 그리고 $\mu \pm 2\sigma$의 구간을 구하시오.

해설

$\mu = 1/\lambda$, $\sigma = 1/\lambda$이므로 평균과 표준편차는 모두 $1/\lambda = 1/0.2 = 5$이다. 따라서 확률변수 X의 구간은

$$\mu \pm 2\sigma = 5 \pm (2)(5)$$

로부터 -5에서 15까지의 구간이 되는데 X는 음수가 될 수 없으므로($X>0$) 0부터 15까지가 구간이 된다.

예제 5.39

포아송 분포의 평균이 $\lambda = 0.2$일 때 지수분포를 하는 확률변수 X가 1.5 이하의 값을 가질 확률 $P(X \leq 1.5)$를 지수분포표를 이용하여 구하는 과정을 살펴보자.

해설

지수분포표를 살펴보면 첫 번째 열에 λ 값이 위에서 아래로 나열되어 있으며 확률변수 X는 두 번째 행에 왼쪽에서 오른쪽으로 나열되어 있다. 이때 λ 값이 표시하는 행과 X값이 표시하는 열이 만나는 곳의 수치가 확률을 나타내는데, 표 상단에 예시되어 있는 바와 같이 이 확률은 X가 0부터 해당 값까지의 누적확률을 표시한다는 것에 유의해야 한다.

따라서 $\lambda = 0.2$일 때의 확률 $P(X \leq 1.5)$은 $\lambda = 0.2$가 나타내는 행과 $X = 1.5$가 나타내는 열이 만나는 곳에 표시된 0.2592가 된다.

λ	X		
	1.0	1.5	2.0
0.15	0.1393	0.2015	0.2592
0.20	0.1813	0.2592	0.3297
0.25	0.2212	0.3127	0.3935

[sas program]

```
DATA ex539;
  lambda=0.2; x=1.5; ①
  prob=CDF('EXPONENTIAL', x, 1/lambda); ②
RUN;
```

```
PROC PRINT DATA=ex539;
RUN;
```

해설

① 포아송 분포의 평균인 λ 값과 확률변수 값을 지정한다.

② CDF 함수를 이용하여 지수함수의 누적확률을 계산한다. 이를 위해 CDF 함수에 먼저 분포의 이름을 'EXPONENTIAL' 또는 'EXPO'라 입력하고, 두 번째에는 확률변수 값을 입력한다. 여기서는 확률변수 값 1.5를 x에 저장해 놓았기 때문에 x를 입력한 것이다. 세 번째 입력항에는 지수함수의 평균값을 입력해야 하는데, 여기서 특히 주의해야 할 것은 ①에서 지정한 λ 값이 포아송 분포의 평균 값이라는 점이다. 따라서 지수함수의 평균은 위에서 살펴본 바와 같이 $\mu = 1/\lambda$ 이므로, λ 가 아닌 $1/\lambda$ 의 값을 입력해야 한다는 점을 유의해야 한다.

결과물에 $P(X \leq 1.5)$ 의 확률이 prob 변수명 아래 0.25918로 나타나 있다.

 NOTE

지수분포의 누적확률을 구하는 식 $1 - e^{-\lambda x}$ 을 이용하면 쉽게 구할 수 있다. 이 누적확률함수는 확률밀도함수인 $f(x) = \lambda e^{-\lambda x}$ 를 0에서 해당 x 값까지 적분하여 얻은 것이다.

[결과물]

Obs	lambda	x	prob
1	0.2	1.5	0.25918

예제 5.40

X 가 $\lambda = 0.4$ 인 지수분포를 하는 확률변수일 때 다음 확률을 구하시오.

(1) $P(1.5 \leq X \leq 3)$ (2) $P(X > 3)$

해설

(1) $P(1.5 \leq X \leq 3) = P(X \leq 3) - P(X \leq 1.5) = 0.6988 - 0.4512 = 0.2476.$

여기서 $P(X \leq 3)$은 지수분포 확률변수가 취할 수 있는 값의 범위가 $X \geq 0$이
므로 $P(0 \leq X \leq 3)$과 같은 의미를 가진다.

(2) $P(X > 3) = 1 - P(X \leq 3) = 1 - 0.6988 = 0.3012$

[sas program]

```
DATA ex540;
  lambda=0.4;
  prob1=CDF('EXPONENTIAL', 3, 1/lambda)-CDF('EXPONENTIAL', 1.5, 1/lambda); ①
  prob2=1-CDF('EXPONENTIAL', 3, 1/lambda);
RUN;

PROC PRINT DATA=ex540;
RUN;
```

해설

① 주어진 확률분포에 대한 누적확률을 계산하기 위해 CDF 함수를 이용하여
$P(1.5 \leq X \leq 3) = P(X \leq 3) - P(X \leq 1.5)$을 계산하고 있다. 지수확률 밀도함
수의 누적확률을 구하는 것이므로, CDF 함수의 입력인수로 'EXPONENTIAL'과 함
께 두 번째 입력항에 3과 1.5를 직접 입력하고 있으며, 세 번째 입력항에는 지수
분포의 평균값 $1/\lambda$을 입력하고 있다.

[결과물]

Obs	lambda	prob1	prob2
1	0.4	0.24762	0.30119

예제 5.41

어느 대학 구내에 설치한 복사기는 1주일에 평균 0.7번 고장이 나며 이 고장횟수는
포아송 분포를 한다고 한다. 이 복사기가 월요일 오전 10시에 고장이 난 경우 다음
주 월요일 오전 10시 이전에 다시 고장이 발생할 확률은 얼마인가? 그리고 4주일 이
상 고장이 발생하지 않을 확률은 얼마인가?

해설

포아송 분포의 확률변수가 일정 기간 동안에 발생한 사건의 횟수가 되는 반면에, 지수분포의 확률변수는 사건이 다시 발생하는데 걸리는 시간이 되므로, 이 문제에서 1주일에 평균 0.7번 고장이 발생했다는 것은 한 번 고장 나는데 걸리는 시간이 평균 $1/0.7 = 0.43$(주일)이 된다는 것을 의미한다.

이와 같이 지수분포의 확률변수 X의 단위가 1주일이 되므로 월요일 오전 10시부터 다음 주 월요일까지는 $X=1$에 해당한다. 따라서 월요일 오전 10시에 고장이 나서 다음 주 월요일 10시가 되기 이전에 다시 고장이 날 확률은 바로 지수분포의 확률변수 X가 1 이하의 값을 가질 확률, 즉 $P(X \leq 1)$의 누적확률을 구하는 것에 해당한다. 지수분포표에서 이를 찾으면 $\lambda = 0.7$의 행과 $X=1$의 열이 만나는 곳에서

$$P(X \leq 1) = 0.5034$$

가 됨을 확인할 수 있다.

그리고 4주일 이상 고장이 나지 않을 확률은, 고장이 나는 시간이 4주일보다 더 길 확률, 즉 $P(X \geq 4)$를 구하는 것으로서

$$P(X \geq 4) = 1 - P(X < 4) = 1 - 0.9392 = 0.0608$$

이 된다.

[sas program]

```
DATA ex541;
   lambda=0.7;
   prob1=CDF('EXPONENTIAL', 1, 1/lambda); ①
   prob2=1-CDF('EXPONENTIAL', 4, 1/lambda); ②
RUN;
PROC PRINT DATA=ex541;
RUN;
```

해설

① CDF 함수를 이용하여 지수분포에서 $P(X \leq 1)$의 누적확률을 계산하고 있다.
② $P(X \geq 4) = 1 - P(X < 4)$의 확률을 계산하고 있다. 결과물에 0.0608로 나타나 있다.

[결과물]

Obs	lambda	prob1	prob2
1	0.7	0.50341	0.060810

제6장

표본분포

제6장
표본분포

6.1 표본평균의 표본분포

표본분포

모집단으로부터 일정한 크기의 표본을 무작위로 추출하였다면 추출된 표본의 특성을 나타내는 통계량(statistic)이 존재하게 된다. 이렇게 추출된 표본은 모집단으로부터 추출될 수 있는 표본들 중의 하나일 뿐이다. 따라서 모집단으로부터의 표본 추출을 반복시행하여, 추출할 수 있는 모든 가지 수의 표본을 추출하였다면, 추출된 표본 가지 수만큼의 통계량이 존재하게 되는데 이 통계량에 대한 분포를 표본분포(sampling distribution)라 한다.

해 설

모집단과 이로부터 추출한 표본의 특성을 나타내는 대표적인 특성값으로는 평균과 표준편차가 있다. 통계학에서는 이들 평균과 표준편차가 모집단의 특성값인지 표본의 특성값인지를 구분하기 위해 그 표시문자를 다르게 하고 있다. 즉 모집단의 평균과 표준편차는 그리스 문자를 이용하여 각각 μ와 σ로 표시하는데, 이들은 모집단의 특성을 나타내는 특성값이라 하여 모수(parameter)라고 한다. 이에 반해 표본의 평균과 표준편차는 각각 $\overline{X}$와 S로 표시하는데, 표본의 특성을 나타내는 이들 특성값은 통계량(statistic)이라 한다.

> **표본평균의 표본분포**
>
> 모집단으로부터 표본을 추출하였을 때 얻을 수 있는 모든 표본평균($\overline{X}$) 값을 확률변수로 하는 확률분포를 표본평균의 표본분포(sampling distribution of sample means)라 한다.

해설

크기가 N인 모집단으로부터 크기가 n인 표본을 추출하는 경우 그 가지수는 $_NC_n = \dfrac{N!}{n!\,(N-n)!}$ 개가 될 것이다. 따라서 추출된 표본은 뽑힐 가능성이 있는 $\dfrac{N!}{n!\,(N-n)!}$ 개 표본들 중의 어느 하나일 것이다.

또한 추출된 각 표본마다 표본평균이 하나 존재하므로 뽑힐 가능성이 있는 모든 표본들을 대상으로 한다면 $\dfrac{N!}{n!\,(N-n)!}$ 개의 표본평균들이 생기게 된다. 즉 모평균이 μ인 동일한 모집단으로부터 표본을 추출한다하더라도 표본이 어떻게 뽑히느냐에 따라 표본평균 $\overline{X}$의 값은 다르게 나타나게 된다. 이러한 표본평균 $\overline{X}$의 값들을 확률변수로 하는 분포가 표본평균의 표본분포(sampling distribution of sample means)인 것이다. 표본평균($\overline{X}$)의 표본분포라는 용어에서 분포가 아닌 표본분포라고 표현한 것은 확률변수인 표본평균 $\overline{X}$가 표본에 대한 특성을 나타내는 통계량이기 때문이다.

예제 6.1

$N = 5$인 모집단의 X값이 6, 8, 10, 14, 16이고 표본 크기가 $n = 2$인 표본을 추출한다고 한다면 뽑힐 수 있는 표본수는 모두 $_NC_n = {_5}C_2 = \dfrac{5!}{2!\,(5-2)!} = 10$가지가 될 것이다. 따라서 임의로 표본이 한 개 추출되었다면 그것은 다음에 나열하는 열 가지의 표본 가운데 하나일 것이다.

$$
\begin{array}{llll}
(6,\ 8) & (6,\ 10) & (6,\ 14) & (6,\ 16) \\
(8,\ 10) & (8,\ 14) & (8,\ 16) & \\
(10,\ 14) & (10,\ 16) & & \\
(14,\ 16) & & &
\end{array}
$$

표본평균의 표본분포에서의 평균과 표준오차

평균이 μ 이고 표준편차가 σ 인 정규분포로부터 일정한 크기의 표본을 추출하여 얻게 되는 표본평균 $\overline{X}$ 의 표본분포는, 평균이 모집단 평균과 동일한 μ 이고 표준편차는 $\sigma/\sqrt{n}$ 인 정규분포를 한다. 표본평균의 표본분포에서 표본평균 $\overline{X}$ 의 평균과 표준편차는 각각 $\mu_{\overline{X}}$, $\sigma_{\overline{X}}$ 로 표시하는데, 특히 표본평균 $\overline{X}$ 의 표준편차 $\sigma_{\overline{X}}$ 를 평균의 표준오차(standard error of the mean) 또는 간단히 표준오차(standard error)라고 한다.

$$\text{표본평균의 기대값}: \quad E(\overline{X}) = \mu$$

$$\text{표본평균의 분산}: \quad \sigma_{\overline{X}}^2 = \frac{\sigma^2}{n}$$

$$\text{표본평균의 표준오차}: \sigma_{\overline{X}} = \frac{\sigma}{\sqrt{n}}$$

[해 설]

모집단의 크기가 무한대(infinite)일 때 한해서 표본평균의 표준오차는 $\sigma_{\overline{X}} = \dfrac{\sigma}{\sqrt{n}}$ 가 되며, 모집단의 크기가 유한(finite)할 때의 표본평균의 표준오차는 $\dfrac{\sigma}{\sqrt{n}}$ 에 유한모집단 수정계수(finite population correction factor) $\sqrt{\dfrac{N-n}{N-1}}$ 을 곱해 주어야 한다.

$$\sigma_{\overline{X}} = \frac{\sigma}{\sqrt{n}}\sqrt{\frac{N-n}{N-1}} \quad (N=\text{모집단 크기}, \quad n=\text{표본크기})$$

여기에서 모집단 크기가 유한(finite)하다는 말은 모집단의 크기가 알려져 있다는 의미로서, 이와 같이 일반적으로 모집단의 크기가 N으로 알려져 있다거나 표본의 크기(n)가 모집단 크기의 5% 이상이 되면 유한모집단 수정계수를 사용하여 표본평균의 표준편차를 구해야 한다.

그러나 실제로 모집단의 크기가 유한하다하더라도 N이 상당히 큰 경우는 표본의 크기가 5%를 넘지 않는 한 유한모집단 수정계수 $\sqrt{\dfrac{N-n}{N-1}}$ 는 거의 1에 가깝기 때문에 표본평균의 표준오차는 $\dfrac{\sigma}{\sqrt{n}}$ 인 것으로 간주할 수 있다.

예제 6.2

[예제 6.1]에 있는 자료를 이용하여 모집단의 평균과 표준편차 그리고 표본평균 $\overline{X}$의 평균과 표준오차를 구하고 이들을 비교하시오.

해설

모집단의 X 값이 6, 8, 10, 14, 16이므로 이의 평균과 표준편차는 다음과 같이 구할 수 있다.

$$\mu = \frac{6 + 8 + 10 + 14 + 16}{5} = 10.8$$

$$\sigma = \sqrt{\frac{\sum_{i=1}^{5}(X_i - \mu)^2}{N}}$$

$$= \sqrt{\frac{(6-10.8)^2 + (8-10.8)^2 + (10-10.8)^2 + (14-10.8)^2 + (16-10.8)^2}{5}}$$

$$= 3.709$$

$N=5$인 모집단에서 $n=2$인 크기의 추출 가능한 표본을 모두 뽑는다면 총가지수는 $_NC_n = {_5}C_2 = 10$이므로, 다음과 같은 열 가지의 표본을 얻게 되고 각 표본으로부터 표본평균($\overline{X}$)을 계산할 수 있다.

우리가 여기서 살펴보고자 하는 것은 바로 이 10개의 '표본평균들'의 평균과 표준오차를 계산하여 이들을 모집단의 평균 및 표준편차와 비교해 보는 것이다.

표본	X	표본평균 ($\overline{X}$)
표본 1	(6, 8)	7
표본 2	(6, 10)	8
표본 3	(6, 14)	10
표본 4	(6, 16)	11
표본 5	(8, 10)	9
표본 6	(8, 14)	11
표본 7	(8, 16)	12
표본 8	(10, 14)	12
표본 9	(10, 16)	13
표본 10	(14, 16)	15

$$E(\overline{X}) = \frac{7+8+10+11+9+11+12+12+13+15}{10} = 10.8$$

$$\sigma_{\overline{X}} = \sqrt{\frac{(7-10.8)^2 + (8-10.8)^2 + (10-10.8)^2 + \cdots + (13-10.8)^2 + (15-10.8)^2}{10}}$$

$$= 2.271$$

위에서 표본평균의 평균은 10.8로서 모평균 μ와 일치하고 있음을 알 수 있다. 그러나 평균의 표준오차, 즉 표본평균의 표준편차는 $\sigma_{\overline{X}} = 2.271$로서 $\frac{\sigma}{\sqrt{n}} = \frac{3.709}{\sqrt{2}} = 2.623$과 일치하지 않는다. 이는 모집단의 크기($N=5$)가 유한(finite)할 뿐만 아니라 표본의 크기($n=2$)도 모집단 크기의 40%($=n/N$)로서 5%를 훨씬 상회하고 있기 때문이다. 따라서 이 경우는 $\frac{\sigma}{\sqrt{n}}$에 유한모집단 수정계수 $\sqrt{\frac{N-n}{N-1}}$를 곱해 주어야 한다. 즉

$$\frac{\sigma}{\sqrt{n}}\sqrt{\frac{N-n}{N-1}} = \frac{3.709}{\sqrt{2}}\sqrt{\frac{5-2}{5-1}} = 2.271$$

이 결과는 위에서 계산한 표본평균의 표준오차 $\sigma_{\overline{X}}$의 값 2.271과 일치한다. 이와 같이 모집단의 크기가 유한(finite)한 경우 표본평균의 표준오차는 $\sigma_{\overline{X}}$는 $\frac{\sigma}{\sqrt{n}}$가 아닌 $\frac{\sigma}{\sqrt{n}}\sqrt{\frac{N-n}{N-1}}$이 되는 것에 유의해야 한다.

예제 6.3

평균이 $\mu=124.50$이고 $\sigma=3.5$인 정규분포를 하는 큰 모집단으로부터 표본 크기가 25인 표본을 추출했다고 했을 때 표본평균 $\overline{X}$의 표본분포에 대한 평균, 표준오차를 구하시오.

해설

모집단으로부터 표본을 추출하여 얻은 표본평균의 표본분포는 평균이 μ이고 표준오차가 $\sigma/\sqrt{n}$인 정규분포를 한다. 따라서

$$E(\overline{X}) = \mu = 124.5$$

$$\sigma_{\overline{X}} = \frac{\sigma}{\sqrt{n}} = \frac{3.5}{\sqrt{25}} = 0.7$$

어느 모집단의 표준편차가 480이라고 한다.

(1) 표본의 크기가 50일 때 표본평균 $\overline{X}$의 표준오차는 얼마인가?
(2) (1)에서 구한 표준오차를 약 1/2로 감소시키기 위해서는 표본의 크기를 얼마로 해야 하는가?

해설

(1) 모집단의 크기 N이 알려져 있지 않으므로 $\overline{X}$의 표준오차는 $\sigma_{\overline{X}} = \dfrac{\sigma}{\sqrt{n}}$에 따라 구한다. 따라서 $\sigma_{\overline{X}} = \dfrac{\sigma}{\sqrt{n}} = \dfrac{480}{\sqrt{50}} = 67.882$가 된다.

(2) 위에서 구한 $\overline{X}$의 표준오차가 약 68이므로 이를 1/2로 감소시켜 34가 되도록 하기 위해서는 $\sigma_{\overline{X}} = \dfrac{\sigma}{\sqrt{n}}$에 따라 $34 = \dfrac{480}{\sqrt{n}}$이 성립해야 한다. 이로부터 n을 구하면 199.3으로 약 200이 된다.

예제 6.5

어느 회사 영업직 사원의 평균 재직기간은 15개월이고 표준편차는 4.5개월이라고 한다. 현재 재직하고 있는 200명의 영업직 사원 평균 재직기간을 조사하기 위해 40명을 표본으로 무작위 추출하였을 때 유한모집단 수정계수의 사용 여부를 확인하고 표준오차를 구하시오.

해설

표본 크기($n=40$)가 모집단 크기($N=200$)의 20%를 점하고 있기 때문에 유한모집단 수정계수를 사용하여야 정확한 표준오차를 구할 수 있다. 따라서 표본평균의 표준오차는 다음과 같이 구할 수 있다

$$\sigma_{\overline{X}} = \frac{\sigma}{\sqrt{n}}\sqrt{\frac{N-n}{N-1}} = \frac{4.5}{\sqrt{40}}\sqrt{\frac{200-40}{200-1}} = (0.7115)(0.8967) = 0.6380$$

중심극한정리

모평균이 μ이고 표준편차가 σ인 모집단으로부터 표본크기를 n개로 하여 추출한 표본들에 대한 표본평균 $\overline{X}$의 표본분포는, 표본크기 n이 크다면 모집단의 분포가 정규분포를 하는가의 여부에 관계없이 평균이 μ, 표준오차가 $\dfrac{\sigma}{\sqrt{n}}$인 정규분포를 하는데 이를 중심극한정리(central limit theorem)라 한다.

해 설

앞에서 우리는 '정규분포를 하는 모집단'으로부터 n개를 추출하여 얻을 수 있는 모든 표본들에 대한 표본평균 $\overline{X}$들의 표본분포는 모집단과 마찬가지로 '정규분포'를 하며, 더 나아가 모집단의 평균과 표준편차가 μ와 σ일 때 표본평균 $\overline{X}$의 표본분포에 대한 평균과 표준오차는 각각 μ와 $\dfrac{\sigma}{\sqrt{n}}$가 됨을 보았다.

　그러나 현실적으로는 모집단이 정규분포를 하는지 여부를 모르거나, 설령 정규분포 형태를 가진다 하더라도 비대칭인 경우가 많다. 이러한 측면에서 중심극한정리는 중요한 의미를 가지게 된다. 즉 '모집단이 정규분포를 하고 있지 않더라도' 평균과 표준편차가 μ와 σ인 모집단으로부터 추출하는 표본크기 n이 크기만 하면 '표본평균 $\overline{X}$의 표본분포는 정규분포'를 하며 평균과 표준오차는 μ와 $\dfrac{\sigma}{\sqrt{n}}$가 된다는 사실이다.

　이는 모집단 분포가 정규분포를 하는지 여부에 대해 꼭 알아야 할 필요가 없기 때문에 표본을 기초로 하는 분석의 폭을 한층 넓혀주게 된다.

 NOTE

중심극한정리에 따라 표본평균 $\overline{X}$의 표본분포가 모집단의 분포 형태에 관계없이 정규분포를 하는 것으로 간주되기 위해서는 표본의 크기가 커야 하는데, 이때 대두되는 문제는 어느 정도의 크기를 표본크기가 큰 것으로 보느냐 하는 것이다. 결론부터 말하자면 여기에는 정해진 크기가 없다는 점이다.

　단지 일반적으로 모집단 분포가 대칭이기는 하지만 정규분포가 아닌 경우 $n=10$에서 15 정도의 표본크기이면 표본평균의 표본분포는 거의 정규분포를 하는 것으로 볼 수 있으나, 모집단 분포가 다소 비대칭인 경우는 $n=15$의 표본크기는 중심극한정리에 따라 표본평균의 표본분포가 정규분포를 한다고 받아들이기에는 충분한 표본크기가 아니다.

이러한 경우는 통상적인 경험에 비추어 보아 적어도 표본크기가 $n=30$이 되며 중심극한 정리를 적용하는 것에 무리가 없는 것으로 받아들여지고 있다. 물론 비대칭 정도가 아주 심하면 표본크기가 더 커져야 중심극한정리를 적용하는 것이 가능하다.

예제 6.6

어떤 농산물의 소매가격에 대한 모집단 분포는 평균이 850원이고 표준편차가 320원인 비대칭분포를 하는 것으로 알려져 있다.

(1) 모집단으로부터 표본크기 $n=64$의 표본을 뽑았을 때 표본평균 $\overline{X}$의 표본분포에 대한 평균과 표준오차를 구하시오.

(2) 표본평균 $\overline{X}$의 표본분포에서 확률변수 $\overline{X}$가 모평균을 중심으로 어떤 구간의 값을 가질 확률이 95%가 되는 신뢰구간 값을 구하시오.

해설

(1) 모집단이 정규분포를 하고 있지는 않지만 표본크기가 64로서 통상적으로 중심극한정리를 적용할 수 있는 표본크기 30을 상회하고 있으므로 표본평균 $\overline{X}$의 표본분포는 평균과 표준오차가 각각 μ, $\dfrac{\sigma}{\sqrt{n}}$인 정규분포를 한다고 볼 수 있다. 따라서

표본평균 $\overline{X}$의 평균 : $\quad E(\overline{X})=\mu=850$

표본평균 $\overline{X}$의 표준오차 : $\dfrac{\sigma}{\sqrt{n}}=\dfrac{320}{\sqrt{64}}=40$

(2) $P(a\leq \overline{X}\leq b)=0.05$가 되는 하한값 a와 상한값 b를 구하는 것이다.

$\overline{X}$의 표본분포는 평균이 μ이고 표준오차가 $\dfrac{\sigma}{\sqrt{n}}$인 정규분포를 하므로 확률변수 $\overline{X}$가 평균을 중심으로 표준오차의 2배 구간에 있는 값을 가질 때, 즉 $\mu\pm 2\dfrac{\sigma}{\sqrt{n}}$ 사이의 값을 가질 때 그 확률은 95%가 된다. 따라서

$$a=850-2(40)=770$$
$$b=850+2(40)=930$$

이는 또한 $n=64$의 추출 가능한 모든 표본을 뽑았을 때 이들 표본들 중 770과 930 사이의 표본평균 값을 가지는 표본이 95%가 된다는 의미이기도 하다.

6.2 표본평균의 표준화

앞에서 평균이 μ이고 표준편차가 σ인 모집단에서 표본크기 n의 표본을 추출하여 얻게 되는 표본평균($\overline{X}$)들의 표본분포는, 모집단의 분포가 정규분포를 하느냐 여부에 관계없이 중심극한정리에 따라 평균과 표준오차가 각각 μ와 $\dfrac{\sigma}{\sqrt{n}}$인 정규분포를 한다는 사실을 살펴보았다. 따라서 무작위로 표본크기 n의 표본을 하나 추출했다고 했을 때 이 표본으로부터 얻은 표본평균 $\overline{X}$는 평균과 표준오차가 각각 μ와 $\dfrac{\sigma}{\sqrt{n}}$인 정규분포를 하는 표본분포의 확률변수가 되며 이는 표준화 변환을 통해 표준화 확률변수 Z로 변환할 수 있다.

표본평균의 표준화

표본평균 $\overline{X}$는 정규분포의 확률변수로서 평균이 μ이고 표준오차가 $\dfrac{\sigma}{\sqrt{n}}$이므로 $\overline{X}$의 표준화 값은 다음과 같이 구한다.

$$Z = \frac{\overline{X} - \mu_{\overline{X}}}{\sigma_{\overline{X}}} = \frac{\overline{X} - \mu}{\sigma/\sqrt{n}}$$

예제 6.7

모평균이 124이고 표준편차가 40인 모집단에서 표본크기가 $n=35$인 표본을 추출하였다. 이 표본의 표본평균이 $\overline{X}=142$이라고 하면 이 표본평균 $\overline{X}$의 표준화 Z 값은 다음과 같이 구한다.

$$Z = \frac{\overline{X} - \mu}{\sigma/\sqrt{n}} = \frac{142 - 124}{40/\sqrt{35}} = 2.66$$

앞에서 구한 Z 값의 의미는 표본평균 $\overline{X}$가 모평균 μ로부터 표준오차 $\sigma/\sqrt{n}$ 의 2.66배 떨어진 곳에 위치해 있음을 보여주는 것이다.

예제 6.8

표준화 값 Z는 확률변수인 표본평균 $\overline{X}$가 표본평균들의 평균인 μ로부터 표본평균들의 표준편차인 표준오차의 몇 배만큼 떨어져 있는가를 표시하는 것이다. 또한 Z는 평균이 0, 표준편차가 1인 표준정규분포의 확률변수이기 때문에 정규분포의 특성에 따라 다음과 같은 확률법칙이 성립한다.

$$P\left(\mu - \frac{\sigma}{\sqrt{n}} \leq \overline{X} \leq \mu + \frac{\sigma}{\sqrt{n}}\right) = 0.68 \ \rightarrow \ P\left(-1 \leq \frac{\overline{X} - \mu}{\sigma/\sqrt{n}} \leq 1\right) = 0.68$$

$$P\left(\mu - 2\frac{\sigma}{\sqrt{n}} \leq \overline{X} \leq \mu + 2\frac{\sigma}{\sqrt{n}}\right) = 0.95 \ \rightarrow \ P\left(-2 \leq \frac{\overline{X} - \mu}{\sigma/\sqrt{n}} \leq 2\right) = 0.95$$

$$P\left(\mu - 3\frac{\sigma}{\sqrt{n}} \leq \overline{X} \leq \mu + 3\frac{\sigma}{\sqrt{n}}\right) = 0.997 \ \rightarrow \ P\left(-3 \leq \frac{\overline{X} - \mu}{\sigma/\sqrt{n}} \leq 3\right) = 0.997$$

그림 6-1(a)   표본평균의 표본분포

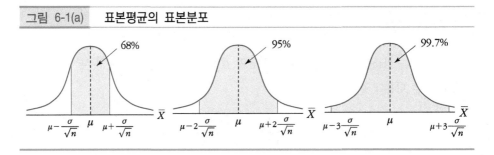

그림 6-1(b)   표준정규분포의 확률법칙

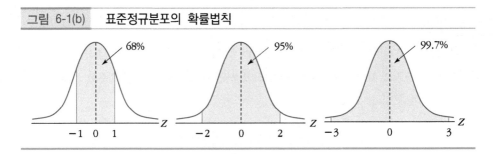

표본평균의 구간확률

표본평균이 어떤 구간의 값을 가질 확률을 구하려면 먼저 표본평균을 표준화한 후 표준
정규분포표를 이용하면 된다.

예제 6.9

평균이 $\mu=120$이고 표준편차가 $\sigma=32$인 모집단에서 표본크기를 40으로 한 표본을
무작위로 추출하였다. 표본평균이 다음 구간에 위치할 확률을 구하시오.

(1) $P(\overline{X} \geq 130)$　　　　(2) $P(\overline{X} \leq 124)$　　　　(3) $P(112 \leq \overline{X} \leq 128)$

해설

먼저 $\overline{X}$의 값을 표준화하여 Z 값을 구한다.

(1) $n = 40$이고 $\sigma = 32$이므로 표준오차는 $\dfrac{\sigma}{\sqrt{n}} = \dfrac{32}{\sqrt{40}} = 5.0596$이 되고 Z 값은

$$Z = \frac{\overline{X} - \mu}{\sigma/\sqrt{n}} = \frac{130 - 120}{5.0596} = 1.98$$

이 된다. 그리고 이를 표준정규분포표에서 찾으면 $P(Z < 1.98) = 0.976$이 되므로

$$P(Z \geq 1.98) = 1 - P(Z < 1.98) = 1 - 0.976 = 0.0240$$

이 된다. 이 결과는 Z 값을 소수점 두 자리까지 하여 구한 확률이기에 아래 SAS
를 이용하여 구한 것과는 약간의 오차가 있다.

(2) $Z = \dfrac{\overline{X} - \mu}{\sigma/\sqrt{n}} = \dfrac{124 - 120}{5.0596} = 0.79$가 되어 $P(Z \leq 0.79) = 0.785$가 된다.

(3) $P(112 \leq \overline{X} \leq 128)$에서 먼저 $\overline{X}$ 범위의 하한값 112와 상한값 128을 표준화한
후 128의 표준화 Z 값에 대응하는 확률에서 112의 표준화 Z 값에 대응하는 확
률을 빼면 된다. 이는 표준정규분포표에 제시된 표준화 Z 값의 확률은 $-\infty$에
서 Z까지의 누적확률이기 때문이다.

$$Z_a = \frac{\overline{X} - \mu}{\sigma/\sqrt{n}} = \frac{112 - 120}{5.0596} = -1.58$$

$$Z_b = \frac{\overline{X} - \mu}{\sigma / \sqrt{n}} = \frac{128 - 120}{5.0596} = 1.58$$

이들 Z 값에 대한 누적확률을 표준정규분포표에서 찾으면 각각 0.0571, 0.9429이 므로

$$P(-1.58 \le Z \le 1.58) = P(Z \le 1.58) - P(Z \le -1.58) = 0.9429 - 0.0571 = 0.8858$$

이 된다.

[sas program]

```
DATA ex69;
  n=40;
  mu=120;
  sigma=32;
  se=sigma/sqrt(n); ①
  z1=(130-mu)/se; ②
  z2=(124-mu)/se;
  z3a=(112-mu)/se;
  z3b=(128-mu)/se;
  prob1=1-PROBNORM(z1); ③
  prob2=PROBNORM(z2); ④
  prob3=PROBNORM(z3b)-PROBNORM(z3a); ⑤
  PUT 'z1 = ' z1 8.4 @20 'prob1 = ' prob1 8.4; ⑥
  PUT 'z2 = ' z2 8.4 @20 'prob2 = ' prob2 8.4;
  PUT 'z3a = ' z3a 8.4 @20 'z3b = ' z3b 8.4 @40 'prob3 = ' prob3 8.4;
RUN;
```

해설

① $\frac{\sigma}{\sqrt{n}}$ 에 따라 표본평균 $\overline{X}$의 표준오차를 계산하여 se의 변수명으로 저장하고 있다.

② z1, z2, z3a, z3b는 표본평균 $\overline{X}$에 대한 표준화 Z 값을 저장하고 있다. 아래 결과 물에 이들 값이 제시되어 있다.

③ 표준화 Z 값을 PROBNORM 함수에 대입하면 Z 값에 대응하는 누적확률을 구할

수 있다. 구하려는 확률이 $P(Z \geq z1)$ 형태이므로 PROBNORM(z1)을 이용하여 $P(Z \leq z1)$을 구한 후 이를 1에서 빼면 된다. 아래 결과물 ⑦에 z1값과 함께 prob1이라는 이름으로 $P(Z \geq 1.9764)$의 확률이 0.0241로 나타나 있다.

④ $P(Z \leq z2)$의 누적확률이다. 즉 $P(Z \leq z2) = P(Z \leq 0.7906)$의 확률이 아래 결과물 ⑧에 0.7854로 나타나 있다.

⑤ $P(z3a \leq Z \leq z3b)$의 확률을 계산하기 위한 과정이다. 이를 위해 $P(Z \leq z3b)$에서 $P(Z \leq z3a)$을 빼면 된다. 결과물 ⑨에 표본평균 $\overline{X}$의 값이 112, 118일 때의 표준화 Z 값이 각각 -1.581, 1.581로 나타나 있으며, 오른쪽에 prob3이라는 변수명으로 이들 두 값의 구간확률 $P(-1.581 \leq Z \leq 1.581)$이 0.8862로 출력되어 있다.

⑥ PUT 스테이트먼트(statement)를 이용하여 z1 값과 prob1에 저장된 $P(Z \geq z_1)$의 확률을 LOG화면에 출력시키는 과정이다. 여기서 z1과 prob1 다음의 8.4는 계산된 확률값들의 자리수를 8자리로 지정하되 소수점 4자리까지 출력하라는 옵션이다. 또한 SAS에서는 @n을 이용하면 다음에 뒤이어 나오는 내용의 출력 위치를 n번 째 칸으로 지정할 수 있다. 따라서 여기서는 @20에 다음에 뒤이어 나온 따옴표 안의 내용인 'prob1 ='이 20번 째 칸부터 출력되도록 하라는 의미이다. 이러한 출력결과는 ⑦에 나타나 있다.

[결과물]

```
z1 =   1.9764    prob1 =   0.0241 ⑦
z2 =   0.7906    prob2 =   0.7854 ⑧
z3a = -1.5811    z3b =  1.5811     prob3 =   0.8862 ⑨
```

 NOTE

여기서는 PUT 스테이트먼트의 이용방법을 설명하기 위해 위와 같이 프로그램을 작성하였을 뿐, 실제로는 계산결과가 'ex69'라는 데이터세트에 저장되어 있으므로 아래와 같이 결과를 출력하는 것이 편리하다. 즉

```
PROC PRINT DATA=ex69;
RUN;
```

출력결과는 다음과 같다.

Obs	n	mu	sigma	se	x_low	x_upp	z1	prob1	prob2
1	36	62.45	18	3	56.45	68.45	2.51667	.005923543	0.90442

예제 6.10

수학 평균점수가 62.45이고 표준편차가 18인 모집단으로부터 표본크기가 36인 표본을 추출하였다.

(1) 추출 가능한 표본의 95%는 표본평균이 모평균을 중심으로 어떤 구간의 값을 가지겠는가?
(2) 표본평균이 70점을 상회할 확률은?
(3) 표본평균이 모집단 평균과 5점 이내의 차이를 보일 확률은?
(4) 만약 모집단 평균이 알려져 있지 않고 표준편차만 12.52로 알려져 있는 경우 (3)에서의 물음에 답할 수 있는가?

해설

(1) 모집단이 어떤 분포를 하는가에 관계없이 표본평균들의 표본분포는 중심극한정리에 따라 평균이 μ이고 표준오차가 $\dfrac{\sigma}{\sqrt{n}}$인 정규분포를 하므로

$$P\left(\mu - 2\frac{\sigma}{\sqrt{n}} \leq \overline{X} \leq \mu + 2\frac{\sigma}{\sqrt{n}}\right) = 95\%$$

가 될 것이다. 따라서 표본평균의 95%는

$$\mu_{\overline{X}} \pm 2\sigma_{\overline{X}} = \mu \pm 2\frac{\sigma}{\sqrt{n}} = 62.45 \pm 2\frac{18}{\sqrt{36}} = (56.45,\ 68.45)$$

의 두 값 사이에 분포되어 있을 것이다. 즉 $\overline{X}$가 56.45에서 68.45 사이의 값을 가질 확률이 95%가 된다.

프로그램의 ②와 ③에 이를 계산하는 과정이 나타나 있으며 결과물 ①에 계산 결과가 출력되어 있다.

(2) 표본평균이 70점을 상회할 확률을 구하기 위해서는 먼저 표본평균을 표준화하여 Z 값을 계산한 후 표준정규분포표를 통해 확률을 구한다.

$$Z = \frac{\overline{X} - \mu}{\sigma / \sqrt{n}} = \frac{70 - 62.45}{18 / \sqrt{36}} = 2.52$$

$$P(\overline{X} > 70) = P(Z > 2.52) = 1 - P(Z < 2.52) = 1 - 0.9941 = 0.0059$$

이를 SAS를 이용하여 처리한 과정이 [sas program]의 ④와 ⑤에 나타나 있으며 계산결과는 [결과물] ②에 제시되어 있다.

 NOTE

$P(\overline{X} > 70) = P(Z > 2.52) = 1 - P(Z < 2.52)$ 에서 $P(Z > 2.52) = 1 - P(Z < 2.52)$ 는 논리적으로 $P(Z > 2.52) = 1 - P(Z \leq 2.52)$ 와 같이 등호가 포함되어야 한다. 그러나 앞에서도 언급한 바와 같이 여기서 다루는 확률분포는 연속형이기 때문에 확률변수가 구간이 아닌 특정값을 가질 확률은 0이 되어 등호의 포함 여부는 중요하지 않다.

(3) 표본평균이 모집단 평균과 5점 이내의 차이를 보일 확률은 결국 표본평균이 57.45에서 67.45 사이의 값을 가질 확률이다. 따라서 이 경우도 먼저 표본평균값을 표준화하여야 한다.

$$Z_a = \frac{\overline{X} - \mu}{\sigma / \sqrt{n}} = \frac{57.45 - 62.45}{18 / \sqrt{36}} = -1.67$$

$$Z_b = \frac{\overline{X} - \mu}{\sigma / \sqrt{n}} = \frac{67.45 - 62.45}{18 / \sqrt{36}} = 1.67$$

$$P(-1.67 \leq Z \leq 1.67) = P(Z \leq 1.67) - P(Z \leq -1.67)$$
$$= 0.9525 - 0.0475 = 0.905$$

가 된다. 이를 SAS를 이용하여 처리하는 과정이 [sas program] ⑥에 나타나 있으며 처리 결과는 [결과물] ③에 제시되어 있다.

(4) 모집단의 평균 μ가 알려져 있지 않다고 했을 때 표본평균이 μ와 5점 이내의 차이를 보일 확률은 다음과 같이 표시할 수 있다.

$$P(\mu - 5 \leq \overline{X} \leq \mu + 5)$$

확률변수 $\overline{X}$를 표준화하기 위해 부등호를 중심으로 한 각 변에서 모평균 μ를 뺀 후 이를 표준오차 $\sigma / \sqrt{n}$로 나눈다. 즉

$$P\left(\frac{\mu-5-\mu}{\sigma/\sqrt{n}} \le \frac{\overline{X}-\mu}{\sigma/\sqrt{n}} \le \frac{\mu+5-\mu}{\sigma/\sqrt{n}}\right)$$

$$= P\left(\frac{-5}{\sigma/\sqrt{n}} \le Z \le \frac{5}{\sigma/\sqrt{n}}\right)$$

$$= P\left(\frac{-5}{12.52/\sqrt{36}} \le Z \le \frac{5}{12.52/\sqrt{36}}\right)$$

$$= P(-2.4 \le Z \le 2.4)$$

$$= P(Z \le 2.4) - P(Z \le -2.4)$$

$$= 0.9918 - 0.0082 = 0.9836$$

이 된다.

[sas program]

```
DATA ex610;
n=36;
mu=62.45;
sigma=18;
se=sigma/SQRT(n); ①
x_low=mu-2*se; ②
x_upp=mu+2*se; ③
z1=(70-mu)/se; ④
prob1=1-PROBNORM(z1); ⑤
prob2=PROBNORM((67.45-mu)/se)-PROBNORM((57.45-mu)/se); ⑥
RUN;

PROC PRINT DATA=ex610;
RUN;
```

해설

① $\sigma/\sqrt{n}$ 에 따라 표준오차를 계산하여 이를 se라는 변수명으로 지정하였다.

②-③ 모평균 μ를 중심으로 상하로 각각 표준오차의 2배, 즉 $2\frac{\sigma}{\sqrt{n}}$ 만큼 떨어져 있는 표본평균의 값을 구하는 과정이다.

[결과물]

Obs	n	mu	sigma	se	x_low	x_upp	z1	prob1	prob2
1	36	62.45	18	3	56.45	68.45	2.51667	.005923543	0.90442
					①			②	③

6.3 표본비율의 표본분포

표본비율

모집단 크기가 N인 모집단으로부터 표본크기가 n인 표본을 추출했다고 했을 때, 이 표본을 구성하는 n개의 개체들을 통해 조사하고자 하는 결과가 성공, 실패와 같이 '두 가지' 형태로 구분되는 경우가 있다. 이때 표본을 구성하는 n개의 개체 중에서 성공으로 나타나는 개체수의 비율을 표본비율(sample proportion)이라고 하고 보통 p로 표시한다.

$$p = \frac{X}{n} = \frac{표본\ 중에서\ 성공으로\ 나타난\ 개체수}{표본의\ 개체수}$$

예제 6.11

다음 표본조사에서 표본을 구성하는 각 개체의 조사 결과가 성공, 실패의 두 가지로 구분되어 질 수 있는 것은 어느 것인가? 또 이 경우 표본비율을 구할 때 성공으로 간주되는 것은 어느 것인가?

(1) 대학생들의 특정 제조사의 휴대폰 보유비율을 알아보기 위해 표본으로 100명을 뽑아 휴대폰 보유 여부를 조사하였다.
(2) 200명을 표본으로 하여 하루 평균 인터넷 접속시간을 조사하였다.
(3) 어느 대학교에서 재학생들의 몇 %가 노트북을 보유하고 있는지 조사하였다.
(4) 어느 직장에서 하루 출퇴근에 걸리는 시간이 3시간 이상 되는 사람의 비율을 알고자 150명을 표본으로 뽑아 조사하였다.

해설

(1) 표본을 구성하는 각 개체들에 대한 조사는 특정제조사의 휴대폰을 보유하고 있
는지 여부를 알아보는 것으로서, 조사결과는 보유, 비보유의 두 가지로 구분된
다. 이때 보유비율을 알고자 하는 것이므로 보유로 나타난 것을 성공으로 표현
하고 비보유는 실패로 표현한다.

(2) 하루 평균 인터넷 접속시간은 두 가지로 구분되어지는 것이 아니다. 따라서 이
경우는 표본비율을 구할 수 있는 표본이 아니다.

(3) 노트북의 보유, 비보유의 두 가지로 구분되고, 보유비율을 조사하는 것이므로
보유한 것으로 나타난 것이 성공에 해당한다.

(4) 출퇴근 시간이 3시간 이상인 경우와 미만인 경우의 두 가지로 구분이 가능하다.
그리고 알고자 하는 것은 몇 %가 출퇴근에 3시간 이상이 걸리는가이므로, 성공
에 해당하는 것은 출퇴근 시간이 3시간 이상 되는 사람들이다.

예제 6.12

대학생의 비만비율을 조사하기 위해 모집단으로부터 크기가 200명인 표본을 추출하
여 조사한 결과 22명이 비만인 것으로 나타났다고 하자. 이 경우 표본을 통해 조사한
결과는 비만인 사람과 그렇지 않은 사람의 두 가지 형태로 구분되며, 이 중 어느 하나
를 성공이라 하면 나머지는 실패로 표현되는 것이다.

해설

비만인 경우를 성공이라 표현하면 비만이 아닌 경우가 실패로 표현되는 것이며, 반
대로 비만이 아닌 경우를 성공이라 표현하면 비만인 경우가 실패가 되는 것이다. 따
라서 성공과 실패는 조사 결과의 두 가지 형태를 지칭하는 것일 뿐 일상적 의미의
성공이나 실패는 아닌 것이다.

우리가 알고자 하는 것이 비만비율이라고 한다면 비만을 성공으로 지칭하게 되며,
표본을 구성하는 200명 중 성공으로 나타난 개체수, 즉 비만으로 나타난 사람이 22명
이므로 이 표본을 기준으로 볼 때 성공(비만)비율은 $p = X/n = 22/200 = 0.11$ 또는
11%가 되며 이것이 바로 표본비율인 것이다.

예제 6.13

75%의 성공률을 가진 모집단에서 크기가 500인 표본을 추출하여 조사한 결과 성공으로 나타난 개체수는 420개에 달하였다. 이때 모비율(π)과 표본비율(p)은 각각 얼마인가?

해설

모집단은 75%의 성공률을 가지고 있으므로 모비율은 $\pi = 0.75$이다. 표본비율은 표본의 전체 개체수에서 성공으로 나타난 개체수의 비율이므로 $p = X/n = 420/500 = 0.84$이다.

표본비율의 표본분포

표본으로 추출될 가능성이 있는 모든 표본들에 대한 표본비율 값의 확률분포를 표본비율의 표본분포(sampling distribution of sample proportion)라 한다.

예제 6.14

다음에 우리가 살펴볼 것은 [예제 6.12]에서 표본을 통해 얻은 표본비율(p) 11%가 모집단의 비만비율인 모비율(π)과 정확히 일치한다고 할 수 있는가 하는 점이다. 물론 이에 대한 대답은 정확히 일치한다는 보장을 할 수 없다는 것이다.

해설

먼저 대학생 전체 모집단을 대상으로 비만비율을 조사했다고 하자. 그러면 모집단에 대한 비만비율은 '하나가 존재'할 것이다. 즉 모집단 전체에서 비만인 학생이 차지하는 비율을 조사하면 한 개의 특정 비율을 얻을 것이다. 이와 같이 모집단 전체 개체수에서 성공의 개체수가 차지하는 비율을 모비율(population proportion)이라고 하며 표본비율 p와 구분하기 위해 보통 π로 표시한다.

그러나 모집단 전체를 조사하는 것에 어려움이 있어 모집단으로부터 크기가 100명인 표본을 추출하려 할 때, 그 추출 가지 수는 여러 개가 될 것이다. 즉 모집단 크기가 N인 경우 100명을 뽑을 수 있는 가지 수는 $_N C_{100} = \dfrac{N!}{100!\,(N-100)!}$개가 될 것이다. 따라서 크기가 100인 표본이 추출되었다면 그 표본은 추출 가능성이 있는 $_NC_{100}$개 표본들 중의 어느 하나일 것이다.

그러므로 모비율이 한 개인데 반해, 표본비율은 어떤 표본이 추출되느냐에 따라 표본비율은 모두 다른 값을 가지는 확률변수가 되며, 그 결과 표본으로부터 계산된 표본비율(p)이 모비율(π)과 일치하리란 보장은 없는 것이다.

그러나 여기서 중요한 사실은 표본으로 뽑히는 개체 중에서 비만인 학생이 추출되어 들어갈 확률은 모집단의 비만비율을 나타내는 모비율 π에 따라 결정될 것이라는 점이다. 다시 말해, 모비율과 비슷한 표본비율을 가진 표본이 추출될 가능성은 매우 클 것으로 기대할 수 있는 반면에, 모비율과 크게 차이가 나는 포본비율을 가진 표본이 추출될 가능성은 그만큼 희박해질 것이라는 점을 예상할 수 있으며, 이는 바로 표본비율이 확률변수라는 점을 잘 보여주는 것이기도 하다.

이와 같이 표본으로 추출될 가능성이 있는 모든 표본에 대한 표본비율 값을 확률변수로 한 확률분포를 구성할 수 있는데, 이를 표본비율의 표본분포(sampling distribution of sample proportion)라 한다. 표본비율의 표본분포 역시 표본평균의 표본분포와 유사함을 알 수 있다.

 NOTE

표본평균과 표본비율의 표시

	모집단	표본
평균	μ	$\overline{X}$
비율	π	p

표본비율의 표본분포에서의 평균과 표준오차

표본 크기가 클 때 중심극한정리에 따라 표본비율의 표본분포는 평균과 표준오차가

$$\text{평균}: \quad \pi$$

$$\text{표준오차}: \quad \sigma_p = \sqrt{\frac{\pi(1-\pi)}{n}}$$

π: 모비율, n: 표본크기, σ_p: 표본비율의 표준오차

인 정규분포를 한다.

 NOTE

위의 "표본 크기가 클 때"의 표현에서 크다는 것의 기준은 보통 $n\pi \geq 5$와 $n(1-\pi) \geq 5$ 가 모두 성립하여야 한다. 그러나 π가 0 또는 1에 아주 가까운 값을 가지는 경우 이 기준은 적합하지 않기 때문에 이러한 경우는 주의를 해야 한다.

예제 6.15

모비율이 $\pi = 0.6$인 모집단으로부터 크기가 $n = 400$인 표본을 추출하였다. 이때 표본비율의 표본분포의 특성값인 평균과 표준오차는 다음과 같이 구한다.

해설

$n\pi = (400)(0.6) = 240 > 5$이고 $n(1-\pi) = (400)(0.4) = 160 > 5$의 조건을 만족시키므로 표본비율의 표본분포는 중심극한정리에 따라 평균이 π이고 표준오차가 $\sigma_p = \sqrt{\dfrac{\pi(1-\pi)}{n}}$인 정규분포를 한다. 따라서 표본비율의 평균은 π와 동일한 0.6이고 표준오차는

$$\sigma_p = \sqrt{\frac{\pi(1-\pi)}{n}} = \sqrt{\frac{0.6(1-0.6)}{400}} = 0.0245$$

가 된다.

예제 6.16

[예제 6.15]에서 구한 표준오차를 이용하면 표본비율 값들이 집중되어 있는 범위를 알아낼 수 있다. 즉 표본비율의 표본분포는 평균이 π이고 표준오차가 $\sigma_p = \sqrt{\dfrac{\pi(1-\pi)}{n}}$인 정규분포를 하기 때문에 모집단으로부터 추출 가능한 모든 표본의 95%는 표본비율이 평균을 중심으로 표준오차의 2배 사이의 범위인 $\pi \pm 2\sigma_p$ 사이에 있다고 추측할 수 있다.

다시 말해, 어떤 표본이 하나 뽑혔을 때 그 표본비율이 평균을 중심으로 $\pi \pm \sigma_p$의

범위에 있을 확률은 68%, $\pi \pm 2\sigma_p$의 범위에 있을 확률은 95%, 그리고 $\pi \pm 3\sigma_p$의 범위에 있을 확률은 99.7%에 이른다는 것을 의미한다.

$$P(\pi - \sigma_p \leq p \leq \pi + \sigma_p) = 0.68$$
$$P(\pi - 2\sigma_p \leq p \leq \pi + 2\sigma_p) = 0.95$$
$$P(\pi - 3\sigma_p \leq p \leq \pi + 3\sigma_p) = 0.997$$

이는 또한 표본비율 p를 통해 모비율 π를 추정할 수 있는 근거가 된다. 즉 위 식에서 p와 π를 이항시키면 다음과 같은 식을 얻을 수 있다.

$$P(p - \sigma_p \leq \pi \leq p + \sigma_p) = 0.68$$
$$P(p - 2\sigma_p \leq \pi \leq p + 2\sigma_p) = 0.95$$
$$P(p - 3\sigma_p \leq \pi \leq p + 3\sigma_p) = 0.997$$

이와 같이 모비율 π가 포함될 수 있는 범위를 신뢰구간(confidence interval)이라 하며, 또 이 신뢰구간에 모비율 π가 포함될 확률을 신뢰수준(confidence level)이라고 한다.(7장 참조)

[예제 16.5]에서 살펴본 표본비율의 표본분포는 평균이 π와 동일한 0.6이고 표준오차가 0.0245인 정규분포를 하였다. 따라서 모집단에서 추출하여 얻은 표본으로부터 계산한 표본비율의 값이 어떤 범위에 포함될 확률이 95%가 되도록 하는 상하한값은 다음과 같이 구할 수 있다.

해설

이는 95% 신뢰구간을 구하는 것이므로 $\pi \pm 2\sigma_p$를 계산하면 된다.

$$\pi \pm 2\sigma_p = 0.6 \pm 2(0.0245) = 0.6 \pm 0.049.$$

이는 모집단에서 표본을 추출하여 얻은 표본비율의 값이 약 5.5에서 0.65 사이의 값을 가질 확률이 95%가 됨을 의미한다. 이는 또한 모집단에서 추출가능한 모든 표본을 추출하였다고 했을 때, 이들 표본들의 95%가 5.5에서 0.65 사이의 표본비율 값을 가진다는 것을 의미하는 것이기도 하다.

그림 6-2	표본비율의 표본분포

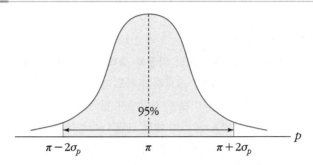

[sas program]

```
DATA ex616;
pi=0.6;
n=400;
se=SQRT(pi*(1-pi)/n); ①
np1=n*pi; ②
np2=n*(1-pi); ③
p_low=pi-2*se; ④
p_upp=pi+2*se; ⑤
RUN;


PROC PRINT ; ④
RUN;
```

[결과물]

OBS	PI	N	SE	NP1	NP2	P_LOW	P_UPP
1	0.6	400	0.024495	240	160	0.55101	0.64899
			⑦	⑧		⑨	

해설

① 표본비율에 대한 표준오차를 $\sigma_p = \sqrt{\dfrac{\pi(1-\pi)}{n}}$ 에 따라 계산하는 과정으로 결과를 se의 변수명으로 저장하였다.

②-③ 표본의 크기가 충분히 큰지를 확인하기 위해 $n\pi \geq 5$와 $n(1-\pi) \geq 5$를 계산한다.

④-⑤ $\pi \pm 2\sigma_p$를 계산한다.

⑥ ex616이라는 이름의 SAS 데이터 파일을 출력하고자 하는데 PRINT 프로시저를 사용하고 있다. 그러나 PRINT 프로시저 바로 전에 생성된 데이터 파일을 출력하고자 할 때는 데이터 파일 이름을 지정하지 않아도 된다.

   즉 PROC PRINT DATA=ex616;에서 DATA=ex616은 생략해도 상관없다. 또한 다음 단계로 출력하고자 하는 변수를 VAR 스테이트먼트 다음에 지정하여야 하나 이를 지정하지 않는 경우는 ex616 파일에 있는 모든 변수를 출력하게 된다.

⑦ 구하고자 하는 표본비율 p의 표준오차가 0.024495로 계산되어 있다.

⑧ np1, np2의 계산결과가 240, 160으로 모두 $n\pi \geq 5$와 $n(1-\pi) \geq 5$를 만족시키고 있다.

⑨ $\pi \pm 2\sigma_p$에 따른 상하한값이 0.55101, 0.6489로 출력되어 있다.

6.4 표본비율의 표준화

표본비율의 표준화

표본의 크기가 충분히 크면 표본비율 p의 표본분포는 정규분포를 하게 되므로, 표본비율을 표준화할 수 있으며 정규분포의 특성에 따라 표본비율이 어떤 특정 구간의 값을 가질 확률을 구할 수 있다.

   표본비율의 표준화 값 Z는 다음과 같이 구한다.

$$Z = \frac{p-\pi}{\sigma_p} = \frac{p-\pi}{\sqrt{\dfrac{\pi(1-\pi)}{n}}}$$

   Z: p의 표준화 값 p: 표본비율 π: 모비율 σ_p: p의 표준오차

위의 표준화 값이 의미하는 것은 표본비율과 모비율과의 차이가 표준오차의 몇 배에 해당하는가를 나타내는 것이다.

NOTE

표본비율의 표준화 값을 구하는 과정과 표본평균에 대한 표준화 값을 구하는 과정이 매우 유사함을 알 수 있다. 이는 표본평균이든 표본비율이든 표준화에 대한 기본 개념이 동일하기 때문이다. 즉 표준화의 기본 개념은 표본평균과 표본비율이 각각 그들의 모평균과 모비율로부터, 표본평균에 대한 표준오차와 표본비율에 대한 표준오차의 몇 배만큼 떨어져 위치하고 있는가를 나타내는 것이다.

$$\text{표본평균의 표준화 값}: Z = \frac{\overline{X} - \mu}{\sigma / \sqrt{n}} \rightarrow \left(\frac{\text{표본평균과 모평균의 차이}}{\text{표준오차}} \right)$$

$$\text{표본비율의 표준화 값}: Z = \frac{p - \pi}{\sqrt{\dfrac{\pi(1-\pi)}{n}}} \rightarrow \left(\frac{\text{표본비율과 모비율의 차이}}{\text{표준오차}} \right)$$

예제 6.17

모비율이 0.64인 모집단에서 크기가 360인 표본을 뽑아 조사한 결과 표본비율이 0.68로 나타났다. 이 표본비율의 표준화 값을 구하시오.

해설

$\pi = 0.64$, $n = 360$, $p = 0.68$이므로 이를 표준화 식에 대입하면

$$Z = \frac{p - \pi}{\sqrt{\dfrac{\pi(1-\pi)}{n}}} = \frac{0.68 - 0.64}{\sqrt{\dfrac{0.68(1-0.68)}{360}}} = 1.58$$

이 된다. 즉 표본비율 p가 표본분포의 평균인 π로부터 표준오차의 1.58배만큼 떨어져 있다는 것을 의미한다.

[sas program]

```
DATA ex617;
pi=0.64;
n=360;
p=0.68;
z=(p-pi)/SQRT(pi*(1-pi)/n); ①
```

```
PROC PRINT ;
RUN;
```

[결과물]

```
          Obs    pi     n      p        z
           1    0.64   360   0.68   1.58114  ②
```

해설

① 표본비율 0.68에 대한 표준화 Z 값을 $Z = (p - \pi)/\sqrt{\dfrac{\pi(1-\pi)}{n}}$ 에 따라 계산하고 있다. 계산 결과가 결과물 ②에 1.58114로 출력되어 있다.

표본비율의 구간확률

표본을 통해 얻은 표본비율이 어떤 구간의 값을 가질 확률을 구하기 위해서는 먼저 주어진 표본비율의 상하한값을 표준화한다. 이를 표준정규분포표에서 찾으면 표준화 Z값에 대응하는 누적확률을 구할 수 있으며 이를 이용하여 간단히 표본비율의 구간확률을 계산할 수 있다.

예제 6.18

모비율이 0.75인 모집단에서 크기가 420인 표본을 추출하였다. 다음 확률을 구하시오.

(1) $P(p < 0.7)$　　(2) $P(p \geq 0.72)$　　(3) $P(0.74 \leq p \leq 0.76)$

해설

먼저 $P(p < 0.7)$에서 괄호 안의 p는 표본비율을 나타내고 밖의 P는 확률을 표시한다는 것에 주의해야 한다. 따라서 이는 추출된 표본의 표본비율 p값이 0.7 미만일 확률을 구하는 것이다. 이를 위해서는 먼저 경계가 되는 표본비율인 0.7을 표준화한 후 이 표준화 Z 값에 해당하는 확률을 정규확률분포표에서 찾으면 Z 값까지의 누적확률을 구할 수 있다.

아래 프로그램에는 SAS의 PROBNORM 함수를 이용하여 확률을 구하는 과정이 제시되어 있다.

(1) 표본비율을 표준화하기 위해 먼저 표본비율에 대한 표준오차를 구하면 $\pi = 0.75$, $n = 420$이므로

$$\sigma_p = \sqrt{\frac{\pi(1-\pi)}{n}} = \sqrt{\frac{(0.75)(1-0.75)}{420}} = 0.0211289$$

가 된다. 이는 아래 프로그램의 ①부분에 해당되며 처리 결과는 결과물의 se 변수명 아래에 표시되어 있다.

다음 단계로 표준오차를 이용하여 표본비율 0.7에 대한 표준화 값을 구하면

$$Z = \frac{p - \pi}{\sqrt{\frac{\pi(1-\pi)}{n}}} = \frac{0.7 - 0.75}{\sqrt{\frac{(0.75)(1-0.75)}{420}}} = -2.36643$$

이 되고(프로그램 ②부분) 이를 표준정규분포표에서 찾으면 이 Z 값에 대응하는 누적확률 즉 $P(p < -2.37)$이 약 0.0089로 나타나 있다.

프로그램 ③에서는 표준정규분포표를 이용하지 않고 PROBNORM 함수를 이용하여 직접 z_1까지의 누적확률 $P(Z < z_1)$을 구하는 과정을 보여주고 있다. 그 결과가 결과물에 prob1이라는 이름으로 0.00898로 나타나 있다(표준정규분포표에는 표준화 값이 소수점 둘째 자리를 기준으로 계산된 것이기 때문에 SAS에서 처리한 결과와는 약간의 차이가 있다).

(2) $P(p \geq 0.72)$는 1에서 $P(p < 0.72)$의 확률을 빼면 된다. 이를 위해서는 $p = 0.72$에 대한 표준화 Z 값을 구해야 한다. 표준오차는 (1)에서 구한 $\sigma_p = 0.0211$을 이용한다.

$$Z = \frac{p - \pi}{\sqrt{\frac{\pi(1-\pi)}{n}}} = \frac{0.72 - 0.75}{0.0211} = -1.42$$

따라서

$$P(p \geq 0.72) = p(Z \geq -1.42) = 1 - P(Z < 1.42) = 1 - 0.078 = 0.921$$

이 된다.

아래 프로그램 ④에서는 표본비율 0.72에 대한 표준화 Z 값을 구하고 ⑤에서 이에 대한 누적확률을 구한 후 이를 1에서 빼는 과정을 통해 $P(p < 0.72)$를 구하고 있다. 이 확률은 변수명 prob2 아래에 0.92218인 것으로 결과물에 나타나 있다.

(3) $P(0.74 \leq p \leq 0.76)$는 표본비율이 0.76 이하의 값을 가질 확률, 즉 $P(p \leq 0.76)$에서 0.74 이하의 값을 가질 확률 $P(p \leq 0.74)$을 빼면 된다. 먼저 표본비율 0.74와 0.76에 대한 표준화 Z 값을 구한다.

$$Z_{3a} = \frac{p - \pi}{\sqrt{\dfrac{\pi(1-\pi)}{n}}} = \frac{0.74 - 0.75}{0.0211} = -0.47$$

$$Z_{3b} = \frac{p - \pi}{\sqrt{\dfrac{\pi(1-\pi)}{n}}} = \frac{0.76 - 0.75}{0.0211} = 0.47$$

표준정규분포표로부터 이들 Z 값에 대응하는 누적확률을 구하면

$$P(Z \leq -0.47) = 0.319$$
$$P(Z \leq 0.47) = 0.681$$

이므로 이를 이용하면

$$P(0.74 \leq p \leq 0.76) = p(p \leq 0.76) - P(p \leq 0.74)$$
$$= P(Z \leq 0.47) - P(Z \leq -0.47)$$
$$= 0.681 - 0.319 = 0.362$$

가 된다.

이상의 과정은 아래 프로그램 ⑥과 ⑦에 따라 간단히 도출할 수 있다.

⑥에는 표본비율 0.74와 0.76에 대한 표준화 Z 값을 각각 $Z = \dfrac{p - \pi}{\sqrt{\pi(1-\pi)/n}}$ 의 공식을 이용하여 계산한 후 이를 각각 z3a z3b로 지정하는 과정이 나타나 있다.

⑦에서는 PROBNORM 함수를 이용하여 이 구간에서의 확률을 구하고 있다. 계산 결과가 결과물에 prob3 변수명 아래에 0.36399로 제시되어 있다.

[sas program]

```
DATA ex618;
  n=420;
  pi=0.75;
  se=SQRT(pi*(1-pi)/n); ①
  z1=(0.7-pi)/se; ②
  prob1=PROBNORM(z1); ③
  z2=(0.72-pi)/se; ④
  prob2=1-PROBNORM(z2); ⑤
  z3a=(0.74-pi)/se; z3b=(0.76-pi)/se; ⑥
  prob3=PROBNORM(z3b)-PROBNORM(z3a); ⑦
RUN;

PROC PRINT DATA=ex618;
  VAR z1 z2 z3a z3b se prob1-prob3; ⑧
RUN;
```

해설

⑧에서는 출력할 변수들을 VAR 스테이트먼트 다음에 지정하고 있는데 prob1-prob3의 의미는 prob1에서 prob3까지의 변수를 일괄적으로 지정하는 방법이다. 즉 prob1 prob2 prob3라고 지정한 것과 동일한 결과를 낳는다.

[결과물]

Obs	z1	z2	z3a	z3b	se	prob1	prob2	prob3
1	-2.36643	-1.41986	-0.47329	0.47329	0.021129	.008980239	0.92218	0.36399

예제 6.19

어느 정당에서 자기 당에 대한 국민들의 지지도를 조사하기 1,000명을 대상으로 여론조사를 실시하였다. 모집단의 60%가 이 정당을 지지한다고 할 때 1,000명을 대상으로 한 이 표본의 표본비율이 60%를 중심으로 ±2% 범위의 값을 보일 확률은 얼마인가?

해설

모비율 $\pi = 0.6$일 때 표본비율 p가 $60\% \pm 2\%$ 범위의 값을 보일 확률, 즉 $P(0.58 \leq p \leq 0.62)$을 구하는 것이다. 이를 위해서는 먼저 $Z = \dfrac{p - \pi}{\sqrt{\pi(1-\pi)/n}}$ 에 따라 표본비율을 표준화하여야 한다.

$$Z = \frac{p - \pi}{\sqrt{\pi(1-\pi)/n}} = \frac{0.62 - 0.6}{\sqrt{(0.6)(1-0.6)/1000}} = \frac{0.02}{0.0155} = 1.29$$

$$Z = \frac{p - \pi}{\sqrt{\pi(1-\pi)/n}} = \frac{0.58 - 0.6}{\sqrt{(0.6)(1-0.6)/1000}} = \frac{-0.02}{0.0155} = -1.29$$

즉 $p = 0.62$의 표준화 Z 값이 1.29이고 $p = 0.58$의 표준화 Z 값이 -1.29이므로 $P(0.58 \leq p \leq 0.62)$의 확률은 표준정규분포표에서 $P(-1.29 \leq Z \leq 1.29)$의 확률과 같다.

$$P(-1.29 \leq Z \leq 1.29) = p(Z \leq 1.29) - P(Z \leq -1.29)$$
$$= 0.9015 - 0.0985 = 0.803$$

이는 모비율이 0.6인 모집단으로부터 표본크기가 1,000인 표본을 추출하였을 때, 이 표본의 표본비율 p가 0.58에서 0.62 사이의 값을 가질 확률은 80.3%에 달한다는 것을 의미한다.

```
[sas program]
DATA ex619;
 n=1000;
 pi=0.6;
 se=SQRT(pi*(1-pi)/n); ①
 za=(0.58-pi)/se; ②
 zb=(0.62-pi)/se; ③
 prob=PROBNORM(zb)-PROBNORM(za); ④

PROC PRINT ;
RUN;
```

[결과물]

Obs	n	pi	se	za	zb	prob	
1	1000	0.6	0.015492	−1.29099	1.29099	0.80329	⑤

해설

① 표준오차를 구하여 변수명 se에 저장한 후, 이를 이용하여 ②와 ③에서 표본비율 0.58과 0.62의 표준화 Z 값을 계산하고 이들 각각의 값을 za, zb에 저장하고 있다.

④ PROBNORM 함수를 이용하여 0.62에 대한 표준화 Z 값, 즉 zb까지의 누적확률에서 za까지의 누적확률을 빼냄으로써 표본을 통해 얻은 표본비율 값이 이들 두 값 사이에 위치할 확률을 계산하는 과정을 나타내고 있다. 계산 결과는 결과물 ⑤에 0.80329로 나타나 있다.

제7장

단일 모집단의
추정과 가설검정

제7장
단일 모집단의 추정과 가설검정

7.1 추정과 가설검정

통계적 추측

모집단의 모수(parameter)가 알려지지 않은 상태에서 모수를 알고자 할 때, 일반적으로 표본조사를 통해 이를 추측하게 되는데 이러한 과정을 통계적 추측(statistical inference)이라 한다. 이러한 통계적 추측을 하는 방법은 추정(estimation)과 가설검정(hypothesis testing)의 두 가지로 구분된다.

예제 7.1

다음 사항이 통계적 추측에 해당하는지 확인하시오.

(1) 표본평균 $\overline{X}$를 기초로 모평균 μ를 추정한다.

(2) 모집단의 표준편차(σ)를 사용해서 표본의 표준편차(S)를 추정한다.

(3) 표본분산(S^2)을 이용해서 모분산(σ^2)을 추정한다.

해설

(1) 표본으로부터 얻은 통계량인 표본평균($\bar{X}$)을 이용하여 모수에 해당하는 모평균 (μ)을 추정하는 것이므로 통계적 추측에 해당한다.

(2) 통계적 추측이라는 것은 표본으로부터의 정보를 기초로 모집단을 추정하는 것이므로 이 내용은 통계적 추측과 관련이 없는 틀린 내용이다.

(3) S^2은 표본의 분산이고 σ^2은 모분산이므로 S^2을 이용해서 σ^2을 추정한다는 것은, 표본을 통해 모집단의 특성을 추정하는 것을 의미하므로 통계적 추측에 해당한다.

추정

모집단의 특성을 나타내는 모수(parameter)가 알려져 있지 않을 때, 이를 대신하여 사용할 수 있는 합당한 값 또는 합당한 값의 범위를 표본으로부터 구하는 과정을 추정(estimation)이라 한다.

이때 모수를 대신하여 사용할 수 있는 합당한 값으로서, 표본으로부터 추정 과정을 통해 얻게 되는 모집단 모수에 대한 추측값을 추정치(estimate)라고 하며, 이러한 추정치가 하나의 특정값으로 추측되어질 때 이를 점추정치(point estimate) 또는 간단히 추정치라 한다. 또한 표본으로부터 추정 과정을 통해 얻은 추정치가 하나의 값이 아니라 모수가 속해 있을 합당한 값의 범위를 나타내는 형태로 추측되어질 때 이를 구간추정치(interval estimate)라고 한다.

예제 7.2

어느 커피 전문점에서 손님들의 체류 시간을 측정하기 위해 40명을 표본으로 하여 조사한 결과 표본평균이 $\bar{X}$=32(분)인 것으로 나타났다. 이는 모수에 해당하는 모평균 (μ)을 표본조사를 통해 알아내기 위한 통계적 추측으로서, 이때 40명을 조사대상으로 하여 얻은 표본평균($\bar{X}$)은 우리가 모르는 모평균을 추측한 '하나의' 추정값이기 때문에 '점추정치'에 해당한다.

그러나 모평균 값이 하나의 특정값이 아닌 24분에서 40분 사이의 구간에 있을 것으로 추정되었다면 이는 '구간추정치'에 해당하는 것이다.

NOTE

여기서 주의할 것은 추정치(estimate)와 추정량(estimator) 사이의 개념 차이인데, 추정치란 앞에서 언급한 바와 같이 표본을 통해 얻은 모수(parameter)에 대한 하나의 추측값이며, 추정량이란 모집단의 특성에 대한 척도를 추정하는데 사용되는 확률변수를 말한다. 예를 들어 모집단에 대한 하나의 척도인 모평균 μ를 추정하기 위해 표본평균을 사용하는 경우, 표본평균 $\overline{X}$는 모평균 μ에 대한 추정량인 것이다. 그리고 이 추정량이 어떤 특정값을 가질 때 이것이 바로 추정치가 되는 것이다.

이러한 추정량에는 표본평균만 있는 것이 아니고 중앙값, 최빈값 등도 모집단의 척도로서 사용될 수 있기 때문에 이들도 추정량이 되는 것이다. 단지 중요한 것은 어느 추정량이 가장 좋은 추정량이냐 하는 것인데 이때 가장 중요한 기준은 불편성(unbiasedness)이다. 즉 추정량에 대한 기대값이 모수 값과 일치할 때 이러한 추정량을 불편추정량(unbiased estimator)이라 한다. 예를 들어 추정량인 표본평균 $\overline{X}$의 경우 $E(\overline{X}) = \mu$가 되므로 표본평균은 불편추정량인 것이다.

예제 7.3

광고에 어느 자동차의 연비가 휘발유 1ℓ당 20km라고 나와 있었다고 하자. 이때 20km라는 연비는 이 모델에 속하는 자동차를 모두 조사하여 얻은 수치가 아니고 표본조사를 통해, 모집단에 속하는 자동차에 대한 평균 연비를 하나의 값으로 추정한 값으로서 점추정치에 해당한다.

그러나 광고 하단에 연비가 18km에서 22km까지라는 범위를 설정하여 제시되었다면, 이는 표본조사를 통해 이 모델에 속하는 자동차 모집단의 평균 연비는 18km에서 22km 사이의 구간에 있을 것이라는 것을 의미하는 것이므로 구간추정치에 해당한다.

그런데 여기서 주의할 것은 점추정치든 구간추정치든 모두 표본을 통해 추정되는 것이기 때문에 '표본이 어떻게 뽑히느냐'에 따라 추정결과가 얼마든지 달라질 수 있다는 사실이다. 특히 점추정치의 경우는 하나의 특정한 값을 추정한 것이기에 이 추정치가 모수와 정확히 일치하리라는 보장은 거의 없다.

따라서 모집단의 평균 연비를 나타내는 모수는 표본으로부터 얻은 '표본평균인 점추정치를 중심으로 어떤 범위의 오차 안에 있을 것'이라는 추정을 하는 것이 일반적이며 이것이 바로 구간추정치인 것이다.

결국 구간추정치는 표본을 통해 얻은 점추정치에 모수와의 사이에 생기는 표본오차(sampling error)를 포함시킨 것이므로 이는 다음과 같이 나타낼 수 있다.

$$점추정치 \pm 표본오차$$

이때의 표본오차를 추정치 오차(error of the estimate) 또는 오차의 한계(margin of error)라고도 한다.

📊 NOTE
─────────────────────────────────

구간추정치를 해석할 때 주의할 것은 모수가 구간추정치의 범위에 들어 있을 확률이 100% 임을 의미하지는 않는다는 점이다. 즉 앞에서 예로 든 자동차의 경우, 모집단 전체의 연비가 반드시 구간추정치 범위 안에 있다고 100% 확신할 수는 없다는 것이다.

이는 구간추정치 자체가 표본을 기초로 해서 얻은 것이기 때문에 어떤 표본이 뽑히느냐에 따라 얼마든지 변동이 가능하기 때문이다. 따라서 구간추정치를 해석할 때는 반드시 확률을 확인하는 절차를 거쳐야 한다.

다시 말해 앞의 예에서 연비의 구간추정치가 18km에서 22km라면, 모수인 평균 연비가 이 범위에 속할 확률이 얼마인가를 확인하여야만 정확한 판단을 내릴 수 있는 것이다. 이때 사용하는 확률을 신뢰수준(confidence level)이라고 하는데 만약 신뢰수준이 95%라면 모수가 이 구간추정치 범위에 속할 확률이 95%라는 것을 의미하는 것이다. 이 때문에 구간추정치를 신뢰구간(confidence interval)이라 하기도 한다. 신뢰구간에 대해서는 다음 절에서 자세히 살펴보기로 한다.

예제 7.4

[예제 7.3]에서 제시된 바와 같이 연비에 대한 추정치가 20km이고 구간추정치가 18km – 22km일 때 추정치 오차 또는 오차의 한계는 얼마인가?

해설

점추정치 20km를 중심으로 구간추정치의 하한값 18km와 상한값 22km까지 각각 2km의 차이를 보이므로 추정치 오차 또는 오차의 한계는 2km이다. 구간추정치는 간단히 20 ± 2와 같이 나타낼 수 있다.

예제 7.5

모비율 π에 대한 점추정치가 0.36이고 95%의 신뢰수준에서 오차의 한계가 0.12라고 할 때 구간추정치를 구하고 이를 해석하시오.

해설

구간추정치＝점추정치±오차의 한계＝0.36±0.12이다.

따라서 구간추정치는 0.24에서 0.48의 범위가 되며 이는 바로 모비율 π가 이 신뢰구간에 속할 확률이 95%가 됨을 의미한다. 여기서 오차의 한계는 추정치 오차 또는 표본오차를 의미하는 것임을 유의해야 한다.

예제 7.6

신뢰구간이 6.8에서 8.4의 범위를 가질 때 점추정치와 추정치 오차는 얼마인가?

해설

점추정치는 신뢰구간의 중간에 위치하므로 7.6이 된다. 또한 점추정치와 신뢰구간의 상한값(또는 하한값)까지의 차이가 추정치 오차이므로 추정치 오차는 0.8(＝8.4−7.6)이 된다.

가설검정

모집단 '모수'에 대한 어떤 가정이나 증명되지 않은 사실, 즉 가설(hypothesis)에 대해 이를 받아들일 것인지(accept) 또는 기각(reject)할 것인지를 표본으로부터 얻은 정보를 바탕으로 검정(test)하는 과정을 말한다. 이 검정과정에서의 기본적 논리는 표본분포와 확률이론에 기반을 두고 있다.

귀무가설과 대립가설

가설검정의 과정은 귀무가설(null hypothesis: Ho)과 대립가설(alternative hypothesis: Ha)의 두 가지 상반된 가설의 설정을 통해 이루어지게 되는데, 귀무가설은 검정(test) 대상이 되는 가설로서 여기에는 반드시 모집단 모수 값이 포함되어 있는 것이 특징이다. 이에 반해 대립가설은 이러한 귀무가설과 상반된 내용으로서 모수 값이 포함되지 않은 상태의 가설을 말한다.

예제 7.7

귀무가설은 검정 대상이 되는 가설이기 때문에 귀무가설에는 등호(=)가 포함되게 마련이다. 예를 들어 모평균 값을 추측하는 과정에서 모수인 모평균의 추정값으로서 어떤 특정한 값을 얻었다고 했을 때, 우리의 관심의 대상이 되는 것은 모평균 값으로 추정한 어떤 특정한 값이 실제로 모평균과 동일한가의 여부이다.

따라서 이때 '검정 대상'이 되는 것은 당연히 '모수인 모평균의 값이 어떤 특정값과 같은가'이며, 이것이 바로 '모수인 모평균이 어떤 특정값과 같다'라는 귀무가설을 구성하는 것이다. 그러므로 귀무가설에는 모수가 어떤 특정값과 같다는 내용을 표시하는 등호가 포함되는 것이다.

반면에 대립가설은 귀무가설과 상반되는 내용을 설정한 가설이기 때문에 모수 값을 포함하고 있지 않으며 등호가 제외된다.

$$H_0: \quad \mu = \text{특정한 값}$$
$$H_a: \quad \mu \neq \text{특정한 값}$$

또한 여기서 주의할 것은 실제 모수의 값이, 표본을 통해 모수의 추정값으로 얻은 어떤 특정한 값 '이상' 또는 '이하'의 값을 가지는지의 형태로도 귀무가설을 설정할 수 있다는 점이다. 이 경우에도 귀무가설에는 모집단의 모수 값이 포함되어야 하므로 등호가 붙게 된다.

$$H_0: \quad \mu \geq \text{특정한 값}$$
$$H_a: \quad \mu < \text{특정한 값}$$

또는

$$H_0: \quad \mu \leq \text{특정한 값}$$
$$H_a: \quad \mu > \text{특정한 값}$$

 NOTE

귀무가설과 대립가설을 설정할 때 어떤 내용이 귀무가설이 되고 대립가설이 될 것인가는 일반적으로 다음 기준에 따른다.

(1) 모집단의 모수 값을 포함하는 내용의 가설은 귀무가설로 설정된다. 이는 앞에서 언급한

대로 귀무가설이 검정의 대상이 되는 내용을 포함하는 가설이기 때문이다.
(2) 진실일 것으로 가정하는 모수 값에 대한 내용을 귀무가설로 설정한다.

예제 7.8

다음에서 어느 가설이 귀무가설이고 대립가설인가?

(1) $\mu = 12$ (2) $\mu \leq 250$ (3) $\sigma^2 > 4.2$
(4) $\pi \geq 0.8$ (5) $\sigma \leq 5$ (6) $\pi \neq 0.6$

해설

모수로서 추정되는 어떤 특정값을 포함하고 있는 내용이면 귀무가설이 된다.
   (1) '모평균이 12이다'라는 귀무가설이다.
   (2) '모평균이 250이하이다'라는 귀무가설이다.
   (3) '모분산이 4.2보다 크다'라는 대립가설이다.
   (4) '모비율이 0.8이상이다'라는 귀무가설이다.
   (5) '모집단의 표준편차가 5이하이다'라는 귀무가설이다.
   (6) '모비율이 0.6이 아니다'라는 대립가설이다.

예제 7.9

경험적으로 고객 1인당 평균 지출액이 8만원이 될 것이라고 추측하고 있는 백화점 측에서는 이 값이 실제로 모수, 즉 모집단의 1인당 평균지출액인 모평균과 일치하는지 통계적으로 검정하고자 한다.

이때 모수에 해당하는 모평균, 즉 1인당 평균 지출액이 8만원이 될 것이라는 내용은 귀무가설이 되며, 이 귀무가설이 참(true)이 아닐 것이라는 내용, 즉 평균 지출액이 8만원이 아닐 것이라는 내용은 대립가설이 되는 것이다. 이러한 귀무가설과 대립가설 중 어느 것을 채택(accept)하고 기각(reject)하여야 할지를 판단하는 과정이 가설검정인 것이다.

이러한 가설검정 내용은 다음과 같이 기술할 수 있다.

$$H_0: \quad \mu = 80,000$$
$$H_a: \quad \mu \neq 80,000$$

예제 7.10

다음 가설검정에 대한 귀무가설과 대립가설을 설정하시오.

(1) 대학생들의 월평균 용돈이 40만원인지를 알려고 한다.
(2) 대학생들의 월평균 용돈이 40만원인지 아니면 40만원보다 많은지를 알려고 한다.

해 설

(1) H_0: $\mu = 400,000$ H_a: $\mu \neq 400,000$

(2) H_0: $\mu = 400,000$ H_a: $\mu > 400,000$

1종오류와 2종오류

가설검정을 시행하는 경우 모수에 대한 귀무가설이나 대립가설 중 어느 것이 채택되고 기각되는지는, 표본으로부터 얻은 정보를 기초로 확률 측면에서 판단되는 것이기 때문에 이에는 항상 잘못 판단할 위험이 따르게 된다.

이와 같이 잘못 판단할 위험을 오류라고 하며, 특히 진실(true)인 귀무가설을 기각하고 거짓(false)인 대립가설을 채택하게 되는 위험을 1종오류(type Ⅰ error), 그리고 허위인 귀무가설을 채택하고 진실인 대립가설을 기각하게 될 위험을 2종오류(type Ⅱ error)라고 한다.

예제 7.11

가설검정 과정에서 구성되는 모수에 대한 귀무가설과 대립가설 중 어느 것을 채택할 것인지는 가설검정 자체가 어디까지나 표본으로부터 얻은 정보를 기초로 추측하는 과정을 통해 도출된 것이기 때문에, 아주 작은 확률이라 하더라도 표본이 편중되어 뽑히게 되는 경우 그것이 귀무가설이 되었든 대립가설이 되었든지 간에 모집단의 모수를 실제로 올바르게 표현한 가설을 기각하는 오류를 범할 위험이 있는 것이다.

이때 귀무가설이 진실인데 이를 기각하고 대립가설을 채택하게 될 위험을 1종오류라 하고, 반대로 진실인 대립가설을 기각하고 거짓인 귀무가설을 채택하게 될 위험을 2종오류라고 한다.

검정결과	실제 귀무가설에 대한 상태	
	진실	거짓
H_0 기각	1종오류	올바른 판단
H_0 채택	올바른 판단	2종오류

예제 7.12

환경 보호를 위해 모든 공장은 생산과정에서 발생하는 모든 폐수를 기준치 이상으로 정화시켜 배출하도록 정부가 규제하고 있다. 이것이 제대로 시행되는지 관련기관에서는 수시로 수질검사관이 직접 공장을 방문하여 공장에서 나오는 물을 표본으로 채취한 후, 이것이 기준치 이상으로 정화되었는지 여부를 조사한다.

(1) 이때 폐수가 충분히 정화되었는지 여부를 알기 위해 조사 담당자가 설정하는 가설의 내용은?

(2) (1)에서 설정한 가설에 대한 1종오류와 2종오류의 의미를 기술하시오.

(3) (1)의 가설에서 1종오류와 2종오류 중 어느 것이 더 심각한 오류인가?

해설

(1) 귀무가설 H_0: 정부가 규정하는 기준치 이상으로 충분히 정화되었다.

대립가설 H_a: 정부가 규정하는 기준치 이상으로 충분히 정화되지 않았다.

(2) 1종오류와 2종오류

    (1종오류) 귀무가설이 진실인데 이를 허위인 것으로 판단함으로써 범하게 되는 오류이므로, 여기서는 공장에서 충분히 정화를 시켰음에도 불구하고 정화시키지 않은 것으로 판단하게 됨으로써 발생할 수 있는 오류이다.

    (2종오류) 귀무가설이 허위인데 이를 진실인 것으로 판단함으로써 범하게 되는 오류이므로 여기서는 공장에서 충분히 정화시키지 않았음에도 불구하고 이를 정화시켜 배출한 것으로 판단하게 됨으로써 발생할 수 있는 오류이다.

(3) 환경보호 입장에서만 본다면 폐수를 배출시키지 않도록 하는 것이 목적이므로 1종오류보다는 2종오류가 더 심각하다고 볼 수 있다. 그러나 기업의 측면에서 본다면 1종오류는 기업으로 하여금 공해방지에 대한 비용 발생을 유발시키므로 2종오류 못지 않게 1종오류도 심각한 것이 된다.

예제 7.13

신약을 개발한 제약회사는 판매에 앞서 보건당국에 신약의 안전성 검증을 받아야 한다. 이를 위해 제약회사는 신약이 안전하다는 것을 당국에게 증명해 보이는데 필요한 모든 실험 결과를 제출하게 된다.

(1) 이 경우 보건당국이 신약의 안전성 여부를 조사하기 위해 설정하는 가설의 내용은?
(2) (1)에서 설정한 가설에 대한 1종오류와 2종오류의 의미를 기술하시오.
(3) (1)의 가설에서 1종오류와 2종오류 중 어느 것이 더 심각한 오류인가?

해설

(1) 보건당국은 일단 새로 개발된 모든 신약의 안전성에 대해 의심을 하는 입장이고 제약회사는 이러한 의심에 대해 신제품의 안전성을 증명해 보이는 입장에 서 있기 때문에 보건당국이 설정하는 가설은 다음과 같다.

$$H_0: 신약은 안전하지 않다.$$
$$H_a: 신약은 안전하다.$$

(2) 1종오류는 신약이 안전하지 않다는 귀무가설이 진실인데 이를 허위라고 판단하여 신약이 안전하다는 허위의 대립가설을 채택할 오류인데, 이러한 1종오류가 발생하면 안전성이 없는 신약을 안전성이 있다고 판단하게 되는 오류를 범하게 된다.

　　반면에 2종오류는 신약이 안전하다는 대립가설이 진실인데 이를 허위라고 판단하여 신약이 안전하지 않다는 허위의 귀무가설을 채택할 오류인데, 이러한 2종오류가 발생하면 안전성이 있는 신약을 안정성이 없다고 판단하게 되는 오류를 범하게 된다.

(3) 국민의 보건 측면에서 볼 때 1종오류는 치명적인 오류가 될 것이다.

7.2 모평균의 추정

신뢰구간

표본을 통해 모수에 대한 구간추정치를 구했을 때 항상 주의해야 할 것은 구간추정치 자체가 표본을 기초로 모수가 있을 범위를 추정한 것이기 때문에 표본이 어떻게 뽑히느냐에 따라 구간추정치의 범위는 달라질 수 있다는 사실이며, 이러한 이유로 구간추정치를 구했을 때 이 범위에 모수가 들어 있을 확률이 100%라고는 말할 수 없다는 점이다. 따라서 구간추정치를 구한 후, 이를 해석하는데 있어서 가장 중요한 것은 모수가 이 구간범위에 들어 있을 확률이 얼마나 되는가 하는 것인데, 이때 이 확률을 신뢰수준(confidence level)이라 하며 이 신뢰수준하에서의 구간추정치를 신뢰구간(confidence interval)이라 한다.

예제 7.14

여기서는 신뢰구간 추정과정을 살펴보기로 하자.

해설

모집단이 정규분포를 하는가 여부에 관계없이 표본평균 $\overline{X}$의 표본분포는 중심극한정리에 따라 정규분포를 하게 되는데 이것은 바로 신뢰구간 추정의 이론적 기반이된다. 즉 확률변수인 표본평균 $\overline{X}$의 표본분포는 평균이 μ이고 표준편차가 $\sigma/\sqrt{n}$인 정규분포를 한다는 점을 이용하면 모평균 μ가 속해 있을 신뢰구간을 쉽게 구할수 있다. (표본평균의 표본분포에서 표준편차 $\sigma/\sqrt{n}$를 표준오차라고 한다는 것에 유의할 것.)

표본을 통해 모평균 μ에 대한 점추정치로서 하나의 표본평균 $\overline{X}$를 얻은 후 이를기반으로 신뢰구간을 추정한다고 할 때, 이 과정에서 나타나는 문제는 표본평균 $\overline{X}$가 모평균 μ로 얼마나 떨어져 있는가 하는 점이며, 이 차이를 표본오차 $\sigma/\sqrt{n}$로나누면 표본평균 $\overline{X}$에 대한 표준화 Z값이 된다. 따라서 신뢰구간 추정에는 표준정규분포를 이용하여 주어진 신뢰수준에 따라 모평균 μ가 속해 있을 신뢰구간을 설정하게 된다.

예를 들어 95%의 신뢰구간을 구하는 과정을 살펴보기로 하자. 이는 구하고자 하는 신뢰구간에 모평균 μ가 들어 있을 확률이 95%가 된다는 것을 의미하는 것으로서, 이는 또한 〈그림 7-1〉에서 모평균 μ를 중심으로 한 좌우 바탕색 부분의 넓이가 0.95가 되어야 함을 의미하는 것이기도 하다.

이와 같이 모평균이 신뢰구간에 속해 있을 확률, 즉 신뢰수준이 결정되면 〈그림 7-1〉에서 U에 위치하는 표준화 변수 Z 값은 표준정규분포표에서 누적확률을 이용하여 찾을 수 있다. 표준정규분포표는 주어진 표준화 Z 값까지의 누적확률을 나타내고 있기 때문에 아래 그림의 U에 위치한 Z 값을 구하기 위해서는 U점까지의 누적확률을 계산하여야 한다. 그런데 바탕색 부분은 $Z=0$을 중심으로 대칭이므로 U점까지의 누적확률은 $0.5+0.475=0.975$가 된다. 이 확률 값에 해당하는 표준화 Z 값을 표준정규분포표에서 찾으면 $Z=1.96$임을 알 수 있다.

그림 7-1   95% 신뢰수준하에서의 신뢰구간

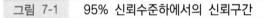

또한 L에 위치한 Z 값은 L까지의 누적확률이 $0.025(=0.5-0.475)$이므로 이 값에 해당하는 Z 값은 표준정규분포표로부터 -1.96임을 알 수 있다. 사실 L 지점에서의 Z 값 -1.96의 값은 표준정규분포가 대칭이기 때문에 표준정규분포표를 찾을 필요도 없이 U 지점에서의 Z 값은 1.96과 부호만 다른 값을 가지게 됨을 쉽게 확인할 수 있다.

이러한 과정을 통해서 우리는 표준화 Z 값으로 표시된 신뢰구간은

$$-1.96 \leq Z \leq 1.96 \quad \rightarrow \quad P(-1.96 \leq Z \leq 1.96) = 0.95$$

이 됨을 알 수 있으며 표준화 변환식 $Z = \dfrac{\overline{X}-\mu}{\sigma/\sqrt{n}}$ 을 위의 식에 대입하면

$$-1.96 \leq \dfrac{\overline{X}-\mu}{\sigma/\sqrt{n}} \leq 1.96$$

이 된다.

위의 부등식으로부터 μ를 구하면 μ에 대한 95% 신뢰구간은

$$\mu - 1.96\frac{\sigma}{\sqrt{n}} \le \overline{X} \le \mu + 1.96\frac{\sigma}{\sqrt{n}}$$

가 됨을 알 수 있다.

이는 모평균 μ가 $\left(\overline{X} - 1.96\frac{\sigma}{\sqrt{n}}\right)$와 $\left(\overline{X} + 1.96\frac{\sigma}{\sqrt{n}}\right)$ 사이의 구간에 모평균 μ가 있을 확률이 95%가 된다는 것을 의미하므로 다음과 같이 표시할 수 있다.

$$P\left(\overline{X} - 1.96\frac{\sigma}{\sqrt{n}} \le \mu \le \overline{X} + 1.96\frac{\sigma}{\sqrt{n}}\right) = 0.95$$

여기서 나머지 5%, 즉 (1-신뢰수준)=1-0.95=0.05에 해당하는 확률의 의미는 모평균이 신뢰구간에 속하지 않을 확률을 뜻하는 것으로서, 이를 위험(risk) 또는 유의수준(significant level)이라 하며 α로 표시한다. 따라서 신뢰수준은 $(1-\alpha)$로 표시할 수 있다.

또한 신뢰수준이 몇 %가 되느냐에 따라 Z값이 달라지기 때문에 신뢰수준이 P_0%인 신뢰구간은 다음과 같은 일반적인 형태로 나타낼 수 있다.

$$P\left(\overline{X} - Z\frac{\sigma}{\sqrt{n}} \le \mu \le \overline{X} + Z\frac{\sigma}{\sqrt{n}}\right) = P_0$$

🔖 NOTE

점추정이냐 구간추정이냐에 상관없이 추정이라는 것은 그 자체가 알려져 있지 않은 모평균을 추측하는 것이므로 당연히 표준편차도 알려져 있지 않은 것이 보통이다. 이와 같이 모집단의 표준편차가 알려져 있지 않은 경우의 신뢰구간 추정은 σ를 모르고 있기 때문에 표본에서 얻은 표준편차인 S로 대체하여 사용한다.

따라서 모집단의 표준편차인 σ가 알려져 있지 않은 경우의 일반적 신뢰구간은 아래 식에 따라 구하게 된다.

$$\overline{X} \pm Z\frac{S}{\sqrt{n}}$$

예제 7.15

어느 회사에서 신입사원 지원자 2,500명에 대해 TOEIC 점수를 알아보기 위해 100명을 표본으로 하여 조사한 결과 표본평균이 $\overline{X}$=520인 것으로 나타났다. TOEIC 점수에 대한 표준편차가 σ=120으로 알려져 있을 때 신뢰수준 90%하에서 지원자 2,500명의 평균점수에 대한 신뢰구간을 추정하시오.

해설

표준편차가 $\sigma=120$으로 알려져 있으므로 신뢰구간은 $\overline{X}\pm Z\dfrac{\sigma}{\sqrt{n}}$에 따라 구하면된다. 여기서 $\overline{X}=520$, $n=100$으로 주어져 있으므로 먼저 신뢰수준 90%에 해당하는 표준화 Z값을 구해야 한다.

〈그림 7-2〉에 나타난 바와 같이 신뢰수준은 모평균 μ 또는 $Z=0$을 중심으로 90%의 확률 범위를 가지는 것이므로 꼬리 양쪽은 각각 5%가 되어야 하며, 우리가 찾고자 하는 Z값은 바로 바탕색 부분이 90%가 되도록 하는 U지점에서의 Z값인 것이다.

그런데 표준정규분포표는 Z값에 해당하는 누적확률을 표시하고 있으므로 먼저 U점까지의 누적확률을 구하여야 한다. 표준화 Z값을 확률변수로 하는 표준정규분포는 좌우 대칭의 정규분포이므로 $Z=0$까지의 누적확률은 0.5가 되고 $Z=0$에서 U점까지의 확률이 0.45이므로 U점까지의 누적확률은 0.95가 됨을 쉽게 알 수 있다. 표준정규분포표에서 누적확률이 0.95가 되는 곳의 Z값을 찾으면 U점에서의 표준화 Z값은 $Z=1.64$가 된다.

U점에서의 Z값 1.64가 $Z=0$을 중심으로 오른쪽으로 0.45의 확률을 가진 곳에 위치하고 있음을 감안하면, $Z=0$을 중심으로 왼쪽으로 0.45의 확률을 가진 곳에 위치한 L지점에서의 Z값은, 표준정규분포가 좌우대칭이므로 U점에서의 Z값 1.64와

그림 7-2   90% 신뢰수준하에서의 신뢰구간

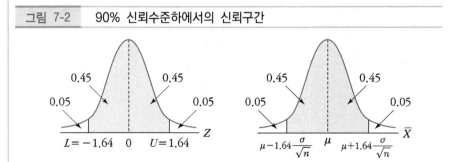

부호만 다른 $Z=-1.64$가 됨을 알 수 있다.

실제 누적확률이 0.05가 되는 Z 값을 표준정규분포표에서 찾으면 L점에서의 표준화 값은 $Z=-1.64$가 된다.

따라서 신뢰구간은

$$\bar{X} \pm Z \frac{\sigma}{\sqrt{n}} = 520 \pm 1.64 \frac{120}{\sqrt{100}} = 520 \pm 20$$

이 된다. 즉 지원자 2,500명의 모평균은 500점에서 540점 사이에 있을 확률이 90%가 되며 이 신뢰구간에 들어 있지 않을 위험은 10%가 된다고 말할 수 있다.

[sas program]

```
DATA ex715;
   xbar=520;
   n=100;
   sigma=120;
   se=sigma/sqrt(n); ①
   z=PROBIT(0.95); ②
   cupper=xbar+z*se; ③
   clower=xbar-z*se; ④
RUN;

PROC PRINT DATA=ex715; ⑤
RUN;
```

해설

① $\sigma/\sqrt{n}$ 에 따라 표준오차를 계산하여 변수명 se에 저장하고 있다.

② PROBIT함수는 표준정규분포에서 주어진 누적확률에 해당하는 표준화 값을 계산해 준다. 여기서는 누적확률이 0.95가 되는 곳의 Z 값을 계산하고 있다. 이때 Z 값은 결과물 ①에 1.644로 나타나 있다.

③ 신뢰구간의 상한값을 계산하는 과정이다. 상한값은 결과물 ②에 539.7로 나타나 있다.

④ 신뢰구간의 하한값을 계산하는 과정이다. 하한값은 결과물 ③에 500.3으로 나타나 있다.

⑤ 위의 계산 내용이 저장되어 있는 데이터 세트 ex715를 PRINT 프로시저를 이용하여 출력하도록 한다.

[결과물]

Obs	xbar	n	sigma	se	z	cupper	clower
1	520	100	120	12	1.64485	539.738	500.262
					①	②	③

예제 7.16

어느 서점에서 고객 1인당 평균 도서구입액을 조사하기 위해 최근 6개월 동안의 매출전표에서 156매를 뽑아 분석한 결과, 표본평균과 표준편차가 각각 $\overline{X}$=24,500원 S=16,600원인 것으로 나타났다. 모평균 μ가 포함되어 있지 않을 위험이 5%가 되는 신뢰구간을 구하시오.

해설

모평균 μ가 포함되어 있지 않을 위험이 5%가 되는 신뢰구간은 모평균 μ가 포함될 확률이 95%가 되는 신뢰구간을 구하는 것과 동일하다. 따라서

$$P\left(\overline{X} - Z\frac{S}{\sqrt{n}} \leq \mu \leq \overline{X} + Z\frac{S}{\sqrt{n}}\right) = 0.95$$

에서 $\overline{X}$, S, n을 알고 있으므로 신뢰구간 95%에서 상한값에 대응하는 표준화 Z 값만 알면 된다. 그리고 이때 Z값을 상회하는 확률은 표준정규분포에서 오른쪽 꼬리 부분으로서 5%(=1−0.95)의 1/2인 0.025가 되어 신뢰구간의 상한값에 대응하는 표준화 Z 값까지의 누적확률은 0.975가 됨을 알 수 있으며 이를 표준정규분포표에서 찾으면 Z=1.96이 된다.

따라서 신뢰구간은

$$\overline{X} \pm Z\frac{S}{\sqrt{n}} = 24500 \pm 1.96\frac{16600}{\sqrt{156}} = 24500 \pm 2605$$

로서 이는 21,895원에서 27,105원 사이의 구간에 모평균이 들어 있을 확률은 95%가 되며, 또는 반대로 이 구간에 모평균이 들어 있지 않을 확률은 5%가 된다는 것을 의미한다.

| 그림 7-3 | 95% 하에서의 모평균의 신뢰구간 |

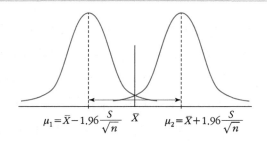

$$\mu_1 = \bar{X} - 1.96\frac{S}{\sqrt{n}} \quad \bar{X} \quad \mu_2 = \bar{X} + 1.96\frac{S}{\sqrt{n}}$$

[sas program]

```
DATA ex716;
  n=156;
  xbar=24500;
  s=16600;
  se=s/sqrt(n);
  z=PROBIT(0.975); ①
  cupper=xbar+z*se; ②
  clower=xbar-z*se; ③
RUN;

PROC PRINT DATA=ex716;
RUN;
```

해설

① PROBIT함수를 이용하여 표준정규분포에서 누적확률이 0.975가 되는 곳의 Z 값을 계산하고 있다. 이때 Z 값은 결과물 ①에 1.96으로 나타나 있다

② 신뢰구간의 상한값을 계산하고 있다. 상한값은 결과물 ②에 27105로 나타나 있다.

③ 신뢰구간의 하한값을 계산하고 있다. 하한값은 결과물 ③에 21895로 나타나 있다.

[결과물]

Obs	n	xbar	s	se	z	cupper	clower
1	156	24500	16600	1329.06	1.95996	27104.92	21895.08
					①	②	③

신뢰구간과 표본크기의 결정

표본을 통해 모평균을 추정할 때 모평균 μ에 대한 신뢰구간은 $\overline{X} \pm Z \dfrac{\sigma}{\sqrt{n}}$ 임을 앞에서 살펴보았다. 이 신뢰구간 식에서 알 수 있는 것은 모평균이 속하게 될 신뢰구간의 범위는 표본오차에 해당하는 $Z \dfrac{\sigma}{\sqrt{n}}$ 에 의해 결정된다는 사실이다. 즉 모평균이 신뢰구간에 속할 확률을 높이고자 한다면 Z 값이 커지게 되고 이에 따라 신뢰구간의 범위는 넓어지게 된다. 그러나 표본크기 n을 크게 하면 신뢰구간의 범위를 좁게 되어 좀 더 정밀한 구간추정을 가능하게 한다.

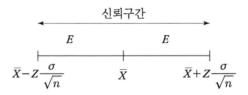

이는 표본오차의 최대값을 지정하여 신뢰구간의 범위가 너무 커지는 것을 방지하면서 신뢰수준을 일정 수준 이상으로 유지하려 하는 경우 표본크기의 조정을 통해 가능하다는 것을 보여 주는 것이다.

즉 표본오차 $Z \dfrac{\sigma}{\sqrt{n}}$ 의 크기를 최대 E수준으로 유지하려 하는 경우 $Z \dfrac{\sigma}{\sqrt{n}} = E$로부터 표본크기 n을 결정하는 다음과 같은 식을 도출할 수 있다.

$$n = \left(\frac{Z\sigma}{E} \right)^2$$

 NOTE

모집단의 표준편차가 알려져 있지 않은 경우는 시험적인 표본조사를 통해 모집단의 표준편차를 추정해야 한다. 즉 표본으로부터 표준편차 S를 계산하여 이를 σ 대신 사용하게 된다. 이러한 경우 표본크기를 결정하는 식은 다음과 같이 된다.

$$n = \left(\frac{ZS}{E} \right)^2$$

그러나 6장에서 살펴보았듯이 표본 크기 n이 모집단 크기 N의 5%를 상회하는 경우, 표준오차는 $\sigma/\sqrt{n}$에 유한모집단 수정계수(finite population correction factor)를 곱한 $\dfrac{\sigma}{\sqrt{n}}\sqrt{\dfrac{N-n}{N-1}}$이 된다. 이러한 경우 정해진 신뢰수준하에서 표본오차 E를 일정 수준으로 유지하기 위한 표본크기를 결정하는 식은 다음과 같이 변형된다.

즉 $E=\dfrac{\sigma}{\sqrt{n}}\sqrt{\dfrac{N-n}{N-1}}$ 으로부터 n을 구하면 아래 식을 구할 수 있다.

$$n=\frac{NZ^2\sigma^2}{E^2(N-1)+Z^2\sigma^2}$$

예제 7.17

시장조사를 위해 어느 지역의 가구당 연간 소득을 표본조사하려 한다. 모집단의 표준 편차가 2,400(만원)으로 알려져 있는 상태에서, 조사 담당자가 95% 신뢰수준에서 표 본평균이 모평균과 ±400(만원) 이내의 표본오차를 가진 구간추정치를 구하려고 할 때 표본크기는 얼마로 해야 하는가?

해설

표본오차 $Z\dfrac{\sigma}{\sqrt{n}}$의 최대값이 400이 되도록 하는 표본크기를 구하는 것이다. 표본 오차의 최대값을 E라 하면 표본크기는 $n=\left(\dfrac{Z\sigma}{E}\right)^2$에 따라 구할 수 있다.

여기서 Z는 95% 신뢰수준에 대응하는 표준화 값이므로 표준정규분포표에서 누적 확률 0.975에 해당하는 Z 값을 찾으면 1.96이 된다. 즉 분포의 양쪽 꼬리 부분이 각 각 2.5%가 되어 (+)Z 값에 해당하는 누적확률은 오른쪽 꼬리 부분 2.5%를 제외한 97.5%가 된다. 또한 (−)Z 값은 표준정규분포가 좌우 대칭이므로 왼쪽 꼬리 부분의 누적확률 0.025에 대응하는 Z 값과 동일하다.

$$n=\left(\frac{Z\sigma}{E}\right)^2=\left(\frac{1.96\times 2400}{400}\right)^2=138$$

| 그림 7-4 | 표본평균 $\overline{X}$의 표본오차 |

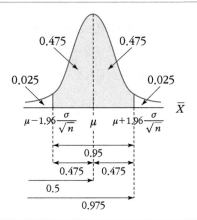

[sas program]

```
DATA ex717;
  z=PROBIT(0.975); ①
  sigma=2400;
  e=400;
  n=(z*sigma/e)**2; ②
RUN;

PROC PRINT DATA=ex717;
RUN;
```

해설

① PROBIT함수를 이용하여 표준정규분포에서 누적확률이 0.975가 되는 곳의 Z 값을 계산하고 있다. 이때 Z 값은 결과물 ①에 1.96으로 나타나 있다

② $n = \left(\dfrac{Z\sigma}{E}\right)^2$ 에 따라 표본크기를 계산하는 과정이다. 결과물 ②에 표본크기 138로 나타나 있다. 프로그램 'n=(z*sigma/e)**2;'에서 '**'는 SAS에서 지수승을 표시하는 기호이다.

[결과물]

```
        Obs      z      sigma     e        n
         1    1.95996    2400     400    138.293
                 ①                         ②
```

예제 7.18

[예제 7.15]에서 표준편차가 $\sigma=120$으로 알려져 있는 상태에서 표본크기를 100으로 하여 90% 신뢰수준하의 신뢰구간을 구한 결과 520±20이 되었다. 여기서 표본오차 20을 10으로 하려면 표본크기는 얼마로 해야 하는가?

해설

먼저 신뢰수준 90%하에서의 Z 값을 구해야 하다. 신뢰수준이 90%이므로 양쪽 꼬리 부분의 확률은 각각 5%이고 따라서 신뢰구간의 상한값에 대응하는 (+)Z 값은 표준 정규분포표에서 누적확률 0.95에 해당하는 표준화 Z 값으로서 이는 1.64가 된다. 따라서 표본크기는

$$n = \left(\frac{Z\sigma}{E}\right)^2 = \left(\frac{(1.64)\,(120)}{10}\right)^2 = 387$$

이 된다. 표본오차를 20에서 10으로 감소시키기 위해서는 표본크기를 100에서 387로 약 4배로 증가시켜야 함을 알 수 있다.

[sas program]

```
DATA ex718;
  z=PROBIT(0.95); ①
  sigma=120;
  e=10;
  n=(z*sigma/e)**2; ②
RUN;


PROC PRINT DATA=ex718;
RUN;
```

해설

① PROBIT함수를 이용하여 표준정규분포에서 누적확률이 0.95가 되는 곳의 Z 값을 계산하고 있다. 이때 Z 값은 결과물 ①에 1.64로 나타나 있다

② 표본크기를 계산하는 과정이다. 결과물 ②에 표본크기 389로 나타나 있다.

[결과물]

```
        Obs      z      sigma    e       n
         1    1.64485    120     10    389.598
              ①                         ②
```

예제 7.19

놀이 공원에 입장하는 가족들의 지출액을 조사하기 위해 50가족을 표본으로 하여 분석한 결과 평균과 표준편차가 각각 $\bar{X}=68,000$(원), $S=34,000$(원)인 것으로 나타났다. 여기서 표본크기 50은 모집단 크기의 5% 미만이라고 가정할 때, 90% 신뢰수준하에서 표본오차가 5,000원인 구간추정치를 구하기 위해서는 표본크기를 얼마로 해야 하는가?

해설

모집단의 표준편차 σ를 알지 못하지만 표본크기가 모집단 크기의 5% 미만이므로 유한모집단수정계수에 의한 보정없이, 시험적 표본조사에서 얻은 표준편차 S를 σ 대신에 그대로 대체하여 사용할 수 있다(p. 270~271 NOTE 참조). 신뢰구간이 90%이므로 표준정규분포에서 양쪽 꼬리 부분의 확률은 각각 5%가 된다. 따라서 신뢰구간의 상한값에 해당하는 Z 값은 표준정규분포표에서 누적확률이 0.95가 되는 곳의 표준화 값으로서 1.64이다.

$$n = \left(\frac{ZS}{E}\right)^2 = \left(\frac{(1.64)(34000)}{5000}\right)^2 = 124.36$$

즉 표본크기를 약 124개로 하면 90%의 신뢰수준에서 표본오차가 5,000(원)인 구간추정치를 구할 수 있다.

```
[sas program]
DATA ex719;
  z=PROBIT(0.95); ①
  s=34000;
  e=5000;
  n=(z*s/e)**2; ②
RUN;


PROC PRINT DATA=ex719;
RUN;
```

해설

① 누적확률이 0.95가 되는 곳의 Z 값을 PROBIT 함수를 이용하여 구한다. 계산결과 Z 값이 결과물 ①에 1.64로 나타나 있다.

② 표본크기를 계산하는 과정으로 결과물 ②에 표본크기가 125로 나타나 있다.

[결과물]

Obs	z	s	e	n
1	1.64485	34000	5000	125.104
	①			②

예제 7.20

주차장 관리자가 차량 50대를 표본으로 하여 주차시간을 조사한 결과 평균 주차시간은 86분이고 표준편차는 45분인 것으로 나타났다. 이에 대해 다음 물음에 답하시오.

(1) 표본평균 $\bar{X}$의 표준오차는 얼마인가?

(2) 신뢰수준이 90%인 신뢰구간을 구하시오.

(3) 신뢰구간의 구간 폭을 좁혀 추정의 정밀도를 높이기 위해 표본오차를 최대 8분으로 하려고 한다. 신뢰수준 90%를 그대로 유지한다면 표본크기는 얼마로 해야 하는가?

(4) 표본오차를 8분으로 유지하면서 모평균 μ가 신뢰구간에 들어 있지 않을 위험을 10%에서 5%로 줄이려고 하는 경우 표본크기는 얼마로 해야 하는가?

(1) 표본평균 $\overline{X}$의 표준오차는 $\sigma / \sqrt{n}$ 이나 여기서 모집단의 표준편차 σ를 모르기 때문에 표본으로부터 얻은 표준편차 S로 대체하여 이용한다. 따라서 표본평균 $\overline{X}$의 표준오차는 다음과 같다.

$$\frac{S}{\sqrt{n}} = \frac{45}{\sqrt{50}} = 6.36$$

(2) 신뢰구간의 상하한값을 구하는 식 $\mu = \overline{X} \pm Z \dfrac{S}{\sqrt{n}}$ 에서 표본평균이 $\overline{X} = 86$이고 표본의 표준편차와 표본크기는 각각 $S = 45$, $n = 50$으로 이미 알고 있다.

따라서 표준화 Z값을 구해야 하는데 신뢰수준이 90%이므로 신뢰구간 상한값에 대응하는 Z값은 표준정규분포에서 오른쪽 꼬리 부분의 5%를 제외한 누적확률 0.95에 해당하는 값이 되며 이를 표준정규분포표에서 찾으면 약 1.64가 된다.

> **NOTE**
>
> 좀 더 정확히 계산한다면 $Z=1.64$까지의 누적확률이 0.9495이고 $Z=1.65$까지의 누적확률이 0.9505이므로 누적확률이 0.95가 되는 곳의 Z값은 1.64와 1.65의 중간에 있는 1.645가 될 것이다.

먼저 표본오차를 구하면

$$Z \frac{S}{\sqrt{n}} = 1.645 \frac{45}{\sqrt{50}} = 10.4$$

가 된다. 따라서 모평균 μ의 신뢰구간은

$$\mu = \overline{X} \pm Z \frac{S}{\sqrt{n}} = 86 \pm 10.4$$

임을 알 수 있다. 즉 모평균 μ가 75.6에서 96.4 사이의 범위에 들어 있을 확률은 90%임을 나타내고 있다.

(3) (2)에서 표본오차는 10.4분으로 나타났다. 이 표본오차를 최대 8분으로 축소시키기 위한 표본크기를 구하면

$$n = \left(\frac{ZS}{E}\right)^2 = \left(\frac{1.64 \times 45}{8}\right)^2 = 85$$

가 된다.

즉 신뢰수준 90%를 그대로 유지하면서 신뢰구간의 범위를 8분 이내로 축소시키기 위해서는 표본크기를 $n = 85$로 증가시켜야 됨을 알 수 있다.

(4) 모평균 μ가 신뢰구간에 들어 있지 않을 위험을 10%에서 5%로 줄인다는 것은 신뢰구간을 90%에서 95%로 증가시킨다는 것을 의미한다.

따라서 표본크기를 결정하는 식 $n = \left(\dfrac{ZS}{E}\right)^2$ 에 신뢰구간 95%에 해당하는 Z 값을 구하여 대입한다. 95%의 신뢰수준에서 신뢰구간 상한값에 해당하는 Z 값은 표준정규분포표에서 누적확률이 0.975가 되는 곳의 값인 1.96이 되므로 표본크기는

$$n = \left(\frac{ZS}{E}\right)^2 = \left(\frac{1.96 \times 45}{8}\right)^2 = 122$$

가 된다.

여기서 우리는 표본오차를 그대로 유지하면서, 즉 신뢰구간의 범위를 동일하게 유지하면서 신뢰수준을 높이기 위해서는 표본크기를 $n = 122$로 증가시켜야 함을 알 수 있다.

```
[sas program]
DATA ex720;
   n=50;
   xbar=86;
   s=45;
   se=s/SQRT(N); ①
   z=PROBIT(0.95); ②
   mu_upper=xbar+z*se; ③
   mu_lower=xbar-z*se; ④
   e=8; ⑤
   n1=(z*s/e)**2; ⑥
   z1=PROBIT(0.975); ⑦
   n2=(z1*s/e)**2; ⑧
RUN;

PROC PRINT DATA=ex720;
RUN;
```

해설

① $S/\sqrt{n}$ 에 따라 표준오차를 계산하고 이것에 se라는 변수명을 지정하였다. 표준오차 값이 결과물 ①에 6.36으로 나타나 있다.

② PROBIT 함수를 이용하여 누적확률이 0.95가 되는 곳의 표준화 Z 값을 계산한다. 결과물 ②에 Z 값이 1.64로 계산되어 있다.

③ $\mu = \bar{X} \pm Z\dfrac{S}{\sqrt{n}}$ 에 따라 모평균 신뢰구간의 상한값을 구하고 있으며 이 값은 결과물 ③에 96.4로 나타나 있다.

④ $\mu = \bar{X} \pm Z\dfrac{S}{\sqrt{n}}$ 에 따라 모평균 신뢰구간의 하한값을 구하고 있으며 이 값은 결과물 ④에 75.5로 나타나 있다.

⑤ 새로운 표본오차 8을 e라는 변수명에 지정하였다.

⑥ $n = \left(\dfrac{ZS}{E}\right)^2$ 에 따라 표본오차를 8로 하였을 경우에 필요한 표본크기를 계산하여 이를 n1이라 하였다. 표본크기가 결과물 ⑤에 약 86개로 나타나 있다.

⑦ 신뢰수준을 95%로 하였을 때 신뢰구간 상한값에 해당하는 곳의 표준화 Z 값을 구하기 위해 신뢰구간 상한값까지의 누적확률 0.975를 PROBIT 함수에 대입하였으며 이 값이 z1이라는 변수명으로 결과물 ⑥에 1.96으로 제시되어 있다.

⑧ 표본오차를 8로, 그리고 신뢰수준을 95%로 할 때의 표본크기를 바로 위 과정에서 구한 z1 값을 이용하여 식 $n = \left(\dfrac{ZS}{E}\right)^2$ 에 따라 구하고 있다. 표본크기는 결과물 ⑦에 n2라는 변수명 아래에 약 122개로 나타나 있다.

[결과물]

Obs	n	xbar	s	se	z	mu_upper	mu_lower	e	n1	z1	n2
1	50	86	45	6.36396	1.64485	96.4678	75.5322	8	85.6051	1.95996	121.546
				①	②	③	④		⑤	⑥	⑦

7.3 모평균의 가설검정

지금까지 우리는 표본으로부터 얻은 정보를 통해 모집단의 모수를 추측하는 두 가지 방법 중의 하나인 추정에 대해 신뢰구간 설정을 중심으로 살펴보았다. 지금부터는 다른 방법인 가설검정(hypothesis test)에 대해 살펴보기로 한다.

　가설검정(hypothesis test)은 앞에서 언급한 바와 같이 모수에 대한 어떤 가정이나 증명되지 않은 사실, 즉 가설(hypothesis)에 대해 이를 받아들일 것인지(accept) 또는 기각(reject)할 것인지를, 표본으로부터 얻은 정보를 바탕으로 검증(test)하는 과정을 말한다. 따라서 가설검정 역시 신뢰구간 추정에서와 마찬가지로 기본적 논리는 표본분포에 기반을 두고 있는 것이다.

양측검정

가설검정을 하기 위해서는 먼저 가설을 설정해야 하는데 이러한 가설설정은 귀무가설(null hypothesis)과 대립가설(alternative hypothesis)로 이루어진다. 예를 들어 어느 모집단의 모평균이 μ_0인지를 알고자 한다면 아래와 같이 귀무가설과 대립가설을 설정해야 한다.

$$H_0: \quad \mu = \mu_0$$
$$H_a: \quad \mu \neq \mu_0$$

　그런데 여기서 중요한 사실은 모평균 μ가 μ_0와 같다는 귀무가설이 옳다면, 그 모집단에서 추출한 표본으로부터 얻게 되는 표본평균 $\overline{X}$는 바로 귀무가설에서 지정한 μ_0를 평균으로 하는 표본분포의 확률변수로서, 이 표본분포의 어느 한 곳에 위치해 있을 것이라는 점이다. 특히 여기서 주의할 것은 표본평균 $\overline{X}$가 확률변수이기 때문에 설령 귀무가설이 맞는다 하더라도 표본평균 $\overline{X}$의 값이 μ_0와 같다고 기대할 수는 없지만, 이 표본평균 $\overline{X}$가 μ_0의 근방에 있으리라는 기대는 가능하다.

　다시 말해 표본평균 $\overline{X}$가 모평균이 μ_0인 모집단으로부터 추출되어 얻은 표본평균이라면, 표본평균의 표본분포 측면에서 볼 때, 이 표본평균 $\overline{X}$는 모평균 μ_0 근처에 위치할 확률이 높기 때문에, μ_0를 중심으로 일정 범위의 근방에 있는 구간을 귀무가설의 채택범위로, 이 범위를 벗어난 구간을 기각범위로 설정하게 되는 것이다. 특히 이러한 귀무가설의 채택범위를 채택역(acceptance region)이라 하고 귀무가설의 기각범위를 기각역(reject region)이라 한다.

귀무가설의 채택역과 기각역을 표본평균의 표본분포를 통해 살펴보기로 하자.

해설

⟨그림 7-5⟩에서 보는 바와 같이 귀무가설 H_0의 채택역은 μ_0를 중심으로 양쪽으로 일정 범위의 근방에 있는 구간을 차지하고 있으며, 기각역은 분포의 양쪽 꼬리 부분에 각각 자리를 차지하고 있다. 여기에서 μ_0를 중심으로 H_0의 채택역의 범위가 양쪽 어느 위치까지 미칠 것인가는 신뢰수준이나 뒤에서 살펴볼 유의수준(significant level)에 의해 결정된다.

귀무가설이 맞다면, 즉 모평균이 μ_0라 한다면 표본조사를 통해 얻게 되는 표본평균 $\overline{X}$의 값은 μ_0를 중심으로 한 근방에 있는 값을 가질 확률이 가장 크기 때문에 결국 채택역이라는 것은 귀무가설이 진실일 때 표본평균 $\overline{X}$의 값이 위치할 확률이 가장 높은 구간이라고 말할 수 있다. 마찬가지로 기각역은 H_0가 진실일 때 표본평균 $\overline{X}$의 값이 위치할 확률이 아주 낮은 구간이라 말할 수 있다. 따라서 기각역은 당연히 꼬리 부분에 위치할 것이다.

그림 7-5	귀무가설 채택역과 기각역

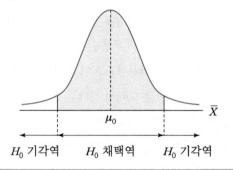

유의수준

모평균이 μ인 모집단으로부터 크기가 n인 표본을 추출하였을 때, 이로부터 얻게 되는 표본평균 $\overline{X}$에 대한 표본분포는 평균이 모평균과 같은 μ이고 표준오차가 $\sigma/\sqrt{n}$인 정규분포를 한다. 즉 표본이 어떻게 뽑히느냐에 따라 표본평균은 다른 값을 가지게 되나 이들 표본평균값들의 분포는 평균이 μ이고 표준오차가 $\sigma/\sqrt{n}$인 정규분포를 하기 때문에, 우리는 이로부터 표본평균의 표본분포상에서 확률변수인 $\overline{X}$가 모평균을 중심으로 어떤 일정구간에 속하는 값을 가질 확률이 몇 %가 될 것인가를 표본평균 $\overline{X}$의 표준화를 통해 쉽게 알아낼 수 있으며, 이를 이용하여 채택역의 확률인 신뢰수준(confidence level)과 기각역의 확률인 유의수준(significance level)을 결정할 수 있다.

예제 7.22

여기서는 귀무가설의 채택역과 기각역, 신뢰수준, 유의수준의 관계에 대해 살펴보기로 하자.

해설

예를 들어 모평균을 추정하기 위해 귀무가설에서 모평균을 $H_0: \mu = \mu_0$로 설정하고 크기 n의 표본을 추출하여 표본평균 $\overline{X}$를 구했다고 하자. 이때 만약 표본을 추출한 모집단의 모평균이 실제로 귀무가설에서 설정한 μ_0라고 한다면, 표본평균 $\overline{X}$의 표본분포는 평균이 μ_0이고 표준오차가 $\dfrac{\sigma}{\sqrt{n}}$인 정규분포를 할 것이다.

그리고 표본평균 $\overline{X}$는 〈그림 7-6〉에서 보는 바와 같이 μ_0를 중심으로 집중 분포되어 있을 것이다. 표본평균 $\overline{X}$를 $Z = \dfrac{\overline{X} - \mu_0}{\sigma/\sqrt{n}}$에 따라 표준화한 Z 값이 -1.96에서 1.96 사이의 값을 가지게 되는 확률은 표준정규분포표를 통해 95%가 됨을 쉽게 알 수 있는데, 이는 곧 표본평균 $\overline{X}$를 표준화했을 때의 Z 값이 -1.96에서 1.96 사이의 값을 가지게 되는 표본평균 $\overline{X}$는 전체의 95%가 됨을 의미하는 것이다.

즉 표본평균 $\overline{X}$가

$$\mu_0 - 1.96\frac{\sigma}{\sqrt{n}} \leq \overline{X} \leq \mu_0 + 1.96\frac{\sigma}{\sqrt{n}}$$

사이의 값을 가질 확률이 95%가 됨을 의미하는 것이다.

따라서 표본을 통해 얻은 표본평균 $\overline{X}$의 값이 귀무가설에서 설정한 'μ_0의 근처'에 위치해 있다면, 비록 표본평균 $\overline{X}$가 모평균과 일치하지는 않지만 이 표본은 모평균이 μ_0인 모집단에서 추출된 표본이라고 결론을 내릴 수 있으며 더 나아가 표본이 뽑힌 모집단의 모평균이 μ_0라고 말할 수 있다.

그런데 이때 문제가 되는 것은 귀무가설에서 설정한 'μ_0의 근처'의 범위를 어디까지로 하느냐 하는 것인데, 이는 바로 채택역의 범위를 어디까지로 해야 하는가의 문제인 것이다.

그림 7-6	확률변수 $\overline{X}$와 양측검정

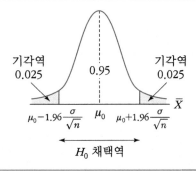

그림 7-7	표준화 Z변수와 양측검정

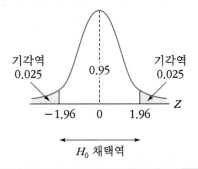

만일 채택역의 확률을 95%로 한다면 이는 모집단에서 표본이 어떻게 뽑히느냐에 따라 표본평균 $\overline{X}$의 값이 다르게 나타나겠지만, 임의로 추출된 표본에서 계산된 표본평균 $\overline{X}$가

$$\mu_0 - 1.96\frac{\sigma}{\sqrt{n}} \leq \overline{X} \leq \mu_0 + 1.96\frac{\sigma}{\sqrt{n}}$$

구간의 값을 가지거나 또는 표본평균 $\overline{X}$의 표준화 Z 값이

$$-1.96 \leq Z \leq 1.96$$

구간의 값을 가지는 경우, 이 표본은 모평균이 μ_0인 모집단으로부터 추출된 것으로 간주하겠다는 의미를 가지는 것이다.

그러나 표본평균 $\overline{X}$가, $\overline{X} < \mu_0 - 1.96\dfrac{\sigma}{\sqrt{n}}$ 또는 $\overline{X} > \mu_0 - 1.96\dfrac{\sigma}{\sqrt{n}}$ 범위의 값을 보이는 경우이거나 또는 $\overline{X}$를 표준화한 Z 값이 $Z < -1.96$ 또는 $Z > 1.96$ 범위의 값을 가지는 경우, 이는 분명 모평균이 μ_0인 모집단에서 추출된 표본들이 가질 수 있는 표본평균값이기는 하지만, 모평균이 μ_0인 모집단에서 추출된 표본들이 이러한 범위의 표본평균을 가질 확률(채택역을 95%로 하였으므로 5%이다)은 아주 작다는 근거하에서, 이들 범위의 표본평균을 가진 표본은 모평균이 귀무가설에서 설정한 μ_0가 아닌 다른 모평균을 가진 모집단에서 추출된 표본으로 간주하게 되는데 이 범위를 기각역(rejection region)이라 한다.

그런데 여기서 다시 한 번 주의할 것은 기각역에 속하는 표본평균의 값들이 실제로 모평균이 μ_0인 모집단으로부터 뽑힌 표본의 표본평균 값일 수 있다는 점이다. 다시 말해 모평균이 μ_0인 모집단으로부터 뽑힐 수 있는 여러 표본들 중에는 기각역에 속하는 값들을 표본평균으로 하는 표본들이 분명히 있을 수 있다는 점이다. 단지 그러한 표본평균 값을 가진 표본들이 추출될 가능성이 아주 희박하다는 것 뿐이다.

따라서 채택역의 확률을 95%로 하였을 때 나머지 5% 기각역에 속하는 값을 가지는 표본평균들은, 모평균이 μ_0라는 모집단에서 뽑힌 표본들의 표본평균임에도 불구하고 다른 모평균을 가진 모집단에서 뽑힌 표본의 표본평균이라고 간주하게 됨으로써 모평균이 μ_0라는 귀무가설이 진실임에도 불구하고 이를 기각하게 된다. 이는 곧 진실의 귀무가설을 거짓이라고 판단하게 되는 1종오류에 해당하며, 이러한 1종오류의 확률을 유의수준(significant level)이라고 하고 보통 α로 표시한다.

 NOTE

양측검정에서 유의수준을 α로 했을 때 한 쪽 꼬리 부분의 기각역의 확률은 $\alpha/2$가 된다.

예제 7.23

양측검정에서 유의수준이 다음과 같을 때 표준화 Z 값의 상하한값을 표준정규분포표에서 구하시오.

(1) $\alpha = 0.1$　　　　　(2) $\alpha = 0.05$　　　　　(3) $\alpha = 0.01$

해설

(1) 양측검정에서 유의수준이 0.1이라는 것은 기각역에 속하는 확률이 10%가 됨을 의미한다. 이는 곧 채택역의 확률이 90%가 됨을 의미하는 것이기도 하다.

　　또한 양측검정이므로 표준정규분포의 어느 한 쪽 꼬리 부분의 기각역의 확률은 $\alpha/2 = 0.05$가 된다. 오른쪽 꼬리부분의 기각역 확률이 0.05가 되는 곳에 위치하는 Z 값은 채택역을 기준으로 보면 상한값에 해당하며 이를 구하기 위해서는 표준정규분포표에서 누적확률이 0.95가 되는 곳의 값을 찾으면 되며 이때 Z 값은 1.64가 된다.

　　표준화 확률변수 Z의 하한값은 표준정규분포표에서 왼쪽 기각역의 확률이 0.05가 되는 곳의 값이므로 이는 표준정규분포표에서 누적확률이 0.05가 되는 곳의 값을 찾으며 되는데 이때 Z 값은 -1.64가 된다. 하한 Z 값의 경우는 표준정규분포가 좌우 대칭이므로 상하한의 Z 값은 부호만 다르다는 것을 감안하면 표준정규분포표를 찾을 필요없이 상한 Z 값인 1.64에 부호만 $(-)$로 바꾸면 된다.

　　따라서 채택역에 속하는 표준화 Z 값의 범위는 $-1.64 \leq Z \leq 1.64$이다.

그림 7-8	귀무가설(H_0) 채택역과 기각역

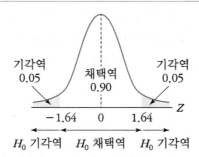

(2) 양측검정이므로 어느 한 쪽의 기각역 확률은 $\alpha/2 = 0.025$가 된다. 표준정규분포표로부터 누적확률이 0.975가 되는 곳의 Z 값이 1.96이므로 $\alpha = 0.05$일 때 Z 값

의 상한값은 $Z=\pm1.96$이 되어 채택역에 속하는 표준화 Z 값의 범위는 $-1.96 \leq Z \leq 1.96$이 된다.

(3) 양측검정이므로 어느 한 쪽의 기각역 확률은 $\alpha/2=0.005$가 된다. 표준정규분포 표로부터 누적확률이 0.995가 되는 곳의 Z 값이 2.57이므로 $\alpha=0.01$일 때 Z 값 의 상한값은 $Z=\pm2.57$이 되어 채택역에 속하는 표준화 Z 값의 범위는 $-2.57 \leq Z \leq 2.57$이 된다.

[sas program]

```
DATA ex723;
  INPUT alpha @@; ①
  p=1-alpha/2; ②
  z_upper=PROBIT(p); ③
  z_lower=-z_upper; ④
  CARDS; ⑤
0.1 0.05 0.01 ⑥
;
RUN;


PROC PRINT DATA=ex723; ⑦
RUN;
```

해설

① ex723라는 이름을 가진 데이터세트에 INPUT 스테이트먼트를 이용하여 유의수 준을 나타낼 변수명 alpha를 생성한다. 데이터는 ⑤의 CARDS 스테이트먼트 아 래에 나열되어 있는데 '하나의 변수'에 대한 데이터가 오른쪽으로 연속적으로 나 열되어 있기 때문에 데이터를 읽어들일 때도 이와 같이 오른쪽으로 이동하면서 연속적으로 읽도록 @@ 표시를 한다. ⑥에 문제에서 제시한 유의수준 값이 0.1 0.05 0.01로 나열되어 있으며 이는 ①에서 지정한 변수명 alpha에 저장된다. 따 라서 alpha라는 변수에는 세 개의 유의수준 값이 저장되어 있으며 이렇게 함으 로써 구하고자 하는 표준화 Z 값을 일괄적으로 처리할 수 있다.

② 표준정규분포에서 오른쪽 꼬리부분의 기각역 확률인 $\alpha/2$ 를 1에서 빼면 채택역 의 상한 Z 값이 위치하는 곳까지의 누적확률을 구할 수 있다. 여기서 유의할 것

은 alpha라는 변수가 세 개의 유의수준 값을 가지고 있기 때문에 여기서 계산되는 p라는 변수명 속에는 각각의 유의수준에 해당하는 누적확률 3개 값이 저장되어 있게 된다. 결과물 ①에 각각의 유의수준에 해당하는 누적확률이 p라는 이름 아래 계산되어 있다.

③ PROBIT 함수를 이용하여 누적확률 p에 대응하는 Z 값을 계산한다. 이때의 Z 값은 상한값에 해당한다. 결과물 ②에 유의수준에 따른 Z 값의 상한값이 계산되어 있다.

④ 표준정규분포가 대칭이므로 Z의 하한값은 상한값에 $(-)$부호만 붙이면 된다. 결과물 ③에 Z의 하한값이 나타나 있다.

⑥ PRINT 프로시저를 이용하여 위에서 작성한 ex723 파일을 출력한다.

[결과물]

Obs	alpha	p ①	z_upper ②	z_lower ③
1	0.10	0.950	1.64485	-1.64485
2	0.05	0.975	1.95996	-1.95996
3	0.01	0.995	2.57583	-2.57583

예제 7.24

지난 해 영업부 사원들이 사용한 회사차량의 주행거리는 개인당 2,500km였다고 한다. 올해 영업부 사원 50명을 무작위로 추출하여 개인당 주행거리를 조사한 결과 평균이 2,640km이고 표준편차는 340km인 것으로 나타났다.

이 자료를 통해 올해의 주행거리가 작년의 주행거리와 달라졌는지를 알고자 할 때 유의수준 5%에서 이를 검정하기 위한 가설을 설정하고 이를 검정하는 과정을 살펴보기로 하자(여기서 모집단의 표준편차 σ가 알려져 있지 않으므로 표본에서 구한 표준편차 S로 대체하여 사용한다).

해설

올해 주행거리가 작년의 1인당 주행거리와 다른지를 검정하는 것이므로. 귀무가설은 올해의 주행거리가 작년의 주행거리 2,500km와 같다고 설정하고 대립가설은 이와 반대로 올해의 주행거리가 작년의 주행거리와 다르다고 설정한다.

$$H_0 : \; \mu = 2,500$$

$$H_a : \; \mu \neq 2,500$$

위의 가설을 검정하기 위해 먼저 올해의 평균주행거리 2,640km에 대한 표준화 Z 값을 구하고, 이 값이 5%의 유의수준하에서 설정된 기각역에 포함된다면 올해의 모집단은 작년의 모집단과 달라진 것이라고 볼 수 있으므로 귀무가설을 기각하고 대립가설을 채택한다.

올해의 평균주행거리 2,640km에 대한 표준화 Z 값을 구하면

$$Z = \frac{\overline{X} - \mu_0}{S/\sqrt{n}} = \frac{2640 - 2500}{340/\sqrt{50}} = 2.91$$

이 된다.

그리고 주어진 유의수준이 $\alpha = 5\%$이고 양측검정이므로 표준정규분포에서 오른쪽 꼬리부분의 기각역에 속하는 확률은 0.025가 되므로 이 곳의 표준화 Z 값은 표준정규분포표에서 누적확률이 $1 - \alpha/2 = 0.975$가 되는 곳의 값을 찾으면 된다. 이 값은 1.96이 되므로 채택역에 속하는 표준화 Z 값의 범위는 $-1.96 \leq Z \leq 1.96$임을 알 수 있다.

그런데 위에서 구한 올해 평균주행거리 2,640km에 대한 표준화 Z 값은 2.91로서 이 범위를 벗어나 있으므로, 이 표본은 작년과 동일한 특성을 가진 모집단에서 추출되었다고 판단하기보다는 작년과 다른 특성을 가진 모집단에서 추출되었다고 보는 것이 타당하다. 즉 올해의 모집단은 작년의 모집단과 다르다고 판단하는 것이다.

이때 실제로 올해의 모집단이 작년과 다르지 않음에도 불구하고 이와 같이 다르다고 잘못 판단할 확률은 유의수준인 5%이다.

[sas program]

```
DATA ex724;
  mu0=2500;
  n=50;
  xbar=2640;
  s=340;
  z_xbar=(xbar-mu0)/(s/SQRT(n)); ①
  alpha=0.05;
```

```
   p=1-alpha/2; ②
   z_upper=PROBIT(p); ③
   z_lower=-z_upper; ④
RUN;

PROC PRINT DATA=ex724;
RUN;
```

해설

① $Z = \dfrac{\overline{X} - \mu_0}{S/\sqrt{n}}$ 에 따라 올해의 평균주행거리 $\overline{X} = 2640$에 대한 표준화 Z 값을 계산한다. 결과물 ①에 2.91로 나타나 있다.

② 양측검정을 하는 것이므로 유의수준 0.05를 2로 나누어 표준정규분포에서 오른쪽 꼬리부분의 기각역에 대한 확률을 구하고 이를 1에서 빼면 귀무가설의 채택여부의 기준이 되는 표준화 값까지의 누적확률을 구할 수 있다. 이는 누적확률을 통해 이 곳의 표준화 값을 알기 위함이다. 결과물 ②에 0.975로 계산되어 있다.

③ ②에서 구한 누적확률에 해당하는 표준화 Z 값을 PROBIT 함수를 이용하여 계산한다. 이는 결과물 ③에 1.959로 나타나 있다. 이는 채택역의 상한값에 해당하는 표준화 값이다.

④ 표준화정규분포는 대칭이므로 채택역의 하한과 상한의 표준화 값은 표준화정규분포의 평균 0에서 같은 거리만큼 떨어져 있으므로 ③에 구한 Z의 상한값에 $(-)$부호를 붙이면 된다.

결과물 ①의 Z 값(2.91)이 ③과 ④의 채택역 구간을 벗어나 있으므로 올해의 모집단은 작년의 모집단과 다르다고 볼 수 있으며, 이를 기반으로 올해의 평균주행거리 2,640km는 작년의 평균주행거리와 다르다고 판단할 수 있다. 즉 표본이 다르게 뽑혀서 표본평균이 다르게 나타난 것이 아니고 모집단의 모평균이 달라졌기 때문에 발생한 차이라고 결론내릴 수 있다. 물론 이때 잘못 판단할 확률, 즉 1종오류를 범할 위험은 유의수준인 5%이다.

[결과물]

Obs	mu0	n	xbar	s	z_xbar	alpha	p	z_upper	z_lower
1	2500	50	2640	340	2.91162	0.05	0.975	1.95996	-1.95996
					①		②	③	④

예제 7.25

[예제 7.24]를 통해 가설검정에서의 비유의적 차이(insignificant difference) 및 유의적 차이(significant difference)를 1종오류 및 2종오류와 관련하여 자세히 살펴보기로 하자.

해설

올해의 모집단이 작년의 모집단과 차이가 없다면 올해 50명을 대상으로 조사한 평균주행거리는 작년의 평균주행거리와 비슷한 값을 보일 확률이 높다고 예상할 수 있으나, 반대로 큰 차이를 보인다면 올해의 모집단 특성인 평균주행거리가 작년의 그것과 달라졌을 확률이 높다고 예상할 수 있다.

올해의 주행거리 값이 작년의 주행거리 값과 차이가 나는 이유는 다음 두 가지 중의 하나일 것이다. 첫째는 올해 모집단의 평균주행거리가 작년과 동일하다고 하더라도 표본이 어떻게 뽑히느냐에 따라 표본평균은 달라질 수 있다는 점이다. 따라서 올해의 평균주행거리 값이 작년의 평균주행거리 값과 차이가 나는 것이 바로 이러한 이유 때문에 발생한 것이라면, 이는 작년과 올해의 평균주행거리에 차이가 있더라도 이는 차이가 없는 것으로 판단해야 한다. 이러한 차이를 비유의적 차이(insignificant difference)라고 한다.

다른 한 이유는 실제로 올해의 모집단 특성이 작년의 그것과 달라졌기 때문에 올해 표본을 통해 얻은 평균주행거리 값이 작년의 평균주행거리 값과 달라졌을 경우이며 이를 유의적 차이(significant difference)라고 한다.

따라서 여기서 중요한 것은 작년과 올해의 평균주행거리의 차이가 첫 번째 이유처럼, 단지 모집단은 작년과 올해 변함이 없지만 표본이 다르게 뽑힐 수 있기 때문에 이로부터 연유된 차이인지, 아니면 실제 올해 모집단의 특성이 작년과 달라졌기 때문에 발생한 차이인지를 확인하는 것이며 이것이 바로 가설검정의 목적인 것이다.

이를 확인하기 위해 먼저 우리가 쉽게 예상할 수 있는 것은, 올해의 모집단 특성이 작년과 변함이 없다면 올해 평균주행거리 값은 작년의 그것과 큰 차이가 없을 것이라는 사실이다. 그리고 올해 조사된 표본의 평균주행거리 값이 작년의 그것과 차이가 커질수록 작년과 특성이 동일한 모집단에서 이러한 표본이 뽑힐 확률은 작아지기 때문에 이러한 차이는 표본이 다르게 추출됨으로써 발생한 것이라고 판단하기보다는 오히려 올해의 모집단이 작년의 모집단과 달라졌기 때문에 발생한 것이라고 보는 것이 더 타당할 것이다.

모평균이 μ_0인 모집단에서 표본을 통해 얻은 표본평균은 확률적으로 모평균 μ_0

근처의 값을 가질 확률이 높을 것이며, 이는 결국 표본평균이 μ_0에서 멀리 벗어난 값을 가질수록 그러한 벗어난 표본평균 값을 가진 표본은 모평균이 μ_0인 모집단에서 추출되었을 확률은 작아진다는 것을 의미한다. 이는 또한 표본평균이 모평균 μ_0에서 멀리 벗어난 값을 가질수록 해당표본은 모평균이 μ_0가 아닌 모집단에서 추출되었을 확률이 높다는 것을 의미하는 것이기도 하다.

그러면 표본평균 값이 모평균 μ_0에서 얼마나 벗어났을 때, 이 표본평균은 모평균이 μ_0가 아닌 모집단에서 추출되었다고 볼 것인가 하는 점이다. 이때 우리는 신뢰구간을 제시하게 되는 것이다. 즉 표본평균이 모평균 μ_0를 중심으로 좌우로 벗어난 범위를 신뢰구간으로 설정하고 이 신뢰구간보다 더 벗어난 표본평균 값을 가진다면 이 표본은 모평균이 μ_0가 아닌 모집단에서 추출된 것으로 간주하게 되는 것이다.

따라서 신뢰구간을 95%로 하는 경우, 모평균 μ_0를 중심으로 좌우로 벗어난 범위의 확률을 0.95로 설정하고 이보다 벗어난 구역에 표본평균 값이 존재하면, 이 표본은 모평균이 μ_0가 아닌 모집단에서 추출된 것으로 간주하는 것이다. 물론 이때 신뢰구간을 벗어난 구역의 확률은 0.05가 되고 이것이 바로 유의수준 α인 것이다.

이를 〈그림 7-9〉를 통해 자세히 살펴보자. 올해 평균주행거리가 $\overline{X}_1$보다 큰 값이라면 이 표본평균은 작년의 모집단분포에서 추출되었을 확률보다는 작년과 다른 A의 모집단분포에서 추출되었을 확률이 더 높은 것이다. 즉 올해의 모집단은 작년과 다른 모평균 μ_1을 가진 A라고 생각할 수 있다.

또한 올해 평균주행거리가 $\overline{X}_2$보다 작은 값이라면 이는 작년과 동일한 모집단분포에서 추출된 표본평균이라기보다는 B의 모집단분포에서 추출된 표본평균일 가능성(확률)이 더 높은 것이다.

따라서 가설검정 과정에서 가장 중요한 것은 작년과 올해의 주행거리의 차이가 어느 정도 났을 때까지를, 모집단의 변화가 아닌 표본의 추출에 의해 차이가 발생한 것으로 간주해야 하느냐 하는 것이다. 즉 〈그림 7-9〉에서 보면 $\overline{X}_1$과 $\overline{X}_2$를 μ_0에서 얼마나 떨어진 곳에 위치한 값으로 설정하느냐 하는 문제가 된다. 물론 귀무가설을 채택할 것인지 기각할 것인지 기준이 되는 $\overline{X}_1$과 $\overline{X}_2$를 설정한 후에는, $\overline{X}_1$보다 크거나 $\overline{X}_2$보다 작은 표본평균 값이 나왔다면, 이는 모평균이 μ_0가 아닌 다른 모집단에서 추출된 표본이라고 보고 모집단의 특성이 변한 것으로 간주한다.

그러나 $\overline{X}_1$보다 작고 $\overline{X}_2$보다 큰 μ_0 근처의 값이 나왔다면 이는 표본평균 값이

μ_0와 다르다고 하더라도 이는 표본이 다르게 뽑힘으로써 발생한 비유의적 차이일 뿐 본질적으로 모평균이 μ_0인 동일한 모집단에서 추출된 표본으로 간주하여도 무리가 없을 것이다.

〈그림 7-9〉에서 보는 바와 같이 올해의 모집단 특성이 작년과 동일하다면, 올해의 평균주행거리는 $\bar{X}_1$보다 크거나 $\bar{X}_2$보다 작게 나타날 확률보다는 $\bar{X}_1$과 $\bar{X}_2$ 사이의 값을 가질 확률이 훨씬 높다.

그러나 아주 낮은 확률이기는 하지만 작년과 동일한 특성을 가진 모집단분포에서도 분명히 $\bar{X}_1$보다 크거나 $\bar{X}_2$보다 작은 값을 가진 표본평균이 분명 나올 수 있다는 점이다. 만약 올해 조사된 표본평균이 이러한 값을 가졌다면 올해의 모집단의 특성이 작년과 동일함에도 불구하고 작년과 달라졌다고 판단하게 된다. 이런 경우 올해의 모평균이 작년의 모평균과 동일하다는 귀무가설이 진실임에도 이를 기각하는 1종오류(type I error)를 범하게 된다.

그림 7-9   모집단의 변화

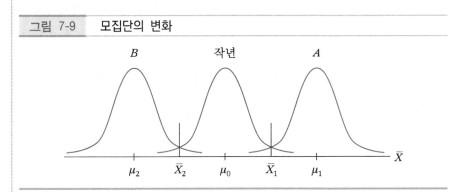

따라서 〈그림 7-9〉에서 모평균이 μ_0인 표본분포에서 평균주행거리 $\bar{X}$가 $\bar{X}_1$보다 크거나 $\bar{X}_2$보다 작은 구역을 기각역으로 설정하였다면, 이는 바로 1종오류를 범하게 되는 영역인 것이다. 또한 모평균이 μ_0인 모집단에서 뽑힌 표본의 표본평균이 이러한 기각역에 속할 확률을 유의수준이라고 하며 α로 표시하는데, 이는 앞에서 언급한 바와 같이 1종오류를 범할 위험확률이기도 한 것이다. 따라서 기각역이 어떻게 설정될 것인가는 유의수준을 얼마로 설정하느냐에 달려 있다.

그러나 실제로 가설검정을 하는 경우 위에서 살펴본 것처럼 진실의 귀무가설을 거짓이라고 판단할 1종오류만 존재하는 것은 아니다.

만약 올해의 실제 모집단은 작년과는 달리 모평균이 μ_2인 〈그림 7-9〉에 있는 B

의 분포를 가지고 있다고 하자. 이는 분명 모평균이 μ_0인 작년의 모집단 분포와 달라진 것이다. 이러한 상태에서 귀무가설이 $H_0 : \mu = \mu_0$이고 대립가설이 $H_a : \mu \neq \mu_0$인 가설을 설정하고 표본을 추출하여 표본평균을 구한 결과 표본평균 $\overline{X}$의 값이 $\overline{X}_2$보다는 크나 $\overline{X}_2$에 근접해 있었다고 하자. 올해의 모집단이 작년과는 다른 B의 분포를 보인 상태에서 이로부터 표본을 추출하여 얻은 표본평균이 $\overline{X}_2$보다 큰 값을 가질 확률은 상당히 작다고 예상할 수 있으나 아무리 확률이 작다고 하더라도 μ_2의 표본평균을 가진 B분포에서도 엄연히 $\overline{X}_2$보다 큰 표본평균을 가진 표본이 추출될 수 있는 것이다.

　이 경우 표본으로부터 얻은 표본평균 값이 귀무가설의 채택역 범위인 $\overline{X}_2$와 $\overline{X}_1$ 사이에 위치해 있기 때문에, 귀무가설을 채택하고 대립가설을 기각하면서 올해의 모평균이 작년의 모평균과 다르지 않다고 결론을 내리게 된다. 즉 올해의 모집단 분포는 작년의 모집단 분포와 달라지지 않았다고 판단하는 것이다. 그러나 이 표본평균 값은 분명히 작년의 모평균 μ_0와는 다른 μ_2의 모평균을 가진 B분포에서 추출된 표본으로부터 얻은 것으로써, 당연히 올해의 모평균이 작년의 모평균 μ_0와 같다는 귀무가설을 기각하여야 올바른 판단을 내린 것이 된다.

　따라서 이 경우는 진실인 대립가설을 기각하고 거짓의 귀무가설을 채택하게 되는 오류를 범하게 되는데, 이러한 오류를 2종오류(type Ⅱ error)라고 하고 보통 β라고 표시한다.

예제 7.26

어느 회사에서 매출액을 회수하는 데 걸리는 기간은 작년의 경우 매출건당 65.4(일)이 소요된다고 한다. 올해 회계부서에서 80건의 매출을 임의로 선정하여 조사한 결과 매출건당 평균 회수기간은 74.3(일)이고 표준편차는 28(일)인 것으로 나타났다. 이때 올해 매출대금의 회수기간이 작년과 달라졌다고 볼 수 있는지 5% 유의수준하에서 검정하시오.

해설

올해의 매출금 회수기간이 작년의 회수기간 65.4(일)과 달라졌는지를 검정하는 것이므로 양측검정을 해야 한다.

　먼저 귀무가설에서는 올해의 모평균 μ가 작년의 회수기간 65.4(일)과 동일하다는 가설을 설정하고 대립가설에서는 올해의 모평균 μ가 작년의 회수기간 65.4(일)과 다르다는 가설을 설정한다.

$$H_0: \ \mu = 65.4$$
$$H_a: \ \mu \neq 65.4$$

다음에 유의수준이 $\alpha = 0.05$이고 양측검정이므로, 누적확률이 0.975가 되는 곳의 표준화 Z 값을 표준정규분포표에서 구하면 1.96이 된다. 따라서 올해 표본조사를 통해 얻은 표본평균 $\overline{X} = 74.3$(일)에 대한 표준화 값 Z의 절대값이 $|Z| > 1.96$이면, 다시 말해 1.96보다 크거나 또는 -1.96보다 작다면 귀무가설이 기각되고 대립가설이 채택된다.

올해의 회수기간인 $\overline{X} = 74.3$(일)의 표준화 Z 값을 구하면

$$Z = \frac{\overline{X} - \mu_0}{S/\sqrt{n}} = \frac{74.3 - 65.4}{28/\sqrt{80}} = 2.84$$

이 되고 이는 $|Z| > 1.96$이므로 귀무가설을 기각하고 대립가설을 채택한다. 따라서 올해 대출금의 평균 회수기간은 작년의 평균 회수기간과 같다고 볼 수 없다는 결론을 내리게 된다. 이는 표본이 다르게 뽑혀서 표본평균이 다르게 나타난 것이 아니고 모집단의 모평균이 달라졌기 때문에 발생한 차이, 즉 유의적 차이라고 결론내릴 수 있으며, 이때 잘못 판단할 확률인 1종오류를 범할 확률은 유의수준인 5%이다.

그림 7-10 채택역과 기각역

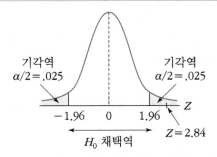

```
[sas program]

DATA ex726;
  mu0=65.4;
  n=80;
  xbar=74.3;
  s=28.0;
  z_xbar=(xbar-mu0)/(s/SQRT(n)); ①
  alpha=0.05;
  p=1-alpha/2; ②
  z_upper=PROBIT(p); ③
  z_lower=-z_upper; ④
RUN;


PROC PRINT DATA=ex726;
RUN;
```

해설

① $Z = \dfrac{\overline{X} - \mu_0}{S/\sqrt{n}}$ 에 따라 올해의 평균회수기간 $\overline{X} = 74.3$에 대한 표준화 값을 계산한다. 결과물 ①에 2.84로 나타나 있다.

② 양측검정을 하는 것이므로 유의수준 0.05를 2로 나누어 표준정규분포에서 오른쪽 꼬리부분의 기각역에 대한 확률($\alpha/2$)을 구하고 이를 1에서 빼면, 오른쪽 꼬리 부분의 기각역이 제외된 곳까지의 누적확률을 구할 수 있다. 이는 누적확률을 통해 이 곳의 표준화 값을 알기 위함이다. 결과물 ②에 0.975로 계산되어 있다.

③ ②에서 구한 누적확률에 해당하는 표준화 Z 값을 PROBIT 함수를 이용하여 계산한다. 이는 95% 신뢰구간의 상한값, 즉 귀무가설 채택역의 상한값에 해당하는 표준화 값이며 그 결과를 z_upper에 저장하고 있다. 이는 결과물 ③에 1.96으로 나타나 있다.

④ 채택역의 하한값에 해당하는 표준화 값이다. 이는 채택역의 상한값과 부호만 다를 뿐이다. 결과물 ④에 −1.96으로 나타나 있다.

 표본평균 74.3에 대한 표준화 Z 값(결과물 ①)이 채택역의 범위(결과물 ③과 ④), 즉 −1.96≤채택역의 Z≤1.96의 범위를 벗어나 있으므로 대립가설을 채택한다. 따라서 올해의 모집단은 작년의 모집단과 동일하다고 볼 수 없으며, 이를 기반으로 올해의 매출금 평균회수기간 74.3(일)은 작년의 평균회수기간과 같다고 볼 수 없다는 결론을 내리게 된다. 더 나아가 오른쪽 표준화 상한값을 훨씬 벗어나 있으므로(2.84>1.96) 자금회수 기간이 길어졌다고 볼 수 있다.

[결과물]

Obs	mu0	n	xbar	s	z_xbar	alpha	p	z_upper	z_lower
1	65.4	80	74.3	28	2.84300	0.1	0.975	1.95996	-1.95996
					①		②	③	④

단측검정

지금까지 살펴본 양측검정 방법은, 추정하고자 하는 모수가 귀무가설에서 설정한 어떤 특정값보다 크든 작든 상관없이 오직 이 특정값과 같은지 여부만을 조사하는데 적합하다. 이는 양측검정을 할 때 설정하는 귀무가설과 대립가설에서도 잘 나타나 있다.

$$H_0 : \quad \mu = \mu_0$$

$$H_a : \quad \mu \neq \mu_0$$

즉 대립가설 $H_a : \mu \neq \mu_0$에서 추정하고자 하는 모수 μ가 μ_0와 다르다는 것만을 나타내는 가설일 뿐이므로, μ는 μ의 변화 방향에 따라 μ_0보다 큰 값을 가질 수도 있고 작은 값을 가질 수도 있는 것이다.

이에 반해 모수 μ의 변화가 어떤 특정 방향으로 이루어짐으로써 귀무가설에서 설정한 μ_0보다 작아졌는지 또는 커졌는지의 여부를 확인하고자 할 때는 단측검정(one-tail test)을 사용한다.

예제 7.27

여기서는 단측검정의 귀무가설 채택역과 기각역에 대해 살펴보기로 하자.

해설

먼저 단측검정은 상한단측검정(upper one-tail test)과 하한단측검정(lower one-tail test)의 두 가지가 있다. 전자의 경우는 추정하고자 하는 모수가 귀무가설에서 설정한 값 μ_0보다 증가하는 방향으로 변화한 경우 실제로 모수 값의 증가 현상이 일어났는지 여부를 확인할 때 이용하며, 후자는 반대로 추정하고자 하는 모수가 귀무가설에서 설정한 값 μ_0보다 감소하는 방향으로 변화한 경우 실제로 모수 값의 감소 현상이 일어났는지 여부를 확인할 때 사용한다.

따라서 상한단측검정과 하한단측검정의 가설은 다음과 같이 설정할 수 있다.

$$(\text{상한단측검정}) \quad H_0: \ \mu = \mu_0 \quad H_a: \ \mu > \mu_0$$
$$(\text{하한단측검정}) \quad H_0: \ \mu = \mu_0 \quad H_a: \ \mu < \mu_0$$

이때 주의할 것은 양측검정의 경우, 유의수준 α가 양쪽 꼬리 부분에 양분되어 기각역이 설정이기 때문에 각 기각역의 확률은 $\alpha/2$가 되지만, 단측검정일 경우는 그것이 상한단측검정이냐 하한단측검정이냐에 상관없이 기각역이 어느 한 쪽 꼬리 부분에만 설정되므로 기각역의 확률은 그대로 유의수준과 같은 α가 된다.

그림 7-11 양측검정과 단측검정의 채택역과 기각역

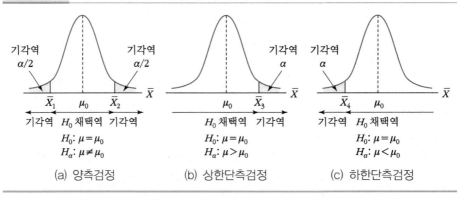

(a) 양측검정 (b) 상한단측검정 (c) 하한단측검정

🎯 **NOTE**

표본평균에 대한 표준화 값은 $Z = \dfrac{\overline{X} - \mu_0}{S/\sqrt{n}}$에 따라 구할 수 있다.

〈그림 7-11〉에서의 양측검정에서도 채택역의 하한값 $\overline{X}_1$과 상한값 $\overline{X}_2$을 표준화 Z값으로 변환하여 나타낸다면

$$\overline{X}_1 \;\rightarrow\; Z_1 = \frac{\overline{X}_1 - \mu_0}{S/\sqrt{n}}$$

$$\overline{X}_2 \;\rightarrow\; Z_2 = \frac{\overline{X}_2 - \mu_0}{S/\sqrt{n}}$$

가 된다. 물론 단측검정에서의 $\overline{X}_3$, $\overline{X}_4$도 같은 방법을 이용하여 표준화 Z 값으로 나타낼 수 있다.

그러나 여기서 주의할 것은 적어도 '귀무가설 채택여부의 기준이 되는 값들'인 $\overline{X}_1$, $\overline{X}_2$, $\overline{X}_3$, $\overline{X}_4$의 경우는 이들 표준화 값을 $Z = \frac{\overline{X} - \mu_0}{S/\sqrt{n}}$에 따라 변환할 수 있다고 하여, 실제로 이들 $\overline{X}_1$, $\overline{X}_2$, $\overline{X}_3$, $\overline{X}_4$에 대한 표준화 값들이 $Z = \frac{\overline{X} - \mu_0}{S/\sqrt{n}}$에 따라 계산된 것이 아니라는 점이다. 오히려 이들 '귀무가설 채택여부의 기준이 되는 값들'인 $\overline{X}_1$, $\overline{X}_2$, $\overline{X}_3$, $\overline{X}_4$의 값들은, 주어진 유의수준에 의해 결정된 귀무가설 채택역의 상한값 $Z = \frac{\overline{X} - \mu_0}{S/\sqrt{n}}$에 해당하는 Z 값을 먼저 표준정규분포표에서 구하고, $Z = \frac{\overline{X} - \mu_0}{S/\sqrt{n}}$의 변환식인 $\overline{X} = \mu_0 + Z_{\alpha/2} \frac{S}{\sqrt{n}}$에 따라 사후적으로 계산하여 얻은 결과인 것이다(여기서는 양측검정이므로 Z 값을 $Z_{\alpha/2}$로 표시하고 있다).

다시 말해서 유의수준이 α인 양측검정의 경우 오른쪽 꼬리 부분의 기각역 확률은 $\alpha/2$가 되므로 귀무가설 채택역의 상한값 〈그림 7-11(a)〉의 경우 $\overline{X}_2$에 해당)이 가지는 표준화 Z 값은 표준정규분포표에서 누적확률이 $(1-\alpha/2)$가 되는 곳의 값이 되는 것이다. 이를 보통 $Z_{\alpha/2}$로 표시하는데 〈그림 7-11(a)〉에서 $\overline{X}_2$의 값은 바로 $Z_{\alpha/2}$라는 표준화 값을 갖는 표본 평균을 $\overline{X} = \mu_0 + Z_{\alpha/2} \frac{S}{\sqrt{n}}$에 따라 사후적으로 계산한 값인 것이다. 이때 $\overline{X}_1$의 값은 $-Z_{\alpha/2}$라는 표준화 값을 갖는 표본평균에 해당하므로 $\overline{X} = \mu_0 - Z_{\alpha/2} \frac{S}{\sqrt{n}}$에 따라 계산된 값임을 알 수 있다.

〈그림 7-11(b)〉의 상한단측검정에서 귀무가설 채택여부의 기준이 되는 $\overline{X}_3$의 값은 기각역의 확률이 유의수준인 α가 되므로 $\overline{X}_3$에 대응하는 표준화 Z 값은 표준정규분포표에서 누적확률이 $(1-\alpha)$인 곳의 값이 되며 이는 보통 Z_α로 나타낸다. 따라서 $\overline{X}_3$는 바로 표준화 값이 Z_α인 표본평균에 해당하므로 $\overline{X}_3$ 값은 $\overline{X} = \mu_0 + Z_\alpha \frac{S}{\sqrt{n}}$에 따라 구할 수 있다.

〈그림 7-11(c)〉의 하한단측검정에서 귀무가설 채택여부의 기준이 되는 $\overline{X}_4$의 값은 상한 단측검정에서와 마찬가지로 기각역의 확률이 유의수준인 α가 되나, 다른 점은 $\overline{X}_4$에 대응하는 표준화 Z 값의 위치는 표준정규분포에서 누적확률이 α가 되는 곳이라는 사실이다. 이때의 표준화 값은 상한단측검정에서 누적확률이 $(1-\alpha)$인 곳의 표준화 값인 Z_α와 부호만 반대이므로 $(-)Z_\alpha$가 된다. 따라서 $\overline{X}_4$는 $\overline{X} = \mu_0 - Z_\alpha \frac{S}{\sqrt{n}}$에 따라 계산된 값이다.

예제 7.28

여기서는 지금까지 보아 온 것처럼 표준화 Z 값을 기준으로 귀무가설 채택여부를 검정하는 것이 아니라, 〈그림 7-11〉에 제시된 것과 같이 표본평균 $\overline{X}$ 값을 기준으로 귀무가설의 채택 여부를 결정하는 과정에 대해 살펴보기로 하자.

해설

먼저 양측검정의 경우, 유의수준 α가 주어지면 누적확률이 $(1-\alpha/2)$이 되는 곳의 표준화 Z 값을 찾는다. 이 값을 $Z_{\alpha/2}$라 하면 귀무가설 채택역의 범위를 표본평균 값으로 표시한 〈그림 7-11(a)〉의 $\overline{X}_1$과 $\overline{X}_2$는 다음과 같이 설정할 수 있다.

$$\overline{X}_1 = \mu_0 - Z_{\alpha/2}\frac{S}{\sqrt{n}}$$

$$\overline{X}_2 = \mu_0 + Z_{\alpha/2}\frac{S}{\sqrt{n}}$$

따라서 표본을 통해 얻은 표본평균 $\overline{X}$ 값이 $\overline{X}_1$과 $\overline{X}_2$ 사이의 채택역 범위에 있으면 귀무가설을 채택하여 표본이 추출된 모집단의 모평균을 μ_0라고 판단하게 된다.

그러나 표본평균 $\overline{X}$의 값이 $\overline{X}_1$보다 작은 값을 가지거나 $\overline{X}_2$보다 큰 값을 가지게 되면, 이러한 표본평균 값을 가진 표본이 추출된 모집단의 모평균은 μ_0가 아니라고 판단하여 귀무가설을 기각하고 대립가설을 채택하게 되는 것이다.

〈그림 7-11(b)〉의 상한단측검정에서는 유의수준 α가 주어지면 누적확률이 $(1-\alpha)$가 되는 곳의 표준화 Z 값을 찾는다. 이 값을 Z_α라 하면 〈그림 7-11(b)〉의 $\overline{X}_3$는 다음과 같이 계산할 수 있다.

$$\overline{X}_3 = \mu_0 + Z_\alpha\frac{S}{\sqrt{n}}$$

이때 표본을 통해 얻은 표본평균 $\overline{X}$ 값이 $\overline{X}_3$보다 작다면($\overline{X} \leq \overline{X}_3$) 귀무가설을 채택하여 표본이 추출된 모집단의 모평균을 μ_0라고 판단하게 된다. 그러나 $\overline{X}_3$보다 큰 값을 가지게 되면 이러한 표본평균 값을 가진 표본이 추출될 수 있는 모집단의 모평균은 μ_0보다 큰 값을 가지고 있을 것이라고 판단하여 귀무가설을 기각하고 대립가설($H_a : \mu > \mu_0$)을 채택하게 되는 것이다.

〈그림 7-11(c)〉의 하한단측검정의 경우는 상한단측검정과는 달리 유의수준 α가 그대로 누적확률이 되는데 이때의 표준화 Z 값은, 누적확률이 $(1-\alpha)$가 되는 곳의 표준화 값인 Z_α와 부호만 다를 뿐 절대값이 동일하므로 $(-)Z_\alpha$가 된다. 따라서 〈그림 7-11(c)〉의 $\overline{X}_4$는 다음과 같이 계산할 수 있다.

$$\overline{X}_4 = \mu_0 - Z_\alpha \frac{s}{\sqrt{n}}$$

이때 표본을 통해 얻은 표본평균 $\overline{X}$ 값이 $\overline{X} \geq \overline{X}_4$의 범위에 있으면 귀무가설을 채택하여 표본이 추출된 모집단의 모평균을 μ_0라고 판단하게 된다. 즉 표본이 추출된 모집단의 모평균에 감소현상은 일어나지 않았다고 판단한다.

그러나 $\overline{X}$값이 $\overline{X}_3$보다 작은 값을 가지게 되면 이러한 표본평균 값을 가진 표본이 추출된 모집단의 모평균은 μ_0보다 작은 값을 가지고 있다고 판단하여 귀무가설을 기각하고 대립가설(H_a: $\mu < \mu_0$)을 채택하게 되는 것이다.

예제 7.29

다음 상황에 대해 가설을 세우고 이를 검정하려면 양측검정과 단측검정 중 어느 것을 적용해야 하는지 확인하시오. 만약 단측검정이라면 상한단측검정과 하한단측검정 중 어느 것을 적용해야 하는가?

(1) 매출에 대한 자금 회수기간이 평균 64일인 회사에서 자금회수기간을 단축하기 위해, 대금을 조기 지급해 주는 거래업자에 대해서는 매출액의 일부를 할인해 주는 제도를 택하였다. 이 제도를 시행하고 일정기간이 지난 후 이에 대한 효과를 분석하기 위해 표본조사를 실시하였다.

(2) 포장용 비닐을 생산하는데 있어서 중요한 기술은 수분을 제품 무게의 0.03%로 유지하는 것이라고 한다. 즉 이보다 수분이 많을 경우 찢어지기가 쉽고, 너무 낮은 수분을 가지고 있으면 색깔이 갈색으로 변한다고 한다. 이러한 포장용 비닐을 생산하는 회사에서는 수분이 0.03%를 유지하고 있는지를 검사하려고 한다.

(3) 건전지 생산업체에서는 자사 제품에 대한 수명이 평균 62시간에 이른다고 광고하고 있다. 그러나 많은 소비자들로부터 이 건전지의 수명이 62시간에 못 미친다는 불평을 접수한 후 이에 대한 조사를 실시하고자 한다.

(4) 잉크젯 프린터에 사용되는 기존 잉크 캐트리지의 경우 평균 A4용지 800장을 인쇄

할 수 있다고 한다. 이번에 새로 신제품을 개발한 연구진들은 이 신제품이 기존 제품보다 더 많은 양을 인쇄할 수 있다고 믿고 있다. 이를 확인하기 위해 60개의 표본을 뽑아 조사하려고 한다.

해설

(1) 조기 지급에 대해 매출액의 일부를 할인해 주는 제도의 효과를 분석하는 것이므로 만약 이 제도가 효과가 있다면 기존의 자금 회수기간인 64일보다 짧아야 한다. 따라서 이를 분석하기 위한 가설은 하한단측검정을 할 수 있도록 설정한다.

즉 귀무가설로서 할인제도의 실시 이후에도 회수기간에는 변동이 없다는 가설을 설정하고, 대립가설에서는 회수기간이 짧아졌다는 가설을 설정하여 이 제도가 자금 회수기간의 단축에 효과가 있었다는 내용을 포함하도록 한다.

$$H_0: \mu = 64$$
$$H_a: \mu < 64$$

(2) 포장용 비닐이 포함하는 수분이 0.03%를 유지하고 있는지를 검사하려고 하는 것이다. 따라서 귀무가설은 수분이 0.03%를 유지하고 있다는 내용으로 설정하고 대립가설은 0.03%의 수분을 유지하고 있지 않다는 내용으로 설정한다. 즉 양측검정이 적용된다.

$$H_0: \mu = 0.03$$
$$H_a: \mu \neq 0.03$$

(3) 건전지의 수명이 62시간에 이르는지 아니면 이에 못 미치는지를 조사하는 것이다. 따라서 귀무가설에서는 건전지 평균수명이 62시간이라는 내용으로 설정하고, 대립가설에서는 이보다 짧다는 내용으로 설정해야 한다. 이는 바로 하한단측검정에 해당한다.

$$H_0: \mu = 62$$
$$H_a: \mu < 62$$

(4) 기존 잉크 캐트리지가 800장을 인쇄하는데 반해 신제품은 이보다 많이 인쇄할 수 있는지를 조사하는 것이다. 따라서 이는 상한단측검정을 적용할 수 있도록 가설을 설정한다.

$$H_0: \quad \mu = 800$$

$$H_a: \quad \mu > 800$$

예제 7.30

백화점의 신용카드 관리자는 매달 카드대금이 연체된 고객들을 대상으로 1인당 연체액이 10만원을 상회하는지를 조사한다. 이번 달에 연체자 200명을 뽑아 조사한 결과 평균 연체액이 108,000원이고 표준편차는 42,500원인 것으로 나타났다. 이 자료를 이용하여 이번 달의 1인당 평균 연체액이 10만원을 상회하는지 여부를 판단하기 위한 가설을 설정하고 5%의 유의수준에서 이를 검정하시오.

해설

1인당 평균 연체액이 10만원을 상회하는지 여부를 판단하기 위한 것이므로 귀무가설은 연체액이 10만원 이하라고 설정하고 대립가설은 이를 상회하는 내용으로 설정한다.

$$H_0: \quad \mu \leq 100,000$$

$$H_a: \quad \mu > 100,000$$

이는 상한단측가설검정에 해당하며 귀무가설의 채택여부를 판단하기 위해서는, 먼저 표본평균 $\overline{X} = 108,000$의 표준화 Z 값을 구한 후, 이 값을 귀무가설 채택여부의 기준이 되는 유의수준 5%에서의 표준화 Z 값과 비교한다.

표본평균 $\overline{X} = 108,000$의 표준화 Z 값을 구하면

$$Z = \frac{\overline{X} - \mu_0}{S/\sqrt{n}} = \frac{108000 - 100000}{42500/\sqrt{200}} = 2.66$$

이 된다. 그런데 이 값은, 유의수준이 5%일 때 상한단측검정에서 귀무가설 채택여부의 기준이 되는 표준화 Z 값인 1.64를 상회하는 기각역에 속해 있으므로 귀무가설을 기각하고 대립가설을 채택하게 된다. 즉 이번 달의 1인당 연체액은 10만원을 상회하고 있다고 결론내릴 수 있다.

그림 7-12   상한단측검정과 기각역

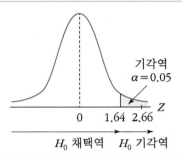

기각역
$\alpha = 0.05$

0 1.64 2.66 Z

H_0 채택역 H_0 기각역

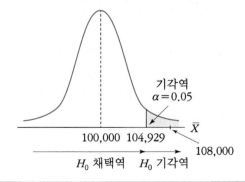

NOTE

위의 가설검정에서 귀무가설 채택여부의 기준이 되는 $\alpha=0.05$ 유의수준에서의 임계값은 표준화 Z 값이 아닌 $\overline{X} = \mu_0 + Z_\alpha \dfrac{S}{\sqrt{n}}$ 로 나타낼 수도 있다. 이를 $\overline{X}_c$ 라 표시하면

$$\overline{X}_c = \mu_0 + Z_\alpha \frac{S}{\sqrt{n}} = 100000 + 1.64 \frac{42500}{\sqrt{200}} = 104929$$

가 된다. 표본평균($\overline{X}=108,000$)이 귀무가설 채택여부의 기준이 되는 104,929원보다 크므로 귀무가설을 기각하고 대립가설을 채택하게 된다. 다시 말해 표본평균이 108,000원인 표본 은 모평균 μ가 100,000원 이하의 값을 가진 모집단으로부터 추출되었다고 볼 수 없다는 결론을 내리게 된다. 그리고 이 결론이 잘못된 판단일 확률은 유의수준인 5%인 것이다. 따라서 이번 달 1인당 연체액은 100,000원을 상회했다고 결론내릴 수 있다.

그림 7-13   표본평균으로 표시한 상한단측검정의 채택역과 기각역

기각역
$\alpha = 0.05$

$\overline{X}$

100,000 104,929

108,000

H_0 채택역 H_0 기각역

[sas program]

```
DATA ex730;
  mu0=100000;
  n=200;
  xbar=108000;
  s=42500;
  z_xbar=(xbar-mu0)/(s/SQRT(n)); ①
  alpha=0.05;
  p=1-alpha; ②
  z_crt=PROBIT(p); ③
RUN;

PROC PRINT DATA=ex730;
RUN;
```

해설

① 표본평균 $\overline{X}=108000$원의 표준화 값을 $Z=\dfrac{\overline{X}-\mu_0}{S/\sqrt{n}}$에 따라 계산한다. 이는 결과물 ①에 2.66으로 나타나 있다.

② 상한단측검정에서 유의수준이 5%일 때 귀무가설 채택여부의 기준이 되는 임계값까지의 누적확률을 구한다. 상한단측검정에서 이는 귀무가설 채택역의 확률과 동일하다. 유의수준이 $\alpha=0.05$이므로 이 누적확률은 간단히 0.95임을 알 수 있다. 이는 결과물 ②에 나타나 있다.

③ 귀무가설 채택여부의 기준이 되는 Z의 임계값을 PROBIT 함수를 이용하여 구한다. 이는 바로 누적확률이 0.95일 때의 표준화 값인 것이다. 결과물 ③에 1.64로 나타나 있다. 표본평균 $\overline{X}=108000$원의 표준화 Z 값(2.66)은 채택역과 기각역의 임계값 Z 값 1.64보다 크므로 귀무가설을 기각하고 대립가설을 채택한다.

[결과물]

Obs	mu0	n	xbar	s	z_xbar	alpha	p	z_crt
1	100000	200	108000	42500	2.66205	0.05	0.95	1.64485
					①		②	③

예제 7.31

매출에 대한 자금 회수기간이 평균 64일인 회사에서 자금회수기간을 단축하기 위해, 대금을 조기 지급해 주는 거래업자에 대해서는 매출액의 일부를 할인해 주는 제도를 택하였다. 이 제도의 효과를 알아보기 위해 6개월 후 거래처 50개를 표본으로 하여 대금 회수기간을 조사한 결과 평균 회수기간은 $\overline{X}$=60.5(일)이고 표준편차는 S=28 (일)인 것으로 나타났다.

이 자료를 이용하여 새로운 신용제도의 도입이 대금 회수기간을 단축시키는데 효과가 있었는지를 확인하는 가설을 설정하고 5% 유의수준하에서 이에 대한 검정결과를 해석하시오.

해설

귀무가설에서는 새로운 신용제도의 도입 전후에 자금 회수기간의 변화가 없었다는 내용을 포함하고 대립가설에서는 새로운 신용제도의 도입 후에 회수기간이 단축되었다는 내용으로 설정한다.

$$H_0: \ \mu = 64$$
$$H_a: \ \mu < 64$$

이는 하한단측가설검정에 해당하며 귀무가설의 채택여부를 판단하기 위해서는 먼저 표본평균 $\overline{X}$=60.5의 표준화 Z 값을 구한 후, 이 값을 귀무가설 채택여부의 기준이 되는 유의수준 5%에서의 표준화 Z 값과 비교한다.

표본평균 $\overline{X}$=60.5에 대한 표준화 Z 값을 구하면

$$Z = \frac{\overline{X} - \mu_0}{S/\sqrt{n}} = \frac{60.5 - 64}{28/\sqrt{50}} = 0.88$$

이 된다.

다음에 유의수준이 5%일 때 귀무가설 채택여부의 기준이 되는 표준화 Z 값을 구해야 하는데, 이 경우는 하한단측검정을 하는 것이므로 표준정규분포표에서 누적확률이 0.05일 때의 Z 값을 찾으면 된다(물론 누적확률이 0.95가 되는 곳의 Z 값을 찾아 여기에 부호만 반대로 한 값이기도 하다). 이 Z 값이 -1.64이므로 표본평균 $\overline{X}$에 대한 표준화 Z 값이 $Z \geq -1.64$이면 귀무가설을 채택하고, $Z < -1.64$이면 귀무가설을 기각하고 대립가설을 채택하게 된다.

앞에서 구한 표본평균 $\overline{X}=60.5$의 표준화 값은 $Z=-0.88$로서 귀무가설 채택 기준이 되는 Z 값인 -1.64보다 크므로 귀무가설을 채택하게 된다. 즉 새로운 신용제도의 도입이 매출대금 회수기간의 단축을 가져왔다고 볼 수 없다는 결론을 내리게 된다.

그림 7-14	하한단측검정

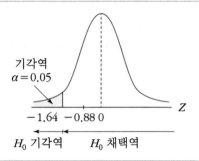

[sas program]

```
DATA ex731;
   mu0=64;
   n=50;
   xbar=60.5;
   s=28;
   z_xbar=(xbar-mu0)/(s/SQRT(n)); ①
   alpha=0.05;
   p=alpha; ②
   z_crt=PROBIT(p); ③
RUN;

PROC PRINT DATA=ex731;
RUN;
```

해설

① 표본평균 $\overline{X}=60.5$의 표준화 값을 $Z=\dfrac{\overline{X}-\mu_0}{S/\sqrt{n}}$에 따라 계산한다. 이는 결과물 ①에 -0.88로 나타나 있다.

② 하한단측검정에서 유의수준이 5%일 때 귀무가설 채택여부의 기준이 되는 임계 값까지의 누적확률을 구한다. 이는 하한단측검정에서의 유의수준 확률과 동일하다. 즉 $\alpha = 0.05$이므로 임계값까지의 누적확률은 그대로 0.05이다. 이는 결과물 ②에 나타나 있다.

③ 귀무가설 채택여부의 기준이 되는 Z의 임계값을 PROBIT 함수를 이용하여 구한다. 이를 위해 PROBIT 함수에 누적확률을(p=0.05) 입력한다. 계산 결과가 결과물 ③에 −1.64로 나타나 있으며 이는 바로 누적확률이 0.05일 때의 표준화 Z 값인 것이다. 위에서 구한 z_xbar의 값 −0.88이 임계값에 해당하는 z_crt −1.64보다 크므로 귀무가설을 채택하게 된다.

[결과물]

Obs	mu0	n	xbar	s	z_xbar	alpha	p	z_crt
1	64	50	60.5	28	-0.88388	0.05	0.05	-1.64485
					①		②	③

확률 p 값에 의한 가설검정

지금까지 살펴본 가설검정은 표본조사를 통해 얻은 표본평균 $\overline{X}$의 표준화 Z 값을 구한 후, 이를 주어진 유의수준하에서 귀무가설의 채택역 또는 기각역의 임계값에 해당하는 Z 값과 비교하여, $\overline{X}$의 표준화 Z 값이 귀무가설 채택역과 기각역의 어느 곳에 위치하는가를 확인하는 과정을 통해 귀무가설의 채택여부를 결정하였다.

그러나 이와는 다른 방법으로, 표본평균 $\overline{X}$의 표준화 Z 값이 위치하는 곳을 귀무가설 채택여부를 결정하는 임계값으로 정한다고 가정했을 때의 기각역 확률 p를, 유의수준 α와 비교함으로써 동일한 결과의 가설검정을 할 수 있다. 이 p 값이 유의수준 α보다 크다면 이는 표본평균 $\overline{X}$의 표준화 Z 값이 귀무가설의 채택역에 위치하고 있음을 의미하며, p 값이 유의수준 α보다 작다면 이는 표본평균 $\overline{X}$의 표준화 Z 값이 귀무가설의 기각역에 위치하고 있음을 의미하는 것이다.

〈그림 7-15〉에서 ① → ② → ③의 과정은 표준화 Z 값에 따른 가설검정에 해당하며, ① → ②′ → ③′의 과정은 기각역 확률 p 에 의한 가설검정에 해당하는데 두 과정의 결과는 모두 동일하다.

그림 7-15   표준화 Z 값과 기각역 확률 p에 의한 가설검정의 비교

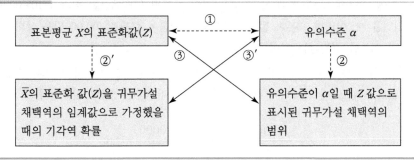

예제 7.32

〈그림 7-16〉은 유의수준 α 하에서 표본평균 $\overline{X}$의 표준화 Z 값을 임계값으로 했을 때, 이에 대응하는 확률 p를 기준으로 상한단측검정을 하는 경우의 예이다. 표준화 Z 값을 임계값으로 했을 때, 이에 대응하는 그림에 나타난 것처럼 표본평균 $\overline{X}$에 대한 표준화 값을 Z^*라 했을 때 이를 임계값으로 하는 경우의 기각역 확률은 $P(Z > Z^*)$ 로서 바탕색 부분에 해당하며 이것이 유의수준에서의 기각역 확률 α보다 크게 나타나 있다. 이는 표본평균 $\overline{X}$의 표준화 값인 Z^*가 귀무가설의 채택역에 위치하고 있음을 의미하는 것이므로 귀무가설을 채택하고 대립가설을 기각하게 된다.

그림 7-16 $P(Z > Z^*)$에 대한 확률 p값

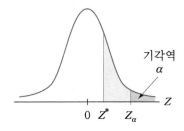

예제 7.33

[예제 7.30]의 문제를 Z에 대한 임계값 확률 p 값에 따라 가설검정을 하시오.

해설

1인당 평균 연체액이 10만원을 상회하는지 여부를 판단하기 위한 것으로서 상한단측검정에 해당한다. 즉 연체자 200명을 뽑아 표본평균을 계산한 결과가 108,000원이 되었을 때, 이러한 표본이 뽑힌 모집단의 모평균이 실제로 100,000원을 상회하고 있는지 여부를 검정하는 것이다.

이를 위해서는 먼저 표본평균 $\overline{X}=108{,}000$원을 표준화한 후, 이 표준화 Z 값을 임계값으로 했을 때 기각역에 속하는 확률 p를 유의수준 5%와 비교한다.

$$Z = \frac{\overline{X} - \mu_0}{S/\sqrt{n}} = \frac{108000 - 100000}{42500/\sqrt{200}} = 2.66$$

표본평균 108,000원에 대한 표준화 Z 값 2.66까지의 누적 확률은 표준정규분포표에서 0.9961임을 알 수 있다. 따라서 표준화 Z 값을 기준으로 했을 때의 기각역에 속하는 확률은 $1 - 0.9961 = 0.0039$가 되며, 이는 주어진 기각역 확률인 유의수준 5%보다 작으므로 귀무가설을 기각하고 대립가설을 채택하게 된다. 즉 5% 유의수준하에서 모집단의 평균은 10만원을 상회한다고 결론내릴 수 있다.

| 그림 7-17 | $Z = 2.66$에 대한 p값 |

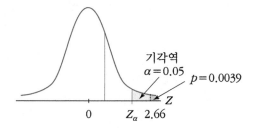

[sas program]

```
DATA ex733;
  mu0=100000;
  n=200;
```

```
    xbar=108000;
    s=42500;
    z_xbar=(xbar-mu0)/(s/SQRT(n)); ①
    p=1-CDF('NORMAL', z_xbar); ②
RUN;


PROC PRINT DATA=ex733;
RUN;
```

해설

① 표본평균 $\bar{X} = 108,000$원에 대한 표준화 Z 값을 계산한다. 결과물 ①에 2.66로 계산 결과가 나타나 있다.

② CDF 함수를 이용하여 ①에서 구한 표준화 Z 값에 대한 누적확률을 구한 후, 이를 1에서 빼면 표본평균 108,000원에 대한 표준화 Z 값을 기준으로 했을 때의 기각역 확률을 구할 수 있다. 표준정규분포의 누적확률을 구하는 것이므로 CDF 함수에는 'NORMAL'이라는 인수를 지정하였다. 이때 기각역 확률은 결과물 ②에 0.0039로 나타나 있다.

　　이 확률은 유의수준 5%에 훨씬 못미치므로 귀무가설을 기각하고 대립가설을 채택하게 된다.

[결과물]

Obs	mu0	n	xbar	s	z_xbar	p
1	100000	200	108000	42500	2.66205	.003883328
					①	②

예제 7.34

[예제 7.31]의 문제를 Z에 대한 임계값 확률 p 값에 따라 가설검정을 하시오.

해설

새로운 신용제도의 도입 후 자금회수기간이 단축되었는지 여부를 판단하기 위한 것으로서 하한단측검정에 해당한다.

이를 위해서는 먼저 표본평균 $\overline{X} = 60.5$일을 표준화한 후, 이 표준화 Z 값을 귀무가설 채택 여부를 결정하는 기준으로 했을 때의 기각역 확률을 구하고, 이 기각역 확률을 유의수준 5%와 비교한다.

표본평균 $\overline{X} = 60.5$(일)을 표준화하면 다음과 같다.

$$Z = \frac{\overline{X} - \mu_0}{S/\sqrt{n}} = \frac{60.5 - 64}{28/\sqrt{50}} = -0.88$$

그림 7-18 　 $Z = -0.88$에 대한 p값

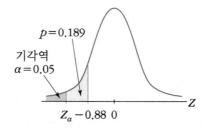

그리고 표본평균 60.5(일)에 대한 표준화 Z 값 -0.88의 누적 확률은 표준정규분포표에서 약 0.1894임을 알 수 있다. 여기서 주의할 것은 하한단측검정이기 때문에 $Z = -0.88$을 기준으로 했을 때의 기각역 확률은 $Z = -0.88$에 대한 누적확률에 해당한다는 점이다.

즉 표본평균 $\overline{X} = 60.5$(일)의 표준화 값인 $Z = -0.88$을 기준으로 했을 때의 기각역에 속하는 확률은 그대로 0.1894가 되고, 이는 기각역의 확률로 설정한 유의수준 5%를 훨씬 상회하므로 표본평균 60.5(일)에 대한 표준화 Z 값 -0.88이 채택역에 위치해 있음을 알 수 있다. 따라서 귀무가설을 채택하고 대립가설을 기각하게 된다. 즉 5% 유의수준하에서 새로운 신용제도의 도입이 자금회수기간의 단축을 가져왔다고 볼 수 없다는 결론을 내리게 된다.

[sas program]
```
DATA ex734;
  mu0=64;
  n=50;
```

```
   xbar=60.5;
   s=28;
   z_xbar=(xbar-mu0)/(s/SQRT(n));  ①
   p=CDF('NORMAL', z_xbar);  ②
RUN;


PROC PRINT DATA=ex734;
RUN;
```

해설

① 표본평균 $\overline{X}=60.5$의 표준화 Z 값을 구한다. 이 Z 값은 결과물 ①에 -0.88388 로 나타나 있다.

② CDF 함수를 이용하여 ①에서 구한 Z 값($=-0.883$)에 대한 누적확률을 구한다. 하한단측검정이기 때문에 이 누적확률은 그대로 $Z=-0.883$을 임계값으로 했을 때의 기각역 확률에 해당한다. 이때의 확률은 결과물 ②에 0.188로 나타나 있으며 이는 유의수준 5%를 훨씬 상회하고 있으므로 귀무가설을 채택하게 된다. 따라서 새로운 신용제도의 도입 후 자금회수기간의 단축은 이루어지지 않았다고 결론내릴 수 있다.

결과물 ②의 p=0.188은 $Z=-0.88$일 때 귀무가설이 기각되기 위한 확률, 즉 유의수준이 18.8%가 되어야 함을 의미하는데, 이는 문제에서 기각확률로서 주어진 유의수준 5%보다 훨씬 크므로 귀무가설을 채택하고 대립가설은 기각하게 된다.

[결과물]

Obs	mu0	n	xbar	s	z_xbar	p
1	64	50	60.5	28	-0.88388	0.18838
					①	②

예제 7.35

표본크기가 $n=81$이고 표본평균과 표준편차가 각각 $\overline{X}=58.6$, $S=8.2$일 때, 다음 가설을 유의수준 5%하에서 Z 값을 임계값으로 했을 때의 기각역 확률 p를 이용하여 검정하시오.

$$H_0: \mu = 56$$

$$H_a: \mu \neq 56$$

해설

표본평균이 58.6인 이 표본이 모평균이 56인 모집단에서 뽑혔는지 모평균이 56이 아닌 모집단에서 뽑혔는지 여부를 판단하는 것이므로 양측검정에 해당한다.

먼저 표본평균 58.6을 표준화한 후, 이 표준화 Z 값을 기준으로 했을 때의 기각역에 해당하는 확률을 유의수준과 비교해야 한다.

표본평균 $\overline{X} = 58.6$을 표준화하면 다음과 같다.

$$Z = \frac{\overline{X} - \mu_0}{S/\sqrt{n}} = \frac{58.6 - 56}{8.2/\sqrt{81}} = 2.85$$

표본평균 $\overline{X} = 58.6$에 대한 표준화 Z 값인 2.85를 기준으로 했을 때의 기각역 확률은 $Z = 2.85$에 대한 누적확률을 표준정규분포표에서 구한 후 이를 1에서 빼면 된다. 이때 주의할 것은 이 기각역 확률이 표준정규분포에서 오른쪽 꼬리부분의 확률에 해당하기 때문에, 양측검정하에서는 이 기각역 확률을 2배 한 값과 유의수준 5%를 비교해야 한다는 점이다.

$Z = 2.85$에 대한 누적확률은 0.9978이 되므로 2.85를 기준으로 했을 때의 기각역 확률은 $1 - 0.9978 = 0.0022$가 되고 이를 2배 한 0.0044는 유의수준 0.05에 훨씬 미달하고 있다. 이는 Z 값 2.85가 5% 유의수준하에서 기각역에 속해 있음을 의미하므로 귀무가설을 기각하고 대립가설을 채택하게 된다. 따라서 이 표본이 추출된 모집단의 모평균은 56이라고 볼 수 없다는 결론을 내린다.

[sas program]

```
DATA ex735;
  mu0=56;
  n=81;
  xbar=58.6;
  s=8.2;
  z_xbar=(xbar-mu0)/(s/SQRT(n)); ①
```

```
   p=(1-CDF('NORMAL', z_xbar))*2; ②
RUN;


PROC PRINT DATA=ex735;
RUN;
```

해설

① $Z = \dfrac{\overline{X} - \mu_0}{S/\sqrt{n}}$ 에 따라 표본평균 $\overline{X}$를 표준화한다. 표준화 Z 값이 결과물 ①에 2.85로 나타나 있다.

② CDF 함수를 이용하여 ①에서 구한 $Z = 2.85$에 대한 누적확률을 구하고 이 표준화 값을 임계값으로 했을 때의 기각역 확률을 구한다. 이때의 확률이 결과물 ②에 0.004로 나타나 있다. 이는 유의수준 5%에 미치지 못하므로 표본평균의 표준화 값이 유의수준 5%의 기각역에 위치하고 있음을 의미한다. 따라서 귀무가설을 기각하고 대립가설을 채택한다.

[결과물]

Obs	mu0	n	xbar	s	z_xbar	p
1	56	81	58.6	8.2	2.85366	.004321896
					①	②

7.4 t 분포

중심극한정리에 따르면 모평균이 μ이고 표준편차가 σ인 모집단의 경우, 표본크기 n이 커지면 표본평균($\overline{X}$)의 표본분포(sampling distribution)는 모집단의 분포 형태에 관계없이 평균이 μ이고 표준오차가 $\sigma/\sqrt{n}$인 정규분포에 근접한다.

이때 모집단의 표준편차 σ가 알려져 있는 경우 표본평균 $\overline{X}$의 표준화 Z 값은

$$Z = \frac{\overline{X} - \mu}{\sigma/\sqrt{n}}$$

에 따라 구하지만, σ가 알려져 있지 않은 경우는 표본의 표준편차 S로 대체하여

$$Z = \frac{\overline{X} - \mu_0}{S/\sqrt{n}}$$

에 따라 구하게 되는데, 이는 표본크기가 30 이상일 때 표본의 표준편차 S는 모집단의 표준편차 σ의 근사값이 된다는 사실에 근거한 것이다.

그런데 현실적으로 표본조사를 할 때 시간과 경제적인 비용 문제 등으로 인해 표본크기가 30 미만으로 결정되는 경우가 많이 있는데, 이러한 경우는 표본의 표준편차 S가 모집단의 표준편차 σ의 근사값이 된다는 근거를 상실하게 되어 모집단의 표준편차를 모르고 있는 경우 이를 표본의 표준편차 S로 대체하여 사용할 수 없는 것이다. 더구나 표본크기가 30 미만일 경우는 표본추출에서의 무작위의 성격(non-randomness)이 훼손됨으로써 표본평균($\overline{X}$)의 표본분포가 정규분포에 근접한 형태를 가진다는 확신을 가질 수 없는 것이다.

다시 말해 표본크기가 소표본인 경우는 표본평균의 표본분포가 정규분포를 한다는 보장이 없기 때문에 표본평균 $\overline{X}$의 표준화 값인 확률변수 Z 또한 표준정규분포를 한다고 확신할 수 없는 것이다. 이는 표본크기가 30 미만인 소표본의 경우, 모평균의 신뢰구간 추정이나 가설검정을 할 때 표준정규분포의 확률변수인 Z 값을 이용할 수 없음을 의미하는 것이다.

그러나 모집단의 표준편차가 알려져 있지는 않지만 모집단이 μ_0의 모평균을 가진 '정규분포'를 하는 경우, 표본크기가 30 미만이라 하더라도 이로부터 추출한 표본들의 표본평균 $\overline{X}$에 대한 표준화 값인 $\frac{\overline{X} - \mu_0}{S/\sqrt{n}}$의 분포는 정규분포와 유사한 분포형태를 지니게 되는데 이를 t분포라 하며, 이때 표본평균 $\overline{X}$에 대한 표준화 값인 $\frac{\overline{X} - \mu_0}{S/\sqrt{n}}$를 t통계량(t statistic)이라 한다. 따라서 표본크기가 30 미만인 소표본의 경우의 표본평균의 표준화 값은 계산식이 $\frac{\overline{X} - \mu_0}{S/\sqrt{n}}$으로 동일하다고 하더라도 $Z = \frac{\overline{X} - \mu_0}{S/\sqrt{n}}$ 대신 $t = \frac{\overline{X} - \mu_0}{S/\sqrt{n}}$으로 표시하게 된다.

표준정규분포(Z분포)와 t분포의 근본적인 차이는 t분포가 표준정규분포에 비해 중심부분은 아래로 눌려있으며 양쪽 꼬리부분이 더 퍼져 있다는 점이다. 즉 t분포는 표준정규분포에 비해 첨도(kurtosis)는 낮고 분산은 큰 분포형태를 하고 있다.

그림 7-19 표준정규분포(Z 분포)와 t 분포

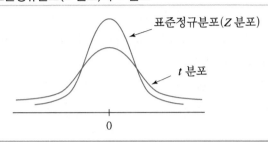

표준정규분포(Z 분포)

t 분포

0

특히 t 분포에서는 자유도(degree of freedom)가 중요한 역할을 하는데, 이 자유도가 작아질수록 t 분포는 첨도는 더 낮아지고 분산은 커져 분포의 모양은 중심이 평평해지고 양쪽 꼬리부분은 더 퍼지는 형태를 지니게 된다.

그러나 반대로 자유도가 커지면 커질수록 t 분포는 양쪽의 퍼짐이 좁아지면서 중심부분은 뾰족한 형태를 띠면서 정규분포에 근접하는 모양을 가지게 된다는 점이며, 중요한 것은 표본크기가 30 이상이 되면 t 분포는 표준정규분포인 Z 분포에 수렴하게 된다는 것이다.

그러므로 표본평균의 표본분포에서 표본평균의 표준화 값 $\dfrac{\overline{X}-\mu_0}{S/\sqrt{n}}$ 은 표본크기가 30 이상이냐 미만이냐에 관계없이 모두 $t=\dfrac{\overline{X}-\mu_0}{S/\sqrt{n}}$ 로 t 분포의 식으로 나타낼 수 있다. 다시 말해 표본크기가 30 미만이면 당연히 표준화 값은 $t=\dfrac{\overline{X}-\mu_0}{S/\sqrt{n}}$ 으로 나타내야 하지만 표본크기가 30 이상이 되더라도 표준화 값을 굳이 $Z=\dfrac{\overline{X}-\mu_0}{S/\sqrt{n}}$ 으로 표현할 필요가 없다. 왜냐하면 표본크기가 30 이상인 경우 t 분포는 표준정규분포 Z

그림 7-20 자유도와 t 분포의 모양

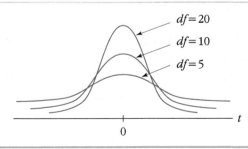

$df = 20$

$df = 10$

$df = 5$

t

0

분포에 수렴하기 때문이다.

따라서 표본크기가 30 미만일 때의 모평균에 대한 신뢰구간 추정이나 가설검정은 표준정규분포의 Z 값을 t 분포의 t 값으로 대체하여 사용하게 되며, 이때 t 값과 확률은 t 분포표에 제시되어 있다.

t 분포가 가지는 중요성은 바로 이와 같이 모집단의 표준편차 σ 를 모르고 있을 때 소표본을 통해 정규분포를 하는 모집단의 모평균을 추정할 수 있도록 한다는데 있다.

구분	대표본($n \geq 30$)	소표본($n < 30$)
신뢰구간	$\mu = \overline{X} \pm Z \dfrac{S}{\sqrt{n}}$	$\mu = \overline{X} \pm t \dfrac{S}{\sqrt{n}}$
모평균에 대한 검정 통계량	$Z = \dfrac{\overline{X} - \mu_0}{S/\sqrt{n}}$	$t = \dfrac{\overline{X} - \mu_0}{S/\sqrt{n}}$

 NOTE

t 분포는 다음과 같은 특성을 가지고 있다.

(1) t 분포는 종 모양으로서 평균 0을 중심으로 좌우 대칭이다.

(2) t 분포는 연속적 확률분포이기 때문에 t 분포 아래의 면적은 확률을 나타내며 전체 면적은 1이 된다.

(3) 확률변수 t 값의 범위는 $-\infty$에서 $+\infty$이다.

(4) t 분포의 표준편차는 항상 1보다 크다.

(5) t 분포는 자유도에 따라 여러 형태의 모양을 가지게 되며 자유도가 커질수록 좌우의 퍼짐의 폭이 좁아지면서 정규분포의 모양에 근접한다. 여기서 자유도는 표본크기가 커질 때 같이 커지므로 결국 소표본이라 하더라도 표본크기가 클수록 t 분포는 정규분포에 가까운 모양을 하게 된다.

 NOTE

t 분포(t-distribution)는 스튜던트 t (Student's t)이라고도 한다. 1900년대 초 영국인 고셋 (W. S. Gosset)은 표본크기 n이 작을 때 표본의 표준편차 S를 모집단의 표준편차 σ를 대신하여 사용하는데 문제가 있음을 지적하였다. 그는 표본크기가 30 미만인 경우에 대해 표본에 대한 표본분포를 도출하고 이 분포에 자기의 필명인 student를 붙여 스튜던트 t 라 하였다.

표준정규분포, 즉 Z 분포가 $\mu=0$, $\sigma=1$의 특성값을 가지는데 반해, t 분포는

$$\mu=0, \ \sigma = \sqrt{df/(df-2)} \qquad (df \geq 3)$$

의 특성값을 갖는다. t 분포의 표준편차는 유한의 표본크기에 대해 1보다 큰 값을 가지고 있음을 알 수 있는데, 이 때문에 t 분포는 Z 분포보다 양쪽으로 더 퍼져 있는 모양을 가지고 있는 것이다.

예제 7.36

표본에 대한 조건이 다음과 같다면 모평균에 대한 신뢰구간 추정이나 가설검정에서 표준정규분포의 Z 값이 아닌 t 분포의 t 값을 이용하여야 한다.

(1) 표본크기가 30 미만이다.
(2) 모집단의 표준편차인 σ를 알 수는 없으나 표본의 표준편차 S는 구할 수 있다.
(3) 모집단이 정규분포를 한다고 가정할 수 있다.

예제 7.37

아래와 같은 조건하에서 양측검정하의 신뢰구간을 추정하려 할 때 사용되는 t 값은 t 분포표에서 다음과 같이 구한다.

(1) $n=10$이고 90%의 양측검정 신뢰구간을 추정하는 경우 t 값
(2) $n=150$이고 95%의 양측검정 신뢰구간을 추정하는 경우 t 값

해설

(1) 다음 표는 t 분포표의 일부를 제시한 것인데 표 상단에는 양측 확률 α가 0.20 0.10 0.05 등으로 나열되어 있으며 아래에는 단측 확률이 0.10 0.05 0.025순으로 나열되어 있다.

표본크기가 $n=10$이고 90%의 신뢰구간을 추정하려고 할 때 이에 대응하는 t 값을 구하려면 먼저 자유도를 구해야 하는데, 이는 표본크기가 $n=10$이므로 $df=n-1=9$임을 쉽게 알 수 있다. 또한 90%의 신뢰구간을 추정하는 것이므로 기각역에 속하는 양측 꼬리 부분의 확률은 $1-0.9=0.1$이 된다.

따라서 이때의 t 값은 $df=9$가 표시하는 행과, 양측 기각역 확률 0.10이 표시

하는 열이 만나는 곳에 있는 1.833이 되는데, 이는 신뢰구간의 상한값에 해당하는 t 값이기 때문에 t 분포가 평균 '0'을 중심으로 좌우대칭이라는 점을 이용하여 이 값에 $(-)$부호를 붙이면 신뢰구간의 하한값에 해당하는 t 값이 된다. 즉 $n = 10$이고 90%의 신뢰구간을 추정하려 할 때 t 값의 상하한값은 $t = \pm 1.833$이 된다.

만약 여기서 표본크기가 30 이상이 되어 표준정규분포의 Z 값을 이용한다고 했을 때 Z 값의 상하한값은 $Z = \pm 1.64$가 되어 t 값의 상하한값인 $t = \pm 1.833$보다 범위가 더 작다는 것을 알 수 있다. 이러한 사실은 t 분포가 표준정규분포보다 좌우의 퍼짐 정도가 크다는 것을 보여 주는 것이다.

t	양측 확률			
df	0.20	0.10	0.05	0.01
8	1.397	1.860	2.306	3.355
9	1.383	1.833	2.262	3.250
10	1.372	1.812	2.228	3.169
	0.100	0.050	0.025	0.005
	단측 확률			

그림 7-21	$df = 9$이고 신뢰수준이 90%일 때 t의 상하한값

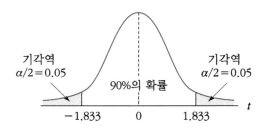

(2) 표본크기가 $n = 15$이고 95%의 신뢰구간을 추정하려고 할 때 이에 대응하는 t 값은 자유도가 $df = n - 1 = 14$임을 쉽게 알 수 있다. 또한 95%의 신뢰구간을 추정하는 것이므로 기각역에 속하는 양측 꼬리 부분의 확률은 $1 - 0.95 = 0.05$가 된다.

따라서 이때의 t 값은 $df = 14$가 표시하는 행과, 양측 기각역 확률 0.05가 표시하는 열이 만나는 곳에 있는 2.145가 되는데 이는 신뢰구간의 상한값에 해당하는 t 값이기 때문에 t 분포가 평균 '0'을 중심으로 좌우대칭이라는 점을 이용하여 이 값에 $(-)$부호를 붙이면 신뢰구간의 하한값에 해당하는 t 값이 된다. 즉

$n = 15$이고 95%의 신뢰구간을 추정하려 할 때 t 값의 상하한값은 $t = \pm 2.145$가 된다.

t	양측 확률			
df	0.20	0.10	0.05	0.01
13	1.350	1.771	2.160	3.012
14	1.345	1.761	2.145	2.977
15	1.341	1.753	2.131	2.947
	0.100	0.050	0.025	0.005
	단측 확률			

[sas program]

```
DATA ex737;
  n1=10; ①
  n2=15;
  t1=TINV(0.95, n1-1); ②
  t2=TINV(0.975, n2-1);
RUN;

PROC PRINT DATA=ex737;
RUN;
```

해설

① 문제에서 주어진 표본크기를 각각 n1, n2에 저장한다.

② TINV(p, df) 함수를 이용하여 t 값을 계산한다. 이를 위해 TINV 함수의 첫 번째 입력항에는 구하고자 하는 t 값까지의 누적확률을 지정하고, 두 번째 입력항에는 자유도를 지정한다.

먼저 90%의 신뢰구간의 경우는 t 분포의 양쪽 꼬리 부분의 기각역 확률이 10%가 되고 좌우 대칭의 분포 모양을 이루고 있으므로 양측검정을 기준으로 하면 오른쪽 꼬리 부분의 기각역은 5%(=10%/2)가 되고 90% 신뢰구간의 상한 임계값까지의 누적확률은 오른쪽 꼬리 부분의 기각역 확률 0.05를 뺀 0.95가 된다.

따라서 양측검정하의 신뢰구간 90%에 해당하는 t 값을 구하기 위해서는 누적확률이 95%가 되는 곳의 t 값을 계산하는 것과 동일하며, 왼쪽 꼬리 부분의 5%에 해당하는 t 값, 즉 누적확률 5%가 되는 곳의 t 값은 t 분포가 좌우 대칭이므로 누적확률이 95%이 되는 곳의 t 값에 $(-)$부호만 붙이면 된다. 마찬가지로 95% 신뢰구간의 상한 임계값까지의 누적확률은 0.975가 된다.

결과물 ①과 ②에 t 값이 각각 1.83, 2.14로 출력되어 있다. 따라서 90%, 95% 신뢰구간에 해당하는 표준화 t 값의 범위는 각각 $(-1.83, 1.83)$, $(-2.14, 2.14)$가 되며 이는 귀무가설 채택 구간이기도 하다.

 NOTE

SAS의 TINV(p, df) 함수를 이용하여 t 값을 구하기 위해서는 확률 p와 자유도(df)를 지정해야 하는데, 확률 p에 지정되는 값은 t 분포표에서와는 달리 t 값이 위치하는 곳까지의 누적확률을 지정해야 한다.

즉 아래 그림에서 보는 바와 같이 바탕색 부분의 확률값을 자유도와 함께 TINV 함수에 지정하면 아래 t 분포에서 t_2 값이 계산되는 것이다.

예를 들어 신뢰수준이 90%이고 표본크기가 10인 경우의 양측검정을 할 때, t 값을 TINV(p, df) 함수를 이용하여 신뢰구간의 상한값에 해당하는 t_2 값을 구하는 경우 TINV(p, df)에 지정하는 확률 p는, 양측의 기각역 확률이 1-0.9=0.1이므로 한 쪽 꼬리 부분의 기각역 확률 0.05를 1에서 뺀 누적확률 0.95가 되는 것이다.

그림 7-22 TINV(p, df)에 지정되는 p와 누적확률

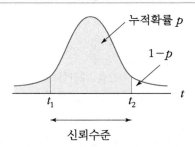

[결과물]

Obs	n1	n2	t1	t2
1	10	15	1.83311 ①	2.14479 ②

예제 7.38

아래와 같은 조건하에서 가설검정을 할 때 귀무가설 채택여부의 기준이 되는 t 임계값을 구하시오.

(1) $n=9$, $\alpha=0.1$하에서의 상한단측검정

(2) $n=15$, $\alpha=0.1$하에서의 양측검정

(3) $n=18$, $\alpha=0.05$하에서의 하한단측검정

(4) $n=120$, $\alpha=0.05$하에서의 하한단측검정

해설

(1) $n=9$이므로 자유도는 $df=n-1=8$이다. 단측검정의 유의수준 확률은 t 분포표의 아래 부분에 단측확률이라고 표시된 행 위에 나타나 있다.

따라서 유의수준이 $\alpha=0.1$하에서 상한단측검정을 할 때 t 분포에서 귀무가설 채택역 범위의 상한 임계값은 $t=1.397$이 된다.

그러므로 검정통계량이 $t \le 1.397$이면 귀무가설이 채택되고 $t > 1.397$이면 귀무가설이 기각되고 대립가설이 채택된다.

t	양측 확률			
df	0.20	0.10	0.05	0.01
7	1.415	1.895	2.365	3.499
8	1.397	1.860	2.306	3.355
9	1.383	1.833	2.262	3.250
	0.100	0.050	0.025	0.005
	단측 확률			

(2) $n=15$, $\alpha=0.1$하에서의 양측검정이므로 t 분포에서 귀무가설 채택역의 상하한 값은 $t=\pm1.761$이 된다. 따라서 검정통계량 t가 $-1.761 \le t \le 1.761$ 범위의 값을 가질 경우 귀무가설이 채택된다.

t	양측 확률			
df	0.20	0.10	0.05	0.01
13	1.350	1.771	2.160	3.012
14	1.345	1.761	2.145	2.977
15	1.341	1.753	2.131	2.947
	0.100	0.050	0.025	0.005
	단측 확률			

(3) 하한단측검정에서 t 분포에 따라 귀무가설 채택역의 하한 임계값을 구하려 할 때 주의해야 할 것은 t 분포표에는 양측검정과 단측검정으로 구분하여 각 확률에 따른 t 값이 표시되어 있는데, 특히 t 분포표의 하단에 표시된 단측확률의 경우 여기에 나타나 있는 확률이 상한단측검정뿐 아니라 하한단측검정에서의 유의수준 확률도 표시하고 있다는 점이다.

즉 상한단측검정을 할 때는 자유도와 유의수준 확률이 표시하는 행과 열이 만나는 곳의 값을 t 값으로 정할 수 있으나 하한단측검정을 하는 경우에는 자유도와 유의수준 확률이 표시하는 행과 열이 만나는 곳의 값에 $(-)$부호를 붙인 값이 t 값이 되는 것이다. 이는 t 분포가 좌우 대칭의 모양을 가지고 있다는 점을 생각하면 쉽게 이해할 수 있다.

따라서 $df = 17$, $\alpha = 0.05$하에서 하한단측검정을 할 때 하한 임계값 t는 -1.740임을 알 수 있다.

t	양측 확률			
df	0.20	0.10	0.05	0.01
16	1.337	1.746	2.120	2.921
17	1.333	1.740	2.110	2.898
18	1.330	1.734	2.101	2.878
	0.100	0.050	0.025	0.005
	단측 확률			

그림 7-23 유의수준 $\alpha = 0.05$하에서의 상하한 t 임계값

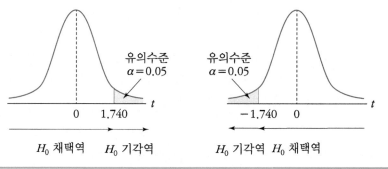

(4) $n = 120$으로 자유도는 $df = n - 1 = 119$로 30 이상이고 $\alpha = 0.05$하에서의 하한단측검정이므로 t 분포표에 나타난 1.645에 $(-)$부호를 붙인 -1.645가 임계값 t 가 된다.

t	양측 확률			
df	0.20	0.10	0.05	0.01
29	1.311	1.699	2.045	2.756
30 이상	1.282	1.645	1.960	2.576
	0.100	0.050	0.025	0.005
	단측 확률			

 NOTE

실제로 n=120, α=0.05의 단측확률에 대한 정확한 t 값은 1.657이 된다. 그러나 표본크기가 30을 상회하여 커지면 t 분포는 표준정규분포에 수렴하기 때문에 t 분포표에서 자유도가 30 이상이 되는 행에는 표준정규분포표의 Z 값이 표시되어 있다. 이는 표본크기가 커질수록 t 분포의 t 값은 Z 값에 가까워지기 때문이다.

이 때문에 많은 통계 소프트웨어의 경우 표본크기가 30을 상회할 때에도 Z 값과 t 값을 구분하여 계산하기 보다는 Z 값에 수렴하는 t 값을 일반적인 검정통계량으로 대체하여 사용하고 있다.

[sas program]

```
DATA ex738;
 t1=TINV(0.9, 8); ①
 t2=TINV(0.95, 14);
 t3=TINV(0.05, 17);
 t4=TINV(0.05, 119);
RUN;


PROC PRINT DATA=ex738;
RUN;
```

해설

① TINV 함수를 이용하여 t 값을 구하고 있다. $n=9$, $\alpha=0.1$하에서의 상한단측검정을 위한 임계치의 t 값을 구하기 위해 TINV 함수에 누적확률 0.9와 자유도 8을 지정하고 있다. 결과물 ①에 1.397로 출력되어 있다.

[결과물]

Obs	t1	t2	t3	t4
1	1.39682	1.76131	−1.73961	−1.65776

①

소표본하에서의 모평균의 신뢰구간 추정

표본크기가 $n \geq 30$이고 표본평균과 표준편차가 각각 $\overline{X}$, S일 때 모평균에 대한 신뢰구간은 $\overline{X} \pm Z \dfrac{S}{\sqrt{n}}$에 따라 추정할 수 있었다. 그러나 표본크기가 30 미만으로 소표본인 경우에는 표본평균 $\overline{X}$에 대한 표본분포가 정규분포를 한다고 볼 수 없기 때문에, 신뢰구간 추정이나 가설검정에 표준정규분포, 즉 Z 분포를 적용할 수 없다.

여기서 소표본의 모집단이 정규분포를 한다고 가정하면, 이 소표본의 표본평균 $\overline{X}$에 대한 표본분포는 t 분포를 하게 되어 대표본에서의 신뢰구간 추정식 $\overline{X} \pm Z \dfrac{S}{\sqrt{n}}$에서 Z 값 대신 t 값으로 대체하여 사용함으로써 소표본에서의 신뢰구간 추정 및 가설검정이 가능하다. 즉 소표본에서의 신뢰구간 추정식은 다음과 같이 쓸 수 있다.

$$\overline{X} \pm t \frac{S}{\sqrt{n}}$$

예제 7.39

전국적인 체인망을 가지고 있는 어느 패스트후드 회사가 신제품 버거를 출시한 후, 무작위로 선정한 15개 체인점을 대상으로 한 달 동안의 매출량을 조사하였다. 이 결과 평균 매출량이 320개이고 표준편차는 28개인 것으로 나타났다. 모집단이 정규분포를 한다는 가정하에 이를 기초로 평균 매출량에 대한 95%의 신뢰구간을 추정하시오.

해설

표본크기가 $n = 15$로 소표본에 해당하므로 신뢰구간은 $\overline{X} \pm t \dfrac{S}{\sqrt{n}}$에 따라 추정할 수 있다. 신뢰수준이 0.95이므로 t 분포의 양측 기각역 확률은 $\alpha = 1 - 0.95 = 0.05$가

되고 자유도는 $df = n - 1 = 14$가 된다.

따라서 t 분포표에서 신뢰구간 상하한값에 대한 t 값을 찾으면 $t = \pm 2.145$가 되어 신뢰구간은 다음과 같이 구할 수 있다.

$$\bar{X} \pm t \frac{S}{\sqrt{n}} = 320 \pm 2.145 \frac{28}{\sqrt{15}} = 320 \pm 15.51$$

즉 신뢰구간은 약 305개에서 335개 사이의 범위가 된다. 이는 바로 모집단 모평균이 신뢰구간의 범위에 있을 확률, 즉 $P(305 \leq \mu \leq 335)$이 95%임을 의미한다.

[sas program]

```
DATA ex739;
  n=15;
  df=n-1;
  xbar=320;
  s=28;
  alpha=0.05; ①
  p=1-alpha/2; ②
  t=TINV(p, df); ③
  ci_upper=xbar+t*s/SQRT(n); ④
  ci_lower=xbar-t*s/SQRT(n); ⑤
RUN;


PROC PRINT DATA=ex739;
RUN;
```

해설

① 신뢰수준이 95%이므로 t 분포에서 신뢰구간을 벗어난 양쪽 꼬리 부분의 확률 α는 0.05이다.

② TINV(p, df) 함수를 이용하여 신뢰수준이 95%일 때의 t 값을 구하기 위해서는 t 값이 위치하는 곳까지의 누적확률을 대입해야 한다. 이때 상한 임계값에 해당하는 누적확률은 한 쪽 꼬리 부분의 확률 $\alpha/2$를 1에서 빼면 된다. 결과물 ①에 0.975로 표시되어 있다.

③ 위에서 계산된 누적확률 p와 자유도 df를 TINV 함수에 지정하여 t 값을 구한다.

결과물 ②에 2.14479로 계산되어 있다.

④ $\overline{X} + t \dfrac{S}{\sqrt{n}}$ 에 따라 신뢰구간의 상한값을 계산한다. 결과물 ③에 335.5로 나타나 있다.

⑤ $\overline{X} - t \dfrac{S}{\sqrt{n}}$ 에 따라 신뢰구간의 하한값을 계산한다. 결과물 ④에 304.4로 나타나 있다.

[결과물]

Obs	n	df	xbar	s	alpha	p	t	ci_upper	ci_lower
1	15	14	320	28	0.05	0.975	2.14479	335.506	304.494
						①	②	③	④

예제 7.40

어느 은행의 지점에서는 정오부터 오후 2시 사이에 직원들의 점심 시간을 정하고 교대로 식사를 하도록 하고 있다. 그 지점에서는 고객들의 편의를 위해 적정한 교대 인원수를 파악하고자 점심 시간대에 출입하는 고객 수를 매주 하루를 정하여 8주 동안 조사하여 다음과 같은 자료를 얻었다. 이를 기초로 90%의 신뢰수준하에서 평균 고객 수의 신뢰구간을 추정하시오. 이때 모집단은 정규분포를 한다고 가정한다.

$$86 \quad 83 \quad 100 \quad 98 \quad 92 \quad 87 \quad 82 \quad 92$$

해설

지금까지는 표본평균과 표준편차 그리고 표본크기가 주어진 상태에서 신뢰구간을 구하는 과정을 살펴보았다. 여기서는 주어진 데이터를 기초로 신뢰구간을 구하는 것이므로 먼저 데이터를 통해 표본평균과 표준편차 등을 계산한 후 앞에서 살펴본 과정을 거치면 된다.

먼저 표본에 대한 표본평균 $\overline{X}$와 표준편차 S를 구한다.

X	$(X-\overline{X})$	$(X-\overline{X})^2$
86	-3	9
83	-6	36
96	7	49
94	5	25
92	3	9
87	-2	4
82	-7	49
92	3	9

위의 작업표에서

$$n=8 \quad \sum X = 712 \quad \overline{X} = \frac{\sum X}{n} = \frac{712}{8} = 89$$

$$\sum (X-\overline{X}) = 0 \quad \sum (X-\overline{X})^2 = 190$$

이므로 표준편차는

$$S = \sqrt{\frac{\sum (X-\overline{X})^2}{n-1}} = \sqrt{\frac{190}{7}} = 5.21$$

이 된다. 특히 표본크기가 $n=8$로 소표본에 해당하므로 신뢰구간은 t 값을 적용하여 $\overline{X} \pm t\dfrac{S}{\sqrt{n}}$ 에 따라 구하면 된다.

주어진 신뢰수준이 90%이므로 t 분포에서 신뢰구간을 벗어난 양쪽 꼬리 부분의 α값은 $\alpha = 1-0.9 = 0.1$이 되고 자유도는 $df = n-1 = 8-1 = 7$이 되어 이를 t 분포표에서 찾으면 t 값이 1.895임을 알 수 있다. 물론 이는 신뢰구간의 상한값에 해당하는 t 값이며 하한값에 해당하는 t 값은 $(-)$부호만 붙인 -1.895가 된다.

따라서 신뢰구간은

$$\overline{X} + t\frac{S}{\sqrt{n}} = 89 \pm 1.895 \frac{5.21}{\sqrt{8}} = 89 \pm 3.49 = 85.51, \ 92.49$$

가 된다.

즉 평균 고객수는 85명에서 92명 사이가 될 것으로 추정할 수 있으며 실제로 모평균이 이 구간에 들어 있을 확률은 신뢰수준인 90%가 된다.

t	양측 확률			
df	0.20	0.10	0.05	0.01
6	1.440	1.943	2.447	3.707
7	1.415	1.895	2.365	3.499
8	1.397	1.860	2.306	3.355
	0.100	0.050	0.025	0.005
	단측 확률			

[sas program]

```
DATA ex740;
   INPUT x @@; ①
   CARDS;
86 83 96 94 92 87 82 92
;
RUN;


PROC MEANS DATA=ex740 ALPHA=0.1 N MEAN STD STDERR CLM; ②
   VAR x; ③
RUN;
```

해설

① INPUT 스테이트먼트 다음에 변수명 x를 지정하고 CARDS 스테이트먼트 아래의 데이터를, 행을 따라 차례로 입력하도록 @@를 지정하였다.

② ex740이라는 파일에 있는 변수에 대해 MEANS 프로시저를 실행한다. 옵션 'ALPHA='에 0.1을 지정하고 키워드(key word) CLM을 지정함으로써 신뢰수준 90%(1-ALPHA에 지정한 값)하에서의 신뢰구간을 추정한다. 결과물 ①과 ②에 90% 신뢰수준하에서의 신뢰구간 하한값과 상한값이 각각 85.51, 92.49로 나타나 있다.

   키워드 N, MEAN, STD, STDERR은 각각 표본크기, 표본평균, 표준편차 그리고 표준오차를 계산하도록 지시하며 결과물에 이들 값이 차례로 출력되어 있다.

③ MEANS 프로시저를 실행할 변수명 x를 VAR 스테이트먼트 다음에 지정한다. 사실 이 부분은 파일 ex740을 구성하는 변수가 x 하나이기 때문에 생략해도 된다.

[결과물]

```
                        Analysis Variable : x

                                            Lower 90%      Upper 90%
N           Mean        Std Dev    Std Error  CL for Mean   CL for Mean
------------------------------------------------①-----------②------
8        89.0000000    5.2098807   1.8419710   85.5102412   92.4897588
----------------------------------------------------------------------
```

소표본하에서의 모평균의 가설검정

표본크기가 $n < 30$으로 소표본일 때, 모집단이 정규분포를 하는 경우는 표본평균 $\overline{X}$의 표준화 값인 $\dfrac{\overline{X} - \mu_0}{S/\sqrt{n}}$ 가 t 분포를 하므로, 소표본하에서의 모평균의 가설검정은 표준화 변환식 $\dfrac{\overline{X} - \mu_0}{S/\sqrt{n}}$ 에 따라 t 값을 구하고 이를 유의수준 α 하에서의 t 값과 비교하여 귀무가설 채택여부를 결정한다.

$$t = \frac{\overline{X} - \mu_0}{S/\sqrt{n}}$$

예제 7.41

표본크기가 $n = 20$인 표본조사를 통해 표본평균이 $\overline{X} = 62$이고 표준편차가 $S = 14$인 결과를 얻었다. 이 결과를 가지고 유의수준 5%하에서 t 검정통계량을 이용하여 아래 가설을 검정하는 과정을 살펴보기로 한다.

$$H_0 : \mu = 58$$
$$H_a : \mu \neq 58$$

해설

표본크기가 $n = 20(<30)$으로 소표본이므로 표본평균 $\overline{X} = 62$를 표준화하여 t 값을 구하고 이 검정통계량 t 값이, t 분포에서 유의수준을 5%로 하였을 때 귀무가설 채

택역에 속하는지 여부를 확인한다.

먼저 표본평균 $\overline{X} = 62$에 대한 t 값을 구하면

$$t = \frac{\overline{X} - \mu_0}{S/\sqrt{n}} = \frac{62 - 58}{14/\sqrt{20}} = 1.278$$

이 된다.

또한 위의 가설검정은 양측검정이고 유의수준과 자유도가 각각 $\alpha = 0.05$, $df = 19$이므로 이를 t 분포표에서 찾으면 귀무가설 채택역의 상하한 t 값은 $t = \pm 2.093$임을 알 수 있다. 즉 t 값이 $-2.093 \leq t \leq 2.093$의 범위에 있으면 귀무가설이 채택되고 그렇지 않으면 대립가설이 채택되는 것이다.

t	양측 확률			
df	0.20	0.10	0.05	0.01
18	1.330	1.734	2.101	2.878
19	1.328	1.729	2.093	2.861
20	1.325	1.725	2.086	2.845
	0.100	0.050	0.025	0.005
		단측 확률		

위에서 구한 표본평균 $\overline{X} = 62$에 대한 t 값은 1.278로 $-2.093 \leq t \leq 2.093$의 범위에 있으므로 귀무가설이 채택된다.

| 그림 7-24 | $n = 20$, $\alpha = 0.05$하에서의 t 임계값 |

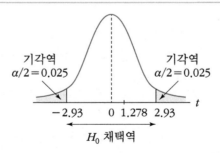

[sas program]

```
DATA ex741;
  n=20;
  xbar=62;
  s=14;
  mu=58;
  t_xbar=(xbar-mu)/(s/SQRT(n)); ①
  df=n-1; ②
  alpha=0.05; ③
  p=1-alpha/2; ④
  t=TINV(p, df); ⑤
RUN;


PROC PRINT DATA=ex741;
RUN;
```

해설

① $t = \dfrac{\bar{X} - \mu_0}{S/\sqrt{n}}$ 에 따라 표본평균 $\bar{X}$에 대한 표준화 t 값을 구하고 t_xbar의 이름으로 저장한다. 결과물 ①에 t 값이 1.27로 나타나 있다.

② 자유도를 계산한다.

③ 유의수준 5%를 alpha라는 변수에 지정하고 있다.

④ 주어진 자유도와 유의수준하에서 TINV(p, df) 함수를 통해 t 값을 구하기 위해서는 바로 t 값이 위치하는 곳까지의 누적확률을 구하여야 한다. 양측검정이고 유의수준이 alpha에 지정되어 있으므로 누적확률은 1-alpha/2에 따라 구할 수 있다.

⑤ TINV(p, df) 함수에 누적확률과 자유도를 대입하여 상한 임계값에 해당하는 t 값을 구한다. 결과물 ②에 2.093으로 나타나 있다. 이 값에 (−)를 붙인 −2.093이 하한 임계값이다. 따라서 귀무가설 채택역의 상하한값에 해당하는 t 값은 $t = \pm 2.093$이 된다.

결과물 ①의 표본평균에 대한 t 값 1.27은 ± 2.093 사이의 범위에 들어 있으므로 귀무가설을 채택하고 대립가설은 기각하게 된다.

[결과물]

Obs	n	xbar	s	mu	t_xbar	df	alpha	p	t
1	20	62	14	58	1.27775	19	0.05	0.975	2.09302
					①				②

예제 7.42

소음 정도가 89dB인 진공청소기를 생산하는 업체가 있다. 이 회사에서는 소음을 낮추는데 목표를 두고 신제품을 개발하였다. 기술자들은 이 신제품이 실제로 기존 제품보다 소음이 낮은지를 확인하기 위해 다섯 대를 무작위로 뽑아 소음을 측정한 결과 아래와 같은 자료를 얻었다. 이때 기술자들이 설정하게 될 가설을 제시하고 이를 5%의 유의수준에서 검정하시오. 이때 모집단은 정규분포를 한다고 가정한다.

83 82 86 90 81

해설

신제품에 대한 소음이 감소되었는지를 확인하고자 하는 것이므로 하한단측검정에 해당하며 다음과 같이 가설을 설정할 수 있다.

$$H_0: \mu = 89$$
$$H_a: \mu < 89$$

먼저 다섯 개 표본에 대해 표본평균과 표준편차를 구한 후 이를 이용하여 표본평균 $\overline{X}$에 대한 t 값을 $t = \dfrac{\overline{X} - \mu_0}{S/\sqrt{n}}$ 에 따라 구한다.

제품	X	$(X-\overline{X})^2$
1	83	1.96
2	82	5.76
3	86	2.56
4	90	31.36
5	81	11.56

$$\sum X = 422 \qquad \sum (X-\overline{X})^2 = 53.2$$

위의 표로부터 표본평균과 표준편차는

$$\overline{X} = \frac{\sum X}{n} = \frac{422}{5} = 84.4$$

$$S = \sqrt{\frac{\sum(X - \overline{X})^2}{n-1}} = \sqrt{\frac{53.2}{4}} = 3.646$$

이 된다. 따라서 표본평균 $\overline{X}$에 대한 검정통계량 t 값은 다음과 같이 구할 수 있다.

$$t = \frac{\overline{X} - \mu_0}{S/\sqrt{n}} = \frac{84.4 - 89}{3.646/\sqrt{5}} = -2.82$$

그런데 유의수준이 5%이고 자유도가 $df = n - 1 = 4$인 상태에서 하한단측검정을 위한 t 값을 t 분포표에서 찾으면 −2.132가 된다. 원래 t 분포표에서 단측검정에 해당하는 t 값은 2.132가 되나 이는 상한단측검정에 대한 t 값이므로 여기에 (−) 부호를 붙인 값이 하한단측검정을 위한 t 값이 되는 것이다.

t	양측 확률			
df	0.20	0.10	0.05	0.01
3	1.638	2.353	3.182	5.841
4	1.533	2.132	2.776	4.604
5	1.476	2.015	2.571	4.032
	0.100	0.050	0.025	0.005
	단측 확률			

위에서 구한 표본평균 $\overline{X} = 84.4$의 표준화 검정통계량 t 값은 −2.82로서 하한단측검정에서 귀무가설 채택여부의 경계가 되는 임계값 −2.132보다 작으므로 귀무가설을 기각하고 대립가설을 채택하게 된다. 즉 신제품의 소음 정도는 기존 제품보다 낮아졌다고 볼 수 있다는 결론을 내리게 된다.

[sas program]

```
DATA ex742;
  INPUT x @@; ①
  xdiff=x-89; ②
  CARDS;
83 82 86 90 81
;
```

```
RUN;

PROC MEANS DATA=ex742 N MEAN STD STDERR T PRT; ③
 VAR xdiff; ④
RUN;
```

해설

① INPUT 스테이트먼트 다음에 x라는 이름의 변수를 지정하였다. @@ 표시는 이 변수가 CARDS 스테이트먼트 아래에 나열된 데이터를 가로로 순서대로 읽어들이도록 한다.

② 귀무가설에서 설정한 모평균 89를 기준으로 x 변수의 값을 변환한다.

귀무가설에서 설정한 어떤 특정값을 기준으로 x 변수의 값을 변환하는 이유는 MEANS 프로시저에서 행하는 가설검정이 $H_0 : \mu = 0$, $H_a : \mu \neq 0$ 에 따라 이루어지기 때문이다. 즉 모평균이 '0'인지 아닌지를 양측검정하는 것이다.

따라서 위의 예에서와 같이 귀무가설이 $\mu = 89$로 주어진 경우, 분포의 확률변수 X의 모든 값들을 왼쪽으로 89만큼 이동시킨다면 모평균도 89만큼 감소될 것이고 이때의 귀무가설은 $\mu^* (= \mu - 89) = 0$, 대립가설은 $\mu^* (= \mu - 89) \neq 0$이 된다. 다시 말해서 확률변수 X의 모평균이 89인지를 나타내는 귀무가설 $H_0 : \mu = 89$는 확률변수 X의 값들을 모두 89만큼 감소시켜 만든 새로운 확률변수 xdiff의 모평균이 '0'인지를 나타내는 귀무가설 $H_0 : \mu^* = 0$과 동일한 것이기 때문에 $H_0 : \mu^* = 0$이 채택된다는 것은 바로 $H_0 : \mu = 89$의 귀무가설이 채택된다는 것을 의미하는 것이다. 변수 xdiff에 대한 가설검정은 MEANS 프로시저를 이용하여 간단히 수행할 수 있다.

③ 확률변수 xdiff의 모평균이 '0'인지 아닌지를 검정하기 위해 MEANS 프로시저를 실행하면서 키워드 T, PRT를 설정하였다.

여기서 키워드 T는 VAR 스테이트먼트에서 지정한 xdiff의 표본평균에 대한 t 값을 출력토록 하며, 키워드 PRT는 출력되는 t 값을 기준으로 했을 때의 양쪽 꼬리 부분의 기각역 확률을 출력하도록 한다. 이는 바로 키워드 T의 지정에 의해 출력되는 t 값을 임계값으로 했을 때의 유의수준에 해당한다. 또한 N, MEAN, STD, STDERR의 키워드를 지정함으로써 표본크기, 표본평균, 표준편차, 그리고 표준오차를 출력하도록 한다.

④ VAR 스테이트먼트 다음에 MEANS 프로시저를 실행할 변수로서 xdiff를 지정

하고 있다.

[결과물]

```
                    Analysis Variable : xdiff

   N        Mean          Std Dev       Std Error    t Value    Pr > |t|
           ──①──         ──②──        ──③──       ──④──     ──⑤──

   5    -4.6000000     3.6469165     1.6309506     -2.82      0.0478
```

 NOTE

키워드 T에 의해 출력되는 t 값은 VAR 스테이트먼트에서 지정한 xdiff의 표본평균 $\overline{xdiff}$ 에 대한 t 값이다.

즉 xdiff의 모평균이 '0'인지 아닌지를 확인하는 가설검정이므로

$$t = \frac{\overline{xdiff} - 0}{S/\sqrt{n}} = \frac{\overline{xdiff}}{S/\sqrt{n}}$$

에 따라 계산된 값이다. 물론 여기서 S는 xdiff 변수에 대한 표준편차이다.

해설

① xdiff의 표본평균이 -4.6으로 계산되어 있다.

②-③ xdiff에 대한 표준편차와 표준오차가 각각 3.647 1.631로 나타나 있다.

④ xdiff의 표본평균 -4.6에 대한 t 값이 -2.82로 나타나 있는데 이는 $t = \frac{\overline{xdiff} - 0}{S/\sqrt{n}} = \frac{\overline{xdiff}}{S/\sqrt{n}}$에 따라 계산된 것이므로 결과물에 있는 ①을 ③으로 나눈 결과이다.

⑤ t 값이 ④에 계산된 t 값의 절대값보다 큰 값을 가질 때의 확률을 나타내는 것으로서 이 확률은 t 분포의 양쪽 꼬리 부분의 확률, 즉 $P(t > 2.82)$과 $P(t < -2.82)$의 확률을 합한 값이 0.0478임을 나타내고 있다. 따라서 오른쪽 꼬리 부분의 확률 $P(t > 2.82)$와 왼쪽 꼬리 부분의 확률 $P(t < -2.82)$는 동일하게 0.0478의 1/2인 0.0239가 된다.

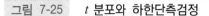

그림 7-25 t 분포와 하한단측검정

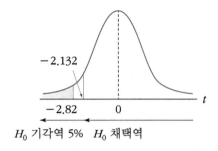

그러면 이 결과물을 통해 어떻게 귀무가설의 채택여부를 결정하는가를 살펴보자. 위의 예에서 설정된 가설은 하한단측검정을 하는 것이므로 유의수준 5%는 왼쪽 꼬리 부분에 설정해야 한다. 그런데 결과물 ④에 있는 xdiff의 표본평균에 대한 t 값을 기준으로 했을 때의 왼쪽 꼬리 부분의 확률, 즉 $P(t < -2.82)$는 0.0239로서, 유의수준으로 지정한 5%의 기각역 확률 속에 포함되어 있으므로 귀무가설을 기각하고 대립가설을 채택하게 되는 것이다.

만약 위의 가설검정이 양측검정이라면 결과물 ⑤에 제시된 확률값이, 처음에 주어진 유의수준 α보다 큰지 작은지를 비교하여 귀무가설 채택여부를 결정한다. 결과물 ⑤에 제시된 확률값 $P(t > |T|)$이 유의수준보다 크다면 귀무가설을 채택하고, 반대로 유의수준보다 작다면 귀무가설을 기각하고 대립가설을 채택하게 된다.

예제 7.43

아래 자료는 A은행이 자기 은행에서 발행한 수표가 7일 이내에 회수되어 다시 현금으로 전환된 비율을 알고자 10개 지점을 무작위로 추출하여 회수비율(%)을 조사한 결과이다. 자금 운용자가 A은행이 발행한 수표가 7일 이내에 다시 현금화되는 회수비율이 90%가 되는지를 추정하고자 한다고 할 때, 이에 대한 가설을 설정하고 이를 5% 유의수준하에서 검정하시오. 이때 모집단은 정규분포를 한다고 가정한다.

| 93.4 | 94.8 | 95.1 | 94.7 | 89.2 |
| 91.2 | 81.4 | 90.5 | 83.3 | 91.7 |

해설

모집단의 수표 회수비율이 90%가 되는지를 검정하고자 하는 것이므로 양측검정에
해당하며 다음과 같이 가설을 설정할 수 있다.

$$H_0 : \ \mu = 90$$

$$H_a : \ \mu \neq 90$$

관찰치	X	$(X - \overline{X})^2$
1	93.4	8.2369
2	94.8	18.2329
3	95.1	20.8849
4	94.7	17.3889
5	89.2	1.7689
6	91.2	0.4489
7	81.4	83.3569
8	90.5	0.0009
9	83.3	52.2729
10	91.7	1.3689

위의 표로부터

$$\sum X = 905.3, \quad (X - \overline{X})^2 = 203.96$$

이므로 표본평균과 표준편차를 다음과 같이 구한다.

$$\overline{X} = \frac{\sum X}{n} = 90.53$$

$$S = \sqrt{\frac{\sum (X - \overline{X})^2}{n-1}} = \sqrt{\frac{203.96}{9}} = 4.76$$

이를 이용하여 $\overline{X} = 90.53$에 대한 검정통계량 t 값을 구하면

$$t = \frac{\overline{X} - \mu_0}{S/\sqrt{n}} = \frac{90.53 - 90}{4.76/\sqrt{10}} = 0.352$$

가 된다.

또한 자유도가 $df = n - 1 = 9$이고 유의수준이 $\alpha = 0.05$일 때, 양측검정하의 t 값
을 t 분포표에서 찾으면 상하한값이 ± 2.262임을 알 수 있다.

t	양측 확률			
df	0.20	0.10	0.05	0.01
8	1.397	1.860	2.306	3.355
9	1.383	1.833	2.262	3.250
10	1.372	1.812	2.228	3.169
	0.100	0.050	0.025	0.005
	단측 확률			

위에서 구한 표본평균 $\overline{X} = 90.53$에 대한 검정통계량 t 값은 0.352로서 귀무가설 채택범위인 ±2.262의 구간에 속하므로 귀무가설을 채택하고 대립가설은 기각하게 된다. 따라서 이 은행은 발행한 수표가 7일 이내에 회수되는 비율이 90%에 이른다고 결론내릴 수 있다.

[sas program]

```
DATA ex743;
  INPUT x @@;
  xdiff=x-90.0; ①
  CARDS;
93.4 94.8 95.1 94.7 89.2
91.2 81.4 90.5 83.3 91.7
;
RUN;

PROC MEANS DATA=ex743 N MEAN STD STDERR T PRT; ②
  VAR xdiff; ③
RUN;
```

해설

① MEANS 프로시저는 가설검정을 할 때 모평균이 '0'인 경우를 기준으로 가설검정을 한다. 따라서 위의 예에서 처럼 귀무가설이 $\mu = 90$로 설정되어 있는 경우는 $\mu - 90 = 0$인 형태의 귀무가설로 변환하여 검정해야 한다. 이는 모평균에서 90을 뺀 값이 '0'이라는 가설을 검정하는 것과 동일하기 때문에 MEANS 프로시저의 적용이 가능하다. 모평균을 90만큼 감소시키려면 모집단의 모든 확률변수 값을 90만큼 감소시키면 된다. 따라서 이로부터 추출된 표본 관찰치의 값들도 모두

90만큼 감소시켜 새로운 xdiff라는 변수를 생성한다.

다시 말해 확률변수 X의 모평균이 90인지를 검정하는 것은 xdiff의 모평균이 '0'인지를 검정하는 것과 동일하다는 점을 유의해야 한다.

② ex743 파일에 대해 MEANS 프로시저를 실행하는데 분석 대상이 되는 변수는 ③에서 VAR 스테이트먼트 다음에 xdiff 지정하고 있다. 특히 키워드 T PRT를 지정함으로써 xdiff의 모평균을 '0'으로 설정했을 때의 표본평균 $\overline{xdiff}$에 대한 t 값과 함께 t 분포에서 이 t 값을 임계값으로 했을 때의 양쪽 꼬리 부분의 기각역 확률을 출력하도록 한다. 이때의 t 값이 결과물 ①에 0.352로 나타나 있으며 결과물 ②에는 분포의 양쪽 꼬리 부분의 확률, 즉 $P(t > 0.352) + P(t < -0.352)$의 값이 0.7329임을 나타내고 있다. 이는 유의수준 5%를 훨씬 상회하는 확률값이므로 귀무가설을 채택하고 대립가설을 기각하게 된다.

[결과물]

Analysis Variable : xdiff

N	Mean	Std Dev	Std Error	t Value	Pr > |t|
				①	②
10	0.5300000	4.7604972	1.5054014	0.35	0.7329

7.5 모비율의 추정과 가설검정

모비율과 표본비율

모집단 전체 개체 중에서 특정한 관심의 대상이 되는 개체들의 비율을 모비율(population proportion)이라 하며, 표본을 구성하는 개체 중에서 특정한 관심의 대상이 되는 개체들의 비율은 표본비율(sample proportion)이라 한다. 이때 모비율은 π, 표본비율은 p라고 표시한다. 일반적으로 모비율은 알려져 있지 않기 때문에 표본비율을 통해 이를 추정하게 된다.

여기서 관심의 대상이 되는 개체들과 이들을 제외한 나머지 개체들을 각각 성공과 실패의 두 가지로 표시하고 성공의 횟수를 확률변수 X로 하면 이는 바로 이항분포를 한다

(5장 2절 참조). 이때 중요한 것은 시행횟수 n이 $n \to \infty$일 때 이항분포는 정규분포에 수렴한다는 사실이다.

이는 표본비율 p가 성공횟수를 시행횟수로 나눈 $p = X/n$를 의미하기 때문에 확률변수 X가 정규분포를 한다는 것은 바로 표본비율 p에 대한 확률분포가 정규분포를 함을 의미하는 것이다. 즉 표본비율 p는 평균이 π이고 표준편차가 $\sqrt{\dfrac{\pi(1-\pi)}{n}}$ 인 정규분포를 하는 것이다.

그러나 일반적으로 모비율 π는 알려져 있지 않기 때문에 정규분포 확률변수인 p의 표준편차는 $\sqrt{\dfrac{\pi(1-\pi)}{n}}$ 대신 π를 p로 대체한 $\sqrt{\dfrac{p(1-p)}{n}}$ 를 이용하게 되며 이를 표준오차라 한다.

예제 7.44

다음은 표본비율에 대한 예이다.

(1) 어느 대학교에서 1990년 이후 MBA 졸업생들의 사회 진출분야를 조사하기 위해 100명을 표본으로 뽑아 조사한 결과 75명이 금융계로 진출했다고 했을 때, 금융계 진출에 대한 표본비율은 $p = 75/100 = 0.75$, 즉 75%가 된다.

(2) 공장에서 불량률을 조사하기 위해 제품 50개를 임의로 뽑아 성능검사를 실시하였다. 이 중 두 개가 기준에 미달한 것으로 나타났다면 불량률에 대한 표본비율은 $p = 2/50 = 0.04$, 즉 4%이다.

예제 7.45

표본비율 p의 표본분포는 평균이 모비율 π이고 표준오차가 $\sigma_p = \sqrt{\dfrac{p(1-p)}{n}}$ 인 정규분포를 하므로, 표본비율 p가 모비율 π를 중심으로 $\pi \pm \sigma_p$ 사이의 값을 가질 확률은 68%, $\pi \pm 2\sigma_p$ 사이의 값을 가질 확률은 95%, $\pi \pm 3\sigma_p$ 사이의 값을 가질 확률은 99.7%에 달한다.

$$P(\pi - \sigma_p \leq p \leq \pi + \sigma_p) = 0.68$$
$$P(\pi - 2\sigma_p \leq p \leq \pi + 2\sigma_p) = 0.95$$
$$P(\pi - 3\sigma_p \leq p \leq \pi + 3\sigma_p) = 0.997$$

그림 7-26	표본비율의 분포

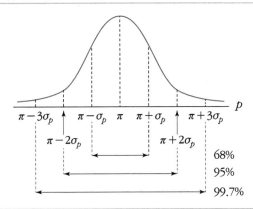

모비율의 신뢰구간 추정

표본비율 p에 대한 분포는 평균이 π이고 표준오차가 $\sigma_p = \sqrt{\dfrac{p(1-p)}{n}}$인 정규분포를 하므로 모비율 π에 대한 신뢰구간은 다음과 같이 구할 수 있다.

$$p \pm Z\sigma_p = p \pm Z\sqrt{\frac{p(1-p)}{n}}$$

p : 표본비율 Z : 신뢰수준에 따른 표준화 Z 값 n : 표본크기

🗨 NOTE

모비율 π에 대한 신뢰구간 추정식은 모평균 $\overline{X}$에 대한 신뢰구간 추정식과 유사함을 알 수 있다.

(1) 모평균 $\overline{X}$에 대한 신뢰구간: $\overline{X} \pm Z\sigma_{\overline{X}} = \overline{X} \pm Z\dfrac{S}{\sqrt{n}}$

(2) 모비율 p에 대한 신뢰구간: $p \pm Z\sigma_p = p \pm Z\sqrt{\dfrac{p(1-p)}{n}}$

특히 모비율 신뢰구간에서는 이항분포의 시행횟수에 해당하는 표본크기 n이 커야 이항분포가 정규분포에 수렴하고 이에 따라 표본비율 p도 정규분포를 하기 때문에, 당연히 표

본크기 n은 대표본이 되어 t값이 아닌 표준정규분포의 Z값을 사용하는 것이다.

예제 7.46

대학생 420명을 대상으로 상품 구매방법에 대해 조사한 결과에 따르면 72명이 통신을 통해 상품을 구입한 경험이 있는 것으로 나타났다. 대학생들의 통신판매 이용비율 π에 대한 신뢰구간을 95% 신뢰수준하에서 구하면 다음과 같다.

해설

신뢰구간 추정식이 $p \pm Z\sqrt{\dfrac{p(1-p)}{n}}$ 이므로 먼저 표본비율과 표준오차를 구하고 신뢰수준에 따른 Z값은 표준정규분포표에서 찾는다.

$$p = \frac{X}{n} = \frac{72}{420} = 0.171$$

$$\sigma_p = \sqrt{\frac{p(1-p)}{n}} = \sqrt{\frac{0.171(1-0.171)}{420}} = 0.018$$

신뢰수준 95%하의 Z값을 구하려면 먼저 표준정규분포에서 신뢰구간의 상한 임계값까지의 누적확률을 구해야 한다. 신뢰수준이 95%이므로 표준정규분포에서 기각역에 해당하는 양쪽 꼬리 부분의 확률이 5%가 되고 좌우 대칭이므로 오른쪽 꼬리 부분의 확률은 2.5%, 즉 0.025(=0.05/2)가 된다.

따라서 신뢰구간의 상한 임계값까지의 누적확률은 1에서 0.025를 뺀 0.975가 된다. 이때 누적확률 0.975에 해당하는 Z값을 표준정규분포표에서 찾으면 1.96이 된다.

Z	0.05	0.06	0.07	0.08
1.8	0.9678	0.9686	0.9693	0.9699
1.9	0.9744	0.9750	0.9756	0.9761
2.0	0.9798	0.9803	0.9808	0.9812

따라서 신뢰구간은

$$p \pm Z\sqrt{\frac{p(1-p)}{n}} = 0.171 \pm (1.96)\sqrt{\frac{(0.171)(1-0.171)}{420}}$$

$$= 0.171 \pm 0.036 = 0.135,\ 0.207$$

이 된다.

이는 모비율 π가 0.135에서 0.207 사이의 범위에 있는 값을 가질 확률이 0.95, 즉

$$P(0.135 \leq \pi \leq 0.207) = 0.95$$

임을 의미하는 것이다.

[sas program]
```
DATA ex746;
  n=420; x=72; ①
  p=x/n; ②
  cf=0.95; ③
  alpha=1-cf; ④
  z=PROBIT(1-alpha/2); ⑤
  se=SQRT(p*(1-p)/n); ⑥
  ci_lower=p-z*se; ⑦
  ci_upper=p+z*se; ⑧
RUN;

PROC PRINT DATA=ex746;
RUN;
```

해설

① 표본크기 420과 성공횟수에 해당하는 값 72를 각각 n과 x에 입력한다.
② 표본비율을 $p = X/n$에 따라 구한다. 결과물 ①에 0.171로 출력되어 있다.
③ 신뢰수준 95%를 cf라는 변수명에 지정한다.
④ 표준정규분포에서 신뢰수준을 제외한 양쪽 꼬리부분의 확률을 구한다.
⑤ 신뢰구간의 상한 임계값까지의 누적확률, 즉 (1−alpha/2)를 PROBIT 함수에 대입하여 Z 값을 구한다. 결과물 ②에 1.96으로 출력되어 있다.

 NOTE

표준화 임계값을 구하기 위해 여기서 사용한 probit( ) 함수 대신에 앞에서 사용한 tinv( )

함수를 이용할 수도 있다. 표본크기 n이 30을 넘어서 $n \to \infty$로 커질수록 t 분포는 Z 분포에 수렴하기 때문이다. tinv(1-alpha/2, n-1)에 따라 계산된 결과는 1.965로 나타나 t 값과 Z 값이 거의 동일한 값을 보여주고 있음을 확인하기 바란다.

quantile('dist', p, df) 함수를 이용하면 quantile('t', 1-alpha/2, n-1)으로 쓸 수 있으며 이는 tinv(1-alpha/2, n-1)의 결과와 동일하다.

---

⑥ $\sqrt{\dfrac{p(1-p)}{n}}$ 에 따라 표준오차를 구하고 이를 se라고 지정한다. 결과물 ③에 0.018로 나타나 있다.

⑦-⑧ $p \pm Z\sqrt{\dfrac{p(1-p)}{n}}$ 에 따라 모비율에 대한 신뢰구간을 구한다. 결과물 ④와 ⑤에 신뢰구간의 하한값과 상한값이 0.135, 0.207로 출력되어 있다.

⑨ 분석결과가 저장되어 있는 temp 파일을 출력한다.

[결과물]

Obs	n	x	p	cf	alpha	z	se	ci_lower	ci_upper
1	420	72	0.17143	0.95	0.05	1.95996	0.018390	0.13538	0.20747
			①			②	③	④	⑤

예제 7.47

TV 방송국에서는 하나의 프로그램이 끝나고 새로운 프로그램이 시작하기 전에 나가는 광고방송 중에 얼마나 많은 시청자들이 다른 채널로 바꾸는지를 550명을 대상으로 조사하였다. 그 결과 42%가 광고방송 중에 채널을 바꾸는 것으로 나타났다. 시청자들의 채널 변환비율에 대해 90%의 신뢰구간을 구하시오.

해설

90% 신뢰수준하에서의 Z 값은 신뢰구간의 상한값이 위치한 곳까지의 누적확률을 구하여 이에 대응하는 값을 표준정규분포표에서 찾으면 된다. 신뢰수준이 90%이므로 기각역에 해당하는 양쪽 꼬리부분의 확률은 0.1이 되고 표준정규분포가 좌우 대칭이라는 사실로부터 오른쪽 꼬리부분의 확률은 0.05가 된다. 따라서 신뢰구간 상한값까지의 누적확률은 0.95가 되고 이때 Z 값은 1.64임을 알 수 있다.

Z	0.03	0.04	0.05	0.06
1.5	0.9370	0.9382	0.9394	0.9406
1.6	0.9484	0.9495	0.9505	0.9515
1.7	0.9582	0.9591	0.9599	0.9608

그리고 표본비율과 표본크기가 각각 $p=0.42$, $n=550$이므로 신뢰구간은

$$p \pm Z \sqrt{\frac{p(1-p)}{n}} = 0.42 \pm 1.64 \sqrt{\frac{0.42(1-0.42)}{550}} = 0.385,\ 0.455$$

사이의 범위가 된다.

즉 광고방송 중에 다른 채널로 이동하는 시청자의 비율은 90%의 확률하에서 38.5%에서 45.5%의 값을 가질 것으로 추정할 수 있다.

[sas program]

```
DATA ex747;
  n=550;
  p=0.42;
  cf=0.90;
  alpha=1-cf;
  z=PROBIT(1-alpha/2);
  se=SQRT(p*(1-p)/n);
  ci_lower=p-z*se;
  ci_upper=p+z*se;
RUN;

PROC PRINT DATA=ex747;
RUN;
```

해설

[예제 7.46] 참조.

[결과물]

Obs	n	p	cf	alpha	z	se	ci_lower	ci_upper
1	550	0.42	0.9	0.1	1.64485	0.021045	0.38538	0.45462

유한 모집단 수정계수에 의한 표준오차의 수정

모집단의 크기가 알려져 있고 표본크기가 모집단 크기의 5% 이상인 경우 유한모집단수정계수 $\sqrt{\dfrac{N-n}{N-1}}$ 를 이용하여 표준오차를 수정해야 한다(6장 1절 참조). 즉 표준오차에 유한모집단수정계수 $\sqrt{\dfrac{N-n}{N-1}}$ 를 곱하여 표준오차를 수정한다.(N : 모집단 크기, n : 표본 크기)

예제 7.48

어느 헬스클럽에서는 전체 1,564세대로 구성된 아파트 단지에 운행버스의 노선연장을 고려하고 있는데 일주일에 1회 이상 이용하는 가구 비율이 50% 이상이 되어야 경제성이 있다고 보고 있다. 이를 위해 임의로 선정한 500가구를 대상으로 버스가 운행될 경우 일주일에 1회 이상 헬스클럽을 이용할 의사가 있는지를 가구별로 조사한 결과 230가구가 이용의사가 있는 것으로 나타났다.

헬스클럽 이용 가구비율에 대한 95% 신뢰구간을 구하고, 이를 통해 헬스클럽에서는 운행버스의 노선연장에 대해 어떻게 판단내릴 것인지 설명하시오.

해설

표본크기가 500가구이고 이 중 헬스클럽 이용의사가 있는 가구가 230가구이므로 표본비율은

$$p = 230/500 = 0.46$$

이 된다. 또한 모집단 크기가 1,564가구로 이미 정해져 있고 모집단에서 표본이 차지하는 비중이 $500/1564 = 0.32$로 5%를 상회하고 있어, 표준오차는 유한모집단수정계수 $\sqrt{\dfrac{N-n}{N-1}}$ 를 통해 수정해야 한다. 즉 표준오차는

$$\sqrt{\frac{p(1-p)}{n}}\sqrt{\frac{N-n}{N-1}} = \sqrt{\frac{0.46(1-0.46)}{500}}\sqrt{\frac{1564-500}{1564-1}} = 0.0183$$

이 된다.

그리고 95% 신뢰수준에서의 Z 값은 표준정규분포에서 신뢰구간 상한값까지의 누적확률이 0.975이 되는 곳에 위치한 값으로 이를 표준정규분포표에서 찾으면 1.96임을 알 수 있다.

따라서 신뢰구간은

$$p \pm Z\sqrt{\frac{p(1-p)}{n}}\sqrt{\frac{N-n}{N-1}}$$
$$= 0.46 \pm 1.96\sqrt{\frac{0.46(1-0.46)}{500}}\sqrt{\frac{1564-500}{1564-1}}$$
$$= 0.46 \pm (1.96)(0.0183) = 0.424,\ 0.496$$

이 된다. 즉 95% 신뢰수준하에서 헬스클럽 이용가구의 비율의 신뢰구간은 0.424에서 0.496의 범위를 가지고 있고 운행버스 노선 연장의 기준이 되는 클럽 이용가구의 비율은 0.5로 신뢰구간 범위를 벗어나 있으므로 노선 연장은 하지 않는 것으로 결론 내리게 된다. 이러한 결과는 결과물 ①과 ②에 나타나 있다.

```
[sas program]
DATA ex748;
  x=230; n=500; m=1564;
  p=x/n;
  cf=0.95;
  alpha=1-cf;
  z=PROBIT(1-alpha/2);
  se=SQRT(p*(1-p)/n)*SQRT((m-n)/(m-1)); ①
  ci_lower=p-z*se;
  ci_upper=p+z*se;
RUN;

PROC PRINT DATA=ex748;
RUN;
```

해설

① 유한모집단수정계수로 수정한 표준오차를 구한다.

[결과물]

x	n	m	p	cf	alpha	z	se	ci_lower	ci_upper
230	500	1564	0.46	0.95	0.05	1.95996	0.018390	0.42396 ①	0.4960 ②

표본비율 추정에서 표본크기의 결정

모평균에 대한 신뢰구간을 추정할 때 오차의 크기를 일정한 수준 이내로 유지하기 위해 표본크기를 조정했던 것처럼, 모비율의 신뢰구간 추정에서도 표본크기를 조정함으로써 오차의 크기를 일정 수준 이내로 유지할 수 있다. 표본오차를 E로 유지하기 위한 표본크기 n은 아래 공식에 따라 결정된다.

$$n = \frac{Z^2 \pi(1-\pi)}{E^2},$$

Z : 신뢰수준에 대응하는 Z값 π : 모비율

위의 식에서 보통 모비율 π는 알려져 있지 않기 때문에 이때는 과거의 경험이나 예비조사를 통해 얻은 표본비율 p로 대체하여 사용하게 된다. 즉 이러한 경우 표본크기 결정식은

$$n = \frac{Z^2 p(1-p)}{E^2}$$

가 되는데 이 식은 신뢰구간 추정식 $p \pm Z\sqrt{\frac{p(1-p)}{n}}$ 에서 오차의 크기를 나타내는 표본오차인 $Z\sqrt{\frac{p(1-p)}{n}}$ 를 E라고 했을 때의 등식 $E = Z\sqrt{\frac{p(1-p)}{n}}$ 로부터 n을 구하는 과정을 통해 도출한 결과와 동일하다.

📊 NOTE _____

π에 대한 어떤 정보도 주어지지 않았을 경우는 $\pi=0.5$를 사용한다.

예제 7.49

국회의원 입후보자가 당선가능성을 알아보기 위해, 지지도에 대한 표본오차를 3%로 한 신뢰구간을 신뢰수준 95%하에서 추정하려고 하는 경우 표본크기는 얼마로 해야 하는가?

이 입후보자에 대한 지지도에 대해 알려진 것이 없기 때문에 담당자는 유권자 50명을 대상으로 예비조사를 실시하였고 이 결과 22명이 이 후보자를 지지하고 있다는 사실을 알아내었다. 또 만약 예비조사를 실시하지 않는다면 표본크기는 얼마로 해야 하는가?

해설

입후보자의 지지도를 나타내는 모비율이 알려져 있지 않기 때문에 예비조사 결과인 표본비율 $p = 22/50 = 0.44$로 대체하여 사용해야 한다. 신뢰수준 95%하에서 상한 값에 대응하는 Z 값은 표준정규분포에서 누적확률이 0.975가 되는 곳의 값이므로 이를 표준정규분포표에서 찾으면 1.96이 된다. 따라서 표본크기는

$$n = \frac{Z^2 p (1-p)}{E^2} = \frac{1.96^2 (0.44)(0.56)}{0.03^2} = 1051.7$$

이 된다. 즉 표본크기는 1052가 되어야 한다.

예비조사를 실시하지 않는다면 모비율 π를 대체할 표본비율에 대한 정보도 없기 때문에 이 경우는 $\pi = 0.5$로 간주하여 계산한다. 따라서 이때 표본크기는

$$n = \frac{Z^2 \pi (1-\pi)}{E^2} = \frac{1.96^2 (0.5)(0.5)}{0.03^2} = 1067$$

이 된다.

[sas program]

```
DATA ex749;
  p=22/50; ①
```

```
   cf=0.95; ②
   alpha=1-cf; ③
   z=PROBIT(1-alpha/2); ④
   e=0.03; ⑤
   n=z**2*p*(1-p)/e**2; ⑥
RUN;

PROC PRINT DATA=ex749;
RUN;
```

해설

① 예비조사를 통해 얻은 표본비율을 p에 지정한다. 지지비율이 0.44로 나타나 있다.

② 주어진 신뢰수준 95%를 cf에 지정한다.

③ 표준정규분포에서 신뢰수준을 제외한 양쪽 꼬리 부분의 확률을 구하여 alpha에 지정한다.

④ 신뢰수준 95%에 해당하는 Z 값은 표준정규분포에서 누적확률이 $(1-alpha/2)$일 때의 값이므로 이를 PROBIT 함수를 이용하여 구한다. 결과물 ①에 Z 값이 1.96으로 출력되어 있다.

⑤ 허용할 표본오차 3%를 e에 지정한다.

⑥ $n = \dfrac{Z^2 p(1-p)}{E^2}$ 의 식에 따라 표본크기를 계산한다. 결과물 ②에 표본크기가 1052로 나타나 있다.

[결과물]

Obs	p	cf	alpha	z	e	n
1	0.44	0.95	0.05	1.95996	0.03	1051.71
				①		②

 NOTE

유한모집단의 경우, 표본오차를 일정 수준 이내로 유지하기 위한 앞의 표본크기 결정식은 다소 수정된 다음과 같은 형태를 띠게 된다.

$$n = \frac{NZ^2\pi(1-\pi)}{E^2(N-1)+Z^2\pi(1-\pi)}$$

물론 이 경우에도 모비율 π는 일반적으로 알려져 있지 않기 때문에 과거 경험이나 예비 조사를 통해 얻은 표본비율 p로 대체한 다음의 식을 이용하게 된다.

$$n = \frac{NZ^2p(1-p)}{E^2(N-1)+Z^2p(1-p)}$$

이러한 표본크기 결정식은, 모집단의 크기가 알려져 있는 유한모집단일 때의 신뢰구간 추정식 $p \pm Z\sqrt{\dfrac{p(1-p)}{n}}\sqrt{\dfrac{N-n}{N-1}}$ 의 표본오차인 $Z\sqrt{\dfrac{p(1-p)}{n}}\sqrt{\dfrac{N-n}{N-1}}$ 에서 p를 π로 대체한 식 $Z\sqrt{\dfrac{\pi(1-\pi)}{n}}\sqrt{\dfrac{N-n}{N-1}}$ 을 E라고 했을 때 등식 $E = Z\sqrt{\dfrac{\pi(1-\pi)}{n}}\sqrt{\dfrac{N-n}{N-1}}$ 으로부터 n을 구하는 과정을 통해 도출할 수 있다.

예제 7.50

전체 회원이 812명으로 구성된 상조회가 있다. 이 상조회의 임원들은 생필품 공동구매에 대한 회원들의 찬성 비율을 조사하고자 한다. 찬성률에 대한 90% 신뢰구간 추정에서 표본오차를 4%로 유지하기 위해서는 몇 명을 대상으로 조사해야 하는가?

해설

여기서는 전체 회원이 812명으로 모집단의 크기가 정해진 유한모집단에 해당한다. 또한 π에 대한 어떤 추정값도 제시되어 있지 않으므로 $\pi = 0.5$로 간주하여 표본크기를 결정한다. 신뢰수준 90%하에서의 표준화 Z 값은 표준정규분포에서 누적확률이 0.95가 되는 곳의 값이므로 이를 정규분포표에서 찾으면 1.64가 된다. 또한 모집단의 크기가 812로서 유한모집단인 경우에 해당하므로 아래 식에 따라 표본크기를 구하면

$$n = \frac{NZ^2\pi(1-\pi)}{E^2(N-1)+Z^2\pi(1-\pi)}$$

$$= \frac{(812)(1.64)^2(0.5)(0.5)}{(0.04)^2(811)+(1.64)^2(0.5)(0.5)} = 277.1$$

이 된다.

따라서 표본크기는 277 또는 278 정도로 하면 된다. 이는 결과물 ①에 출력되어 있다.

[sas program]

```
DATA ex750;
  m=812; pi=0.5; ①
  cf=0.90;
  alpha=1-cf;
  z=PROBIT(1-alpha/2);
  e=0.04;
  n=m*z**2*pi*(1-pi)/(e**2*(m-1)+z**2*pi*(1-pi)); ②
RUN;

PROC PRINT DATA=ex750;
RUN;
```

해설

① 모집단의 크기와 모비율에 대한 추정값을 입력한다.

② $n = \dfrac{NZ^2\pi(1-\pi)}{E^2(N-1)+Z^2\pi(1-\pi)}$ 에 따라 표본크기를 계산한다. 결과물 ①에 278 로 나타나 있다.

[결과물]

Obs	m	pi	cf	alpha	z	e	n
1	812	0.5	0.9	0.1	1.64485	0.04	278.232

①

모비율의 가설검정

모비율에 대한 가설검정은 모평균에 대한 가설검정과 매우 유사하다. 표본크기 n이 커질 때, 즉 대표본인 경우 중심극한정리에 따라 표본비율 p에 대한 표본분포는 평균이 모비율 π이고 표준오차가 $\sqrt{\dfrac{\pi(1-\pi)}{n}}$인 정규분포를 하게 된다. 따라서 대표본하에서 표본비율이 p이고 가설에서 설정된 모비율 값이 π_0일 때 모비율에 대한 검정통계량인 표준화 Z값은 다음과 같이 구한다.

$$Z = \frac{p - \pi_0}{\sqrt{\dfrac{\pi_0(1-\pi_0)}{n}}}$$

NOTE

모평균과 모비율에 대한 검정통계량인 표준화 Z값을 구하는 식을 비교하면 이들이 매우 유사함을 알 수 있다.

그림 7-27 모평균 검정과 모비율 검정에서의 표준화 Z값

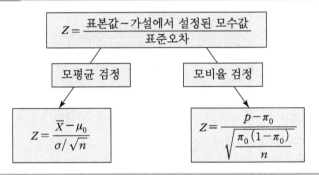

여기서 한 가지 주의할 것은 모비율의 신뢰구간 추정에서 사용한 표준오차가 $\sqrt{p(1-p)/n}$인 것과는 달리 가설검정에서 사용한 표준오차는 $\sqrt{\pi(1-\pi)/n}$라는 점이다. 이는 모비율에 대한 귀무가설 검정의 경우, 표본분포의 평균을 특정값 π_0로 설정하였기 때문에 표준오차가 $\sqrt{\pi_0(1-\pi_0)/n}$가 되는 반면에, 신뢰구간 추정에서는 모비율 π를 모르고 있는 상태에서 표본비율 p를 통해 모비율 π를 추정하는 것이므로, 이때는 당연히 표본비율 p에 대한 표준오차인 $\sqrt{\pi(1-\pi)/n}$를 직접 이용하는 것이 불가능하게 되어 π 대신 표본비율 p로 대체한 $\sqrt{p(1-p)/n}$를 표준오차로 사용하게 되는 것이다.

예제 7.51

2년 전 신용카드 신청자의 68%만이 카드를 발급받을 수 있었다. 지난 6개월에 걸쳐 신용카드 신청자 400명을 대상으로 카드 발급을 조사한 결과 이 중 284명이 카드를 발급 받고 나머지 116명은 신청이 기각된 것으로 나타났다. 이를 기초로 모든 신청자에 대한 카드발급률에 변화가 있었는지를 5%의 유의수준에서 검정하시오.

해설

카드발급률을 나타내는 모비율이 2년 전과 차이가 있는지를 검정하는 것이므로 먼저 이에 대한 가설을 다음과 같이 설정한다.

$$H_0: \ \pi = 0.68$$
$$H_a: \ \pi \neq 0.68$$

400명 중 284명이 카드를 발급 받았으므로 표본비율은 $p = 284/400 = 0.71$이 된다. 이를 표준화하면 $\pi_0 = 0.68$이므로

$$Z = \frac{p - \pi_0}{\sqrt{\dfrac{\pi_0(1-\pi_0)}{n}}} = \frac{0.71 - 0.68}{\sqrt{\dfrac{0.68(1-0.68)}{400}}} = 1.286$$

이 된다. 유의수준이 5%이고 양측검정이므로 이때의 표준화 임계값은 표준정규분포표에서 누적확률이 0.975가 되는 곳의 Z 값이 된다. 이때의 Z 값은 1.96이 되므로 유의수준 5%의 양측검정하에서 귀무가설 채택역은 $-1.96 \leq Z \leq 1.96$임을 알 수 있다.

Z	0.05	0.06	0.07	0.08
1.8	0.9678	0.9686	0.9693	0.9699
1.9	0.9744	0.9750	0.9756	0.9761
2.0	0.9798	0.9803	0.9808	0.9812

앞서 계산한 표본비율 0.71에 대한 Z 값은 1.286으로 $-1.96 \leq Z \leq 1.96$의 범위에 속해 있으므로 귀무가설을 채택하고 대립가설은 기각한다. 따라서 카드 발급률은 2년 전과 달라졌다고 볼 수 없다고 판단하게 된다.

[sas program]

```
DATA ex751;
  n=400; x=284;
  p=x/n; ①
  pi0=0.68;
  se=SQRT(pi0*(1-pi0)/n); ②
  z=(p-pi0)/se; ③
  alpha=0.05; ④
  zcut=PROBIT(1-alpha/2); ⑤
RUN;

PROC PRINT DATA=ex751;
RUN;
```

해설

① 표본비율을 계산한다. 결과물 ①에 0.71로 출력되어 있다.

② $\sqrt{\dfrac{\pi_0(1-\pi_0)}{n}}$ 에 따라 표준오차를 계산한다. 결과물 ②에 0.023으로 나타나 있다.

③ $Z = \dfrac{p-\pi_0}{\sqrt{\pi_0(1-\pi_0)/n}}$ 에 따라 표본비율 p 에 대한 표준화 Z 값을 계산한다. 결과물 ③에 1.286으로 나타나 있다.

④ 유의수준을 alpha라는 변수명에 지정한다.

⑤ 양측검정이고 유의수준이 5%일 때의 표준화 임계값을 구한다. 즉 누적확률이 0.975(=1-alpha/2)일 때의 Z 값을 PROBIT 함수를 이용하여 구한다. 이때의 Z 값이 결과물 ④에 1.96으로 나타나 있다.

따라서 귀무가설 채택역은 표본비율의 표준화 Z 값이 -1.96에서 $+1.96$ 사이의 값을 가질 때이다. 표본비율의 표준화 Z 값은 결과물 ③에서 1.286이므로 귀무가설을 채택한다.

[결과물]

Obs	n	x	p	pi0	se	z	alpha	zcut
1	400	284	0.71	0.68	0.023324	1.28624	0.05	1.95996
			①		②	③		④

예제 7.52

여행 대리점을 경영하는 갑은 요즘 전체 여행자 중에서 동남아 여행자가 차지하는 비율이 3년 전에 비해 감소했다는 생각을 하고 있다.

이를 확인하기 위해 과거 1년간의 자료를 통해 무작위로 추출한 고객 250명을 대상으로 조사한 결과 동남아 여행자수는 74명인 것으로 나타났다. 3년 전의 동남아 여행자의 비율이 38% 수준이었다고 할 때 갑의 생각이 맞는지 5%의 유의수준에서 검정하시오.

해설

3년 전에 비해 동남아 여행자의 비율이 감소하였는지의 여부를 확인하는 것이므로 하한단측검정에 해당한다.

$$H_0: \pi = 0.38$$
$$H_a: \pi < 0.38$$

먼저 표본비율은 $p = 0.296(=74/250)$에 대한 표준화 Z 값을 구하면

$$Z = \frac{p - \pi_0}{\sqrt{\frac{\pi_0(1-\pi_0)}{n}}} = \frac{0.296 - 0.38}{\sqrt{\frac{0.38(1-0.38)}{250}}} = -2.736$$

이 된다.

하한단측검정이고 유의수준이 5%이므로 귀무가설 기각역의 임계값에 해당하는 Z 값은 표준정규분포표에서 누적확률이 0.05가 되는 곳의 표준화 값인 -1.64이다. 즉 표본비율 p의 표준화 Z 값이 $Z \geq -1.64$이면 귀무가설이 채택되고 $Z < -1.64$이면 귀무가설이 기각되고 대립가설이 채택된다.

Z	0.03	0.04	0.05	0.06
-1.7	0.0418	0.0409	0.0401	0.0392
-1.6	0.0516	0.0505	0.0495	0.0485
-1.5	0.0630	0.0618	0.0606	0.0594

위에서 구한 표본비율 p의 표준화 Z 값은 -2.736이므로 귀무가설을 기각하고 대립가설을 채택한다. 따라서 동남아 여행자의 비율이 3년 전에 비해 감소하였다고 볼 수 있다.

```
[sas program]
DATA ex752;
   n=250;
   x=74;
   p=x/n;
   pi0=0.38;
   se=SQRT(pi0*(1-pi0)/n); ①
   z=(p-pi0)/se; ②
   alpha=0.05;
   zcut=PROBIT(alpha); ③
RUN;

PROC PRINT DATA=ex752;
RUN;
```

해설

① 표준오차를 계산한다. 결과물 ①에 표준오차가 0.03으로 출력되어 있다.

② 표본비율 $p=0.296$에 대한 표준화 Z 값을 구한다. 결과물 ②에 -2.736으로 나타나 있다.

③ 귀무가설 채택역과 기각역의 경계가 되는 Z의 임계값을 PROBIT 함수를 이용하여 구한다. 유의수준이 5%이고 하한단측검정이므로 누적확률이 0.05가 되는 곳의 Z 값이 임계값이 된다. 결과물 ③에 -1.644로 계산되어 있다. 표본비율의 표준화 Z 값 -2.74는 하한단측 임계값 -1.644보다 작으므로 귀무가설을 기각하고 대립가설을 채택한다. 즉 동남아 여행자의 비율이 감소했다고 판단한다.

[결과물]

Obs	n	x	p	pi0	se	z	alpha	zcut
1	250	74	0.296	0.38	0.030699	-2.73629	0.05	-1.64485
					①	②		③

예제 7.53

임금 협상을 하고 있는 노조에서는 회사와의 협상이 결렬될 경우 조합원의 과반수의 찬성이 있으면 즉시 파업에 돌입하기로 결정하였다. 노조 집행부에서는 사용자측과의 협상에서 강력한 요구를 하기 위해 실제로 조합원들이 과반수 이상이 파업의사가 있는지를 확인하려고 한다. 이를 위해 전체 1,564명의 조합원 중 300명을 무작위로 추출하여 파업에 대한 의사를 조사한 결과 164명이 찬성, 122명이 반대, 그리고 14명이 기권하였다. 이를 기초로 10% 유의수준하에서 조합원들의 과반수 이상이 파업을 지지하고 있다고 볼 수 있는지 검정하시오.

해설

파업에 대한 지지비율이 과반수를 넘는지 여부를 검정하는 것으로 상한단측검정을 해야 한다.

$$H_0:\ \pi \le 0.5$$
$$H_a:\ \pi > 0.5$$

300명 중 찬성인원이 164명이므로 표본비율은 $p = 164/300 = 0.547$이다. 다음 이 표본비율에 대한 표준화 Z 값을 구해야 하는데 이때 주의할 것은 모집단의 크기가 1,564명으로 알려져 있고 표본크기가 모집단 크기의 5%를 상회하는 유한모집단이므로, 표준오차를 계산할 때 유한모집단 수정계수 $\sqrt{\dfrac{N-n}{N-1}}$ 로 수정한 결과를 사용해야 한다.

$$Z = \frac{p - \pi_0}{\sqrt{\dfrac{\pi_0(1-\pi_0)}{n}}\sqrt{\dfrac{N-n}{N-1}}} = \frac{0.547 - 0.5}{\sqrt{\dfrac{0.5(1-0.5)}{300}}\sqrt{\dfrac{1564-300}{1564-1}}} = 1.80$$

유의수준이 10%이고 상한단측검정이므로 임계값에 해당하는 표준화 Z 값은 표준정규분포표에서 누적확률이 0.9인 곳의 Z 값인 1.28이다.

Z	0.07	0.08	0.09
1.1	0.8790	0.8810	0.8830
1.2	0.8980	0.8997	0.9015
1.3	0.9147	0.9162	0.9177

따라서 $Z \leq 1.28$이면 귀무가설이 채택되고 $Z > 1.28$이면 대립가설이 채택된다. 위에서 구한 표본비율 $p = 0.547$에 대한 표준화 Z값이 1.80으로 귀무가설 채택범위 ($Z \leq 1.28$)를 벗어나 나타나 있으므로 귀무가설을 기각하고 대립가설을 채택하게 된다.

즉 노조에서는 조합원들의 과반수 이상이 파업을 지지하고 있다고 판단할 수 있다. 이는 표본비율 54.7%가 유의적(significant)임을 의미하는 것이다.

[sas program]
```
DATA ex753;
  n=300;
  x=164;
  p=x/n; ①
  pi0=0.50;
  m=1564; ②
  fpc=SQRT((m-n)/(m-1)); ③
  se=SQRT(pi0*(1-pi0)/n)*fpc; ④
  z=(p-pi0)/se; ⑤
  alpha=0.10;
  zcut=PROBIT(1-alpha); ⑥
RUN;

PROC PRINT DATA=ex753;
RUN;
```

해설

① 표본비율을 계산한다. 결과물 ①에 0.547로 계산되어 있다.
② 모집단의 크기를 m에 지정한다.
③ 유한모집단수정계수를 $\sqrt{(N-n)/(N-1)}$ 에 따라 계산한다.
④ 유한모집단수정계수로 수정한 표준오차를 계산한다. 이는 결과물 ②에 0.026으로 나타나 있다.
⑤ 표본비율에 대한 Z값을 $Z = \dfrac{p - \pi_0}{\sqrt{\pi_0(1 - \pi_0)/n}}$ 에 따라 계산한다. 결과물 ③에 1.80으로 계산되어 있다.

⑥ 상한단측검정이고 유의수준이 10%이므로 Z의 임계값은 표준정규분포표에서 누적확률이 0.9가 되는 곳의 Z 값이 된다. PROBIT 함수에 누적확률을 대입하여 임계값을 구한다. 이는 결과물 ④에 1.28로 나타나 있다.

따라서 표본비율의 표준화 Z 값이 1.28보다 크면 귀무가설을 기각하고 대립가설을 채택하게 된다. 표본비율에 대한 Z 값이 1.80(결과물 ③)으로 이보다 크므로 대립가설을 채택한다.

[결과물]

Obs	n	x	p	pi0	m	fpc	se	z	alpha	zcut
1	300	164	0.54667	0.5	1564	0.89928	0.025960	1.79764	0.1	1.2815
			①				②	③		④

7.6 모분산의 추정과 가설검정

모분산의 신뢰구간 추정

모평균이 μ이고 분산이 σ^2인 정규분포를 하는 모집단으로부터 크기가 n인 표본을 추출하여 아래 식에 따라 얻은 표본의 분산 S^2은 모분산 σ^2에 대한 점추정치가 된다.

$$S^2 = \frac{\sum(X-\overline{X})^2}{n-1}$$

이때 표본분산과 모분산 사이의 비율에 $(n-1)$을 곱하여 얻게 되는 통계량 $\frac{(n-1)S^2}{\sigma^2}$를 χ^2 통계량이라고 한다.

$$\chi^2 = \frac{(n-1)S^2}{\sigma^2}$$

또한 χ^2 통계량의 분포를 자유도 $(n-1)$하의 χ^2 분포라고 하며, 그 분포 모양은 자유도가 커짐에 따라 정규분포 모양에 가까워진다. 즉 〈그림 7-28〉에서 보는 바와 같이 χ^2 분포는 비대칭으로서 χ^2 통계량 값은 항상 양의 값을 가지며, 자유도(df)가 커짐에 따라 정규분포의 형태에 접근하는 특성을 가지고 있다.

그리고 χ^2 값은 모분산 σ^2뿐 아니라 표본크기 n과 표본분산 S^2에 따라 결정되는 확률변수인 것이다.

그림 7-28 χ^2 분포와 자유도

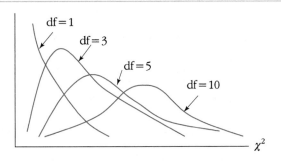

여기서 $\chi^2 = \dfrac{(n-1)S^2}{\sigma^2}$의 식을 이용하면 표본분산 S^2과 표본크기 n을 알고 있는 경우 χ^2 값이 일정 범위의 값을 갖도록 하는 모분산 σ^2 값의 범위를 생각할 수 있는데, 이 범위가 바로 모분산의 신뢰구간이 되는 것이다. 즉 주어진 유의수준에 따라 χ^2 값의 상하한값이 각각 χ_U^2, χ_L^2로 결정되면 위의 식에 따라 모분산 σ^2의 신뢰구간을 아래와 같이 구할 수 있다.

$$\frac{(n-1)S^2}{\chi_U^2} < \sigma^2 < \frac{(n-1)S^2}{\chi_L^2}$$

그림 7-29   모분산 σ^2의 신뢰구간

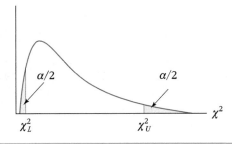

예제 7.54

건전지 15개를 무작위로 추출하여 수명을 조사한 결과 표본평균이 42시간이고 표준편차가 4.5시간으로 나타났다. 건전지 수명이 정규분포를 한다고 할 때 95%의 신뢰수준하에서 모분산의 신뢰구간은 다음과 같이 추정한다.

해설

표본크기가 n이고 표본분산이 S^2일 때 모분산 σ^2의 신뢰구간은

$$\frac{(n-1)S^2}{\chi_U^2} < \sigma^2 < \frac{(n-1)S^2}{\chi_L^2}$$

에 따라 구할 수 있는데, 이를 위해서는 먼저 χ^2 분포에서 신뢰수준이 95%일 때 χ^2 값의 상하한 임계값을 χ^2 분포표를 통해 구해야 한다.

χ^2 분포표는 χ^2 분포의 오른쪽 꼬리 부분 기각역 확률을 기준으로 χ^2 값이 계산되어 있기 때문에 상한 임계값을 찾기 위해서는 먼저 오른쪽 꼬리 부분의 기각역 확률을 알아야 한다.

신뢰수준이 95%라는 것은 기각역 확률 α가 5%임을 의미하기 때문에 χ^2 분포의 오른쪽 꼬리 부분의 기각역 확률은 $\alpha/2 = 0.025$가 되고 자유도가 $df = n-1 = 14$이므로 이를 χ^2 분포표에서 찾으면 χ^2 상한값은 26.119가 된다.

하한 임계값은 χ^2 분포에서 누적확률이 0.025가 되는 곳의 χ^2 값이 되는데 χ^2 분포표는 오른쪽 꼬리 부분의 기각역 확률을 기준으로 χ^2 값을 표시하고 있으므로 이 경우는 오른쪽 꼬리 부분의 기각역 확률이 0.975이면서 자유도가 14인 곳의 값을 찾으면 되며 이때 χ^2 값은 5.629이다.

χ^2	상한 단측확률			
df	0.975	0.050	0.025	0.010
13	5.009	22.362	24.736	27.688
14	5.629	23.685	26.119	29.141
15	6.262	24.996	27.488	30.578

모분산 신뢰구간의 하한값과 상한값은 각각

$$\frac{(n-1)S^2}{\chi_U^2} = \frac{(15-1)(4.5)^2}{(26.119)} = 10.85$$

$$\frac{(n-1)S^2}{\chi_L^2} = \frac{(15-1)(4.5)^2}{(5.629)} = 50.36$$

이므로 모분산 σ^2의 신뢰구간은 $10.85 \le \sigma^2 \le 50.36$이 된다. 즉 모분산이 $10.85 \le$ $\sigma^2 \le 50.36$의 신뢰구간 범위에 있는 값을 가질 확률이 95%임을 의미한다.

[sas program]

```
DATA ex754;
  n=15;
  s2=4.5**2; ①
  clevel=0.95; ②
  alpha=1-clevel; ③
  chilower=CINV(alpha/2, n-1); ④
  chiupper=CINV(1-alpha/2, n-1); ⑤
  sigma2low=(n-1)*s2/chiupper; ⑥
  sigma2upp=(n-1)*s2/chilower; ⑦
RUN;

PROC PRINT DATA=ex754;
RUN;
```

해설

① 표준편차가 4.5이므로 이를 제곱하여 표본분산을 계산한다. 결과물 ①에 20.25로 계산되어 있다.

② 주어진 신뢰수준 95%를 clevel이라는 변수명에 지정하고 있다.

③ 1에서 신뢰수준을 뺀 기각역 확률을 계산하여 alpha라는 변수명에 지정하였다.

④ CINV(p, df) 함수를 이용하여 χ^2 분포에서 누적확률(p)과 자유도(df)가 주어진 경우의 χ^2 값을 계산한다. 여기서 주의할 것은 다른 함수에서와 마찬가지로 CINV(p, df) 함수에 입력하는 확률 p 역시 누적확률이라는 점이다. 따라서 주어진 신뢰수준이 95%이므로 χ^2의 하한 임계값을 구하기 위해서는 CINV(p, df) 함

수의 p에 누적확률 0.025(=alpha/2)를 그리고 자유도 df에는 14(=n−1)를 대입한다. 결과물 ②에 하한값이 5.63으로 출력되어 있다.

⑤ χ^2의 상한 임계값을 구한다. 누적확률 0.975(=1−alpha/2)와 자유도 14(=n−1)을 CINV 함수에 대입한다. 결과물 ③에 26.12로 출력되어 있다.

⑥ $\dfrac{(n-1)S^2}{\chi_U^2}$에 따라 모분산 신뢰구간의 하한값을 계산한다. 모분산 하한값이 결과물 ④에 10.85로 나타나 있다.

⑦ $\dfrac{(n-1)S^2}{\chi_L^2}$에 따라 모분산 신뢰구간의 상한값을 계산한다. 모분산 상한값이 결과물 ⑤에 50.37로 나타나 있다.

[결과물]

Obs	n	s2	clevel	alpha	chilower	chiupper	sigma2low	sigma2upp
1	15	20.25	0.95	0.05	5.62873	26.1189	10.8542	50.3666
		①			②	③	④	⑤

모분산의 가설검정

표본크기가 n이고 분산이 S^2인 표본을 통해 이 표본이 추출된 모집단의 모분산 σ^2가 특정한 값 σ_0^2과 동일하다고 볼 수 있는지를 검정하려 한다면 다음과 같이 가설을 설정할 수 있다.

$$H_0: \ \sigma^2 = \sigma_0^2$$

$$H_a: \ \sigma^2 \neq \sigma_0^2$$

 NOTE

모분산 σ^2가 특정한 값 σ_0^2보다 큰지 또는 작은지를 검정한다고 한다면 귀무가설과 대립가설은 각각 $H_0: \sigma^2 \geq \sigma_0^2$, $H_a: \sigma^2 < \sigma_0^2$ 으로 설정될 것이다.

예제 7.55

여기서는 χ^2 검정통계량을 통한 모분산에 대한 가설검정 과정을 살펴보기로 하자.

해 설

앞에서 살펴본 바와 같이 χ^2 통계량 $\dfrac{(n-1)S^2}{\sigma^2}$ 은 χ^2 분포를 하므로 $\dfrac{(n-1)S^2}{\sigma^2}$ 에 표본크기 n 과 표본분산 S^2 그리고 가설에서 설정한 모분산값 σ_0^2 을 대입하면 검정 통계량 χ^2 값을 구할 수 있으며 이 χ^2 값이 χ^2 분포의 어디에 위치해 있는가를 통해 위에서 설정한 가설을 검정할 수 있다.

즉 상한단측검정인 경우 $\dfrac{(n-1)S^2}{\sigma^2}$ 의 χ^2 값이, 유의수준이 α 이고 자유도가 $df = n-1$ 일 때의 χ^2 의 상한 임계값 χ_U^2 보다 크다면 귀무가설이 기각되고 대립가 설이 채택된다. 또한 하한단측검정인 경우는 $\dfrac{(n-1)S^2}{\sigma^2}$ 의 χ^2 값이, 유의수준이 α 이고 자유도가 $df = n-1$ 일 때의 χ^2 의 하한 임계값 χ_L^2 보다 작다면 귀무가설이 기각되고 대립가설이 채택된다.

양측검정을 하는 경우라면 χ^2 의 상한 임계값과 하한 임계값을 구해야 하는데 이때 상한 임계값은 χ^2 분포의 오른쪽 꼬리 부분의 기각역 확률이 $\alpha/2$ 이고 자유도 가 $n-1$ 일 때의 χ^2 값이 되며, 하한 임계값은 χ^2 분포의 왼쪽 꼬리 부분의 기각역 확률이 $\alpha/2$ 이고 자유도가 $n-1$ 일 때의 χ^2 값이 된다. 따라서 $\dfrac{(n-1)S^2}{\sigma^2}$ 에 따라 계산된 χ^2 값이, 하한 임계값 χ_L^2 과 상한 임계값 χ_U^2 사이에 속하면 귀무가설을 채택 하게 된다.

예제 7.56

200㎖의 주스를 캔에 담는 생산라인의 담당자는 가능한 한 정확한 양의 주스가 캔에 주입되도록 하기 위해 캔에 담는 주스 양에 대한 표준편차를 2㎖ 이하로 유지하려 한 다. 이를 확인하기 위해 50개를 무작위로 뽑아 조사한 결과 평균이 201.5㎖이고 표 준편차는 1.84㎖인 것으로 나타났다. 이 결과를 통해 모집단의 표준편차가 2㎖보다 작다고($\sigma < 2$㎖) 볼 수 있는지 5% 유의수준하에서 검정하시오.

해설

표준편차가 $\sigma < 2$인지를 검정하는 것이므로 이는 모분산이 $\sigma^2 < 4$인지를 검정하는 가설을 설정하면 된다.

$$H_0: \ \sigma^2 = 4$$

$$H_a: \ \sigma^2 < 4$$

표본에 대한 표준편차가 1.84이므로 표본분산은 $S^2 = (1.842)^2 = 3.385$이고 검정하고자 하는 지정된 모분산이 $\sigma^2 = 4$이므로 χ^2값은

$$\frac{(n-1)S^2}{\sigma^2} = \frac{(50-1)(3.385)}{4} = 41.47$$

이 된다.

다음 이 χ^2 값이 귀무가설 채택역에 속하는지 기각역에 속하는지를 알기 위해 5% 유의수준하에서의 χ^2 임계값을 구해야 한다. 그런데 위의 가설은 하한단측검정이므로 χ^2 분포에서 누적확률이 0.05가 되는 곳의 χ^2 값에 해당하는데 표준정규분포표의 χ^2 분포표는 기각역 확률을 기준으로 χ^2 값이 제시되어 있기 때문에 오른쪽 꼬리 부분의 기각역 확률이 0.95이면서 자유도가 $49(df = n - 1 = 50 - 1)$인 곳의 값을 찾으면 33.93의 χ^2 임계값을 얻게 된다.

위에서 계산한 χ^2 값($=41.47$)이 임계값보다 작지 않기 때문에 대립가설을 채택할 수 없다. 즉 모집단의 표준편차가 $\sigma < 2$라고 볼 수 없다는 판단을 내린다.

χ^2	상한 단측확률			
df	0.99	0.95	0.900	0.01
48	28.177	33.098	35.949	73.683
49	28.941	33.930	36.818	74.919
50	29.707	34.764	37.689	76.154

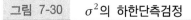

그림 7-30 σ^2의 하한단측검정

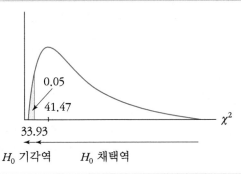

[sas program]

```
DATA ex756;
 n=50;
 s=1.84;
 s2=s**2; ①
 sigma=2.0;
 sigma2=sigma**2; ②
 alpha=0.05;
 chisq=(n-1)*s2/sigma2; ③
 chi_crt=CINV(alpha, n-1); ④
RUN;


PROC PRINT DATA=ex756;
RUN;
```

해설

① 표준편차를 제곱하여 표본분산을 계산하고 이에 s2라는 변수명을 지정한다.

② 가설에서 설정한 모분산을 계산하고 이에 sigma2라는 변수명을 지정한다.

③ $\dfrac{(n-1)S^2}{\sigma^2}$에 따라 표본분산에 대한 χ^2 값을 계산한다. 결과물 ①에 41.47로 출력되어 있다.

④ CINV(p, df) 함수를 이용하여 χ^2 임계값을 구한다. 이때 CINV 함수의 첫 번째 입력인수 p에는 누적확률을 대입하여야 하는데 위의 가설검정은 하한단측검정이므

로 유의수준 0.05가 그대로 누적확률이 된다. 이 χ^2 임계값은 결과물 ②에 33.93으로 나타나 있다. 결과물 ①의 χ^2 값이 이 임계값보다 작지 않으므로 대립가설을 기각하지 못하고 귀무가설을 채택하게 된다.

[결과물]

Obs	n	s	s2	sigma	sigma2	alpha	chisq	chi_crt
1	50	1.84	3.3856	2	4	0.05	41.4736	33.9303
							①	②

제8장

두 모집단의
비교

제8장
두 모집단의 비교

8.1 두 모집단의 독립성

그림 8-1	독립적인 두 표본

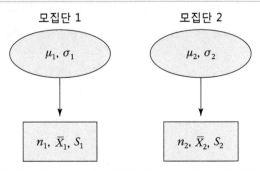

모집단 1   모집단 2

μ_1, σ_1 μ_2, σ_2

$n_1, \overline{X}_1, S_1$ $n_2, \overline{X}_2, S_2$

예제 8.1

대학생들의 한 달 용돈이 남학생과 여학생 사이에 차이가 있는지를 조사하기 위해 남학생과 여학생을 각각 50명씩 표본으로 추출하였다고 하자.

해설

여기서 남학생 표본과 여학생 표본은 각각 남자 대학생 모집단과 여자 대학생 모집단이라는 별개의 두 모집단에서 무작위로 추출된 표본으로서 독립적인 표본이다. 즉 남학생 모집단에서 추출되는 남학생은 여학생 모집단에서 표본으로 추출될 수 없다.

예제 8.2

복사기를 50대 구입하려고 하는 회사에서 최종적으로 두 개의 브랜드 가운데 어느 하나를 선택하기 위해 각 브랜드별로 5대씩을 뽑아 한 달 동안 시험 사용 후 대당 고장 횟수를 조사하였다.

해설

이를 제품 선택의 기초자료로 사용하는 경우 이들 두 표본은 서로 다른 회사 제품의 모집단으로부터 추출된 것이므로 '독립적' 표본에 해당한다.

종속적인(짝을 이룬) 표본

독립적인 표본과는 달리, 분석대상이 되는 모집단을 '비교하고자 하는 특성'을 기준으로 하여 먼저 '두 개'의 모집단으로 구분한다. 그리고 이 특성을 만족시키는 모집단에서 표본을 추출하고 이 표본과 짝(matched pairs)이 되는 표본을 다른 하나의 모집단에서 추출하여 두 표본을 구성하였을 때 이를 '종속적' 또는 '짝을 이룬' 표본(paired samples)이라고 한다.

그림 8-2	짝을 이룬 두 표본

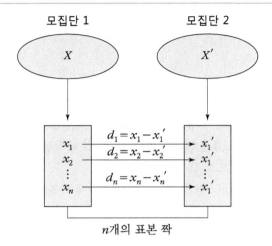

예제 8.3

여기서는 '짝을 이룬다(paired)'는 의미를 자세히 살펴보기로 하자.

해설

먼저 짝이 된다는 말의 의미는, 첫 번째 모집단에서 추출된 표본의 개체들이 다른 모집단의 개체들과 속성면에서 동일하거나 아주 밀접한 유사성을 가지고 있을 때를 뜻한다. 즉 두 번째 모집단에서 뽑히는 표본은 첫 번째 모집단에서 뽑힌 표본의 속성과는 상관없이 독립적으로 추출되는 것이 아니라, 첫 번째 모집단에서 뽑힌 표본의 속성을 그대로 가지고 있는 표본을 추출하여 구성된다. 이들 두 표본은 종속적인 관계에 있는 것이며, 두 표본의 크기 또한 동일하다는 특징을 갖는다.

따라서 각각의 모집단에서 추출된 두 표본은 처음 모집단을 구분하는 기준이 된 특성을 제외하고는 나머지 속성에서는 모두 동일하거나 유사하다.

이러한 면에서 독립적인 두 표본보다는 짝을 이룬 두 표본을 이용한 모집단의 비교가 더 유용한 정보를 얻는데 효과적이라고 할 수 있다.

 NOTE

첫 번째 모집단에서 추출된 표본의 개체들 각각의 속성에 관계없이 두 번째 모집단에서 표본을 추출하였다면 이들 모집단에서 뽑힌 각각의 두 표본은 독립적인 경우에 해당한다.

예제 8.4

영어회화 수강생 40명을 표본으로 청취력 향상을 위한 새로운 교수법을 한 학기 동안 실시하고, 학기말 청취력 성적과 학기초 성적의 비교를 통해 새로운 교수법의 효과 여부를 확인하고자 한다.

해설

이 경우 학기초의 수강생 40명은 새로운 교수법을 기준으로 했을 때 이 교수법이 시행되지 않은 모집단의 표본으로, 그리고 학기말의 수강생 40명은 새로운 교수법이 시행된 모집단의 표본으로 간주할 수 있다.

　새로운 교수법을 실시하기 전(학기초)의 모집단에서 뽑힌 40명의 표본 중에 홍길동이라는 학생이 들어 있었다면 새로운 교수법을 실시한 후(학기말)의 모집단에서 다시 홍길동 학생을 표본으로 추출하는 것이며, 이러한 면에서 이들 두 개체는 짝을 이루고 있는 것이다. 다시 말해 '학기말'에 추출되는 표본은 학기초의 표본과는 독립적으로 추출되는 것이 아니라 학기초에 어떤 학생이 추출되었느냐에 따라 학기말 표본에서도 이들을 그대로 추출하여 새로운 교수법의 실시에 따른 변화를 파악하는 것이다.

　그러므로 두 표본을 구성하는 학생들 각각은 새로운 교수법으로 수업을 받았는지의 여부에 따라 두 표본의 개체로 구분되었을 뿐 나머지 속성들은 동일한 것이다. 이러한 면에서 두 표본은 '짝을 이룬' 표본 또는 '종속적' 표본이라고 할 수 있다.

예제 8.5

두 사람의 골동품 감정 전문가가 주어진 골동품의 감정평가액에 대해 평균적으로 동일한 평가를 내리는지를 확인하기 위해 10점의 골동품을 제시하고 두 사람으로 하여금 이들 골동품을 감정하도록 하였다.

해설

이 경우 '동일한' 골동품에 대해 두 사람이 평가를 내리고 이 차이가 있는지를 확인하는 것이므로 이는 짝을 이룬 또는 종속적 표본이 된다.

예제 8.6

피임약의 장기 복용이 여성의 만성적 두통을 유발하는지를 조사하기 위해 과거 5년 동안 피임약의 장기 복용 여부를 기준으로 모집단을 장기 복용집단과 그렇지 않은 집단의 두 개로 구분하였다.

해설

장기 복용한 모집단에서 무작위로 표본을 추출하고 이 표본에 속하는 각 여성의 연령, 소득수준 그리고 신체조건 및 건강상태 등의 속성을 조사하여 이와 동일하거나 유사한 속성을 지닌 여성을 피임약을 장기 복용하지 않은 모집단에서 추출하여 또 하나의 표본을 추출하였다면 이들 표본은 '짝을 이룬' 또는 '종속적' 두 표본에 해당한다.

 NOTE

[예제 8.6]은 [예제 8.4]에 비해 일반화된 경우의 종속적 표본에 해당한다. 즉 [예제 8.4]의 두 표본에서 짝을 이루고 있는 개체는 동일한 사람이나 [예제 8.6]의 두 표본에서 짝을 이루고 있는 개체는 동일인이 아니다.

8.2 모평균의 차이에 대한 신뢰구간과 가설검정 (두 표본이 독립적인 경우)

대표본에서의 모평균 차이에 대한 신뢰구간

정규분포를 하는 두 모집단의 모평균과 모분산이 각각 (μ_1, σ_1^2), (μ_2, σ_2^2)일 때 모평균의 차이 $\mu_1 - \mu_2$에 대한 점추정치는 각 모집단으로부터 얻은 표본평균의 차이인 $\overline{X}_1 - \overline{X}_2$가 된다. 독립적인 모집단 1과 2에서 크기가 각각 n_1, n_2인 표본을 추출하여 얻은 두 표본평균 $\overline{X}_1$과 $\overline{X}_2$는 모집단에서 표본이 어떻게 뽑히느냐에 따라 그 값이 달라지는 확률변수이기 때문에, 두 표본평균의 차이인 $\overline{X}_1 - \overline{X}_2$ 또한 각 모집단에서 표본이 어떻게 뽑히느냐에 따라 값이 변하는 확률변수가 된다.

이때 두 표본평균의 차이인 $\overline{X}_1 - \overline{X}_2$의 표본분포는 각 표본의 표본크기가 적어도 30

이상일 경우, 중심극한정리에 따라 평균이 $\mu_1 - \mu_2$이고 표준오차가 $\sigma_{\overline{X}_1 - \overline{X}_2} = \sqrt{\dfrac{\sigma_1^2}{n_1} + \dfrac{\sigma_2^2}{n_2}}$ 인 정규분포를 한다.

여기서 일반적으로 모분산은 알려져 있지 않기 때문에 이러한 경우는 σ_1^2과 σ_2^2 대신에 표본분산인 S_1^2과 S_2^2로 대체하여 표준오차를 계산하게 되는데 이를 '추정된 표준오차 (estimated standard error)'라 한다.

여기서 표본평균의 차이인 $\overline{X}_1 - \overline{X}_2$는 모평균의 차이 $\mu_1 - \mu_2$에 대한 점추정치에 해당하므로 $\mu_1 - \mu_2$의 신뢰구간은 다음과 같은 식에 따라 추정할 수 있다.

$$(\overline{X}_1 - \overline{X}_2) \pm Z \sqrt{\dfrac{S_1^2}{n_1} + \dfrac{S_2^2}{n_2}}$$

 NOTE

모평균 차이 $\mu_1 - \mu_2$에 대한 신뢰구간 추정식은 앞에서 살펴본 단일 모집단에서의 모평균 μ에 대한 신뢰구간 추정식 $\overline{X} \pm Z \dfrac{S}{\sqrt{n}}$ 와 유사한 형태임을 알 수 있다.

또한 $\sigma_{\overline{X}_1 - \overline{X}_2}$로 표시한 표준오차 $\sqrt{\dfrac{\sigma_1^2}{n_1} + \dfrac{\sigma_2^2}{n_2}}$ 가 모분산이 아닌 표본분산으로 대체된 경우, 즉 추정된 표준오차 $\sqrt{\dfrac{S_1^2}{n_1} + \dfrac{S_2^2}{n_2}}$ 는 $\hat{\sigma}_{\overline{X}_1 - \overline{X}_2}$로 표시하기도 한다.

예제 8.7

어느 유통점에서 고객들이 사용하는 신용카드별로 평균 구매액을 조사하여 다음과 같은 자료를 얻었다. 신용카드 종류에 따른 구매액 차이의 신뢰구간을 신뢰수준 90%하에서 추정하시오.

(단위: 천원)

카드종류	표본크기	표본평균 ($\overline{X}$)	표준편차 (S)
Visa	65	58.4	22.3
BC	70	46.2	18.5

해설

신뢰구간 추정식 $(\overline{X}_1 - \overline{X}_2) \pm Z\sqrt{\dfrac{S_1^2}{n_1} + \dfrac{S_2^2}{n_2}}$ 에서 먼저 $\overline{X}_1 - \overline{X}_2$의 표준오차 $\hat{\sigma}_{\overline{X}_1 - \overline{X}_2}$ 를 구한다.

$$\hat{\sigma}_{\overline{X}_1 - \overline{X}_2} = \sqrt{\frac{S_1^2}{n_1} + \frac{S_2^2}{n_2}} = \sqrt{\frac{22.3^2}{65} + \frac{18.5^2}{70}} = 3.54$$

표본크기가 30 이상으로 대표본에 해당하므로 Z 값을 표준정규분포표에서 찾는다. 신뢰수준 90%이므로 Z 값의 상한 임계값은 누적확률이 0.95인 곳의 값인 1.64가 된다. 따라서 $\overline{X}_1 - \overline{X}_2$의 신뢰구간은

$$(\overline{X}_1 - \overline{X}_2) \pm Z\sqrt{\frac{S_1^2}{n_1} + \frac{S_2^2}{n_2}} = 12.2 \pm 1.64\sqrt{\frac{22.3^2}{65} + \frac{18.5^2}{70}} = 12.2 \pm 5.8$$

이 된다.

여기서 단위가 천원이므로 사용카드별로 구매액의 차이가 6,400원에서 18,000원 사이의 구간에서 발생할 확률이 90%가 된다고 볼 수 있다.

Z	0.03	0.04	0.05	0.06
1.5	0.9370	0.9382	0.9394	0.9406
1.6	0.9484	0.9495	0.9505	0.9515
1.7	0.9582	0.9591	0.9599	0.9608

[sas program]

```
DATA ex87;
  n1=65; n2=70;
  xbar1=58.4; xbar2=46.2;
  s1=22.3; s2=18.5;
  xdiff=xbar1-xbar2; ①
  se=SQRT(s1**2/n1+s2**2/n2); ②
  z=PROBIT(0.95); ③
  ciupper=xdiff-z*se; ④
  cilower=xdiff+z*se; ⑤
RUN;
```

```
PROC PRINT DATA=ex87;
RUN;
```

해설

① 표본평균의 차 $\overline{X}_1 - \overline{X}_2$ 를 계산하여 xdiff에 지정한다.

② 표본평균의 차 $\overline{X}_1 - \overline{X}_2$ 에 대한 표준오차 $\sqrt{S_1^2/n_1 + S_2^2/n_2}$ 를 계산한다. 결과 물 ①에 3.541로 계산되어 있다.

③ PROBIT 함수를 이용하여 표준화 값 Z 의 상한임계값을 계산한다. 신뢰수준이 90%일 때의 Z 의 상한 임계값은 표준정규분포에서 누적확률이 0.95인 곳에 위치 하는 값으로서 PROBIT 함수에 0.95를 대입하여 쉽게 구할 수 있다. 결과물 ② 에 1.644로 출력되어 있다.

④-⑤ 신뢰구간의 하한값과 상한값을 계산한다. 결과물 ③과 ④에 하한값과 상한값 이 각각 6.37, 18.02로 계산되어 있다.

[결과물]

Obs	n1	n2	xbar1	xbar2	s1	s2	xdiff	se	z	ciupper	cilower
1	65	70	58.4	46.2	22.3	18.5	12.2	3.54117	1.64485	6.37529	18.0247
								①	②	③	④

대표본에서의 모평균 차이에 대한 가설검정

두 표본의 비교는 보통 표본평균 사이에 차이가 존재하는지를 확인하기 위해 행해지는데 이를 위해서는 먼저 다음과 같은 가설을 설정해야 한다.

$$H_0: \ \mu_1 = \mu_2 \ (\text{또는 } H_0: \ \mu_1 - \mu_2 = 0)$$
$$H_a: \ \mu_1 \neq \mu_2 \ (\text{또는 } H_a: \ \mu_1 - \mu_2 \neq 0)$$

여기서 귀무가설은 두 모집단의 모평균 사이에 차이가 없다는 것을 의미하므로, 모평 균 사이에 차이가 존재한다는 결론을 내리려면 귀무가설이 기각되어야 한다. 위의 대립 가설은 양측검정을 기준으로 한 것이므로 만약 상한단측검정이면 $H_a: \mu_1 > \mu_2$ 로, 그리고 하한단측검정이면 $H_a : \mu_1 < \mu_2$로 설정해야 한다.

예제 8.8

여기서는 대표본하에서 모평균 차이에 대한 가설검정을 위해 필요한 $(\overline{X}_1 - \overline{X}_2)$에 대한 표준화 Z 값을 구하는 과정에 대해 살펴보자.

해설

앞에서 언급한 바와 같이 모평균과 모분산이 각각 (μ_1, σ_1^2), (μ_2, σ_2^2)인 정규분포를 하는 두 모집단으로부터 추출된 두 표본의 표본평균이 $\overline{X}_1$, $\overline{X}_2$일 때, 표본평균의 차 $(\overline{X}_1 - \overline{X}_2)$의 표본분포는 평균이 $(\mu_1 - \mu_2)$이고 표준오차가 $\sqrt{\sigma_1^2/n_1 + \sigma_2^2/n_2}$인 정규분포를 한다. 따라서 대표본의 경우 가설검정을 위한 $(\overline{X}_1 - \overline{X}_2)$에 대한 표준화 Z 값은

$$Z = \frac{\text{표본평균의 차} - \text{귀무가설에서 설정한 모평균의 차}}{\text{표준오차}}$$

에 따라 구하게 된다. 그런데 위 식에서 표준오차는 모분산을 모르고 있는 것이 일반적이므로 σ_1^2과 σ_2^2를 표본분산인 S_1^2과 S_2^2로 대체하여 얻은 추정된 표준오차 $\sqrt{S_1^2/n_1 + S_2^2/n_2}$을 사용하는 것이 보통이다.

그러므로 귀무가설이 $H_0 : \mu_1 = \mu_2$인 경우의 $(\overline{X}_1 - \overline{X}_2)$에 대한 표준화 Z 값은

$$Z = \frac{(\overline{X}_1 - \overline{X}_2) - (\mu_1 - \mu_2)}{\sqrt{\dfrac{S_1^2}{n_1} + \dfrac{S_2^2}{n_2}}} = \frac{(\overline{X}_1 - \overline{X}_2) - 0}{\sqrt{\dfrac{S_1^2}{n_1} + \dfrac{S_2^2}{n_2}}} = \frac{(\overline{X}_1 - \overline{X}_2)}{\sqrt{\dfrac{S_1^2}{n_1} + \dfrac{S_2^2}{n_2}}}$$

에 따라 구할 수 있다.

예제 8.9

아래 자료는 입사한지 1년이 지난 자동차 판매사원 중에서 남녀 각각 40명을 무작위로 추출하여 이들의 월평균 자동차 판매대수를 조사한 결과이다. 이 자료를 통해 남녀

별로 자동차 판매대수에 차이가 있는지를 5% 유의수준에서 검정하시오.

성별	표본크기	월평균판매대수	표준편차
남자	40	18.2	3.2
여자	40	15.4	2.5

해설

남녀별 자동차 판매대수의 차이가 존재하는지를 확인하기 위해서 먼저 다음과 같이 가설을 설정한다. 여기서 남자사원과 여자사원의 모집단 모평균을 각각 μ_1, μ_2 라고 하고 다음과 가설을 설정한다.

$$H_0:\ \mu_1 = \mu_2 \quad H_a:\ \mu_1 \neq \mu_2$$

위의 가설은 양측검정으로서 두 모평균의 차가 $\mu_1 - \mu_2 = 0$ 인지 아닌지를 검정하는 것과 동일한 것이므로 먼저 두 표본평균의 차 $\overline{X}_1 - \overline{X}_2$ 의 표준화 Z 값을 다음과 같이 구한다.

$$Z = \frac{(\overline{X}_1 - \overline{X}_2) - (\mu_1 - \mu_2)}{\sqrt{\dfrac{S_1^2}{n_1} + \dfrac{S_2^2}{n_2}}} = \frac{(18.2 - 15.4) - 0}{\sqrt{\dfrac{3.2^2}{40} + \dfrac{2.5^2}{40}}} = 4.36$$

유의수준이 5%이고 양측검정이므로 표준화 확률변수 Z의 상한 임계값은 표준정규분포표에서 누적확률이 0.975가 되는 곳의 값인 1.96이 된다. 이 Z 값은 상한 임계값으로서 하한 임계값은 여기에 $(-)$부호를 붙인 -1.96이 된다. 따라서 귀무가설 채택역은 $-1.96 \leq Z \leq 1.96$이 된다.

위에서 두 표본평균의 차인 $\overline{X}_1 - \overline{X}_2$의 표준화 Z 값은 4.36으로 귀무가설 채택역의 범위를 벗어나 있으므로 두 모평균 사이에는 차이가 없다고 볼 수 없다. 즉 남녀별로 자동차 판매대수에 차이가 있다는 결론을 내리게 된다.

[sas program]

```
DATA ex89;
  n1=40;  n2=40;
  xbar1=18.2;  xbar2=15.4;
```

```
   s1=3.2; s2=2.5;
   xdiff=xbar1-xbar2; ①
   se=SQRT(s1**2/n1+s2**2/n2); ②
   z=xdiff/se; ③
   zcrt=PROBIT(0.975); ④
RUN;


PROC PRINT DATA=ex89;
RUN;
```

해설

① 두 표본평균의 차이인 $\overline{X}_1 - \overline{X}_2$를 계산한다.

② $\overline{X}_1 - \overline{X}_2$에 대한 표준오차를 $\sqrt{S_1^2/n_1 + S_2^2/n_2}$에 따라 계산한다. 결과물 ①에 0.642로 출력되어 있다.

③ $Z = \dfrac{(\overline{X}_1 - \overline{X}_2) - (\mu_1 - \mu_2)}{\sqrt{S_1^2/n_1 + S_2^2/n_2}}$에 따라 $\overline{X}_1 - \overline{X}_2$에 대한 표준화 Z 값을 구한다. 결과물 ②에 4.36으로 출력되어 있다.

④ 5% 유의수준하에서 양측검정을 할 때의 상한 임계값을 PROBIT 함수를 이용하여 계산한다. 결과물 ③에 1.96으로 나타나 있다. 하한 임계값은 상한 임계값에 (−)부호를 붙인 −1.96이 된다.

[결과물]

Obs	n1	n2	xbar1	xbar2	s1	s2	xdiff	se	z	zcrt
1	40	40	18.2	15.4	3.2	2.5	2.8	0.64207	4.36092	1.95996
								①	②	③

소표본에서의 모평균의 차이에 대한 신뢰구간

앞에서 우리는 두 표본의 표본크기가 각각 30 이상으로 대표본으로 구성되어 있는 경우, 표본평균의 차인 $\overline{X}_1 - \overline{X}_2$에 대한 표본분포는 평균이 $\mu_1 - \mu_2$이고 표준오차가

$\sqrt{\sigma_1^2/n_1 + \sigma_2^2/n_2}$ 인 표준정규분포를 한다는 것을 살펴 보았다. 그런데 이때 두 모집단의 분산인 σ_1^2, σ_2^2은 일반적으로 알려져 있지 않기 때문에, 신뢰구간 추정이나 가설검정을 위한 Z 값을 계산하는데 필요한 표준오차는 각 표본 분산인 S_1^2, S_2^2으로 대체하여 얻은 추정된 표준오차 $\sqrt{S_1^2/n_1 + S_2^2/n_2}$ 를 이용한다는 것도 살펴 보았다.

그러나 두 표본의 크기가 모두 30 미만으로 소표본인 경우, 이들 표본이 정규분포를 하는 모집단에서 추출된 것이라면 두 표본평균의 차 $\overline{X}_1 - \overline{X}_2$에 대한 표본분포는 평균이 $\mu_1 - \mu_2$인 t 분포를 하는데 이 경우도 모분산을 모르고 있는 것이 일반적이므로 추정된 표준오차를 사용해야 한다.

이때 표준오차에 대한 추정은, 두 모집단의 분산이 동일하다는 가정하에 두 표본 분산을 이용하여 아래 식에 따라 공통분산 S_p^2를 계산하고 $\sqrt{\sigma_1^2/n_1 + \sigma_2^2/n_2}$의 σ_1^2, σ_2^2를 S_p^2로 대체하여 $\overline{X}_1 - \overline{X}_2$에 대한 표준오차($\widehat{\sigma}_{\overline{X}_1 - \overline{X}_2}$)를 추정하게 되는데, 이때 S_p^2는 다음과 같이 계산한다.

$$S_p^2 = \frac{(n_1 - 1)S_1^2 + (n_2 - 1)S_2^2}{n_1 + n_2 - 2}$$

$$\widehat{\sigma}_{\overline{X}_1 - \overline{X}_2} = \sqrt{\frac{S_p^2}{n_1} + \frac{S_p^2}{n_2}}$$

따라서 두 표본이 모두 소표본으로 구성된 상태에서의 모평균의 차 $\mu_1 - \mu_2$에 대한 신뢰구간은 아래의 식에 따라 추정할 수 있다.

$$(\overline{X}_1 - \overline{X}_2) \pm t \sqrt{\frac{S_p^2}{n_1} + \frac{S_p^2}{n_2}}$$

 NOTE

만약 이들 두 표본이 추출된 두 모집단의 분산이 동일하지 않다면 아래와 같이 표준오차를 계산하게 된다.

$$\hat{\sigma}_{\overline{X}_1 - \overline{X}_2} = \sqrt{S_1^2/n_1 + S_2^2/n_2}$$

실제 대부분의 통계분석 패키지에는 두 모집단의 모분산이 같은지 다른지의 여부를 판단할 수 있도록 검정결과를 출력해 주고 있다.

예제 8.10

다음은 회사채와 공채의 연간 수익률에 차이가 있는지를 알아보기 위해 회사채 종목과 공채 종목에서 각각 12개와 10개 종목을 임의로 뽑아 과거 3년간의 연평균 수익률과 표준편차를 조사한 결과이다. 회사채와 공채의 두 모집단에 대한 분산이 동일하다는 가정하에 회사채와 공채의 연평균 수익률 차이에 대한 신뢰구간을 90% 신뢰수준에서 추정하시오.

종류	연평균수익률 (%)	표준편차
회사채	10.2	2.3
공채	8.6	1.8

해 설

회사채의 표본과 공채의 표본의 크기가 각각 12개, 10개로 소표본에 해당하고 두 모집단의 분산이 동일하다고 가정하였으므로 표본평균의 차이에 대한 신뢰구간은 아래의 식에 따라 구할 수 있다.

$$(\overline{X}_1 - \overline{X}_2) \pm t \sqrt{\frac{S_p^2}{n_1} + \frac{S_p^2}{n_2}}$$

여기서 먼저 두 모집단에 공통인 분산 S_p^2를 추정하면

$$S_p^2 = \frac{S_1^2(n_1 - 1) + S_2^2(n_2 - 1)}{n_1 + n_2 - 2} = \frac{2.3^2(12 - 1) + 1.8^2(10 - 1)}{12 + 10 - 2} = 4.37$$

이 되고 신뢰수준 90%하에서의 t 값은 t 분포표에서 자유도가 $df = n_1 + n_2 - 2 = 20$이면서 t 분포의 양쪽 꼬리부분의 유의수준 확률이 10%가 되는 곳의 값인 1.725가 된다.

t	양측 확률			
df	0.20	0.10	0.05	0.01
19	1.328	1.729	2.093	2.861
20	1.325	1.725	2.086	2.845
21	1.323	1.721	2.080	2.831
	0.100	0.050	0.025	0.005
	단측 확률			

따라서 연평균 수익률 차이에 대한 신뢰구간은

$$(\overline{X}_1 - \overline{X}_2) \pm t \sqrt{\frac{S_p^2}{n_1} + \frac{S_p^2}{n_2}} = (10.2 - 8.6) \pm 1.725 \sqrt{\frac{4.37}{12} + \frac{4.37}{10}} = 1.60 \pm 1.54$$

가 된다. 즉 신뢰수준 90%하에서의 신뢰구간은 0.06에서 3.14의 범위를 갖는다.

[sas program]

```
DATA ex810;
  n1=12; n2=10;
  xbar1=10.2; xbar2=8.6;
  s1=2.3; s2=1.8;
  xdiff=xbar1-xbar2; ①
  sp2=(s1**2*(n1-1)+s2**2*(n2-1))/(n1+n2-2); ②
  se=SQRT(sp2/n1+sp2/n2); ③
  df=n1+n2-2; ④
  t=TINV(0.95, df); ⑤
  xdifflow=xdiff-t*se; ⑥
  xdiffupp=xdiff+t*se; ⑦
RUN;

PROC PRINT DATA=ex810;
RUN;
```

해설

① 표본평균의 차이 $\overline{X}_1 - \overline{X}_2$를 계산한다.

② 표본분산 S_1^2과 S_2^2를 이용하여 두 모집단의 분산이 동일하다고 가정했을 때의

공통분산을 $S_p^2 = \dfrac{S_1^2(n_1-1) + S_2^2(n_2-1)}{n_1 + n_2 - 2}$ 에 따라 계산한다. 결과물 ①에 4.367로 나타나 있다.

③ 표본평균의 차이 $\overline{X}_1 - \overline{X}_2$에 대한 표준오차를 $\sqrt{\dfrac{S_p^2}{n_1} + \dfrac{S_p^2}{n_2}}$ 에 따라 계산한다. 결과물 ②에 0.8948로 나타나 있다.

④ 자유도를 $df = n_1 + n_2 - 2$에 따라 계산한다.

⑤ 신뢰수준이 90%이고 자유도가 $df = 20$일 때 신뢰구간의 상한값에 대응되는 t 값을 구하기 위해 TINV 함수에 누적확률 0.95와 자유도를 대입한다. 결과물 ③에 1.724로 나타나 있다.

⑥-⑦ 표본평균의 차이 $\overline{X}_1 - \overline{X}_2$에 대한 신뢰구간의 하한값과 상한값을 구한다. 결과물 ④와 ⑤에 하한값과 상한값이 각각 0.056 3.143으로 나타나 있다.

[결과물]

Obs	n1	n2	xbar1	xbar2	s1	s2	xdiff	sp2	se	df	t	serr	xdifflow	xdiffupp
1	12	10	10.2	8.6	2.3	1.8	1.6	4.3675	0.89482	20	1.72472	1.54332	0.056682	3.14332
								①	②		③		④	⑤

소표본에서의 모평균의 차이에 대한 가설검정

소표본의 경우 표본평균의 차이인 $\overline{X}_1 - \overline{X}_2$의 표본분포는 t 분포로서 평균이 모평균의 차이인 $\mu_1 - \mu_2$이고 표준오차는 두 모집단의 분산이 동일하다는 가정하에 $\hat{\sigma}_{\overline{X}_1 - \overline{X}_2} = \sqrt{\dfrac{S_p^2}{n_1} + \dfrac{S_p^2}{n_2}}$ 으로 추정할 수 있다.

따라서 $H_0 : \mu_1 = \mu_2$, 즉 $\mu_1 - \mu_2 = 0$의 귀무가설을 검정하기 위한 검정통계량은 다음과 같이 구할 수 있다.

$$t = \frac{(\overline{X}_1 - \overline{X}_2) - (\mu_1 - \mu_2)}{\sqrt{\dfrac{S_p^2}{n_1} + \dfrac{S_p^2}{n_2}}} = \frac{(\overline{X}_1 - \overline{X}_2) - 0}{\sqrt{\dfrac{S_p^2}{n_1} + \dfrac{S_p^2}{n_2}}} = \frac{(\overline{X}_1 - \overline{X}_2)}{\sqrt{\dfrac{S_p^2}{n_1} + \dfrac{S_p^2}{n_2}}}$$

예제 8.11

두 신용카드회사에 신고된 유사한 카드 사고를 각각 10건씩 추출하여 사고 발생신고 후 이것이 완전히 해결될 때까지의 기간을 표본조사하여 다음과 같은 결과를 얻었다. 이 자료를 통해 A회사의 업무처리 기간이 B회사보다 길다고 말할 수 있는지 5%의 유의수준에서 판단하시오. 여기서 두 모집단의 분산은 동일하다고 가정한다.

카드회사	표본크기	평균처리기간	표준편차
A	10	42.5	7.2
B	10	34.4	6.1

해설

A회사의 업무처리 기간이 B회사보다 길다고 말할 수 있는지를 검정하는 것이므로 상한단측검정에 해당한다. 즉 귀무가설은 두 회사의 처리기간이 동일하다고 설정하고, 대립가설에서는 A회사의 업무처리 기간이 B회사보다 길다고 설정한다.

$$H_0 : \ \mu_1 = \mu_2$$
$$H_a : \ \mu_1 > \mu_2$$

표본평균의 차 $\overline{X}_1 - \overline{X}_2$에 대한 표준오차를 구하기 위해 먼저 두 모집단의 공통분산인 S_p^2를 계산한다.

$$S_p^2 = \frac{S_1^2(n_1 - 1) + S_2^2(n_2 - 1)}{n_1 + n_2 - 2} = \frac{7.2^2(10 - 1) + 6.1^2(10 - 1)}{10 + 10 - 2} = 44.525$$

그리고 이를 이용하여 표본평균의 차 $\overline{X}_1 - \overline{X}_2$에 대한 t 값을 구하면

$$t = \frac{(\overline{X}_1 - \overline{X}_2) - (\mu_1 - \mu_2)}{\sqrt{\dfrac{S_p^2}{n_1} + \dfrac{S_p^2}{n_2}}} = \frac{(\overline{X}_1 - \overline{X}_2) - 0}{\sqrt{\dfrac{S_p^2}{n_1} + \dfrac{S_p^2}{n_2}}}$$

$$= \frac{(\overline{X}_1 - \overline{X}_2)}{\sqrt{\dfrac{S_p^2}{n_1} + \dfrac{S_p^2}{n_2}}} = \frac{(42.5 - 34.4)}{\sqrt{\dfrac{44.525}{10} + \dfrac{44.525}{10}}} = 2.71$$

이 된다. 여기서 유의수준이 5%인 상한단측검정에서의 t 임계값은 t 분포표에서 자유도가 $18(df = n_1 + n_2 - 2 = 10 + 10 - 2)$이고 상한단측 기각역 확률이 5%인 곳에서 찾을 수 있다.

t	양측 확률			
df	0.20	0.10	0.05	0.01
17	1.333	1.740	2.110	2.898
18	1.330	1.734	2.101	2.878
19	1.328	1.729	2.093	2.861
	0.100	0.050	0.025	0.005
	단측 확률			

앞에서 구한 표본평균의 차 $\overline{X}_1 - \overline{X}_2$에 대한 t 값($=2.71$)은 임계값 1.734보다 크기 때문에 귀무가설을 기각하고 대립가설을 채택하게 된다. 즉 A 회사의 업무처리 기간이 B 회사보다 길다고 판단할 수 있다.

[sas program]
```
DATA ex811;
  n1=10; n2=10;
  xbar1=42.5; xbar2=34.4;
  s1=7.2; s2=6.1;
  xdiff=xbar1-xbar2; ①
  sp2=(s1**2*(n1-1)+s2**2*(n2-1))/(n1+n2-2); ②
  se=SQRT(sp2/n1+sp2/n2); ③
  t=xdiff/se; ④
  df=n1+n2-2; ⑤
  tcrt=TINV(0.95, df); ⑥
RUN;

PROC PRINT DATA=ex811;
 VAR xdiff sp2 se t df tcrt; ⑦
RUN;
```

해설

① 두 표본평균의 차이 $\bar{X}_1 - \bar{X}_2$를 계산한다.

② 두 모집단의 분산이 동일하다는 가정하에 $S_p^2 = \dfrac{S_1^2(n_1-1)+S_2^2(n_2-1)}{n_1+n_2-2}$에 따라 공통분산을 추정한다. 결과물 ①에 44.52로 나타나 있다.

③ 표본평균의 차이 $\bar{X}_1 - \bar{X}_2$에 대한 표준오차를 $\sqrt{S_p^2/n_1 + S_p^2/n_2}$에 따라 계산한다. 결과물 ②에 2.984로 출력되어 있다.

④ $\dfrac{(\bar{X}_1 - \bar{X}_2)}{\sqrt{S_p^2/n_1 + S_p^2/n_2}}$에 따라 $\bar{X}_1 - \bar{X}_2$에 대한 t 값을 계산한다. 결과물 ③에 2.714로 나타나 있다.

⑤ 자유도를 계산한다.

⑥ 자유도가 $df=18$이고 유의수준이 5%인 상한단측검정에서의 t 임계값을 TINV 함수를 이용하여 구한다. 결과물 ④에 1.734로 나타나 있다. 이 임계값보다 결과물 ③의 t 값이 크므로 귀무가설을 기각하고 대립가설을 채택한다.

⑦ VAR 스테이트먼트 다음에 출력하고자 하는 변수명을 지정함으로써 SAS 데이터 세트 ex811에 있는 변수 중 변수명이 xdiff sp2 se t df tcrt인 변수만을 출력하도록 한다.

[결과물]

Obs	xdiff	sp2	se	t	df	tcrt
1	8.1	44.525	2.98412	2.71436	18	1.73406
		①	②	③		④

예제 8.12

아래는 어느 고등학교 1반과 2반 학생 중 각각 10명을 뽑아 이들의 수학점수를 표시한 자료이다. 1반과 2반 학생의 수학실력이 동일하다고 할 수 있는지 두 모집단의 분산이 동일하다고 가정하고 5%의 유의수준에서 판단하시오.

반	수학점수									
1	82	78	77	76	74	80	71	84	77	83
2	75	73	78	72	68	72	72	68	75	70

해설

먼저 두 반의 표본평균과 분산을 구한다. 1반과 2반의 평균을 각각 $\overline{X}_1$, $\overline{X}_2$ 그리고 분산을 S_1^2, S_2^2라 하면

$$\overline{X}_1 = \frac{\sum X_i}{n} = \frac{82 + 78 + \cdots + 83}{10} = 78.2$$

$$\overline{X}_2 = \frac{\sum X_i}{n} = \frac{75 + 73 + \cdots + 70}{10} = 72.3$$

$$S_1^2 = \frac{\sum (X - \overline{X})^2}{n-1} = \frac{(82-78.2)^2 + (78-78.2)^2 + \cdots + (83-78.2)^2}{9} = 16.84$$

$$S_2^2 = \frac{\sum (X - \overline{X})^2}{n-1} \equiv \frac{(75-72.3)^2 + (73-72.3)^2 + \cdots + (70-72.3)^2}{9} = 10.01$$

이 된다.

수학실력이 동일한지를 검정하는 것이므로 이는 양측검정으로서 다음과 같이 가설을 설정한다.

$$H_0 : \ \mu_1 = \mu_2$$
$$H_a : \ \mu_1 \neq \mu_2$$

이는 다시 말해 두 반의 표본평균의 차인 5.9($= \overline{X}_1 - \overline{X}_2 = 78.2 - 72.3$)가 모평균의 차이에 의해 발생한 유의적 차이인지를 검정하는 것과 동일한 것이기 때문에 다음과 같이 가설을 설정할 수도 있다.

$$H_0 : \ \mu_1 - \mu_2 = 0$$
$$H_a : \ \mu_1 - \mu_2 \neq 0$$

표본평균의 차, $\overline{X}_1 - \overline{X}_2$에 대한 표준오차를 구하기 위해 먼저 두 모집단의 공통분산인 S_p^2를 추정한 후 이를 이용하여 표본평균의 차 $\overline{X}_1 - \overline{X}_2$에 대한 t 값을 구한다.

$$S_p^2 = \frac{S_1^2(n_1 - 1) + S_2^2(n_2 - 1)}{n_1 + n_2 - 2} = \frac{16.84\,(10-1) + 10.01\,(10-1)}{10 + 10 - 2} = 13.425$$

$$t = \frac{(\overline{X}_1 - \overline{X}_2) - (\mu_1 - \mu_2)}{\sqrt{\dfrac{S_p^2}{n_1} + \dfrac{S_p^2}{n_2}}} = \frac{(\overline{X}_1 - \overline{X}_2) - 0}{\sqrt{\dfrac{S_p^2}{n_1} + \dfrac{S_p^2}{n_2}}} = \frac{(\overline{X}_1 - \overline{X}_2)}{\sqrt{\dfrac{S_p^2}{n_1} + \dfrac{S_p^2}{n_2}}}$$

$$= \frac{(78.2 - 72.3)}{\sqrt{\dfrac{13.425}{10} + \dfrac{13.425}{10}}} = 3.60$$

이 된다.

양측검정이면서 유의수준이 5%하에서 자유도가 18일 때 t 임계값은 t 분포표에서 2.101이 되어 귀무가설 채택역은 t 값이 $-2.101 \le t \le 2.101$의 범위에 속할 때이다. 위에서 구한 t 값은 3.60으로 이 범위를 벗어나 있으므로 귀무가설을 기각하고 대립가설을 채택한다. 따라서 두 반의 수학성적은 동일하다고 볼 수 없다는 결론을 내리게 된다.

이러한 과정을 SAS를 이용하여 수행하고자 할 때 표본평균과 분산이 계산된 상태로 주어지지 않고 앞에서와 같이 자료가 조사된 상태로 주어진 경우 TTEST 프로시저를 이용하여 더 쉽게 결과를 도출할 수 있다.

t	양측 확률			
df	0.20	0.10	0.05	0.01
17	1.333	1.740	2.110	2.898
18	1.330	1.734	2.101	2.878
19	1.328	1.729	2.093	2.861
	0.100	0.050	0.025	0.005
	단측 확률			

[sas program]

```
DATA ex812;
  INPUT group x @@; ①
  CARDS;
1 82 1 78 1 77 1 76 1 74 1 80 1 71 1 84 1 77 1 83
2 75 2 73 2 78 2 72 2 68 2 72 2 72 2 68 2 75 2 70
;
RUN;
```

```
PROC TTEST DATA=ex812; ②
   CLASS group; ③
   VAR x; ④
RUN;
```

해설

① 예제에서 주어진 자료는 1반과 2반의 수학점수가 표로 나타나 있는데 이 자료를
SAS 데이터세트로 만들어 TTEST 프로시저를 실행하기 위해서는 각 점수가 어느
반 학생의 점수인지를 지정해 주어야 한다. 이를 위해 반을 나타내는 변수명을
group으로, 수학점수를 x로 지정하였다. 두 변수의 값들이 한 행에 연속적으로
나열되어 있으므로 이들 값을 연속해 입력하도록 @@을 지정하였다.

② 두 집단의 평균의 차이를 검정하기 위해 TTEST 프로시저를 실행한다. 이때 분석
대상이 되는 데이터명 ex812를 'DATA=' 옵션 다음에 지정하였다.

③ CLASS 스테이트먼트 다음에 1반과 2반의 두 집단을 구분짓는 변수 group을 지
정하였다.

④ VAR 스테이트먼트 다음에는 비교하고자 하는 변수를 지정해야 하는데 여기서
우리는 수학점수에 대한 평균을 비교하고자 하는 것이므로 x를 지정하였다. 즉
수학점수를 나타내는 변수를 지정하면 TTEST 프로시저는 CLASS 스테이트먼트
에서 지정한 변수가 나타내는 각 집단별(여기서는 1반과 2반)로 평균을 계산하여
이를 검정하는 결과를 출력해 주는 것이다.

[결과물]

                    The TTEST Procedure

                        Statistics

Variable	group		N	Mean	Std Dev	Std Err	Minimum	Maximum
①		②	③	④	⑤	⑥	⑦	
x	1		10	78.2	4.1042	1.2979	71	84
x	2		10	72.3	3.164	1.0006	68	78
x	Diff (1-2)			5.9	3.6644	1.6388		

T-Tests

Variable	Method	Variances	DF	t Value	Pr > |t|
			⑧	⑨	⑩
x	Pooled	Equal	18	3.60	0.0020
x	Satterthwaite	Unequal	16.9	3.60	0.0022

Equality of Variances

Variable	Method	Num DF	Den DF	F Value	Pr > F
x	Folded F	9	9	1.68	0.4502

해설

① 분석대상이 된 변수가 x임을 나타내고 있다.

② 집단을 나타내는 변수 group 아래에 1과 2는 각각 1반과 2반을 표시하는 것이다.

③ 각 집단별 표본의 크기가 10개임을 나타내고 있다.

④ 각 집단별 표본평균을 나타내고 있다. 즉 1반과 2반의 표본평균은 각각 78.2, 72.3이다.

⑤ 각 집단별 표준편차를 보여주고 있다.

⑥ 각 집단별 표준오차를 보여주고 있다.

⑦ 각 집단의 최저점수를 나타내고 있다. 마찬가지로 오른쪽의 maximum 아래는 최고점수를 나타내고 있다.

⑧ 자유도가 표시되어 있다. 동일한 분산하에서 자유도는 18임을 알 수 있다.

⑨ 표본평균의 차이 $\overline{X}_1 - \overline{X}_2$에 대한 t 값이 3.60임을 나타내고 있다.

　　왼쪽에 출력되어 있는 variance 항목 아래에 equal, unequal의 두 가지가 나열되어 있는데, 이는 두 모집단의 분산이 동일한지 여부를 구분한 것으로서 우리는 두 집단의 분산이 동일하다고 가정하였으므로 equal이라고 표시된 행의 t 값을 택하게 된다.(이 경우는 unequal인 경우의 t 값과 동일하게 나타나고 있다.)

　　실제로 아래에 출력된 "Equality of Variances"의 결과는 두 모집단의 분산이 동일하다는 귀무가설을 채택하고 있다.

⑩ Pr > \|t\| 아래에 0.002로 출력되어 있는데 이것이 의미하는 것은 t 값이 3.6일 때 이를 기준으로 t 분포에서 $t > 3.6$이거나 $t < -3.6$ 일 때의 확률을 표시하고 있

다. 즉 이는 t 값이 3.6일 때 양측검정하에서의 귀무가설 기각역 확률이 0.002가 됨을 의미하는 것으로 유의수준을 5%로 설정했을 경우 이 t 값은 기각역에 속하고 있음을 알 수 있다. 따라서 귀무가설을 기각하고 대립가설을 채택하게 된다.

다시 말해 1반의 표본평균 78.2와 2반의 표본평균 72.3 사이의 차이 5.9는 모집단의 모평균의 차이에 의해 발생한 유의적 차이라고 결론내릴 수 있다.

8.3 모평균 차이에 대한 신뢰구간과 가설검정
(두 표본이 종속적인-짝을 이룬- 경우)

신뢰구간 추정 및 가설검정을 위한 검정통계량(두 표본이 종속적인 경우)

두 표본이 짝을 이루고 있는 경우의 표본평균의 차이에 대한 신뢰구간 추정이나 가설검정은 두 표본이 독립적인 경우와 같은 방법을 따르게 된다. 단지 차이는 두 표본이 독립적인 경우, 두 표본의 평균 $\overline{X}_1$과 $\overline{X}_2$를 구하고 이에 대한 차이 $\overline{X}_1 - \overline{X}_2$가 유의적 차이인지를 검정하는 것인데 반해, 두 표본이 짝을 이루고 있는 경우는 〈그림 8-2〉에 표시되어 있는 것처럼 두 표본 사이에 짝을 이루고 있는 각 개체들의 차이인 $d = x - x'$가 유의적 차이가 있는가를 검정하는 것이다.

따라서 표본크기의 개념에서도 독립적 두 표본의 경우는 두 표본의 크기를 각각 n_1, n_2로 표시하였으나 두 표본이 짝을 이루고 있는 경우는 표본크기가 아닌 짝의 개수를 n으로 표시하고 있다는 점에 유의해야 한다.

결과적으로 두 표본이 짝을 이루고 있는 경우, 분석 대상이 되는 확률변수는 두 표본 사이에 짝의 관계(matched pairs)에 있는 표본 개체들의 차이인 d가 되고, 짝의 개수 n이 표본의 크기에 해당하는 것이다.

이때 표본 개체들의 차이 d에 대한 표본평균과 표준편차를 각각 $\overline{d}$, S_d라 하고 두 모집단을 구성하는 개체들의 차이의 평균을 μ_d라 할 때, $\overline{d}$의 표본분포는 평균이 μ_d이고 표준오차가 $S_d/\sqrt{n}$인 t 분포를 한다. 따라서 μ_d에 대한 신뢰구간 추정과 귀무가설 $H_0 : \mu_d = 0$을 검정하기 위한 검정통계량은 다음과 같이 구한다.

$$\overline{d} \pm t \, \frac{S_d}{\sqrt{n}}$$

$$t = \frac{\overline{d} - 0}{S_d/\sqrt{n}} = \frac{\overline{d}}{S_d/\sqrt{n}}$$

NOTE

앞서 μ_d에 대한 신뢰구간 추정식에서 S_d는 일반적인 표준편차 계산방법에 따라 구한다.

$$S_d = \sqrt{\frac{\sum(d-\overline{d})^2}{n-1}} = \sqrt{\frac{\sum d^2 - \dfrac{(\sum d)^2}{n}}{n-1}}$$

예제 8.13

콜레스테롤을 낮추는 신약의 효과를 분석하기 위해 콜레스테롤 수치가 250 이상인 환자 5명을 무작위로 추출하여 두 달간의 투여기간을 거친 후 콜레스테롤 수치를 조사하여 아래와 같은 결과를 얻었다. 콜레스테롤 수치의 모평균 변화에 대한 95% 신뢰구간을 추정하시오.

환자	신약투여 전	신약투여 후
1	224	202
2	270	228
3	253	217
4	265	220
5	281	229

해설

동일한 환자에 대해 신약을 투여하기 전과 후의 콜레스테롤 수치를 비교하는 것이므로, 이는 두 표본이 짝을 이룬 종속적인 경우에 해당한다. 따라서 먼저 표본을 구성하는 각 개체별로 신약 투여 전후의 콜레스테롤 수치의 차이 d를 구한 후, 이 d에 대한 표본평균 $\overline{d}$와 표준편차 S_d를 통해 μ_d의 신뢰구간을 추정하면 된다.

환자	신약투여 전	신약투여 후	차이(d)
1	224	202	22
2	270	228	42
3	253	217	36
4	265	220	45
5	281	229	52

 NOTE

앞에서 신약투여 전후의 콜레스테롤 수치의 차이 d를 구하기 위해 신약투약 전의 수치에 서 투약후의 수치를 뺐으나, 반대로 투약 후의 수치에서 투약 전의 수치를 빼서 차이값을 구해도 부호만 달라질 뿐 결과에는 변함이 없다.

먼저 d에 대한 표본평균 $\overline{d}$와 표준편차 S_d를 구하면

$$\overline{d} = \frac{22+42+36+45+52}{5} = 39.4$$

$$S_d = \sqrt{\frac{\sum(d-\overline{d})^2}{n-1}} = 11.3$$

가 되고 95% 신뢰수준하의 t 임계값은 자유도가 $df = n-1 = 4$일 때 2.776이므로 신뢰구간은 다음과 같이 추정할 수 있다.

$$\overline{d} \pm t\frac{S_d}{\sqrt{n}} = 39.4 \pm 2.776\frac{11.3}{\sqrt{5}} = 39.4 \pm 14.0$$

따라서 신약투약 전후의 콜레스테롤 수치의 변화는 약 25(=39.4−14.0)에서 53 (=39.4+14.0) 사이일 것으로 판단할 수 있다. 여기서 수치의 변화가 (+)라는 것은 앞에서 수치 변화의 차이 d를 구할 때 투약 전의 수치에서 투약 후의 수치를 뺀 것 이므로 신약투여 후의 콜레스테롤 수치가 약 25에서 53 사이의 감소를 보일 것으로 판단할 수 있음을 의미한다.

t	양측 확률			
df	0.20	0.10	0.050	0.01
3	1.638	2.353	3.182	5.841
4	1.533	2.132	2.776	4.604
5	1.476	2.015	2.571	4.032
	0.100	0.050	0.025	0.005
	단측 확률			

[sas program]

```
DATA ex813;
  INPUT before after; ①
  diff=before-after; ②
  CARDS;
224 202
270 228
253 217
265 220
281 229
;
RUN;

PROC MEANS DATA=ex813 N MEAN STD STDERR CLM; ③
 VAR diff; ④
RUN;
```

해설

위와 같이 데이터가 주어진 경우 MEANS 프로시저를 이용하면 쉽게 신뢰구간을 추정할 수 있다.

① 신약투여 전과 후의 콜레스테롤 수치를 나타내는 변수명을 각각 before after로 지정하였다.

② 신약투여 전후의 콜레스테롤 수치 차이를 계산하여 diff라는 변수명으로 지정하였다.

③ MEANS 프로시저를 실행한다. 아래 ④의 VAR 스테이트먼트 다음에 지정한 변수 diff에 대해 표본크기 평균 표준편차 표준오차 그리고 신뢰구간을 구하기 위해

각각 MEAN, STD, STDERR, CLM의 옵션을 지정하였다.

결과물 ②와 ③에 신뢰구간이 약 25에서 53의 범위로 출력되어 있다. 그리고 결과물 ①에 신약투여 전후의 콜레스테롤의 변화 수치(d)에 대한 평균이 39.4로 출력되어 있다. 이 신뢰구간은 '0'을 포함하지 않은, 즉 '0'에서 벗어난 범위에 위치해 있으므로 신약으로 인해 콜레스테롤의 수치 변화에 유의적인 영향을 주었다고 볼 수 있다.

[결과물]

Analysis Variable : diff

N	Mean	Std Dev	Std Error	Lower 95% CL for Mean	Upper 95% CL for Mean
	①			②	③
5	39.4000000	11.3048662	5.0556899	25.3631546	53.4368454

 NOTE

TTEST procedure를 이용하면 간단하게 결과를 도출할 수 있다.

```
PROC TTEST DATA=ex813;
  PAIRED before*after;
RUN;
```

예제 8.14

아래는 어느 금융기관이 동일한 부동산에 대해 두 사람의 부동산 감정평가사들이 평가하는 평가액에 차이가 있는지를 조사하기 위해 임의로 선정한 10개 부동산에 대해 두 사람의 평가사들이 각각 평가하도록 하여 얻은 자료이다. 이들 평가사들이 평가하는 부동산 평가액에는 차이가 있는지를 5% 유의수준에서 검정하시오.

(단위: 천만원)

부동산	평가사 1	평가사 2
1	98.4	97.5
2	103.3	105.8
3	112.1	113.4
4	77.6	69.9
5	80.5	81.2
6	112.8	118.4
7	84.5	88.1
8	100.9	100.8
9	85.6	86.7
10	74.9	73.8

해설

동일한 부동산에 대해 두 사람의 평가사가 평가하는 평가액의 모평균 사이에 차이가 존재하는지를 검정하는 것이므로 이는 짝을 이룬 종속적인 경우의 모평균 비교에 해당한다.

따라서 각 표본 개체별로 평가액의 차이(d)를 구하고 이 차이의 모평균 μ_d가 '0'인지를 검정하는 과정을 거치면 된다.

$$H_0: \mu_d = 0$$
$$H_a: \mu_d \neq 0$$

평가액 차이의 표본평균 $\overline{d}$에 대한 표본분포는 평균이 μ_d이고 표준오차가 $S_d/\sqrt{n}$인 t분포를 하는데 귀무가설에서 모평균 μ_d가 0인지를 검정하는 것이므로 표본평균 $\overline{d}$에 대한 표준화 t값은 다음과 같이 구할 수 있다.

$$t = \frac{\overline{d} - \mu_d}{S_d/\sqrt{n}} = \frac{\overline{d} - 0}{S_d/\sqrt{n}} = \frac{\overline{d}}{S_d/\sqrt{n}}$$

다음 표를 이용하여 $\overline{d}$와 S_d를 계산한다.

부동산	평가사1 (A)	평가사2 (B)	차이 (d=A-B)	(d-dbar)	(d-dbar)^2
1	98.4	97.5	0.9	1.4	1.96
2	103.3	105.8	−2.5	−2	4
3	112.1	113.4	−1.3	−0.8	0.64
4	77.6	69.9	7.7	8.2	67.24
5	80.5	81.2	−0.7	−0.2	0.04
6	112.8	118.4	−5.6	−5.1	26.01
7	84.5	88.1	−3.6	−3.1	9.61
8	100.9	100.8	0.1	0.6	0.36
9	85.6	86.7	−1.1	−0.6	0.36
10	74.9	73.8	1.1	1.6	2.56
		합계 =>	−5		112.78

$$\overline{d} = -5/10 = -0.5$$

$$S_d = \sqrt{\frac{\sum (d - \overline{d})^2}{n-1}} = 3.54$$

이므로 이를 대입하면 t 값은 다음과 같다.

$$t = \frac{\overline{d}}{S_d/\sqrt{n}} = \frac{-0.5}{3.54/\sqrt{10}} = -0.045$$

유의수준 5%하에서 $df = n-1 = 10-1 = 9$이고 양측검정일 때의 t 상한 임계값은 2.262이므로 귀무가설 채택역은 $-2.262 \leq t \leq 2.262$가 되고 위에서 구한 t 값은 -0.045로 이 구간에 속하므로 귀무가설을 채택하게 된다. 따라서 부동산에 대한 감정평가사 사이의 평가액에는 차이가 없다는 결론을 내린다.

t	양측 확률			
df	0.20	0.10	0.05	0.01
8	1.397	1.860	2.306	3.355
9	1.383	1.833	2.262	3.250
10	1.372	1.812	2.228	3.169
	0.100	0.050	0.025	0.005
	단측 확률			

```
[sas program]
DATA ex814;
   INPUT id appr1 appr2; ①
   diff12=appr1-appr2; ②
   CARDS;
   1   98.4   97.5
   2  103.3  105.8
   3  112.1  113.4
   4   77.6   69.9
   5   80.5   81.2
   6  112.8  118.4
   7   84.5   88.1
   8  100.9  100.8
   9   85.6   86.7
  10   74.9   73.8
;
RUN;

PROC MEANS DATA=ex814 N MEAN STD STDERR T PRT; ③
   VAR diff12; ④
RUN;
```

해설

① ex814 데이터세트에 대한 변수명을 지정한다. 두 평가사가 평가한 금액에 대해 각각 appr1 appr2로 지정하였다.

② 평가액의 차이를 구하여 이에 diff12라는 변수명을 지정한다.

③-④ diff12의 모평균이 '0'인지를 검정하기 위해 MEANS 프로시저를 실행한다. 여기서 지정한 옵션은 각각 표본수(N), 표본평균(MEAN), 표본에 대한 표준편차(STD), 표준오차(STDERR) 그리고 모평균을 '0'으로 설정했을 때의 표본평균에 대한 표준화 값인 t 값(T)과 이 t값을 임계값으로 했을 때의 기각역 확률(PRT)를 구하기 위한 것이다.

결과물 ①에 표본에서 짝을 이룬 개체 사이의 차이(d)의 평균인 $\bar{d}$가 -0.5로 출력되어 있으며 오른쪽에 표준편차와 표준오차가 각각 3.54 1.12로 계산되어 있다.

결과물 ②에는 $\overline{d} = -0.5$에 대한 t 값이 -0.45로 나타나 있으며 ③에는 이 t 값을 임계값으로 했을 때의 기각역 확률이 0.6657로 나타나 있다. 이는 유의수준으로 지정한 5%를 상회하므로 귀무가설을 채택하고 대립가설을 기각하게 된다.

 NOTE

두 표본이 독립적인 경우 TTEST 프로시저를 이용하였으나 두 표본이 종속적인 경우는 서로 짝을 이루고 있는 개체 사이의 차이가 '0'인지의 여부를 통해 모평균 사이에 차이가 존재하는지 검정하는 것이므로 MEANS 프로시저를 이용한다

아래와 같이 TTEST procedure를 이용할 수도 있다.

```
PROC TTEST DATA=ex814;
  PAIRED appr1*appr2
RUN;
```

④ VAR 스테이트먼트 다음에 분석하고자 하는 변수 diff12가 지정되어 있다.

[결과물]

Analysis Variable : diff12

N	Mean	Std Dev	Std Error	t Value	Pr > |t|
	①			②	③
10	-0.5000000	3.5399309	1.1194245	-0.45	0.6657

8.4 모비율의 차이에 대한 신뢰구간과 가설검정

모비율의 차이에 대한 신뢰구간

이항분포를 하는 두 모집단의 모비율을 모르고 있을 때 이들 모비율 π_1과 π_2에 대한 추정치는 표본비율 p_1과 p_2에 의해 추정할 수 있다(7장 참조). 이때 표본비율 값은 각각 표본크기(n)와 성공횟수(X)의 비율인 X/n이다. 따라서 두 모집단으로부터 뽑은 두 표

본의 크기와 성공횟수가 각각 n_1, n_2이고 X_1, X_2라고 하면, 두 표본비율은 각각

$$p_1 = \frac{X_1}{n_1}$$

$$p_2 = \frac{X_2}{n_2}$$

가 된다.

두 모비율의 차이인 $\pi_1 - \pi_2$에 대한 추정치는 이들 모비율의 추정치 p_1, p_2의 차이인 $p_1 - p_2$가 되며, 이때 두 표본이 독립적이라 할 때 $p_1 - p_2$의 표본분포는 평균이 $\pi_1 - \pi_2$이고 표준오차가 $\sqrt{\dfrac{\pi_1(1-\pi_1)}{n_1} + \dfrac{\pi_2(1-\pi_2)}{n_2}}$ 인 정규분포에 유사한 분포를 하게 된다.

($p_1 - p_2$의 표본분포)

평균: $\pi_1 - \pi_2$

표준오차: $\sigma_{p_1-p_2} = \sqrt{\dfrac{\pi_1(1-\pi_1)}{n_1} + \dfrac{\pi_2(1-\pi_2)}{n_2}}$

여기서 $p_1 - p_2$에 대한 표준화 Z 값은 $p_1 - p_2$의 표본분포가 정규분포에 유사하므로

$$Z = \frac{(p_1 - p_2) - (\pi_1 - \pi_2)}{\sqrt{\dfrac{\pi_1(1-\pi_1)}{n_1} + \dfrac{\pi_2(1-\pi_2)}{n_2}}}$$

가 되어 위의 식을 $\pi_1 - \pi_2$에 대해 풀면 다음과 같이 $\pi_1 - \pi_2$에 대한 신뢰구간을 구할 수 있다.

$$(\pi_1 - \pi_2) = (p_1 - p_2) \pm Z\sqrt{\frac{\pi_1(1-\pi_1)}{n_1} + \frac{\pi_2(1-\pi_2)}{n_2}}$$

그러나 모비율 차이에 대한 신뢰구간 추정이나 가설검정에서 표준오차를 이용할 때 실제로 모비율 π_1, π_2는 모르고 있는 경우가 많기 때문에 위의 표준오차식을 그대로 이용할 수는 없으며, 이때는 π_1, π_2를 p_1, p_2로 대체하여 얻은 추정된 표준오차를 이용하

게 된다.

(추정된 표준오차)

$$\hat{\sigma}_{p_1-p_2} = \sqrt{\frac{p_1(1-p_1)}{n_1} + \frac{p_2(1-p_2)}{n_2}}$$

두 모비율의 차인 $\pi_1 - \pi_2$의 신뢰구간은 추정된 표준오차를 이용하여 다음과 같이 추정할 수 있다.

($\pi_1 - \pi_2$의 신뢰구간 추정식)

$$(p_1 - p_2) \pm Z\sqrt{\frac{p_1(1-p_1)}{n_1} + \frac{p_2(1-p_2)}{n_2}}$$

 NOTE

$p_1 - p_2$의 표본분포가 중심극한정리에 따라 정규분포에 근접하기 위해서는 $n_1\pi_1$, $n_2\pi_2$, $n_1(1-\pi_1)$, $n_2(1-\pi_2)$의 값들이 모두 적어도 5 이상이 되어야 한다.

예제 8.15

같은 지역에 있는 두 백화점에서 고객의 성향을 파악하기 위해 각각 400명의 고객을 표본으로 하여 연령이 40대 이상인 고객의 비율을 조사하였다. 그 결과 연령이 40대 이상인 고객의 수가 A 백화점은 246명, B 백화점은 204명인 것으로 나타났다. 이때 두 백화점의 40대 이상 고객비율의 차이에 대한 90% 신뢰구간은 다음과 같이 구한다.

해설

$n_1 = 400$, $n_2 = 400$, $X_1 = 246$, $X_2 = 204$이므로 두 백화점의 40대 이상 고객비율은 각각

$$p_1 = 246/400 = 0.615$$
$$p_2 = 204/400 = 0.51$$

이다.

또 표준정규분포표에서 90%의 신뢰구간에 대한 Z 값이 1.64이므로

Z	0.03	0.04	0.05	0.06
1.5	0.9370	0.9382	0.9394	0.9406
1.6	0.9484	0.9495	0.9505	0.9515
1.7	0.9582	0.9591	0.9599	0.9608

🥧 NOTE

신뢰구간 90%의 경우 양쪽 꼬리 부분의 확률이 각각 5%에 해당하므로, 신뢰구간 상한값에 해당하는 Z 값은 누적확률은 0.95, 즉 95%에 해당하는 값을 찾아야 한다.

이를 신뢰구간 추정식에 대입하면

$$(p_1 - p_2) \pm Z\sqrt{\frac{p_1(1-p_1)}{n_1} + \frac{p_2(1-p_2)}{n_2}}$$
$$= (0.615 - 0.51) \pm 1.64\sqrt{\frac{0.615(1-0.615)}{400} + \frac{0.51(1-0.51)}{400}}$$
$$= 0.105 \pm 0.057$$

의 신뢰구간을 구할 수 있다.

즉 A, B 두 백화점의 40대 이상 고객비율의 차이가 0.048에서 0.162에 이르는데 이러한 범위의 차이를 나타낼 확률은 90%에 달한다고 말할 수 있다

[sas program]

```
DATA ex815;
    n1=400; x1=246;
    n2=400; x2=204;
    p1=x1/n1; p2=x2/n2; ①
```

```
    pdiff=p1-p2; ②
    se=SQRT(p1*(1-p1)/n1+p2*(1-p2)/n2); ③
    z=PROBIT(0.95); ④
    lower=pdiff-z*se; ⑤
    upper=pdiff+z*se; ⑥
RUN;

PROC PRINT DATA=ex815;
  VAR p1 p2 pdiff lower upper;
RUN;
```

해설

① 표본비율을 계산한다.

② 표본비율의 차를 계산하고 이를 pdiff라고 지정한다. 결과물 ①에 0.105로 계산되어 있다.

③ $\sqrt{\dfrac{p_1(1-p_1)}{n_1}+\dfrac{p_2(1-p_2)}{n_2}}$ 에 따라 표준오차를 계산한다. 결과물 ③에 0.034로 나타나 있다.

④ PROBIT 함수를 이용하여 신뢰수준이 90%일 때의 표준화 Z 값을 계산한다. PROBIT 함수에 대입하는 확률은 표준정규분포의 누적확률이어야 하므로, 90% 신뢰수준하에서 오른쪽 꼬리부분의 기각역 확률 0.05를 1에서 뺀 0.95를 입력하여야 한다. 결과물 ②에 1.644로 나타나 있다.

⑤-⑥ $(p_1-p_2) \pm Z\sqrt{\dfrac{p_1(1-p_1)}{n_1}+\dfrac{p_2(1-p_2)}{n_2}}$ 에 따라 신뢰구간의 하한값과 상한값을 구한다. 결과물 ④과 ⑤에 신뢰구간의 하한값과 상한값이 각각 0.047 0.162로 나타나 있다.

[결과물]

Obs	p1	p2	pdiff	z	se	lower	upper
1	0.615	0.51	0.105	1.64485	0.034881	0.047626	0.16237
			①	②	③	④	⑤

모비율의 차이에 대한 가설검정

두 모집단의 모비율이 동일한지를 알아보기 위해서는, 먼저 각 모집단으로부터 표본을 추출하여 이들의 추정치인 표본비율을 구한 후 이를 이용하여 귀무가설 채택 여부를 결정하여야 한다. 이때 양측검정하의 귀무가설과 대립가설은 다음과 같이 설정한다.

$$H_0: \ \pi_1 - \pi_2 = 0$$
$$H_a: \ \pi_1 - \pi_2 \neq 0$$

물론 위의 대립가설은 상한단측검정이냐 하한단측검정이냐에 따라 $H_a: \pi_1 - \pi_2 < 0$, $H_a: \pi_1 - \pi_2 > 0$의 형태를 가지게 된다.

위에서 설정한 가설의 채택 여부를 결정하기 위해서는 먼저 표본비율의 차 $p_1 - p_2$에 대한 표준화 Z 값을 아래 식에 따라 구한 후, 이 값이 주어진 유의수준하에서의 귀무가설 채택역 범위에 들어 있는지를 확인하면 된다.

($H_0: \ \pi_1 - \pi_2 = 0$에 대한 검정통계량)

$$Z = \frac{(p_1 - p_2) - (\pi_1 - \pi_2)}{\sqrt{\dfrac{\overline{p}(1-\overline{p})}{n_1} + \dfrac{\overline{p}(1-\overline{p})}{n_2}}} = \frac{(p_1 - p_2) - 0}{\sqrt{\dfrac{\overline{p}(1-\overline{p})}{n_1} + \dfrac{\overline{p}(1-\overline{p})}{n_2}}}$$

$$= \frac{(p_1 - p_2)}{\sqrt{\dfrac{\overline{p}(1-\overline{p})}{n_1} + \dfrac{\overline{p}(1-\overline{p})}{n_2}}}$$

여기서 $\overline{p}$는 두 표본비율의 가중평균값으로서

$$\overline{p} = \frac{p_1 n_1 + p_2 n_2}{n_1 + n_2} \quad \text{또는} \quad \overline{p} = \frac{X_1 + X_2}{n_1 + n_2}$$

에 의해 얻어진다.

NOTE

여기서 주의할 것은 $\pi_1 - \pi_2 = 0$에 대한 가설검정 통계량을 구할 때 사용하는 표준오차는, 신뢰구간을 구할 때 사용한 표준오차와 약간 다르게 계산된다는 점이다. 즉 검정통계량을 구할 때 분모 부분의 표준오차는 $\sqrt{\dfrac{p_1(1-p_1)}{n_1} + \dfrac{p_2(1-p_2)}{n_2}}$ 가 아닌 $\sqrt{\dfrac{\bar{p}(1-\bar{p})}{n_1} + \dfrac{\bar{p}(1-\bar{p})}{n_2}}$ 로 대체되어 사용된다.

　귀무가설 $\pi_1 - \pi_2 = 0$의 가설검정을 위해 $p_1 - p_2$의 표준화 Z 값을 구할 때 표준오차를 $\sqrt{\dfrac{p_1(1-p_1)}{n_1} + \dfrac{p_2(1-p_2)}{n_2}}$ 가 아닌 $\sqrt{\dfrac{\bar{p}(1-\bar{p})}{n_1} + \dfrac{\bar{p}(1-\bar{p})}{n_2}}$ 로 대체하여 사용하는 이유는, 만약 귀무가설 $\pi_1 - \pi_2 = 0$이 진실(true)인 경우 두 모집단의 모비율이 동일하므로 표준오차의 계산에서도 이에 대한 추정치로서 공통의 p를 사용해야 하나, 이를 추정할 수 없으므로 우리가 표본비율을 통해 알고 있는 p_1, p_2를 가중평균하여 공통의 p로 사용하는 것이다.

예제 8.16

통신판매업체에서는 주문자의 결혼여부에 따른 주문 취소율에 차이가 있는지를 조사하고자 한다. 이를 위해 미혼자 546명과 기혼자 604명을 무작위로 추출하여 조사하였더니 미혼자의 경우는 35명이, 기혼자의 경우는 52명이 각각 주문을 취소한 것으로 나타났다. 이 자료를 통해 미혼자와 기혼자 사이에 취소율의 차이가 있는지 5% 유의수준에서 검정하시오.

해설

먼저 미혼자와 기혼자 모집단의 주문 취소율인 모비율을 π_1, π_2로 하여 다음과 같이 가설을 설정한다.

$$H_0 : \pi_1 - \pi_2 = 0$$
$$H_a : \pi_1 - \pi_2 \neq 0$$

표본비율은 $p_1 = 35/546 = 0.064$, $p_2 = 52/604 = 0.086$으로 미혼자와 기혼자 사이에 주문 취소율에 차이가 나타나고 있으나, 이 차이가 원래 모집단의 모비율 차이에 의해 발생한 것인지, 아니면 모비율은 차이가 없는데 표본추출과정에서 발생한 비유의적인 것인지를 검정해야 한다.

다음 $\pi_1 - \pi_2$에 대한 추정치 $p_1 - p_2$에 대한 표준화 Z 값을

$$Z = \frac{(p_1 - p_2) - (\pi_1 - \pi_2)}{\sqrt{\dfrac{\overline{p}(1-\overline{p})}{n_1} + \dfrac{\overline{p}(1-\overline{p})}{n_2}}}$$

에 따라 구한다. 이때 $\overline{p}$는

$$\overline{p} = \frac{X_1 + X_2}{n_1 + n_2} = \frac{35 + 52}{546 + 604} = 0.076$$

이고 $\pi_1 - \pi_2 = 0$인지를 검정하는 것이므로 표준화 Z 값은

$$Z = \frac{(p_1 - p_2)}{\sqrt{\dfrac{\overline{p}(1-\overline{p})}{n_1} + \dfrac{\overline{p}(1-\overline{p})}{n_2}}}$$

$$= \frac{(0.064 - 0.086)}{\sqrt{\dfrac{0.076(1-0.076)}{546} + \dfrac{0.076(1-0.076)}{604}}} = -1.41$$

이 된다.

이 값은 유의수준이 5%이고 양측검정일 때의 임계값 ±1.96 사이의 범위에 속해 있으므로 귀무가설을 채택하게 된다. 따라서 미혼자와 기혼자 집단 사이의 주문 취소율에는 차이가 있다고 볼 수 없다는 결론에 도달한다. 즉 $p_1 = 0.064$와 $p_2 = 0.086$의 표본비율 차이는 비유의적 차이로서, 두 모집단의 모비율의 차이에 의해 발생한 것이 아니라는 결론을 내리게 된다.

[sas program]

```
DATA ex816;
  n1=546; x1=35; p1=x1/n1; ①
  n2=604; x2=52; p2=x2/n2;
  pbar=(x1+x2)/(n1+n2); ②
  se=SQRT(pbar*(1-pbar)/n1 + pbar*(1-pbar)/n2); ③
  z=(p1-p2)/se; ④
  zcrt=PROBIT(0.975); ⑤
RUN;
```

```
PROC PRINT DATA=ex816;
RUN;
```

해설

① 표본비율을 계산한다.

② 두 표본비율을 대표할 수 있는 공통의 표본비율을 $\bar{p} = \dfrac{X_1 + X_2}{n_1 + n_2}$에 따라 계산하고 있다. 결과물 ①에 0.075로 계산되어 있다.

③ $p_1 - p_2$ 표본분포의 표준오차를 $\sqrt{\dfrac{\bar{p}(1-\bar{p})}{n_1} + \dfrac{\bar{p}(1-\bar{p})}{n_2}}$에 따라 계산하고 이를 se에 저장한다.

④ $p_1 - p_2$의 표준화 Z 값을 $Z = \dfrac{(p_1 - p_2)}{\sqrt{\dfrac{\bar{p}(1-\bar{p})}{n_1} + \dfrac{\bar{p}(1-\bar{p})}{n_2}}}$에 따라 계산한다(분

모 부분은 표준오차로 se로 저장되어 있다). 결과물 ②에 -1.408로 나타나 있다.

⑤ 양측검정에서 유의수준이 5%일 때의 Z 임계값을 PROBIT 함수를 이용하여 계산한다. PROBIT 함수는 상한 임계값을 출력해주므로 상한 임계값까지의 누적확률을 대입하여야 한다. 결과물 ③에 1.96으로 나타나 있다. 이는 상한 임계값이므로 여기에 $(-)$부호를 붙인 -1.96이 하한임계값이 된다. 따라서 귀무가설 채택범위는 Z 값이 -1.96에서 1.96 사이가 되고 결과물 ②의 Z 값이 -1.408로 이 범위에 속해 있으므로 두 모비율 사이에 차이가 없다는 귀무가설을 채택하게 된다.

[결과물]

Obs	n1	x1	p1	n2	x2	p2	pbar	se	z	zcrt
1	546	35	0.064103	604	52	0.086093	0.075652	0.015616	-1.40820	1.95996
							①		②	③

8.5 모분산 차이에 대한 가설검정

가끔 두 모집단 사이의 평균이 동일한가를 아는 것 못지않게 두 모집단이 동일한 분산을 가지고 있는가가 중요한 의미를 가질 때가 있다. 예를 들어 주식시장을 분석할 때 분산은 주식의 위험을 나타내는 척도로 사용되어 분산이 크면 그 주식의 위험은 그만큼 큰 것으로 간주되는데, 이때 두 주식의 분산(위험)이 동일한가의 여부는 주식분석가들에게는 아주 중요한 의미를 지니는 것이다.

모분산 차이에 대한 가설검정

두 모집단 사이에 모분산의 차이가 있는지를 검정하기 위해서는 먼저 다음과 같이 가설을 설정하고 이들 모집단으로부터 추출된 각각의 표본에서 표본분산을 계산한 후 두 표본분산의 비율을 구한다.

$$H_0: \ \sigma_1^2 = \sigma_2^2$$

$$H_a: \ \sigma_1^2 \neq \sigma_2^2$$

여기서 두 표본분산의 비율을 F 비율(F ratio)이라 하며 이 F (비율)값을 확률변수로 하는 분포를 F 분포(F distribution)라 한다.

$$F = \frac{S_1^2}{S_2^2}$$

S_1^2, S_2^2: 두 표본의 표본분산

분자 S_1^2의 자유도 $= n_1 - 1$, 분모 S_2^2의 자유도 $= n_2 - 1$,   (n_1, n_2: 표본크기)

F 분포와 유의수준

두 표본분산의 비율을 확률변수로 하는 F 분포는 이들 표본이 추출된 모집단이 정규분포를 하고 있다는 것을 기본가정으로 하고 있으며, 그 분포 모양은 아래와 같은 비대칭 모양을 하고 있다. 그리고 F 분포표에서는 상한단측검정을 기준으로 했을 때의, 주어진 유의수준 α 에 대응하는 F 값을 표시하고 있음에 유의해야 한다. 즉 아래 그림에서 유의수준 α 는 바탕색 부분으로 나타나 있으며 이에 대응하는 F 값은 F_α 로 표시되어 있다.

그림 8-3	F 분포와 유의수준

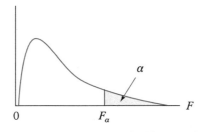

만약 두 모집단의 분산이 동일하다면 이들 모집단에서 추출된 두 표본의 표본분산 역시 비슷한 값을 가질 확률이 높기 때문에 이때 F 값은 '1'에 가까운 값을 가질 것이다. 이는 더 나아가 F 값이 두 표본분산의 비율에 의해 얻어졌기 때문에 (+)의 값을 갖는다는 점을 감안할 때, F 값이 1에서 멀리 벗어난 값을 가질수록 두 모집단의 모분산은 서로 동일하지 않을 확률은 그만큼 커진다.

따라서 양측검정인 가설에서 이 F 값이 주어진 유의수준하에서의 상한 F 임계값보다 크거나, 또는 하한 F 임계값보다 작을 때 두 모분산이 동일하다는 가설, 즉 두 모분산의 차이가 없다는 귀무가설은 기각된다.

 NOTE

유의수준이 α 인 양측검정에서 확률변수 $F = S_1^2/S_2^2$ 의 분자, 분모 부분의 자유도를 각각 v_1, v_2 라 할 때 상한 임계값 $F_{\alpha/2, v_1, v_2}$ 는 하한 임계값 $F_{1-\alpha/2, v_2, v_1}$ 과 역수의 관계에 있다. 따라서 상한 임계값을 F 분포표를 통해 구한 경우 하한 임계값은 이에 역수를 취함으로써 쉽게 구할 수 있다.

$$F_{\alpha/2, v_1, v_2} = \frac{1}{F_{1-\alpha/2, v_2, v_1}}$$

예제 8.17

금속 판막을 생산하는 업체의 품질관리 담당자는 두 생산라인에서 생산되는 판막의 두께(단위: mm)의 분산이 동일한지를 확인하고자 각 생산라인에서 각각 20개, 22개의 표본을 추출하여 분산을 조사한 결과 $S_1^2 = 0.142$, $S_2^2 = 0.045$인 것을 알게 되었다. 이때 5% 유의수준하에서 분산의 동일성을 검정하는 과정은 다음과 같다.

해설

먼저 다음과 같이 가설을 설정한다.

$$H_0: \ \sigma_1^2 = \sigma_2^2$$
$$H_a: \ \sigma_1^2 \neq \sigma_2^2$$

분산의 비율인 F 값을 구하면

$$F = \frac{S_1^2}{S_2^2} = \frac{0.142}{0.045} = 3.16$$

이 된다. 유의수준이 5%이고 양측검정인 경우 F 분포에서의 상한 임계값은 F 분포표가 상한단측검정을 기준으로 유의수준을 설정하고 있기 때문에 $\alpha = 0.025$이면서 두 분산의 자유도가 각각 $df_1 = n_1 - 1 = 20 - 1 = 19$, $df_2 = n_2 - 1 = 22 - 1 = 21$인 곳의 값을 찾으면 된다. 즉 아래 표에서 보는 바와 같이 F의 상한 임계값은 2.442가 됨을 알 수 있다(F 분포표에서 분자의 자유도가 19인 경우가 제시되어 있지 않은 경우는 가장 근접한 20으로 간주하여 F 임계값을 찾으면 2.442가 된다). 하한 임계값은 상한 임계값의 역수이므로 1/2.442 = 0.409가 된다.

F	상한단측기각률			
df	0.025			
분모＼분자	18	19	20	21
20	2.501	2.482	2.464	2.448
21	2.462	2.442	2.425	2.409
22	2.426	2.407	2.389	2.373

따라서 귀무가설 채택역은 0.409에서 2.442까지의 범위이며 앞에서 구한 F 값 3.16은 이 범위를 벗어나 있으므로 두 모집단의 분산이 동일하다는 귀무가설을 기각하게 된다. 즉 두 생산라인에서 생산된 제품의 분산은 동일하다고 볼 수 없다는 결론을 내린다.

[sas program]

```
DATA ex817;
  n1=20; n2=22;
  var1=0.142; var2=0.045;
  f=var1/var2; ①
  f_upp=FINV(0.975, n1-1, n2-1); ②
  f_low=1/f_upp; ③
RUN;

PROC PRINT DATA=ex817;
RUN;
```

해설

① 두 표본분산의 비율인 F 값을 계산한다. 결과물 ①에 3.156으로 나타나 있다.

② FINV(prob, df1, df2) 함수를 이용하여 F 분포에서의 상한 임계값을 계산한다. FINV 함수의 prob에는 누적확률을, 그리고 df1, df2에는 F 값을 계산할 때 사용된 분자 부분의 표본분산에 대한 자유도(df1)와, 분모 부분의 표본분산에 대한 자유도(df2)를 입력한다. 여기에서는 양측검정이면서 유의수준이 5%이므로 상한 임계값을 계산하기 위해서는 이 임계값이 위치한 곳까지의 누적확률을 대입하여야 하며 이는 바로 오른쪽 꼬리 부분의 기각역 확률, 즉 0.025(=0.05/2)를 1에서 뺀 0.975가 된다. 그리고 자유도에는 각각 $n_1 - 1$, $n_2 - 1$을 대입한다. 결과물 ②에 2.442로 나타나 있다.

③ 하한 임계값은 상한 임계값의 역수이므로 이를 이용하여 하한 임계값을 계산한다. 결과물 ③에 0.409로 나타나 있다. f_low=FINV(0.025, $n_2 - 1$, $n_1 - 1$)로 구해도 동일한 결과를 얻게 된다.

아래 결과물 ①의 F 값 3.155는 귀무가설 채택역인 0.409에서 2.442까지의 범위(결과물 ②, ③)를 벗어나 있으므로 두 모집단의 분산이 동일하다는 귀무가설을 기각하게 된다.

[결과물]

Obs	n1	n2	var1	var2	f	f_upp	f_low
1	20	22	0.142	0.045	3.15556	2.44240	0.40943
					①	②	③

제9장

분산분석

제9장
분산분석

9.1 1요인 분산분석

8장에서 우리는 두 모집단의 평균이 동일한지를 확인하기 위해 귀무가설 H_0: $\mu_1 = \mu_2$를 검정하였다. 9장에서 다루는 주제는 모집단이 두 개가 아니라 '세 개 이상'인 경우에 이들의 모평균이 동일한지를 검정하는 것이다. 예를 들어 모집단이 세 개인 경우 귀무가설을 H_0: $\mu_1 = \mu_2 = \mu_3$로 설정하고 이를 검정하는 것이다.

> **분산분석**
>
> 모집단이 '세 개 이상'인 경우, 이들 모집단 평균들의 동일성 여부를 검정하는 통계적 방법을 분산분석(Analysis of Variance: ANOVA)이라 한다.

예제 9.1

A, B, C 세 브랜드의 전구에 대해 이들의 수명을 표본조사하여 세 브랜드의 전구가 모두 동일한 평균수명을 가지고 있는가를 알아보려 한다고 하자. 이때 모집단은 브랜

-417-

드에 따라 세 개로 구분할 수 있으며, 각 모집단의 모평균, 즉 평균수명이 동일한가는 바로 분산분석에 의해 파악할 수 있는 것이다.

여기서 모집단을 구분하는 기준이 되는 변수를 분산분석에서는 요인(factor)이라고 하고, 이 요인이 갖게 되는 값을 요인의 수준(level)이라고 한다. 따라서 이 예제의 경우 모집단을 브랜드에 따라 세 개로 구분하고 있으므로 브랜드가 하나의 요인(factor)이 되고, 이 요인은 A, B, C 세 개의 수준(level)을 갖는다.

또한 이 예제는 브랜드라는 하나의 요인을 갖고 있어 1요인 분산분석에 해당하며, 브랜드 요인의 수준이 A, B, C 어느 값을 갖느냐에 따라 모평균이 변함없이 동일한가를 검정하는 것이다. 만약 분산분석에서 귀무가설 $H_0 : \mu_A = \mu_B = \mu_C$가 기각되었다면 이는 브랜드의 수준이 변함에 따라 수준별 모평균이 달라지고 있음을 의미하는 것이다.

 NOTE

요인과 더불어 분산분석에서 중요한 용어 중의 하나가 '처리'(treatment)인데 이는 각 요인의 수준을 조합한 것을 말한다.

즉 위의 예제에서 브랜드 요인 외에 생산지의 요인이 추가되고 이 요인의 수준은 국내생산(1)과 해외주문생산(2)의 두 가지로 구성되어 있다고 하자. 이때 브랜드와 생산지 두 요인의 수준을 조합하면 브랜드가 A이면서 생산지가 국내(1)인 경우인 A1을 비롯하여 A2, B1, B2, C1, C2 등으로 여섯 가지가 나타나는데 이를 '처리'라고 한다. 물론 이 경우도 각 처리별로 모집단의 구분이 가능하다. 1요인 분산분석에서는 요인이 하나이므로 요인의 수준(level)이 바로 처리(treatment)인 셈이다.

분산분석에서의 검정통계량

분산분석에서의 귀무가설 $H_0 : \mu_1 = \mu_2 = \mu_3$를 채택하느냐 기각하느냐의 기준이 되는 검정통계량은 처리(treatment)에 대한 분산과 오차에 대한 분산의 비율인 F 통계량에 의해 결정된다.

$$F = \frac{\text{처리(표본) 사이의 분산}}{\text{오차의 분산}} = \frac{SSTR/(c-1)}{SSE/(n-c)} = \frac{MSTR}{MSE}$$

$SSTR$: 처리 사이의 제곱합 SSE: 오차의 제곱합 c: 처리수 n: 총표본크기

예제 9.2

여기서는 [예제 9.1]에서 살펴본 브랜드별 전구의 수명을 예로 하여, 앞서 F 통계량을 구하는 식을 구성하는 $SSTR$, SSE, $MSTR$, MSE의 의미를 파악한 후, 분산분석에서의 검정통계량에 대해 살펴보기로 하자.

해 설

먼저 브랜드별 전구의 수명을 조사한 데이터가 다음과 형태를 가지고 있다고 보자.

브랜드		
A	B	C
X_{11}	X_{12}	X_{13}
X_{21}	X_{22}	X_{23}
X_{31}	X_{32}	X_{33}
$\vdots$	$\vdots$	$\vdots$
n_1	n_2	n_3
$\overline{X}_1$	$\overline{X}_2$	$\overline{X}_3 \quad \overline{\overline{X}}$

위의 데이터에서 X_{ij}는 브랜드가 j(=A, B, C)인 i번째 전구의 수명을 나타내는 것이다. 그리고 n_1, n_2, n_3는 각각 브랜드별 표본의 크기를 나타내고 있으며, 그 아래의 $\overline{X}_1$, $\overline{X}_2$, $\overline{X}_3$는 각 브랜드별 표본평균을, $\overline{\overline{X}}$는 표본의 총평균을 나타내고 있다.

즉 $\overline{X}_1$은 브랜드 A의 표본평균으로서

$$\overline{X}_1 = (X_{11} + X_{21} + X_{31} + \cdots)/n_1$$

에 의해 계산된 것이며, 총표본평균 $\overline{\overline{X}}$는 브랜드에 관계없이 모든 표본 값을 더한 후 이를 전체 표본 수로 나눈 것으로

$$\overline{\overline{X}} = (X_{11} + X_{21} + \cdots + X_{12} + X_{22} + \cdots + X_{13} + X_{23} + \cdots)/(n_1 + n_2 + n_3)$$

에 따라 계산된 것이다.

분산분석의 검정통계량 F를 구하는 식에서 $SSTR$은 처리(treatment) 또는 표본 사이(between)의 제곱합(treatment sum of squares)으로서

$$SSTR = \sum n_j (\overline{X}_j - \overline{\overline{X}})^2$$

에 따라 계산되는데, 이는 각 브랜드의 표본평균에서 총표본평균을 뺀 결과를 제곱하고 여기에 다시 표본크기를 곱한 후 이들을 모두 합계한 것이다. 이 $SSTR$의 자유도는 처리수 c에서 1을 뺀 $(c-1)$이 되며, $SSTR$을 자유도 $(c-1)$로 나눈 것이 바로 처리 사이의 분산 $MSTR$(treatment mean square)을 나타내는 것이다.

$$MSTR = \frac{SSTR}{c-1}$$

또한 검정통계량 F에서 SSE는 오차의 제곱합(error sum of squares)으로서

$$SSE = \sum_j \sum_i (X_{ij} - \overline{X}_j)^2$$

에 따라 계산되는데 이는 각 브랜드별로 오차의 제곱합 $\sum_i (X_{ij} - \overline{X}_j)^2$을 구하여 이들을 모두 합한 것이다.

SSE에 대한 자유도는 총표본크기 n에서 처리수 c를 뺀 $(n-c)$이므로 SSE를 자유도로 나눈 $SSE/(n-c)$는 오차의 분산 MSE(error mean square)를 나타내는 것이다.

특히 총평균($\overline{\overline{X}}$)을 기준으로 한 총제곱합(total sum of squares: SST)은

$$SST = \sum_j \sum_i (X_{ij} - \overline{\overline{X}})^2$$

에 따라 구할 수 있으며 이는 처리에 대한 제곱합($SSTR$)과 오차의 제곱합(SSE)을 더한 것과 같다. 또한 총제곱합의 자유도는 $(n-1)$로서 $SSTR$의 자유도 $(c-1)$과 SSE의 자유도 $(n-c)$를 더한 것과 같다.

$$SST = SSTR + SSE$$
$$\sum_j \sum_i (X_{ij} - \overline{\overline{X}})^2 = \sum_j n_j (\overline{X}_j - \overline{\overline{X}})^2 + \sum_j \sum_i (X_{ij} - \overline{X}_j)^2$$

분산분석에서는 표본은 정규분포를 하는 모집단에서 무작위로 추출되었으며, 각 모집단의 분산은 동일하다는 것을 전제로 하고 있다. 따라서 만약 가설검정에서 각 처리 사이의 모평균이 동일하다면, 이는 처리의 값이 변하더라도, 즉 브랜드가 달라지더라도 전구의 수명이 크게 달라지지 않고 있음을 의미하는 것이므로 검정통계량 $F = \dfrac{SSTR/(c-1)}{SSE/(n-c)}$ 의 값은 1에서 크게 벗어나 있지 않을 것이라는 점을 예상할 수 있다.

그러나 만약 브랜드가 달라짐에 따라 모평균이 크게 달라진다면, 검정통계량 F 값의 분자 부분인 $SSTR$이 커지게 되어 검정통계량 F 값도 1보다 커질 것이다. 따라서 검정통계량 F 값이 크면 클수록 모평균이 동일하다는 귀무가설 H_0: $\mu_1 = \mu_2 = \mu_3$를 기각할 확률은 높아지는 것이다.

예제 9.3

브랜드별로 전구의 평균수명을 조사한 결과가 다음과 같을 때, 5% 유의수준하에서 브랜드별로 평균수명에 차이가 있는지를 살펴보자.

(단위: 100시간)

A	B	C
36	38	35
42	36	38
38	35	37
36	27	34

해설

먼저 다음과 같이 가설을 설정한다.

H_0: $\mu_1 = \mu_2 = \mu_3$

H_a: 세 개 브랜드의 전구 수명이 모두 동일하지는 않다.

세 개 이상의 집단에 대한 평균이 동일한지를 검정하는 것이므로 분산분석을 해야 하며 이를 위해서는 처리의 제곱합인 $SSTR$과 오차의 제곱합 SSE를 구해야 한다. 각 처리의 평균과 총평균을 구하면

처리1(브랜드 A): $\overline{X}_1 = (36+42+38+36)/4 = 38$

처리2(브랜드 B): $\overline{X}_2 = (38+36+35+27)/4 = 34$

처리3(브랜드 C): $\overline{X}_3 = (35+38+37+34)/4 = 36$

총평균: $\overline{\overline{X}} = (36+42+38+36+38+36+35+27+35+38+37+34)/12 = 36$

이 된다.

이를 이용하여 처리의 제곱합 $SSTR$과 오차의 제곱합 SSE를 구하면

$$SSTR = \sum n_j (\overline{X}_j - \overline{\overline{X}})^2 = 4(38-36)^2 + 4(34-36)^2 + 4(36-36)^2 = 32$$

$$SSE = \sum_j \sum_i (X_{ij} - \overline{X}_j)^2$$

$$= (36-38)^2 + (42-38)^2 + (38-38)^2 + (36-38)^2$$

$$+ (38-34)^2 + (36-34)^2 + (35-34)^2 + (27-34)^2$$

$$+ (35-36)^2 + (38-36)^2 + (37-36)^2 + (34-36)^2 = 104$$

가 된다. 물론 여기서 $SSTR$과 SSE를 더하면 이는 총제곱합 $SST = \sum_j \sum_i (X_{ij} - \overline{\overline{X}})^2$ 과 동일하다.

위의 계산결과로부터

	A	B	C
	36	38	35
	42	36	38
	38	35	37
	36	27	34
표본(처리)평균:	38	34	36

$$\overline{X}_1 = 38 \quad \overline{X}_2 = 34 \quad \overline{X}_3 = 36 \quad \overline{\overline{X}} = 36$$

$$SSTR = 32 \quad SSE = 104 \quad SST = SSTR + SSE = 32 + 104 = 136$$

이고, 또 $SSTR$의 자유도는 $c - 1 = 3 - 1 = 2$, SSE의 자유도는 $n - c = 12 - 3 = 9$ 이므로 F 값은

$$F = \frac{SSTR/(c-1)}{SSE/(n-c)} = \frac{32/(3-1)}{104/(12-3)} = 1.38$$

이 된다.

이는 5% 유의수준하에서의 F 임계값 4.26보다 작으므로 귀무가설을 채택하게 된다. 즉 세 브랜드별 전구의 평균수명에 차이가 존재한다고 볼 수 없다는 결론을 내린다.

F	상한 단측기각률			
df	0.05			
분모＼분자	1	2	3	4
8	5.318	4.459	4.066	3.838
9	5.117	4.256	3.863	3.633
10	4.965	4.103	3.708	3.478

그림 9-1	F 분포와 임계값

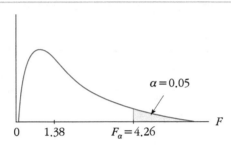

실제로 데이터 크기가 아주 작다고 하더라도 분산분석을 수작업을 통해 계산한다
는 것은 지루하고 번거로운 일이 아닐 수 없다. 따라서 분산분석은 대개 컴퓨터에
의존하여 결과를 도출하는 것이 일반적이다. 아래는 SAS를 이용하여 위의 예에 대
한 결과를 도출하는 과정을 나타내고 있다.

[sas program]

```
DATA ex93;
   INPUT brand x @@; ①
   CARDS;
1 36    2 38    3 35
1 42    2 36    3 38
1 38    2 35    3 37
1 36    2 27    3 34
;
RUN;

PROC GLM DATA=ex93; ②
   CLASS brand; ③
```

```
   MODEL x=brand; ④
RUN;
```

해설

① 앞서 예에서 제시된 데이터는 수명시간이 브랜드별로 제시되어 있으나 분산분석을 하기 위한 SAS 데이터를 생성할 때는 각각의 수명시간이 어떤 브랜드의 전구에 대한 수명시간인지를 지정해 주어야 한다. 따라서 INPUT 스테이트먼트 다음의 변수명에는 브랜드와 수명시간을 표시하는 변수명이 brand와 x로 지정되어 있다.

② SAS에서는 ANOVA 프로시저 또는 GLM 프로시저를 이용하여 분산분석을 실행할 수 있으나 여기서는 GLM 프로시저를 이용하기로 한다.

③ CLASS 스테이트먼트 다음에는 처리(treatment)를 나타내는 변수를 지정한다.

④ MODEL 스테이트먼트 다음에는 종속변수와 독립변수를 '종속변수=독립변수'의 형태로 지정한다. 처리를 나타내는 변수, 즉 요인(factor)이 독립변수의 역할을 한다.

NOTE

위의 예에서처럼 자료가 브랜드별로 정리되어 있을 때 DO 스테이트먼트를 이용하면 하나하나 브랜드 변수 값을 지정할 필요가 없다.

```
DATA ex93;
   DO brand=1 to 3;
     INPUT x @@;
     OUTPUT;
   END;
   CARDS;
36      38      35
42      36      38
38      35      37
36      27      34
;
RUN;
```

[결과물]

The GLM Procedure

Class Level Information

Class	Levels	Values
brand	3	1 2 3
①	②	③

Number of Observations Read 12
Number of Observations Used 12

Dependent Variable: x

Source	DF	Sum of Squares	Mean Square	F Value	Pr > F
④	⑤	⑥	⑦	⑧	⑨
Model	2	32.0000000	16.0000000	1.38	0.2990
Error	9	104.0000000	11.5555556		
Corrected Total	11	136.0000000			

R-Square	Coeff Var	Root MSE	x Mean
0.235294	9.442629	3.399346	36.00000 ⑩

해설

①-③ 처리를 나타내는 변수명이 brand임을 표시하고 있다. 즉 요인(factor)이 brand임을 나타내고 있다. 그리고 ②에는 요인인 brand의 수준(level)이 세 개임을 표시하고 있으며 이 세 개 수준의 값은 각각 1, 2, 3임을 ③에서 보여주고 있다. 이는 데이터를 작성할 때 브랜드 요인에 대한 수준 값을 각각 1, 2, 3으로 지정하였기 때문이다.

④ Source라는 이름 아래의 Model이라고 표시된 행에는 처리(treatment)와 관련된 사항이, 그리고 Error라고 표시된 행에는 오차와 관련된 사항이 나타나 있다. 즉 ⑥에 처리 사이의 제곱합 $SSTR$이 32이고, 오차의 제곱합 SSE는 104임을 나타내고 있다. 그 아래에 $SSTR$ 32와 SSE 104를 더한 총제곱합 SST가 136으로 나타나 있다.

⑤-⑨ *SSTR*와 *SSE*에 대한 자유도가 DF 이름 아래 각각 2와 9임을 나타내고 있다. *SSTR*과 *SSE*를 각각의 자유도로 나눈 결과가 ⑦에 Mean Square의 이름으로 계산되어 있다.

여기 ⑦에서 처리에 대한 평균제곱합 16을 오차에 대한 평균제곱합 11.55로 나누면 바로 ⑧의 *F* 값 1.38($F = \dfrac{SSTR/(c-1)}{SSE/(n-c)} = \dfrac{MSTR}{MSE} = \dfrac{16}{11.55}$)이 된다.

⑨에는 바로 1.38을 임계값으로 받아들이는 경우의 기각역 확률이 0.299임을 표시하고 있다. 이는 귀무가설에서 설정한 유의수준 5%를 상회하므로 *F* 값 1.38이 귀무가설 채택역에 위치해 있음을 의미하는 것이다. 따라서 세 종류의 브랜드별 전구의 평균수명에는 차이가 없다는 귀무가설을 채택하게 된다.

⑩ 총평균 $\overline{\overline{X}}$가 36으로 출력되어 있다.

 NOTE

위의 결과물에서 ④에서 ⑧까지의 내용을 분산분석표(ANOVA table)라 칭하기도 한다. 일반적으로 1요인 분산분석표는 다음과 같은 형태를 지닌다.

변동요인	제곱합	자유도	평균제곱합	F
처리	*SSTR*	$c-1$	$MSTR = SSTR/(c-1)$	$MSTR/MSE$
오차	*SSE*	$n-c$	$MSE = SSE/(n-c)$	
총변동	*SST*	$n-1$		

9.2 다중 비교

앞에서 우리는 모집단이 세 개 이상이 되는 경우, 이들 모집단의 모평균이 동일한지의 여부를 분산분석을 통해 검정하는 과정을 살펴보았다.

이때 설정된 가설은

$$H_0: \ \mu_1 = \mu_2 = \mu_3$$
$$H_a: \ \mu_1 = \mu_2 = \mu_3 \text{이 아니다.}$$

로서 여기서 주의할 것은 만약 귀무가설이 기각되는 경우, 이는 단지 "$\mu_1 = \mu_2 = \mu_3$ 이다"라는 사실만을 기각하는 것이기 때문에 여기에는 여러 가지 사항이 포함될 수 있다.

즉 대립가설에는 세 개의 모평균이 모두 동일한 경우를 제외한 모든 경우를 포함되기 때문에 세 개의 모평균이 모두 다른 $\mu_1 \neq \mu_2 \neq \mu_3$는 물론 $\mu_1 \neq \mu_2 = \mu_3$, $\mu_1 = \mu_2 \neq \mu_3$, $\mu_1 \neq \mu_3 = \mu_2$와 같이 μ_1, μ_2, μ_3 중 어느 두 개의 모평균만 달라도 귀무가설이 기각되고 대립가설이 채택되는 것이다. 다시 말해 적어도 두 개의 모평균이 상이할 경우 나머지 모평균이 동일한 것과는 상관없이 귀무가설은 기각되는 것이다.

다중비교

분산분석을 하는 사람은 가설검정 과정에서 귀무가설이 기각된 경우, 한 가지 더 확인해야 할 단계가 있다. 그것은 귀무가설이 기각된 이유가 실제 각 집단의 모평균이 모두 상이해서 기각된 것인지, 아니면 어느 두 개의 모평균이 상이해서 기각된 것인지를 확인해야 하는 것이다.

이를 위해 귀무가설이 기각된 경우 각각 두 개씩의 모평균을 비교하여 이들 모평균이 유의적으로 서로 상이한지 여부를 검정하게 되는데 이를 다중비교(multiple comparison)라 한다.

 NOTE

다중비교는 하나 하나 공식에 따라 계산을 하여 결과를 얻는 것에 한계가 있어, 통계소프트웨어에 의존하지 않으면 안된다. 따라서 여기서는 공식에 따른 계산과정은 생략하고 직접 SAS를 이용하여 다중비교를 시행해 보도록 한다.

예제 9.4

다음은 어떤 금속에 대한 장력을 네 조건의 온도(100℃, 150℃, 200℃, 250℃)하에서 측정한 것이다. 이 자료를 통해 온도에 따라 장력이 동일한지 5% 유의수준하에서

검정하고, 만약 다르다면 어떤 온도에서 유의적 차이를 보이는지 다중비교해 보기로
하자.

(단위: mm)

1	2	3	4
2.64	2.72	2.98	2.89
2.62	2.84	2.96	2.97
2.63	2.78	2.92	2.92
2.66	2.81	2.89	2.92
2.68	2.86	2.97	2.88
1:100℃	2:150℃	3:200℃	4:250℃

[sas program]

```
DATA ex94;
   INPUT temperat x @@; ①
   CARDS;
1 2.64   2 2.72   3 2.98   4 2.89
1 2.62   2 2.84   3 2.96   4 2.97
1 2.63   2 2.78   3 2.92   4 2.92
1 2.66   2 2.81   3 2.89   4 2.92
1 2.68   2 2.86   3 2.97   4 2.88
;
RUN;

PROC GLM DATA=ex94; ②
   CLASS temperat; ③
   MODEL x=temperat; ④
   MEANS temperat / DUNCAN ALPHA=0.05; ⑤
RUN;
```

해설

① 요인변수 온도와 장력의 측정값을 나타내는 변수명을 각각 temperat와 x로 지정
   하였다. CARDS 스테이트먼트 다음에 있는 데이터 입력에서는 요인변수의 수준,
   즉 처리(treatment)인 100℃, 150℃, 200℃, 250℃를 각각 1, 2, 3, 4로 표시하여
   입력하였다.

② 분산분석을 하기 위해 GLM 프로시저를 실행한다.

③ CLASS 스테이트먼트 다음에 처리를 나타내는 변수(temerat)를 지정한다.

④ MODEL 스테이트먼트 다음에 분산분석하고자 하는 모형을 '종속변수=독립변수'의 형태로 지정한다. 여기서는 온도에 따라 장력이 유의적 차이를 보이면서 변하는지를 확인하는 것이므로, 처리를 나타내는 temperat가 독립변수의 역할을 하고 장력을 나타내는 변수 x는 종속변수의 역할을 한다. 따라서 'x=temperat'의 형태로 지정한다.

⑤ MEANS 스테이트먼트 다음에 처리를 나타내는 변수(temperat)를 지정하면 분산분석과 함께 다중비교를 할 수 있다.

다중비교의 방법에는 대표적으로 duncan, scheffe, tukey 등 여러 방법이 있으며 원하는 방법을 '/' 다음에 옵션으로 지정할 수 있다. 여기서는 'duncan'을 지정하였다. 또한 옵션 'ALPHA=' 다음에 유의수준을 지정할 수 있는데 이를 지정하지 않을 경우 0.05를 기준으로 처리한다. 따라서 이 예제의 경우 유의수준이 5%이므로 프로그램에서 지정한 ALPHA=0.05는 생략해도 된다.

[결과물]

The GLM Procedure

Class Level Information

Class	Levels	Values
temperat	4	1 2 3 4 ①

Number of Observations Read   20

Number of Observations Used   20 ②

The GLM Procedure

Dependent Variable: x

Source	DF	Sum of Squares	Mean Square	F Value ③	Pr > F ④
Model	3	0.27498000	0.09166000	58.57	<.0001

Error	16	0.02504000	0.00156500
Corrected Total	19	0.30002000	

R-Square	Coeff Var	Root MSE	x Mean
0.916539	1.399366	0.039560	2.827000

Source	DF	Type I SS	Mean Square	F Value	Pr > F
temperat	3	0.27498000	0.09166000	58.57	<.0001

Source	DF	Type III SS	Mean Square	F Value	Pr > F
temperat	3	0.27498000	0.09166000	58.57	<.0001

The GLM Procedure

Duncan's Multiple Range Test for x

NOTE: This test controls the Type I comparisonwise error rate, not the experimentwise error rate.

Alpha	0.05
Error Degrees of Freedom	16
Error Mean Square	0.001565

Number of Means	2	3	4
Critical Range	.05304	.05562	.05723

Means with the same letter are not significantly different.

Duncan Grouping	Mean	N	temperat
⑤	⑥		⑦
A	2.94400	5	3
A			
A	2.91600	5	4
B	2.80200	5	2
C	2.64600	5	1

해설

① 처리를 나타내는 변수가 temperat이고 이 변수의 수준은 네 개로서 각 수준은 1, 2, 3, 4의 값을 가지고 있음을 표시하고 있다.

② 전체 표본크기가 20임을 나타내고 있다.

③ 처리에 대한 평균제곱합($MSTR$)과 오차에 대한 평균제곱합(MSE)의 비율인 F 값이 58.57로 계산되어 있다. 이 F 값을 임계값으로 하는 경우의 기각역 확률이 ④에 0.0001보다 작다고(<0.0001) 출력되어 있다. 따라서 5% 유의수준하에서 네 개 모집단의 평균이 모두 동일하다는 귀무가설은 기각된다. 즉 적어도 어느 두 개 모집단의 평균은 상이하다는 것을 나타내는 것이다.

　⑦의 TEMPERAT 아래에는 처리를 나타내는 값들이 3, 4, 2, 1의 순서로 나열되어 있으며 ⑥의 MEAN 아래에는 각 처리별 평균이 나열되어 있다. 처리 값의 나열 순서는 평균이 큰 순서에 따라 나열된다. 처리 값이 3인 경우, 즉 온도가 200℃일 때의 장력의 표본평균은 2.944이고, 처리 값이 4인 경우의 장력의 표본 평균은 2.916임을 나타내고 있다.

　그리고 ⑤에는 다중비교를 위한 duncan 테스트 결과가 Duncan Grouping 아래에 A, B, C의 문자로 표시되어 있다. 여기서 두 모집단의 평균이 동일한 경우는 동일한 문자로, 그리고 두 모집단의 평균이 상이한 경우는 서로 다른 문자로 표시하게 된다.

　예를 들어 온도가 200℃(temperat=3)와 250℃(temperat=4)일 때의 장력의 표본평균이 각각 2.944, 2.916으로 나타났는데, 이들 두 집단을 나타내는 문자가 각각 A로 동일하므로 200℃와 250℃일 때의 장력에 대한 모평균은 동일하다는 결론을 내리게 된다. 그리고 처리 값이 3과 2인 경우는 Duncan Grouping 아래의 문자가 각각 A와 B로 서로 다르게 표시되고 있어 200℃와 150℃일 때 장력의 모평균은 상이하다는 사실을 나타내고 있다. 물론 처리 값이 1과 2인 경우도 두 모집단 사이의 평균이 다르다는 것(C와 B)을 확인할 수 있다.

9.3 난괴설계

난괴설계(Randonized Block Design)

앞에서 살펴본 1요인 분산분석에서 세 개 이상의 각 모집단에서 추출된 표본들은 서로 '독립적'이라는 것이 전제되었다. 따라서 세 개 이상의 각 모집단에서 추출된 표본들이 서로 종속적(dependent)인 경우 1요인 분산분석을 적용할 수 없으며, 이때는 난괴설계 (randomized block design)에 의한 분산분석을 해야 한다. 여기서 표본들이 종속적이라는 의미는 요인의 수준을 나타내는 처리 사이에서 표본의 관찰치들이 짝을 이루고(matched) 있음을 말하는 것으로서, 이때 짝을 이루고 있는 관찰치들을 괴(block)라고 한다.

예제 9.5

아래 표는 세 사람의 부동산 감정평가사가 감정하는 평가액이 동일한지를 확인하기 위해, 이들 감정사들로 하여금 네 개의 부동산에 대해 평가하게 한 후 그 결과를 나타낸 표이다. 이를 통해 세 개 표본을 구성하는 각 관찰치가 서로 짝을 이루는 종속적 관계에 있음을 살펴보자.

(단위: 억원)

부동산	감정평가사		
	1	2	3
1	184	204	182
2	57	76	68
3	102	103	98
4	228	239	214

해설

이 문제는 세 감정평가사의 부동산에 대한 감정평가액이 동일한지를 분석하는 것이므로 감정사가 요인(factor)이 되며, 요인의 수준은 세 사람의 감정사를 표시하는 1, 2, 3으로서 이는 바로 처리(treatment)에 해당한다. 따라서 이는 1요인 분산분석에 속한다.

그런데 여기서 주의할 것은 부동산 1, 2, 3, 4 각각에 대한 평가액은 감정사 세 사람이 각각 감정한 평가액이라는 점이다. 즉 '동일한' 부동산 1에 대해 세 사람의 감정사가 각각 감정한 평가액이 가로로 184, 204, 182로 나타나 있다. 다시 말해 감정액 184, 204, 182는 부동산 1이라는 동일한 물건에 대해 세 사람의 평가사가 평가한 평가액이라는 면에서 짝을 이룬 관찰치에 해당하는 것이며, 이를 괴(block)라고 하는 것이다. 부동산 2, 3, 4 각각에 대해서도 짝을 이룬 관찰치가 존재하므로 위의 경우 괴는 네 개가 된다.

　이와 같이 각 처리별 표본은 동일한 부동산에 대한 감정평가액이라는 점에서 세 개의 각 표본들은 종속적이 되는 것이고 또 부동산 1, 2, 3, 4는 임의로 추출된 것이므로, 이 예의 경우는 1요인으로서 세 개의 처리와 네 개의 괴로 구성된 난괴설계에 해당한다.

난괴설계에 의한 분산분석

난괴설계에 의한 분산분석 역시 1요인 분산분석에서와 마찬가지로, 요인의 수준인 처리에 따른 모평균이 동일한지를 검정하는 것이다. 단지 난괴설계인 경우 추가로 고려해야할 것은 괴의 변화에 따라 모평균의 변화가 유발되는지를 확인하는 과정이 필요하다.

예제 9.6

여기서는 난괴설계에 의한 1요인 분산분석에서 총제곱합(SST)을 구성하는 처리에 의한 제곱합($SSTR$)과 괴에 의한 제곱합(SSB) 그리고 오차에 의한 제곱합(SSE)의 세 가지의 구성요소에 대해 살펴보기로 하자.

해설

먼저 자료의 형태가 아래와 같이 1요인으로서 처리가 c개, 괴가 b개로 구성되어 있다고 하자. 즉 b개의 각 행은 괴를 나타내고 c개의 열은 요인에 대한 수준인 처리를 나타내고 있다.

괴 ＼ 처리	1	2	⋯	c
1	X_{11}	X_{12}	⋯	X_{1c}
2	X_{21}	X_{22}	⋯	X_{2c}
			⋯	
b	X_{b1}	X_{b2}	⋯	X_{bc}

앞의 표로부터 i번째 괴에 대한 평균을 $\overline{X}_{i\cdot}$으로 그리고 j번째 처리에 대한 평균을 $\overline{X}_{\cdot j}$로 표시하고 데이터 전체에 대한 총평균을 $\overline{\overline{X}}$로 표시했을 때 SST, $SSTR$, SSB, SSE는 다음과 같이 계산할 수 있다.

괴 ＼ 처리	1	2	⋯	k	$\overline{X}_1.$
1	X_{11}	X_{12}	⋯	X_{1k}	$\overline{X}_1.$
2	X_{21}	X_{22}	⋯	X_{2k}	$\overline{X}_2.$
			⋯		
b	X_{b1}	X_{b2}	⋯	X_{bk}	$\overline{X}_b.$
$\overline{X}_{\cdot j}$	$\overline{X}_{\cdot 1}$	$\overline{X}_{\cdot 2}$	⋯	$\overline{X}_{\cdot k}$	$\overline{\overline{X}}$

$$SST = \sum_{j}^{c}\sum_{i}^{b}(X_{ij} - \overline{\overline{X}})^2$$

$$SSTR = \sum_{j=1}^{c} n_j (\overline{X}_{\cdot j} - \overline{\overline{X}})^2$$

（n_j는 j번째 처리에 속하는 관찰치 개수로서 괴의 개수가 된다）

$$SSB = c\sum_{i=1}^{b}(\overline{X}_{i\cdot} - \overline{\overline{X}})^2$$

（c는 처리의 개수를 의미한다）

$$SSE = SST - SSTR - SSB = \sum_{i}^{b}\sum_{j}^{c}(X_{ij} - \overline{X}_{i\cdot} - \overline{X}_{\cdot j} + \overline{\overline{X}})^2$$

이때 처리에 의한 제곱합($SSTR$)과 괴에 의한 제곱합(SSB)의 자유도는 각각 $(c-1)$, $(b-1)$이 되고, 오차에 의한 제곱합(SSE)의 자유도는 $(c-1)(b-1)$이 된다. 따라서 $SSTR$, SSB, SSE를 각각 이들의 자유도로 나누면 각각의 평균제곱합 $MSTR$, MSB, MSE를 구할 수 있고 처리에 대한 F값과 괴에 대한 F값은 각각

$$(\text{처리}) \quad F = MSTR/MSE$$
$$(\text{괴}) \quad F = MSB/MSE$$

에 따라 계산할 수 있다. 그리고 이러한 내용을 하나의 표로 만들면 난괴설계에 의한 분산분석표를 작성할 수 있다.

변동요인	제곱합	자유도	평균제곱합	F
처리	$SSTR$	$c-1$	$MSTR = SSTR/(c-1)$	$MSTR/MSE$
괴	SSB	$b-1$	$MSB = SSB/(b-1)$	MSB/MSE
오차	SSE	$(c-1)(b-1)$	$MSE = SSE/((c-1)(b-1))$	
총변동	SST	$n-1$		

예제 9.7

[예제 9.5]에서 주어진 자료를 이용하여 난괴설계에 의한 분산분석표를 작성하고, 이를 통해 세 사람의 감정평가사들이 감정하는 평가액의 모평균이 동일한지를 5% 유의수준에서 검정하는 과정을 살펴보자.

해설

먼저 분산분석표의 작성을 위해서 총제곱합(SST), 처리에 대한 제곱합($SSTR$), 괴에 대한 제곱합(SSB) 그리고 오차에 대한 제곱합(SSE)을 다음과 같이 구한다.

$$\overline{\overline{X}} = \frac{\sum_i \sum_j X_{ij}}{n} = (184 + 57 + \cdots + 98 + 214)/12 = 146.25$$

$$SST = \sum_i \sum_j (X_{ij} - \overline{\overline{X}})^2$$

$$= (184 - 146.25)^2 + (57 - 146.25)^2 + \cdots + (98 - 146.25)^2 + (214 - 146.25)^2$$

$$= 51094.25$$

$$SSTR = \sum_j n_j (\overline{X}_{\cdot j} - \overline{\overline{X}})^2$$

$$= 4(142.75 - 146.25)^2 + 4(155.5 - 146.25)^2 + 4(140.5 - 146.25)^2$$

$$= 523.5$$

$$SSB = c\sum_i (\overline{X}_{i\cdot} - \overline{\overline{X}})^2$$

$$= 3[(190 - 146.25)^2 + (67 - 146.25)^2 + (101 - 146.25)^2 + (227 - 146.25)^2]$$

$$= 50288.25$$

$$SSE = SST - SSTR - SSB$$

$$= 51094.25 - 523.5 - 50288.25 = 282.5$$

부동산	감정사			행(괴) 평균
	1	2	3	
1	184	204	182	190
2	57	76	68	67
3	102	103	98	101
4	228	239	214	227
열(처리)평균	142.75	155.5	140.5	총평균 = 146.25
관찰치 수	4	4	4	

처리, 괴 그리고 오차에 대한 제곱합을 각각의 자유도로 나누어 평균제곱합을 구하고 이를 기초로 F 값을 구하여 정리하면 다음과 같은 분산분석표를 작성할 수 있다.

$$MSTR = SSTR/(c-1) = 523.5/2 = 261.75$$
$$MSB = SSB/(b-1) = 50288.25/3 = 16762.75$$
$$MSE = SSE/((c-1)(b-1)) = 282.5/6 = 47.08$$

처리에 대한 F 값: $F_{TR} = MSTR/MSE = 261.75/47.08 = 5.56$

괴에 대한 F 값: $F_B = MSB/MSE = 16762.75/47.08 = 356.02$

분산분석표

변동요인	제곱합	자유도	평균제곱합	F
처리	523.5	2	261.75	5.559292
괴	50288.25	3	16762.75	356.023
오차	282.5	6	47.08333	
총변동	51094.25	11		

여기서 세 감정평가사들이 감정하는 부동산 평가액에 대한 모평균이 모두 동일하다는 귀무가설 $H_0 : \mu_1 = \mu_2 = \mu_3$의 채택여부는 처리에 대한 F 값에 따라 결정된다.

처리에 대한 F 값은 5.56으로 유의수준이 5%이고 자유도가 각각 (2, 6)일 때의 F 임계값 5.143보다 크므로 귀무가설은 기각되고 대립가설이 채택된다. 즉 세 감정평가사들의 부동산 평가액에 대한 모평균은 모두 동일하다고 볼 수 없다는 결론을 내리게 된다.

F	상한 단측기각률			
df	0.05			
분모＼분자	1	2	3	4
5	6.608	5.786	5.409	5.192
6	5.987	5.143	4.757	4.534
7	5.591	4.737	4.347	4.120

[sas program]

```
DATA ex97;
  INPUT block appraiser $ value @@; ①
  CARDS;
1 A1 184  1 A2 204  1 A3 182
2 A1 57   2 A2 76   2 A3 68
3 A1 102  3 A2 103  3 A3 98
4 A1 228  4 A2 239  4 A3 214
;
RUN;

PROC ANOVA DATA=ex97; ②
  CLASS block appraiser; ③
  MODEL value=block appraiser; ④
RUN;
```

해설

① 괴를 표시하는 변수명을 block 그리고 평가사와 평가액을 나타내는 변수명을 각각 appraiser와 value로 지정하였다. 특히 appraiser 변수는 각 수준이 A1, A2, A3로 문자이기 때문에 appraiser 다음에 '$'를 추가하였다.

② ex97 데이터세트에 대해 분산분석을 하기 위해 ANOVA 프로시저를 실행한다.(GLM 프로시저를 사용해도 되나 앞에서 GLM 프로시저를 사용했으므로 여기서는 ANOVA 프로시저를 이용해 보기로 한다)

③ 범주형 변수에 해당하는 block과 appraiser 두 변수를 요인(facotr)으로 처리하기 위해 CLASS 스테이트먼트 다음에 block, appraiser 변수명을 지정하였다.

④ MODEL 스테이트먼트 다음에 '종속변수＝독립변수'의 형태로 모형을 지정한다. 평가액이 괴와 평가사의 변화에 따라 얼마나 변동하는지를 나타내는 모형이므로

괴와 평가사를 표시하는 block과 appaiser와의 두 변수는 독립변수의 역할을 하고 value는 종속변수의 역할을 한다.

[결과물]

```
                    The ANOVA Procedure

                 Class Level Information

            Class        Levels    Values
            block          4       1 2 3 4  ①
            appraiser      3       A1 A2 A3  ②


          Number of Observations Read        12
          Number of Observations Used        12


                    The SAS System

                   The ANOVA Procedure
```

Dependent Variable: value

Source	DF	Sum of Squares	Mean Square	F Value	Pr > F
Model	5	50811.75000 ③	10162.35000 ④	215.84 ⑤	<.0001 ⑥
Error	6	282.50000	47.08333 ⑦		
Corrected Total	11	51094.25000			

R-Square	Coeff Var	Root MSE	value Mean
0.994471	4.691781	6.861730	146.2500

Source	DF	Anova SS	Mean Square	F Value	Pr > F
block	3	50288.25000 ⑨	16762.75000	356.02	<.0001 ⑫
appraiser ⑧	2	523.50000 ⑩	261.75000	5.56 ⑪	0.0431

해 설

① 괴를 나타내는 block 변수의 수준은 네 개로 각 수준의 값이 1, 2, 3, 4임을 표시하고 있다.

② 평가사를 나타내는 appraiser 변수의 수준은 세 개로 각 수준의 값이 A1, A2, A3임을 표시하고 있다.

③ 모형에 의한 제곱합(SSM)이 50811.75로, 그리고 그 아래에 오차에 의한 제곱합(SSE)이 282.5로 나타나 있다. 여기서 모형에 의한 제곱합 50811.75는 ⑨에 있는 괴에 의한 제곱합(SSB) 50288.25와 ⑩에 있는 처리에 의한 제곱합($SSTR$) 523.5를 합계한 것이다. 즉 $SSM = SSB + SSTR$이다.

④ 모형에 의한 제곱합 50811.75를 자유도 5로 나눈 평균제곱합이 10162.35로 나타나 있다. 마찬가지로 그 아래 ⑦에 있는 오차의 평균제곱합(MSE) 47.08은 오차에 의한 제곱합 282.5를 자유도 6으로 나눈 것이다.

⑤ 모형에 의한 평균제곱합 10162.35를 오차의 평균제곱합 47.08로 나누어 얻은 F 값이 215.84로 나타나 있다. 그리고 ⑥에는 이 F 값을 임계값으로 하는 경우의 기각역 확률이 0.0001보다도 작은 것(<0.0001)으로 나타나 있다.

그러나 이 분산분석은 처리에 의한 제곱합과 괴에 의한 제곱합을 합한 모형의 제곱합(SSM)을 기준으로 한 것이기 때문에, 처리에 의한 분산분석을 하고자 하는 우리에게는 주된 관심의 대상이 되지 않는다. 다시 말해서 우리가 검정하고자 하는 것은 세 감정평가사들의 부동산 평가액에 대한 모평균이 동일한가에 있으며 이에 대한 분석결과는 결과물 ⑧에 나타나 있다.

⑧이 표시된 행에는 처리에 대한 제곱합($SSTR$)이 523.5로 출력되어 있으며, 그리고 이를 자유도 2로 나누어 얻은 처리에 대한 평균제곱합($MSTR$)이 261.75로 나타나 있다. 처리에 대한 평균제곱합($MSTR$) 261.75를 결과물 ⑦의 오차에 대한 평균제곱합(MSE) 47.08로 나눈 F 값이 오른쪽 ⑪에 5.56으로 나타나 있다. 그리고 F 값 5.56을 임계값으로 했을 때의 기각역 확률이 그 오른쪽 ⑫에 0.0431로 나타나 있다. 이는 유의수준을 5%로 할 경우 F 값 5.56이 기각역에 속하고 있음을 의미하는 것이므로 귀무가설 $H_0: \mu_1 = \mu_2 = \mu_3$는 기각되고 대립가설이 채택된다. 즉 세 감정평가사들의 부동산 평가액에 대한 모평균 사이에는 차이가 있다는 결론을 내리게 된다.

예제 9.8

세 자동차 회사에서 생산되는 동급의 소형 승용차에 대해 휘발유 1ℓ당 주행연비에 차이가 있는지를 확인하기 위해 세 사람의 운전자를 뽑아 이들 각자가 세 회사 승용차를 정해진 구간 내에서 운행하도록 하고 1ℓ당 주행연비를 측정하여 다음과 같은 결과를 얻었다.

운전자	자동차회사		
	1	2	3
1	9.4	9.8	11.1
2	13.1	12.4	14.2
3	11.4	10.8	14.8

(1) 위의 표에서 괴(block)에 해당하는 것은 어느 것인가? 또 처리(treatment)에 해당하는 것은 어느 것인가?
(2) 위 문제에 대한 가설을 설정하시오.
(3) 각 괴의 평균과 각 처리의 평균을 구하시오. 또 총평균을 구하시오.
(4) 총제곱합(SST), 처리에 대한 제곱합($SSTR$), 괴에 대한 제곱합(SSB), 오차에 대한 제곱합(SSE)을 구하시오.
(5) 분산분석표를 작성하시오.
(6) 5% 유의수준에서 (2)에서 설정한 가설을 검정하시오.

해설

(1) 운전자 한 사람이 세 회사의 승용차를 운행한 결과가 괴가 된다. 즉 운전자 1의 경우 연비(9.4, 9.8, 11.1)가 하나의 괴가 된다. 운전자가 세 명이므로 괴는 세 개가 된다. 자동차 제조사별로 승용차의 연비에 차이가 있는지를 알고자 하는 것이므로 자동차 제조사가 요인(factor)이 되며, 제조사인지를 나타내는 1, 2, 3 각각이 하나의 처리(treatment)가 된다. 즉 3개의 처리가 있음을 알 수 있다.
(2) 세 자동차 회사에서 생산되는 승용차의 연비에 차이가 있는지를 검정하고자 하는 것이므로 다음과 같이 가설을 설정할 수 있다.

$$H_0: \mu_1 = \mu_2 = \mu_3$$
$$H_a: H_0가 아니다.$$

즉 귀무가설은 세 제조사별 자동차 연비의 모평균이 모두 동일하다는 것으로 설정하고, 대립가설은 제조사별 자동차 연비의 모평균이 모두 동일하지는 않다는 것으로 설정한다. 따라서 이때 주의할 것은 세 회사의 자동차 중 어느 두 회사 자동차만이라도 연비의 모평균이 다를 경우 귀무가설은 기각된다는 점이다.

(3) 괴의 평균은 세 운전자에 대한 연비의 평균을 구하면 된다. 즉 각 행(row)의 평균이 괴(block)의 평균이 된다. 또한 처리의 평균은 자동차 회사를 표시하는 각 열(column)에 대한 연비의 평균을 구하면 된다. 총평균은 물론 전체 아홉 개 연비에 대한 평균을 의미한다. 예를 들어 운전자 1에 대한 괴의 평균과 자동차 회사 2에 대한 처리 평균은 다음과 같이 구한다.

$$\text{괴1의 평균}: \quad X_1. = (9.4+9.8+11.1)/3 = 10.1$$
$$\text{처리2의 평균}: \quad X_{.2} = (9.8+12.4+10.8)/3 = 11.0$$
$$\text{총평균}: \qquad \overline{\overline{X}} = (9.4+13.1+\cdots+14.2+14.8)/9 = 11.89$$

이러한 방법으로 계산한 괴의 평균과 처리의 평균이 아래 표에 나타나 있다.

운전자	자동차회사			괴 평균
	1	2	3	
1	9.4	9.8	11.1	10.10
2	13.1	12.4	14.2	13.23
3	11.4	10.8	14.8	12.33
처리 평균	11.30	11.00	13.37	11.89

(4)
$$SST = \sum\sum(X_{ij}-\overline{\overline{X}})^2$$
$$= (9.4-11.89)^2+(13.1-11.89)^2+\cdots$$
$$+(10.8-11.89)^2+\cdots+(14.2-11.89)^2+(14.8-11.89)^2 = 28.15$$
$$SSTR = \sum n_j(\overline{X}_{.j}-\overline{\overline{X}})^2$$
$$= 3(11.3-11.89)^2+3(11.0-11.89)^2+3(13.367-11.89)^2 = 9.96$$
$$SSB = c\sum(\overline{X}_{i.}-\overline{\overline{X}})^2$$
$$= 3[(10.1-11.89)^2+(13.233-11.89)^2+(12.333-11.89)^2] = 15.61$$
$$SSE = \sum_i\sum_j(X_{ij}-\overline{X}_{i.}-\overline{X}_{.j}+\overline{\overline{X}})^2$$
$$= SST-SSTR-SSB = 28.15-9.96-15.61 = 2.58$$

(5) $MSTR = SST/df_{TR} = 9.96/2 = 4.98$

$$MSB = SSB/df_B = 15.61/2 = 7.81$$

$$MSE = SSE/df_E = 2.58/4 = 0.64$$

$$F = MSTR/MSE = 4.98/0.64 = 7.78$$

변동요인	제곱합	자유도	평균제곱합	F
처리	9.96	2	4.98	7.78
괴	15.61	2	7.81	
오차	2.58	4	0.64	
총변동	28.15	8		

(6) 유의수준이 5%이고 자유도가 (2, 4)인 F 임계값은 6.94이고 (5)의 분산분석표에서 구한 F 값은 이보다 큰 7.78이므로 이 F 값이 기각역에 속해 있음을 알 수 있다. 따라서 세 자동차 회사에서 생산되는 승용차의 연비가 동일하다는 귀무가설 $\mu_1 = \mu_2 = \mu_3$는 기각된다.

F	상한 단측기각률			
df	0.05			
분모＼분자	1	2	3	4
3	10.128	9.552	9.277	9.117
4	7.709	6.944	6.591	6.388
5	6.608	5.786	5.409	5.192

[sas program]

```
DATA ex98;
  INPUT driver auto x @@; ①
  CARDS;
1 1  9.4  1 2  9.8  1 3 11.1
2 1 13.1  2 2 12.4  2 3 14.2
3 1 11.4  3 2 10.8  3 3 14.8
;
RUN;
PROC ANOVA DATA=ex98;
  CLASS driver auto; ②
  MODEL x=driver auto; ③
RUN;
```

해설

① 각각의 연비 데이터에 대해 괴와 처리를 나타내는 값을 지정하여야 하므로 괴와 처리에 대한 변수명을 driver, auto로 지정하였다. 예를 들어 CARDS 스테이트먼트 다음에 제시된 첫 번째 연비값인 9.4는 운전자1이 자동차 제조사1에서 생산된 승용차를 운행하여 얻은 값이므로 driver와 auto 변수의 값이 각각 1로 입력되어 있다.

② 여기서는 분산분석을 통해 괴와 처리의 변화에 따른 연비의 변화가 유의적인지를 알고자 하는 것이므로 CLASS 스테이트먼트 다음에 괴를 표시하는 변수명(driver)과 처리를 나타내는 변수명(auto)을 지정하였다.

③ 괴를 나타내는 변수(driver)와 처리를 나타내는 변수(auto)는 독립변수의 역할을 하고 연비를 나타내는 변수(x)는 종속변수의 역할을 하므로 MODEL 스테이트먼트 다음에 '종속변수=독립변수'의 형태, 즉 'x=driver auto'의 형태로 모형을 지정하였다.

[결과물]

```
                    The ANOVA Procedure

                  Class Level Information

              Class      Levels   Values
              driver          3   1 2 3
              auto            3   1 2 3


         Number of Observations Read      9
         Number of Observations Used      9

                    The ANOVA Procedure

Dependent Variable: x

                       Sum of
Source            DF   Squares    Mean Square   F Value   Pr > F
Model              4   25.57777778   6.39444444     9.95   0.0235
Error              4    2.57111111   0.64277778  ①
```

Corrected Total		8	28.14888889			

	R-Square	Coeff Var	Root MSE	x Mean		
	0.908660	6.743559	0.801734	11.88889		

Source	DF	Anova SS	Mean Square	F Value	Pr > F
driver	2	15.61555556	7.80777778	12.15	0.0200
auto	2	9.96222222	4.98111111	7.75	0.0421
		②	③	④	⑤

해설

① 오차에 대한 평균제곱합(MSE)이 0.642로 나타나 있다.

② auto 변수에 대한 제곱합, 즉 처리에 대한 제곱합($SSTR$)이 9.962로 나타나 있다.

③ 처리에 대한 평균제곱합($MSTR$)이 4.98로 나타나 있다. 이는 $SSTR$ 9.96을 자유도 2로 나누어 얻은 결과이다.

④ $F = MSTR/MSE = 4.9811/0.6428$에 따라 계산한 F 값이 7.75로 나타나 있다.

⑤ ④에서 구한 F 값 7.75를 임계값으로 했을 때의 기각역 확률이 0.0421로 계산되어 있다. 따라서 유의수준을 5%으로 했을 때 F 값 7.749는 기각역에 포함되어 있음을 의미하므로 유의수준 5%하에서 귀무가설은 기각된다(앞서 분산분석표에서 구한 F값 7.78이 여기서 계산된 F 값과 다른 것은 소수점 계산에 따른 오차 때문이다).

9.4 2요인 분산분석

2요인 분산분석

2요인 분산분석은 요인이 두 개인 경우의 분산분석이다.

예제 9.9

2요인 분산분석을 좀 더 쉽게 이해하기 위해 다음 예를 생각해 보자.

해설

농업연구소에서는 질소, 인산, 칼륨의 배합을 서로 달리한 세 가지 비료를 투여했을 때의 쌀 수확량을 비교하고자 논에 일정한 넓이로 18개의 구획을 설정하고, 세 종류의 비료를 각각 여섯 구획에 투여하였다.

일정 기간이 지나 이들의 수확량을 조사한 후 세 가지 비료의 종류에 따라 쌀 수확량에 차이가 있는지 비교하기 위해서는, 세 종류의 비료별로 평균수확량은 동일하다는 귀무가설을 가진 다음과 같은 가설을 설정하고 1요인 분산분석을 해야 한다.

$$H_0: \ \mu_{F_1} = \mu_{F_2} = \mu_{F_3}$$
$$H_a: \ (\mu_{F_1} = \mu_{F_2} = \mu_{F_3})가\ 아니다.$$

이때 세 종류의 비료는 각각 하나의 처리를 나타내므로 위의 실험계획은 아래와 같이 세 개 처리를 가지면서 동시에 각 처리의 표본크기는 여섯 개의 구획으로 구성된 형태를 가지게 된다.

비료1 (F_1)	비료2 (F_2)	비료3 (F_3)
...	...	...
6개 구획의 수확량	6개 구획의 수확량	6개 구획의 수확량
...	...	...
$\overline{X}_{F_1}$	$\overline{X}_{F_2}$	$\overline{X}_{F_3}$

위의 1요인 분산분석을 통해 비료 종류에 따른 쌀 수확량을 비교한 연구소에서 이번에는 볍씨의 세 가지 종자별로 쌀의 평균수확량을 비교하고자 같은 방법으로 논에 일정한 넓이로 18개의 구획을 설정하고 세 종류의 종자를 각각 여섯 구획에 뿌렸다고 하자.

이번 역시 세 가지 종자에 따라 쌀 수확량에 차이가 있는지 비교하기 위해서는 세 종류의 종자별로 평균수확량은 동일하다는 귀무가설을 설정하고 1요인 분산분석을 해야 한다.

$$H_0: \ \mu_{H_1} = \mu_{H_2} = \mu_{H_3}$$
$$H_a: \ (\mu_{H_1} = \mu_{H_2} = \mu_{H_3})가\ 아니다.$$

여기서 세 종류의 종자는 각각 하나의 처리를 나타내므로 실험계획은 아래와 같이 세 개 처리를 가지면서 동시에 각 처리의 표본크기는 6개의 구획으로 구성된 형태를 가지게 된다. 단지 처리의 종류가 달라질 뿐이다.

종자1 (H_1)	종자2 (H_2)	종자3 (H_3)
...	...	...
6개 구획의 수확량	6개 구획의 수확량	6개 구획의 수확량
...	...	...
$\overline{X}_{H_1}$	$\overline{X}_{H_2}$	$\overline{X}_{H_3}$

그런데 여기서 우리의 관심을 끄는 것은 쌀 농사에 투여하는 비료의 종류와 볍씨의 종자별로 수확량을 비교하고자 하는 경우, 위와 같이 비료의 종류와 볍씨의 종자에 대해 두 번의 1요인 분산분석을 시행하지 않고 '한 번의' 분산분석을 통해 비료와 종자 두 요인에 대한 가설을 모두 검정할 수 있는 방법이 있는가 하는 것이다. 이와 같이 두 가지 요인에 대한 분산분석을 통해, 두 요인에 대한 가설을 동시에 검정할 수 있도록 하는 방법이 2요인 분산분석이다. 그리고 2요인 분산분석에서 두 요인에 대한 수준(level)의 조합을 처리(treatment)라 한다.

위의 비료와 볍씨 종자에 대한 2요인 분산분석에서의 처리는 비료의 세 수준과 종자의 세 수준의 조합으로 이루어지므로 모두 아홉 개임을 알 수 있다.

종자 \ 비료	1	2	3	종자 평균
1	2개 구획의 수확량	2개 구획의 수확량	2개 구획의 수확량	$\overline{X}_{H_1}$
2	2개 구획의 수확량	2개 구획의 수확량	2개 구획의 수확량	$\overline{X}_{H_2}$
3	2개 구획의 수확량	2개 구획의 수확량	2개 구획의 수확량	$\overline{X}_{H_3}$
비료 평균	$\overline{X}_{F_1}$	$\overline{X}_{F_2}$	$\overline{X}_{F_3}$	$\overline{\overline{X}}$

 NOTE

2요인 분산분석은 언뜻 보면 앞에서 살펴본 난괴설계와 비슷하나 다음 두 가지 면에서 차이가 있다. 첫째는 난괴에서의 괴는 요인이 아니라는 점이며, 다른 하나는 난괴설계의 경우 괴를 나타내는 행과 요인의 수준을 나타내는 열이 만나는 셀(cell)의 관찰치가 '하나'인데 반해, 2요인 분산분석의 경우는 두 요인의 각 수준을 나타내는 행과 열이 만나는 셀, 즉 각 처리에 대한 관찰치가 '두 개' 이상일 수 있다는 점이다.

2요인 분산분석에서 각 처리에 대한 관찰치가 한 개인 경우, 다음에 살펴볼 두 요인의 상호작용(interaction)은 '0'이 되기 때문에 난괴설계를 상호작용이 존재하지 않는 2요인 분산분석이라고도 한다.

상호작용

2요인 분산분석에서 두 요인의 수준들을 조합하여 얻은 처리에 대한 효과를 상호작용(interaction)이라 한다.

예제 9.10

여기서는 2요인 분산분석에서 나타나는 상호작용(interaction)의 의미에 대해 살펴보기로 하자. 2요인 분석에서의 상호작용과 그것의 존재여부를 가장 쉽게 확인하는 방법은 그래프를 이용하는 것이다.

앞에서 예로 든 비료와 종자의 2요인 분산분석을 위해 수확량을 조사한 결과 각각의 처리의 평균이 아래 표와 같이 나타났다고 하자.

종자 \ 비료	1	2	3
1	25	28	23
2	28	31	26
3	24	27	22

해설

위에서 비료1이 투여된 경우 수확량은 종자에 따라 차이를 보이고 있다. 즉 종자 2의 수확량이 28로 가장 높게 나타나고 있고 종자1과 종자3은 각각 25, 24의 수확량을 보이고 있다. 이러한 현상은 비료2와 비료3을 투여한 경우에도 동일하게 나타나고 있음을 알 수 있다. 다시 말해 투입비료1인 경우 종자1보다는 종자2가 3만큼 수확량이 크고 종자3은 종자2보다 수확량이 4만큼 적은데, 이러한 종자 변화에 따른 수확량 변화가 비료2와 비료3에서도 동일하게 나타나고 있다.

이와 같이 한 요인의 수준변화에 따른 종속변수(여기서는 수확량이 종속변수에 해당한다)의 변화가 다른 요인의 모든 수준에서 동일하게 나타날 때 '두 요인 사이에 상호작용은 없다'라고 말한다. 위의 경우 종자 변화에 따른 수확량 변화가 투입비료의 종류에 따라 다르게 나타나고 있지 않으므로 종자와 비료의 두 요인 사이에는 상호작용이 없는 것이다.

| 그림 9-2 | 상호작용이 없는 2요인 분산분석 |

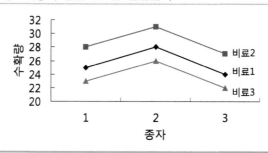

앞서 조사표 내용을 그래프로 그려보면 상호작용의 의미를 좀 더 확실히 알 수 있다. 횡축에 종자의 종류를 표시하고 종축에는 수확량을 표시하면 비료 종류별로 다음과 같은 세 개의 그래프를 그릴 수 있다.

앞서 그래프에서 보듯이 종자의 종류에 따른 수확량의 변화가 투여된 비료의 종류에 관계없이 일정하게 나타남으로써 평행을 유지하고 있을 때 두 요인의 상호작용은 존재하지 않는 것이다. 비료의 종류에 따라 각각 표시한 세 개의 그래프가 평행을 유지하고 있다는 것은 종자 요인의 수준이 변화함으로써 발생하는 수확량의 변화가 비료라는 다른 요인의 수준 변화에 의해 영향을 받지 않고 있음을 의미하는 것이다.

따라서 상호작용이 존재한다는 것은 종자의 종류, 즉 수준이 변화함으로써 발생하는 수확량의 변화가, 다른 또 하나의 요인인 비료의 수준 변화에 의해 영향을 받는 경우를 말한다. 그러므로 두 요인 사이에 상호작용이 존재하는 경우를 그래프로 나타내면 위와 같은 평행을 그리는 것이 아니라 그래프가 서로 만나는 형태를 보이게 된다(〈그림 9-3〉 참조).

예제 9.11

비료와 종자의 2요인 분산분석을 위해 수확량을 조사한 결과 각각의 처리의 평균이 아래 표와 같이 나타났다. 상호작용 존재여부를 그래프를 통해 확인하시오.

종자 \ 비료	1	2	3
1	25	28	23
2	36	31	26
3	27	32	31

해설

투여된 비료1인 경우 종자의 수준이 1에서 2로 변화했을 때 수확량은 25에서 36으로 11만큼 증가하고 다시 종자의 수준이 2에서 3으로 변화했을 때 수확량은 9가 감소한 27로 나타나고 있다. 그러나 비료2와 비료3의 경우, 종자 요인의 수준변화에 따른 수확량의 변화는 비료1과는 다르게 나타나고 있다. 특히 종자의 수준이 2에서 3으로 변했을 때의 수확량은 비료1의 경우 9만큼 감소하였으나 비료2와 비료3의 경우는 오히려 1과 5만큼 증가한 것으로 나타나고 있다.

종자 요인의 수준변화에 따른 수확량 변화는 투여된 비료의 종류, 즉 비료 요인의 수준에 따라 크게 달라지므로 이들 두 요인 사이에는 상호작용이 존재함을 알 수 있다.

이를 그래프로 그려보면 〈그림 9-3〉과 같이 비료 요인의 수준별로 표시한 세 개의 그래프가 종자 요인의 수준 변화에 따라 평행으로 나타나지 않고 있다.

그림 9-3 상호작용이 존재하는 2요인 분산분석

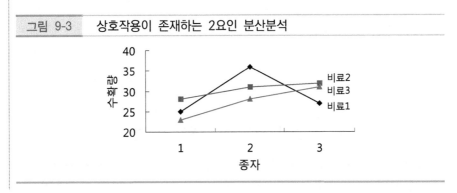

2요인 분산분석표

2요인 분산분석에서는 상호작용이 존재할 가능성이 있기 때문에 요인은 두 개이지만 귀무가설에서 검정대상이 되는 가설은 두 개의 각 요인에 대한 가설 외에 두 요인의 상호작용에 대한 가설이 포함되어 세 개로 구성된다.

예제 9.12

여기서는 2요인 분산분석에서의 가설검정 설정과 함께 2요인 분산분석표 작성과정을 살펴보기로 하자.

해설

먼저 위에서 살펴본 예의 경우 요인이 비료와 종자 두 개이므로 먼저 다음과 같이 두 개의 가설을 설정할 수 있다.

H_0: 비료 종류별 수확량 평균이 모두 동일하다.

H_0: 종자 종류별 수확량 평균이 모두 동일하다.

그리고 여기에 상호작용에 대한 가설, 즉 '두 요인 사이에 상호작용이 없다'라는 가설을 추가해야 한다. 따라서 두 요인의 수준을 각각 열(column)과 행(row)으로 나타낼 때 귀무가설은 다음과 같이 일반화시켜 표시할 수 있다.

H_0: $\mu_{c_1} = \mu_{c_2} = \mu_{c_3}$ (열의 평균들이 모두 동일하다.)

H_0: $\mu_{r_1} = \mu_{r_2} = \mu_{r_3}$ (행의 평균들이 모두 동일하다.)

H_0: 두 요인 사이에 상호작용이 없다.

물론 이때 대립가설은 귀무가설과는 상반되는 내용으로서 다음과 같이 세 개로 구성된다.

H_a: 열의 수확량 평균들이 모두 동일하지는 않다.

H_a: 행의 수확량 평균들이 모두 동일하지는 않다.

H_a: 두 요인 사이에 상호작용이 존재한다.

이와 같이 설정된 가설검정을 위해서는 2요인 분산분석표를 먼저 작성하여야 하는데 2요인 분산분석에서는 종속변수의 변화가 두 개 요인의 수준 변화뿐 아니라 이들 요인의 상호작용에 의해서도 영향을 받으므로, 2요인 분산분석표는 1요인 분산분석표와는 달리 종속변수의 총변동량을 표시하는 총제곱합(SST)은 다음과 같이 네 개의 제곱합으로 구성된다.

즉 행과 열에 표시된 두 요인에 의한 종속변수의 변동량을 표시하는 행제곱합(SSR: row sum of squares), 열제곱합(SSC: column sum of squares)과 함께 상호작용에 의한 종속변수의 변동량을 표시하는 상호제곱합(SSI: interaction sum of squares),

그리고 끝으로 오차의 제곱합(SSE :error sum of squares)으로 구성된다.

$$SST = SSC + SSR + SSI + SSE$$

분산분석을 위한 실험설계표가 다음과 같이 구성되어 있을 때 위의 열제곱합(SSC) 행제곱합(SSR) 상호제곱합(SSI) 그리고 오차의 제곱합(SSE)은 다음과 같은 식에 따라 계산한다.

요인R \ 요인C	C_1	C_2	C_3	행 평균	행의 표본크기
R_1	$\overline{X}_{11}$	$\overline{X}_{12}$	$\overline{X}_{13}$	$\overline{X}_{1\cdot}$	$n_{1\cdot}$
R_2	$\overline{X}_{21}$	$\overline{X}_{22}$	$\overline{X}_{23}$	$\overline{X}_{2\cdot}$	$n_{2\cdot}$
R_3	$\overline{X}_{31}$	$\overline{X}_{32}$	$\overline{X}_{33}$	$\overline{X}_{3\cdot}$	$n_{3\cdot}$
열 평균	$\overline{X}_{\cdot1}$	$\overline{X}_{\cdot2}$	$\overline{X}_{\cdot3}$	$\overline{\overline{X}}$	
열의 표본크기	$n_{\cdot1}$	$n_{\cdot2}$	$n_{\cdot3}$		n

위의 표에서 $\overline{X}_{ij}$의 값은 i행과 j열에 속하는 표본들의 평균, 즉 처리(treatment)의 평균값임에 유의해야 한다. 예를 들어 총 180개의 표본을 가지고 분산분석을 한다고 했을 때 두 요인의 수준이 각각 3개이므로 전체 처리(treament) 수, 즉 셀의 수는 9개가 되어 위의 각 셀에는 20개의 표본값이 포함될 것이다. 따라서 이 경우 $\overline{X}_{ij}$의 값은 i행과 j열에 속하는 20개 표본값들의 평균값인 것이다.

위의 표를 기초로 SST, SSC, SSR, SSI, SSE는 아래의 식에 따라 구할 수 있다.

$$SST = \sum (\text{모든 각각의 표본값} - \overline{\overline{X}})^2 = \sum_i^r \sum_j^c \sum_k^{n_{ij}} (X_{ijk} - \overline{\overline{X}})^2$$

n_{ij}: i번째 행과 j번째 행의 표본크기

X_{ijk}: 행에 표시된 요인의 i번째 수준과, 열에 표시된 요인의 j번째 수준을 나타내는 셀에 속하는 k번째 표본값

$\overline{\overline{X}}$: 총평균

$$SSC = \sum_j^c n_{\cdot j}(\overline{X}_{\cdot j} - \overline{\overline{X}})^2$$

$n_{.j}$: 열에 표시된 요인의 j번째 수준에 속하는 표본의 크기

$\overline{X}_{.j}$: 열에 표시된 요인의 j번째 수준에 속하는 표본값의 평균

$$SSR = \sum_i^r n_i.(\overline{X}_{i.} - \overline{\overline{X}})^2$$

$n_{i.}$: 행에 표시된 요인의 i번째 수준에 속하는 표본의 크기

$\overline{X}_{i.}$: 행에 표시된 요인의 i번째 수준에 속하는 표본값의 평균

$$SSI = \sum_i^r \sum_j^c n_{ij}(\overline{X}_{ij} - \overline{X}_{.j} - \overline{X}_{i.} + \overline{\overline{X}})^2$$

n_{ij}: 행에 표시된 요인의 i번째 수준과 열에 표시된 요인의 j번째 수준을 나타내는 셀에 포함된 표본의 크기

$\overline{X}_{ij}$: 행에 표시된 요인의 i번째 수준과 열에 표시된 요인의 j번째 수준을 나타내는 셀에 포함된 표본값의 평균

$SSE = \sum($각각의 표본값 $-$ 각 표본값이 속해 있는 처리의 평균$)^2$

$$= \sum_i^r \sum_j^c \sum_k^{n_{ij}} (X_{ijk} - \overline{X}_{ij})^2$$

$$= SST - SSC - SSR - SSI$$

위와 같이 계산된 행과 열에 대한 요인의 제곱합 SSC, SSR을 비롯하여 상호작용 제곱합 SSI 그리고 오차의 제곱합 SSE를 해당 제곱합의 자유도로 나누면 각각의 평균제곱합 MSC, MSR, MSI, MSE를 구할 수 있다. 그리고 MSC, MSR, MSI에 대한 F 값은 이들 각각의 평균제곱합을 오차의 평균제곱합 MSE로 나누어 얻을 수 있으며 이들을 정리하면 다음과 같은 형태의 분산분석표를 작성할 수 있다. 또한 이 F 값에 따라 주어진 유의수준하에서의 귀무가설 채택여부를 판단하게 된다.

변동요인	제곱합	자유도	평균제곱합	F
열에 표시된 요인	SSC	$c-1$	$MSC = SSC/(c-1)$	MSC/MSE
행에 표시된 요인	SSR	$r-1$	$MSR = SSR/(r-1)$	MSR/MSE
상호작용	SSI	$(c-1)(r-1)$	$MSI = SSI/((c-1)(r-1))$	MSI/MSE
오차	SSE	$n-cr$	$MSE = SSE/(n-cr)$	
총변동	SST	$n-1$		

예제 9.13

고속버스 회사에서는 버스에 장착하는 타이어의 마모 정도가 제조회사의 브랜드와 주
행도로의 종류(아스콘 포장도로와 시멘트 포장도로)에 따라 다른지를 조사하기 위해,
정해진 구간을 왕복하는 동일한 조건의 고속버스 30대를 선정하여, 여기에 세 가지
브랜드의 타이어를 장착시키고 정해진 종류의 주행도로를 10,000km 주행한 후 타이
어의 마모를 측정하여 다음과 같은 자료를 얻었다. 이때 유의수준 10%하에서 타이어
의 마모가 브랜드와 주행도로의 종류에 따라 상이한지를 검정하는 과정을 2요인 분산
분석을 통해 살펴보자.

도로 ＼ 브랜드	1	2	3
아스콘	34 29 24 36 25	24 20 18 20 19	32 24 36 25 23
시멘트	26 25 18 31 27	22 17 20 22 17	28 24 34 27 20

해설

(1) 이 자료는 타이어의 마모가 타이어 브랜드와 주행도로의 종류에 따라 상이한지
를 분석하는 것이므로 다음과 같이 가설을 설정한다.

(귀무가설)

H_0: $\mu_{c1} = \mu_{c2} = \mu_{c3}$

　　(브랜드별 타이어 마모의 평균은 모두 동일하다.)

H_0: $\mu_{r1} = \mu_{r2}$

　　(주행도로 종류별 타이어 마모의 평균은 모두 동일하다.)

H_0: 두 요인 사이에 상호작용이 없다.

(대립가설)

H_a: $(\mu_{c1} = \mu_{c2} = \mu_{c3})$가 아니다.

　　(브랜드별 타이어 마모의 평균이 모두 동일하지는 않다.)

H_a: $(\mu_{r1} = \mu_{r2})$가 아니다.

　　(주행도로 종류별 타이어 마모의 평균이 동일하지 않다.)

H_a: 두 요인 사이에 상호작용이 존재한다.

(2) 위의 가설을 검정하기 위해 2요인 분산분석표를 작성한다.

이를 위해서는 총제곱합 SST, 열과 행에 표시된 요인의 제곱합인 SSC와 SSR 그리고 상호제곱합 SSI, 오차의 제곱합 SSE 등을 계산해야 한다. 이를 위해 이들 제곱합을 계산하는데 필요한 총평균 $\overline{\overline{X}}$와 열과 행에 표시된 요인의 수준별 평균 $\overline{X}_{\cdot j}$와 $\overline{X}_{i \cdot}$를 구하여 아래와 같은 표를 작성한다.

도로\브랜드	1	2	3	행 평균	행의 표본크기
1(아스콘)	34 29 24 36 25 (29.6)	24 20 18 20 19 (20.2)	32 24 36 25 23 (28.0)	25.93	15
2(시멘트)	26 25 18 31 27 (25.4)	22 17 20 22 17 (19.6)	28 24 34 27 20 (26.6)	23.87	15
열 평균	27.5	19.9	27.3	24.90	
열의 표본크기	10	10	10		30

* ( ) 안의 숫자는 처리(treatment)를 나타내는 각 셀의 평균을 표시한다.

$$SST = \sum (\text{모든 각각의 표본값} - \overline{\overline{X}})^2 = \sum_i^r \sum_j^c \sum_k^{n_{ij}} (X_{ijk} - \overline{\overline{X}})^2$$

$$= (34-24.9)^2 + (29-24.9)^2 + (24-24.9)^2 + \cdots$$
$$+ (28-24.9)^2 + (24-24.9)^2 + (34-24.9)^2 + (27-24.9)^2 + (20-24.9)^2$$
$$= 910.7$$

$$SSC = \sum_j^c n_{\cdot j} (\overline{X}_{\cdot j} - \overline{\overline{X}})^2$$

$$= 10(27.5-24.9)^2 + 10(19.9-24.9)^2 + 10(27.3-24.9)^2 = 375.2$$

$$SSR = \sum_i^r n_{i \cdot} (\overline{X}_{i \cdot} - \overline{\overline{X}})^2$$

$$= 15(25.93-24.9)^2 + 15(23.87-24.9)^2 = 32.03$$

$$SSI = \sum_i^r \sum_j^c n_{ij} (\overline{X}_{ij} - \overline{X}_{\cdot j} - \overline{X}_{i \cdot} + \overline{\overline{X}})^2$$

$$= 5(29.6-27.5-25.93+24.9)^2 + 5(25.4-27.5-23.87+24.9)^2$$
$$+ 5(20.2-19.9-25.93+24.9)^2 + 5(19.6-19.9-23.87+24.9)^2$$

$$+ \, 5(28.0 - 27.3 - 25.93 + 24.9)^2 + 5(26.6 - 27.3 - 23.87 + 24.9)^2$$

$$= 17.87$$

$$SSE = SST - SSC - SSR - SSI$$

$$= 910.7 - 375.2 - 32.03 - 17.87 = 485.6$$

이때 SSC와 SSR의 자유도는 각각 $c-1=3-1=2$, $r-1=2-1=1$이고 SSI와 SSE의 자유도는 각각 $(c-1)(r-1)=(3-1)(2-1)=2$, $n-cr=30-(3)(2)=24$이므로 각각의 제곱합을 이들의 자유도로 나누어 평균제곱합을 구한 후, 다시 열과 행 그리고 상호작용에 대한 평균제곱합 MSC, MSR, MSI를 각각 MSE로 나누면 각 변동요인에 대한 F 값을 구할 수 있다.

$$MSC = SSC/df = 375.2/2 = 187.6$$
$$MSR = SSR/df = 32.03/1 = 32.03$$
$$MSI = SSI/df = 17.87/2 = 8.94$$
$$MSE = SSE/df = 485.6/24 = 20.23$$

브랜드에 대한 F 값 $= MSC/MSE = 187.6/20.23 = 9.27$
도로종류에 대한 F 값 $= MSR/MSE = 32.02/20.23 = 1.58$
상호작용에 대한 F 값 $= MSI/MSE = 8.94/20.23 = 0.44$

분산분석표

변동요인	제곱합	자유도	평균제곱합	F
열(브랜드)	375.2	2	187.60	9.272
행(도로)	32.03	1	32.03	1.583
상호작용	17.87	2	8.94	0.442
오차	485.6	24	20.23	
총변동	910.7	29		

(3) 위의 분산분석표에 나타난 브랜드에 대한 F 값 9.27은 유의수준 10%하에서 분자 분모에 대한 자유도가 각각 (2, 24)일 때 F 분포의 임계값인 2.538을 훨씬 상회하므로 귀무가설 H_0: $\mu_{c1} = \mu_{c2} = \mu_{c3}$를 기각한다. 즉 열의 평균인 브랜드별 타이어 마모의 평균이 모두 동일하다고 볼 수 없다는 결론을 내리게 된다.

F	상한 단측기각률			
df	0.1			
분모 \ 분자	1	2	3	4
23	2.937	2.549	2.339	2.207
24	2.927	2.538	2.327	2.195
25	2.918	2.528	2.317	2.184

도로 종류에 대한 F값 1.58은 유의수준 10%하에서 분자 분모에 대한 자유도가 (1, 24)일 때 F 분포의 임계값 2.927보다 작으므로 귀무가설 $H_0: \mu_{r1} = \mu_{r2}$를 채택한다. 따라서 타이어 마모의 평균은 도로 종류에 따라 다르다고 볼 수 없다는 결론을 내리게 된다.

끝으로 타이어의 브랜드와 도로 종류의 상호작용에 대한 F 값 0.44는 유의수준 10%하에서 분자 분모에 대한 자유도가 (2, 24)일 때 F 분포의 임계값 2.538보다 작으므로 두 요인의 상호작용은 존재하지 않는다는 귀무가설을 채택한다. 즉 브랜드별 타이어 마모의 차이가 주행도로의 종류에 의해 영향을 받지 않는다는 결론을 내리게 된다.

위에서 제시한 과정에 따라 실제로 2요인 분산분석을 위해 필요한 항목을 하나하나 계산한다는 것은 한계가 있기 때문에 이러한 문제는 통계소프트웨어를 이용하게 된다.

```
[sas program]
DATA ex913;
  INPUT road brand x @@;
  CARDS;
 1 1 34 1 1 29 1 1 24 1 1 36 1 1 25
 1 2 24 1 2 20 1 2 18 1 2 20 1 2 19
 1 3 32 1 3 24 1 3 36 1 3 25 1 3 23
 2 1 26 2 1 25 2 1 18 2 1 31 2 1 27
 2 2 22 2 2 17 2 2 20 2 2 22 2 2 17
 2 3 28 2 3 24 2 3 34 2 3 27 2 3 20
;
RUN;

PROC ANOVA DATA=ex913; ①
```

```
    CLASS brand road; ②
    MODEL x=brand road brand*road; ③
    MEANS brand road brand*road; ④
RUN;
```

① ex913 데이터세트에 대해 분산분석을 하기 위해 ANOVA 프로시저를 실행한다.
② CLASS 스테이트먼트 다음에 요인을 표시하는 변수를 지정한다.
③ MODEL 스테이트먼트 다음에 독립변수와 종속변수를 구분하는 형태로 모형을 지정한다. 즉 등호 ‘=’을 중심으로 왼쪽에는 종속변수의 역할을 하는 x를 그리고 오른쪽에는 독립변수의 역할을 하는 요인변수 brand와 road를 지정한다. 추가로 ‘brand * road’가 지정된 것은 상호작용이 존재하는가를 분석하기 위한 것이다.
④ MEANS 스테이트먼트는 지정된 요인변수의 수준(level)별로 마모를 나타내는 종속변수 x의 평균을 계산해 출력하도록 한다. 따라서 x에 대한 평균이 브랜드별, 도로 종류별로 그리고 브랜드와 도로 종류 두 요인의 처리(treatment)별로 출력된다. 이 과정은 생략해도 2요인 분산분석의 결과 도출에는 영향을 받지 않는다.

[결과물]

The ANOVA Procedure

Class Level Information

① Class	Levels	Values
brand	3	1 2 3
road	2	1 2

Number of Observations Read	30
Number of Observations Used	30

The ANOVA Procedure

Dependent Variable: x

Source		DF	Sum of Squares	Mean Square	F Value	Pr > F
Model		5	425.1000000	85.0200000	4.20	0.0069
Error	②	24	485.6000000	20.2333333		
Corrected Total	③	29	910.7000000			

R-Square	Coeff Var	Root MSE	x Mean
0.466784	18.06485	4.498148	24.90000

Source		DF	Anova SS	Mean Square	F Value	Pr > F
brand	④	2	375.2000000	187.6000000	9.27	0.0010
road	⑤	1	32.0333333	32.0333333	1.58	0.2204
brand*road	⑥	2	17.8666667	8.9333333	0.44	0.6482

The ANOVA Procedure

⑦

Level of brand	N	--------------x-------------- Mean	Std Dev
1	10	27.5000000	5.23343949
2	10	19.9000000	2.28278582
3	10	27.3000000	5.18652099

Level of road	N	--------------x-------------- Mean	Std Dev
1	15	25.9333333	6.07649648
2	15	23.8666667	5.08311865

Level of brand	Level of road	N	--------------x-------------- Mean	Std Dev
1	1	5	29.6000000	5.31977443
1	2	5	25.4000000	4.72228758
2	1	5	20.2000000	2.28035085
2	2	5	19.6000000	2.50998008
3	1	5	28.0000000	5.70087713
3	2	5	26.6000000	5.17687164

해 설

① 요인을 표시하는 변수는 brand, road 두 개이고 이들의 수준이 각각 3개, 2개임을 나타내고 있다. 그리고 각 수준을 나타내는 값은 (1, 2, 3)과 (1, 2)로 표시하고 있음을 보이고 있다.

② 오차에 대한 제곱합(SSE) 485.6과 이에 대한 자유도가 24로 표시되어 있다. 그리고 오른쪽 끝에는 $SSE/df = 485.6/24$에 따라 계산한 오차에 대한 평균제곱합 MSE가 20.23으로 표시되어 있다.

③ 총제곱합 SST와 자유도가 각각 910.7, 29로 표시되어 있다.

④ 브랜드 요인에 대한 자유도(2), 제곱합(375.2), 평균제곱합(187.6) 그리고 F 값이 9.27로 나타나 있다. 이 F 값을 임계값으로 했을 때의 F 분포에서의 기각역 확률이 0.001로 나타나 있다. 따라서 10% 유의수준하에서 브랜드별로 타이어 마모의 평균이 모두 동일하다는 귀무가설은 기각된다.

⑤ 도로 요인에 대한 자유도(1), 제곱합(32.03), 평균제곱합(32.03) 그리고 F 값이 1.58로 나타나 있다. 이 F 값을 임계값으로 했을 때의 F 분포에서의 기각역 확률이 0.2204로 나타나 있다. 따라서 10% 유의수준하에서 주행 도로에 따라 타이어 마모의 평균이 모두 동일하다는 귀무가설이 채택된다. 즉 주행도로가 아스콘이냐 시멘트이냐에 따라 타이어의 마모가 달라진다고 볼 수 없다는 결론을 내리게 되는 것이다.

⑥ 브랜드와 도로, 두 요인의 상호작용에 대한 자유도(2), 제곱합(17.86), 평균제곱합(8.93) 그리고 F 값이 0.44로 나타나 있다. 이 F 값을 임계값으로 했을 때의 F 분포에서의 기각역 확률이 0.6482로 나타나 있다. 따라서 10% 유의수준하에서 두 요인의 상호작용이 존재하지 않는다는 귀무가설을 채택하게 된다. 브랜드별 타이어 마모의 차이가 주행도로의 차이에 의해 영향을 받는다고 볼 수 없다는 결론을 내리게 되는 것이다.

⑦ 요인 수준별 타이어 마모(x)에 대한 평균이 출력되어 있다. 이는 프로그램에서 ④에 있는 MEANS 스테이트먼트를 실행한 결과이다.

제10장

단순회귀분석과
상관분석

제10장
단순회귀분석과 상관분석

10.1 단순회귀모형

단순회귀(simple regression)라는 것은 단순선형회귀(simple linear regression)를 줄인 말로서 X, Y 두 변수 사이의 선형관계를 분석하는 것을 말한다. 따라서 단순회귀라고 했을 때 이 말 속에는 '두 개의 변수', 즉 하나의 독립변수(X)와 하나의 종속변수(Y)라는 의미와 함께, 이들 사이의 관계는 '선형관계(linear relationship)'라는 두 가지 의미가 내포되어 있는 것이다. 변수가 세 개 이상일 때, 여기서 종속변수로 사용되는 변수 한 개를 제외하면 독립변수가 이제는 두 개 이상으로 다수가 되는데, 이와 같이 복수의 독립변수와 종속변수 사이의 선형관계를 분석하는 경우 이를 다중회귀분석(multiple regression analysis)라 하며 이는 다음 장에서 살펴 볼 것이다.

점산도

X, Y 두 변수의 값을 각각 하나씩의 축에 할당하여 이를 좌표축에 표시하였을 때 이를 점산도(scatter diagram)라 한다. 단순회귀가 내포하고 있는 '선형관계'의 의미는 점산도에 산포되어 있는 점들의 모양이 직선의 형태를 가지는 것을 의미한다.

예제 10.1

아래 X, Y 두 변수에 대한 점산도를 그리기 위해 X값은 X축에 Y값은 Y축에 할당하면 좌표가 (10, 5), (13, 8), (15, 7), (20, 10), (22, 12)인 다섯 개의 점으로 나타낼 수 있다.

X	10	13	15	20	22
Y	5	8	7	10	12

그림 10-1   **점산도와 회귀선**

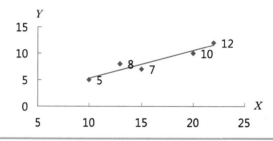

위의 그림에서 다섯 개의 점은 우상향 모양을 하면서 산포되어 있음을 알 수 있다. 즉 X값이 증가함에 따라 Y값도 같이 증가함을 알 수 있다. 이 다섯 개의 점을 모두 통과하는 직선은 그릴 수 없지만, 이들 점 사이를 가장 '가까이' 통과하는 직선을 그리고 이 직선의 방정식을 알아낼 수 있다면, X값이 변화했을 때 Y값이 얼마나 변할 것인가를 예측할 수 있을 것이다. 이때 점산도에 나타난 점들을 가장 가까이 통과하는 하는 직선을 회귀선(regression line)이라 한다.

단순회귀모형

단순회귀모형(simple regression model)은 X, Y 두 변수 사이의 관계를 선형적으로 표현한 '통계적 모형'(statistical model)으로서 다음과 같은 식으로 나타낼 수 있다. 여기서 통계적 모형이라 함은 선형관계식에 확률오차항(random error term)이 포함되어 있는 경우를 말한다.

$$Y = \beta_0 + \beta_1 X + \varepsilon$$

위의 단순회귀모형에서 β_0, β_1은 절편과 기울기를 나타내는 모수(parameter)이며 X 와 Y는 각각 독립변수, 종속변수를 그리고 ε은 확률오차항을 표시한다. 종속변수 Y는 X의 변화에 의해 설명되어지기 때문에 X를 설명변수라고도 한다.

만약 Y가 X에 의해 정확히 선형적으로 표현될 수 있다면 확률오차항 ε은 0으로서 $Y = \beta_0 + \beta_1 X$가 될 것이다. 이와 같이 선형관계식에 확률오차항이 포함되어 있지 않은 모형을 확정모형(deterministic model)이라 한다.

예제 10.2

여기서는 통계적 모형의 개념에 대해 살펴보기로 하자.

해설

앞에서 언급한 바와 같이 단순회귀모형은 X, Y 두 변수 사이의 관계를 선형적으로 분석하는 것이기는 하나 여기에는 확률오차항 ε이 들어있는 통계적 모형이기 때문에, 확률오차항이 모두 '0'이 아닌 한 이들 두 변수에 대한 점산도를 그렸을 때 점산도상의 점들이 모두 일직선상에 놓여 있다고는 볼 수 없다.

만약 점산도의 점들이 우상향이든 우하향이든 직선의 모양에 가깝게 위치해 있다면 이들 점들을 가장 가까이 통과하는 직선의 방정식을 도출함으로써 X값이 변했을 때 이에 대응하는 Y값을 예측할 수 있을 것이다.

점산도의 점들을 가장 가까이 통과하는 직선, 즉 회귀선의 식을 $\beta_0 + \beta_1 X$라 했을 때 이를 회귀식 또는 회귀방정식이라 하는데 여기서 중요한 것은 회귀식의 절편 β_0와 기울기 β_1이 어떤 값을 가질 때 회귀선이 점산도의 점들을 가장 가까이 통과할 것인가 하는 점이다. 따라서 회귀분석에서 가장 중요한 일은 회귀식의 모수 β_0, β_1을 추정하는 일이다.

예제 10.3

다음 그림에서 X가 X_1의 값을 가질 때 이를 회귀식 $\beta_0 + \beta_1 X$에 대입하면 $\beta_0 + \beta_1 X_1$의 Y값을 얻게 되는데, 이를 실제값(actual value) Y_1에 대한 예측값 (predicted value)이라 하며 $\hat{Y}_1$으로 표시한다. 그리고 이 예측값 $\hat{Y}_1$은 다음 그림에서 X축의 X_1에서 회귀선까지의 수직선 거리에 해당한다. 그러나 점 (X_1, Y_1)이 나타내는 바와 같이 X값이 X_1일 때 실제 Y값은 Y_1임을 보이고 있어 회귀식에 의한 예측값 $\hat{Y}_1$과 실제값 Y_1 사이에 ε_1만큼의 오차가 발생하고 있다. 이는 바로 점 (X_1, Y_1)이 회귀선으로부터 수직거리로 ε_1 만큼 떨어져 있음을 의미하는 것이다.

따라서 점 (X_1, Y_1)의 경우 실제값 Y_1은 $Y_1 = \beta_0 + \beta_1 X_1 + \varepsilon_1$과 같이 나타낼 수 있다.

| 그림 10-2 | 실제값(Y)과 예측값($\hat{Y}$) |

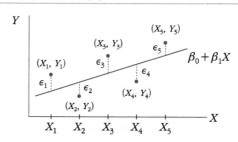

모집단의 점산도와 표본의 점산도

회귀분석에서 사용하는 자료는 일반적으로 표본에 의해 얻은 데이터이기 때문에 점산도는 표본 점산도를 가리키는 것이 보통이다. 그러나 회귀분석에 중요한 역할을 하는 확률오차 ε의 분포를 잘 이해하기 위해서는 먼저 모집단의 점산도와 표본의 점산도를 구분하여 그 차이를 이해하여야 한다.

예제 10.4

가구의 소득과 소비를 표본조사하여 아래와 같은 자료를 얻었다고 하고 이를 예로 하여 모집단과 표본의 점산도를 비교설명하기로 한다(비현실적이지만 표본은 5가구를 무작위로 추출하였다고 하자).

(단위: 백만원/월)

소득(X)	1	2	3	4	5
소비(Y)	0.9	1.2	2.5	2.8	3.3

해설

이를 점산도로 나타내면 아래와 같은 그림을 얻을 수 있는데 이는 표본으로 얻은 자료를 기초로 그린 것이므로 표본의 점산도에 해당한다.

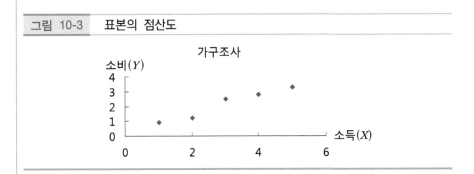

그림 10-3   표본의 점산도

위의 표본조사에서 소득이 400만원인 가구의 소비는 280만원인 것으로 나타나고 있다. 그러나 여기서 주의할 것은 소득이 400만원인 가구가 모집단에는 하나가 아닌 여러 가구가 있었을 것이고 이들 가구의 소비 역시 280만원으로 모두 동일하다고 볼 수는 없을 것이다. 즉 소비가 280만원인 가구는 모집단에서 소득이 400만원인 여러 가구 가운데 단지 소비가 280만원인 가구 하나가 표본으로 뽑힘으로써 나타난 결과일 뿐이다.

다시 말해 소득이 400만원이지만 40만원을 소비하는 가구도 있을 것이고 소득의 전부를 소비하는 가구도 있을 것이다. 그러나 이러한 소비를 하는 가구는 확률적으로 적을 것이기 때문에 소비가 280만원인 가구가 추출되었다는 것은 확률적으로 280만원을 전후한 수준의 소비를 하는 가구가 많기 때문에 이러한 표본이 추출되었으리라는 추측은 할 수 있을 것이다.

따라서 모집단에 속하는 모든 가구들의 소득과 소비 두 변수를 점산도로 표현한다면 동일한 소득수준(X)에 대한 소비(Y)가 다양하게 나타날 것이므로 수직으로 여러 개의 점을 구성할 것이다. 그러나 일반적으로 모집단에 대한 정보가 알려져 있는 것이 아니기 때문에 모집단의 점산도는 가상적인 개념으로 이용될 뿐이다.

예제 10.5

소득이 200만원인 가구와 400만원인 가구만을 대상으로 모집단의 점산도를 그린다면 아래 그림과 같이 나타날 것이다. 굵은 점일수록 가구를 표시하는 점들이 많이 집중되어 있는 것을 나타내는 것이다. 따라서 아래 그림은 200만원 소득의 가구보다는 400만원 소득의 가구가 더 높은 소비수준에 '많은 가구가 집중'되어 있음을 나타내고 있는 것이다. 그리고 이와 같이 소비수준이 집중되어 있는 부분을 중심으로 아래쪽 또는 윗쪽으로 갈수록 가구수는 희소해진다. 이는 주어진 소득수준에서 과도한 소비나 과소한 소비를 하는 가구가 희소하다는 것을 의미하는 것이다.

그러므로 400만원의 소득을 가진 가구가 표본으로 추출되는 경우 이 가구는 아래 그림에서 굵은 점의 부분의 소비수준을 가진 가구 중에서 추출될 확률이 가장 높을 것이라는 생각을 할 수 있다.

그림 10-4   모집단의 점산도

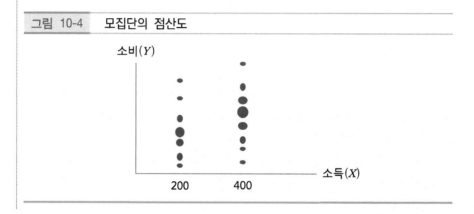

확률오차 ε의 분포

[예제 10.5]에서 살펴본 바와 같이 모집단에는 동일한 소득을 가진 가구라 하더라도 이들 가구의 소비는 제각기 다르기 때문에 이를 점산도로 표시할 경우 수직선을 따라 여러 개의 점들이 퍼져 있게 된다. 그러나 회귀분석을 위한 자료는 일반적으로 모집단이 아닌 표본에 의한 것이므로 표본의 점산도는 모집단의 점산도에서 수직으로 산포되어 있는 여러 개 점들 중의 일부가 될 것이다.

예제 10.6

여기서는 회귀방정식과 확률오차 ε의 분포에 대해 살펴보기로 하자.

해설

〈그림 10-5〉에서 크고 작은 물방울 모양으로 된 흰 점과 검은 점들은 모집단의 점
산도를 나타낸다고 보자. 이 점들 중에서 검은 점이 표본으로 추출된 것이라고 가정
하고 X, Y 두 변수 사이의 회귀방정식이 $\beta_0 + \beta_1 X$라고 하면 $X = 200$일 때의 추정
값은 $\beta_0 + \beta_1 X = \beta_0 + \beta_1 (200)$으로서 X축의 $X = 200$의 점에서 회귀선까지의 수
직거리가 되나, 표본에서 측정된 실제값은 검은 점으로 표시된 값으로서 이보다 큰
값을 가지고 있다. 즉 ε_1만큼의 확률오차(random error)가 발생하고 있다. 이를 확률
오차라고 하는 것은 표본으로 추출될 수 있는 점은 모집단 점산도를 구성하는 X
$= 200$에서 수직선을 따라 산포되어 있는 어느 점도 추출될 수 있기 때문이다. 단지
많은 점이 밀집되어 부분을 큰 점으로 표시하고 있으므로 이 부근의 점이 표본으로
뽑힐 확률이 높다는 것을 확인할 수 있을 뿐이다. 만약 회귀선상에 있는 점이 표본
으로 추출되었다면 확률오차는 $\varepsilon = 0$이 될 것이다.

그림 10-5 　확률오차 ε의 분포

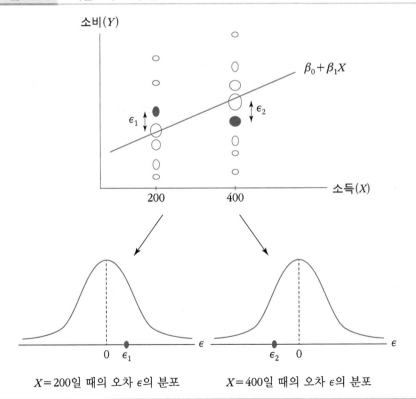

확률오차에 대한 가정

단순회귀모형에서는 이러한 확률오차 ε에 대해 다음과 같은 가정을 한다.

1) 단순회귀모형 $Y = \beta_0 + \beta_1 X + \varepsilon$에서 ε은 확률변수(random variable)이다.

2) 독립변수 X의 값에 관계없이 확률변수 ε은 평균이 '0'이고 분산이 σ^2인 정규분포를 한다.

3) 확률오차 ε은 독립변수 X에 대해 독립적(independent)이다.

 NOTE

단순회귀모형 $Y = \beta_0 + \beta_1 X + \varepsilon$에서 보듯이 Y는 확률변수인 ε을 포함하고 있으므로 종속 변수 Y는 확률변수임을 알 수 있다.

 NOTE

확률오차 ε이 평균이 '0'이고 분산이 σ^2인 정규분포를 한다고 가정하고 있으므로 $\varepsilon = 0$일 때의 값을 표시하는 종속변수 Y값은 $\beta_0 + \beta_1 X$의 회귀선상에 있는 바로 $E(Y|X)$를 의미 하는 것이다. 예를 들어 소득이 X_1일 때의 예측값 $\beta_0 + \beta_1 X_1$은 바로 모집단의 점산도에서 $X = X_1$을 통과하는 수직선상에 위치한 여러 Y(소비수준) 값의 기대값인 $E(Y|X_1)$을 의미 하는 것이다. 즉

$$\hat{Y}_1 = E(Y|X_1) = \beta_0 + \beta_1 X_1$$

가 되는 것이다.

10.2 회귀모형의 추정

최소자승법

X, Y 두 변수 사이의 선형관계를 단순회귀모형 $Y = \beta_0 + \beta_1 X + \varepsilon$에 따라 분석하고자 할 때 항상 주의해야 할 것은 실제 이 모형을 적용하는 데이터는 모집단이 아닌 표본자료가 일반적이라는 사실이다. 이는 바로 표본을 통해 모평균을 추정하듯이 표본 점산도상의 점들을 통해 단순회귀모형인 $Y = \beta_0 + \beta_1 X + \varepsilon$의 β_0, β_1을 추정해야 한다는 것을 의미하는 것이다. 이들 β_0, β_1을 추정하는 방법 중에서 가장 일반적으로 이용되는 것이 최소자승법(least square method)이다.

β_0, β_1를 추정하는데 있어서 최소자승법의 기준은 표본자료를 통해 얻은 β_0, β_1의 추정값을 b_0, b_1이라고 했을 때, 이를 이용하여 추정한 종속변수의 예측값 $\hat{Y}(=b_0 + b_1 X)$과 실제값 Y 사이의 오차인 $(Y - \hat{Y})$의 절대값($|Y - \hat{Y}|$)의 합, 즉 $\sum |Y - \hat{Y}|$를 최소화하는 b_0, b_1을 구하는 것이다. 이때 $\hat{Y} = b_0 + b_1 X$를 회귀방정식이라 하며 이를 그래프로 그렸을 때 나타나는 직선을 회귀선(regression line)이라 한다. 특히 회귀방정식의 b_1을 회귀계수(regression coefficient)라 한다.

실제 최소자승법에서는 $\sum |Y - \hat{Y}|$ 대신에 오차의 제곱합, 즉 $\sum (Y - \hat{Y})^2$를 최소화하는 b_0, b_1을 구하게 되는데 이는 실제 Y값과 예측된 Y값인 $\hat{Y}$ 사이의 오차를 최소화한다는 면에서 결과는 동일하기 때문이다. 특히 여기서 오차를 최소화할 때 $Y - \hat{Y}$의 절대값($|Y - \hat{Y}|$) 또는 제곱 $(Y - \hat{Y})^2$을 기준으로 하는 것은 오차인 $Y - \hat{Y}$의 크기가 양(+) 또는 음(−)이 될 수 있기 때문에 오차의 합을 최소화할 때의 기준을 $\sum (Y - \hat{Y})$으로 할 경우 오차가 심하게 발생함에도 불구하고 계산결과는 (+)의 오차와 (−)의 오차가 서로 상쇄되어 오차가 거의 없는 것으로 나타날 수도 있기 때문이다.

 NOTE

$Y - \hat{Y}$를 잔차(residual)라고도 한다.
β_0, β_1에 대한 추정값을 $\hat{\beta}_0$, $\hat{\beta}_1$으로 표시하기도 하나 여기서는 b_0, b_1으로 표시하기로 한다.

예제 10.7

여기서는 최소자승법의 의미를 두 개의 동일한 점산도를 통해 살펴보기로 하자.

해설

〈그림 10-6(a)〉의 점산도를 볼 때 점들이 우하향의 방향으로 산포되어 있어 X, Y의 선형관계가 음$(-)$의 관계에 있음을 알 수 있다. 즉 X가 증가함에 따라 Y는 감소하는 추세를 보이고 있는 것이다. 따라서 $\hat{Y} = b_0 + b_1 X$의 회귀선은 〈그림 10-6(a)〉의 우하향 직선의 형태를 띨 것이다.

그러나 〈그림 10-6(a)〉와 동일한 점산도를 나타내는 〈그림 10-6(b)〉의 우상향 직선은 $\sum(Y - \hat{Y})$를 기준으로 했을 때의 오차합은 '0'$(= \sum(Y - \hat{Y}) = \varepsilon_1 + \varepsilon_2 + \varepsilon_3 + \varepsilon_4 = 1 + 0 + (-0.1) + (-0.9) = 0)$이 되어 최소화가 이루어지고 있으나 실제 점산도가 나타내는 X, Y 사이에 존재하는 음$(-)$의 선형관계를 잘 나타내는 회귀선이라고 할 수 없다. 이 때문에 최소자승법에서 오차를 최소화할 때는 오차의 제곱합 $\sum(Y - \hat{Y})^2$을 기준으로 하는 것이다.

그림 10-6 오차의 최소화 방법 비교

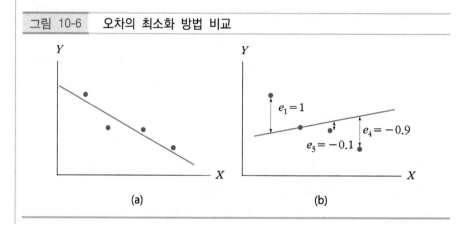

(a) (b)

회귀계수의 추정

최소자승법에 의해 추정된 회귀방정식 $\hat{Y} = b_0 + b_1 X$의 절편 b_0와 기울기 b_1은 단순회귀모형 $Y = \beta_0 + \beta_1 X + \varepsilon$에서 오차의 제곱합을 최소화하는 모수 β_0, β_1의 추정값

(estimate)이기 때문에 최적화 조건을 이용하면 아래와 같은 여러 형태의 회귀계수 도출식을 얻을 수 있다.

$$b_1 = \frac{\sum(X-\bar{X})(Y-\bar{Y})}{\sum(X-\bar{X})^2} = \frac{n\sum XY - \sum X \sum Y}{n\sum X^2 - (\sum X)^2} = \frac{\sum XY - \dfrac{\sum X \sum Y}{n}}{\sum X^2 - \dfrac{(\sum X)^2}{n}}$$

$$b_0 = \bar{Y} - b_1 \bar{X}$$

 NOTE

최적화 조건을 이용하여 회귀계수 도출공식을 얻는 과정은 다음과 같다.

먼저 단순회귀모형의 $Y = \beta_0 + \beta_1 X + \varepsilon$에서 모수 β_0, β_1의 추정값을 b_0, b_1이라 하면 회귀선의 방정식은 $\hat{Y} = b_0 + b_1 X$가 되어 오차의 제곱합은 다음과 같이 표시할 수 있다.

$$SSE = \sum(Y-\hat{Y})^2 = \sum[Y-(b_0+b_1X)]^2$$

여기서 최소자승법에 의해 추정된 b_0, b_1은 오차의 제곱합 SSE를 최소화하는 추정치이므로 최소화 1차조건에 따라 b_0와 b_1에 대한 SSE의 편도함수(partial derivative)는 '0'이 되어야 한다.

① $\dfrac{\partial SSE}{\partial b_0} = \sum 2[Y-(b_0+b_1X)](-1) = 0$

② $\dfrac{\partial SSE}{\partial b_1} = \sum 2[Y-(b_0+b_1X)](-X) = 0$

①과 ②를 정리하면 다음과 같은 b_0, b_1에 대한 연립방정식을 얻을 수 있다.

①′ $\sum Y = nb_0 + b_1 \sum X$

②′ $\sum XY = b_0 \sum X + b_1 \sum X^2$

위의 연립방정식을 b_1에 대해 풀면 다음과 같은 회귀계수 도출공식을 얻을 수 있다.

$$b_1 = \frac{n\sum XY - \sum X \sum Y}{n\sum X^2 - (\sum X)^2}$$

$$b_0 = \overline{Y} - b_1 \overline{X}$$

앞에서 b_0를 구하는 공식 $b_0 = \overline{Y} - b_1 \overline{X}$는 식 ①'의 양변을 n으로 나누어 직접 도출할 수도 있다.

예제 10.8

앞서 언급한 회귀계수 b_1에 대한 공식은 다음과 같이 제곱합의 형태로 나타낼 수도 있다.

해설

먼저 X, Y 그리고 XY에 대한 편차의 제곱합을 다음과 같이 SSX, SSY, $SSXY$로 표시한다.

$$SSX = \sum (X - \overline{X})^2 = \sum X^2 - \frac{(\sum X)^2}{n} = \sum X^2 - n\overline{X}^2$$

$$SSY = \sum (Y - \overline{Y})^2 = \sum Y^2 - \frac{(\sum Y)^2}{n} = \sum Y^2 - n\overline{Y}^2$$

$$SSXY = \sum (X - \overline{X})(Y - \overline{Y}) = \sum XY - \frac{(\sum X)(\sum Y)}{n} = \sum XY - n\overline{X}\overline{Y}$$

b_1에 대한 도출공식 $b_1 = \dfrac{\sum XY - \dfrac{\sum X \sum Y}{n}}{\sum X^2 - \dfrac{(\sum X)^2}{n}}$ 에서 분자 분모는 각각 $SSXY$,

SSX를 나타내므로 다음과 같이 표시할 수 있다.

$$b_1 = \frac{SSXY}{SSX}$$

예제 10.9

X, Y에 관련된 자료가 다음과 같을 때 회귀선의 절편과 회귀계수를 구하시오.

$$\sum X = 261 \qquad \sum Y = 148$$
$$\sum X^2 = 11219 \qquad \sum Y^2 = 3938$$
$$\sum XY = 6596 \qquad n = 9$$

해설

$\hat{Y} = b_0 + b_1 X$에서 먼저 회귀계수 b_1을 구한 후 절편을 구한다.

$$b_1 = \frac{n\sum XY - \sum X \sum Y}{n\sum X^2 - (\sum X)^2} = \frac{(9)(6596) - (261)(148)}{(9)(11219) - (261)^2} = 0.631$$

$$b_0 = \overline{Y} - b_1 \overline{X} = \frac{148}{9} - (0.631)\frac{261}{9} = -1.855$$

따라서 회귀방정식은 $\hat{Y} = -1.855 + 0.631X$가 된다.
여기서 절편은 -1.855이고 회귀계수는 0.631이 됨을 알 수 있다.

 NOTE

앞서 회귀방정식에서 회귀계수가 $b_1 = 0.631$로 (+)의 값을 가지므로 X가 증가하면 Y도 증가하는 추세를 보이고 있음을 알 수 있다. 회귀방정식이 1차식이기 때문에 회귀계수 자체는 X의 변화분에 대한 Y의 반응정도를 나타내는 계수이기도 하다. 즉 $b_1 = 0.631$은 X가 1단위 증가할 때 Y가 0.631 단위 증가하고 있음을 의미하는 것이다.

예제 10.10

X, Y에 대한 자료가 다음과 같이 주어졌을 때 회귀 방정식 $\hat{Y} = b_0 + b_1 X$의 회귀계수를 구하시오.

X	1	2	3	4	5
Y	5	8	10	12	15

해설

$b_1 = \dfrac{SSXY}{SSX}$ 이므로 먼저 SSX와 $SSXY$를 구한다.

X	Y	XY	X^2
1	5	5	1
2	8	16	4
3	10	30	9
4	12	48	16
5	15	75	25

$$\sum X = 15 \qquad \sum Y = 50 \qquad \sum XY = 174 \qquad \sum X^2 = 55$$
$$\overline{X} = 3 \qquad\qquad \overline{Y} = 10$$

$$SSXY = \sum XY - \frac{(\sum X)(\sum Y)}{n} = 174 - \frac{(15)(50)}{5} = 24$$

$$SSX = \sum X^2 - n\overline{X}^2 = 55 - (5)(9) = 10$$

$$b_1 = \frac{SSXY}{SSX} = 24/10 = 2.4$$

$$b_0 = \overline{Y} - b_1\overline{X} = 10 - (2.4)(3) = 2.8$$

따라서 회귀방정식은 $\hat{Y} = 2.8 + 2.4X$가 된다.

대부분의 회귀분석은 데이터의 크기에 관계없이 과정 자체가 지루한 계산을 요구하기 때문에 일반적으로 통계관련 프로그램을 이용하게 된다. 아래는 SAS를 이용하여 회귀방정식을 구하는 과정을 보여주고 있다.

[sas program]

```
DATA ex1010;
  INPUT x y;
  CARDS;
1 5
2 8
3 10
4 12
```

```
 5 15
;
RUN;


PROC REG DATA=ex1010; ①
  MODEL y=x; ②
RUN;
```

해설

① 데이터세트 ex1010에 있는 변수에 대한 회귀분석을 위해 REG 프로시저를 실행한다.

② MODEL 스테이트먼트 다음에 종속변수와 독립변수를 구분하는 모형형태를 지정한다. '=' 등호 왼쪽에 종속변수를 지정하고 등호 오른쪽에 독립변수를 지정한다.

[결과물]

The REG Procedure
Model: MODEL1
Dependent Variable: y

Number of Observations Read	5	
Number of Observations Used	5	

Analysis of Variance

Source	DF	Sum of Squares	Mean Square	F Value	Pr > F
Model	1	57.60000	57.60000	432.00	0.0002
Error	3	0.40000	0.13333		
Corrected Total	4	58.00000			

Root MSE	0.36515	R-Square	0.9931
Dependent Mean	10.00000	Adj R-Sq	0.9908
Coeff Var	3.65148		

Parameter Estimates

Variable	DF	Parameter Estimate	Standard Error	t Value	Pr > |t|
Intercept	1	2.80000 ①	0.38297	7.31	0.0053
x	1	2.40000 ②	0.11547	20.78	0.0002

해설

① 회귀방정식의 절편이 2.8로 출력되어 있다.

② 독립변수 x에 대한 회귀계수가 2.4로 출력되어 있다.

따라서 회귀방정식은 $\hat{Y} = 2.8 + 2.4X$가 된다.

확률오차 ε의 분산

단순회귀모형 $Y = \beta_0 + \beta_1 X + \varepsilon$에서 확률오차 ε은 평균이 '0'이고 분산이 σ^2인 정규분포를 한다고 가정하였다. 여기서 분산 σ^2은 알려져 있는 값이 아니기 때문에 이를 추정하게 되는데 σ^2에 대한 추정값 S_e^2은 다음과 같이 구한다.

$$S_e^2 = \frac{\sum(Y - \hat{Y})^2}{n - 2} = \frac{SSE}{n - 2}$$

이는 오차 또는 잔차의 제곱합을 자유도 $(n-2)$로 나눈 것이므로 오차 제곱의 평균이라는 개념을 지니고 있다. 따라서 이를 평균제곱오차(mean square error)라고도 한다.

그리고 S_e^2의 제곱근 S_e를 추정값의 표준오차(standard error of estimates) 또는 회귀의 표준오차(standard error of regression)라고 한다.

$$S_e = \sqrt{\frac{\sum(Y - \hat{Y})^2}{n - 2}} = \sqrt{\frac{SSE}{n - 2}}$$

회귀의 표준오차 S_e는 회귀모형이 표본 데이터와 얼마나 적합한지를 보여주는 것으로서 S_e가 작으면 작을수록 점산도의 점들은 회귀선 근처에 더 가까이 근접해 있을 것이다.

예제 10.11

[예제 10.10]에서 주어진 데이터를 기준으로 회귀의 표준오차를 구해 보기로 하자.

해설

먼저 Y의 예측값 $\hat{Y}$ 를 구한 후 오차 또는 잔차의 제곱합 $SSE = \sum(Y-\hat{Y})^2$을 구한다. $\hat{Y} = 2.8 + 2.4X$이므로 여기에 1부터 5까지의 X값을 대입하면 $\hat{Y}$을 간단히 계산할 수 있다.

X	Y	$\hat{Y} = 2.8 + 2.4X$	$(Y-\hat{Y})^2$
1	5	5.2	0.04
2	8	7.6	0.16
3	10	10.0	0
4	12	12.4	0.16
5	15	14.8	0.04

$$\sum(Y-\hat{Y})^2 = 0.4$$

$\sum(Y-\hat{Y})^2 = 0.4$이고 관찰치 수가 $n = 5$이므로 회귀의 표준오차는

$$S_e = \sqrt{\frac{\sum(Y-\hat{Y})^2}{n-2}} = \sqrt{\frac{0.4}{5-2}} = \sqrt{0.1333} = 0.36515$$

가 된다.

아래는 [예제 10.10]에 대한 결과물의 일부이다.

①에 오차의 제곱합 $\sum(Y-\hat{Y})^2$에 대한 자유도$(n-2)$가 3으로 나타나 있고 ②에는 $\sum(Y-\hat{Y})^2$의 값이 0.4로 출력되어 있다.

그리고 ③에는 $S_e^2 = \sum(Y-\hat{Y})^2/(n-2) = 0.4/3 = 0.1333$의 평균제곱오차값이 출력되어 있다. 끝으로 ④에 우리가 구하고자 하는 회귀의 표준오차인 $S_e = \sqrt{\frac{\sum(Y-\hat{Y})^2}{n-2}}$ 가 0.36515으로 계산되어 있다.

[결과물]

```
                         Model: MODEL1
                    Dependent Variable: y


            Number of Observations Read          5
            Number of Observations Used          5


                    Analysis of Variance


                            Sum of        Mean
Source              DF      Squares       Square    F Value    Pr > F
Model               1       57.60000      57.60000   432.00     0.0002
Error               3 ①     0.40000 ②     0.13333 ③
Corrected Total     4       58.00000


            Root MSE           0.36515 ④ R-Square    0.9931
            Dependent Mean    10.00000   Adj R-Sq    0.9908
            Coeff Var          3.65148
```

10.3 회귀모형의 적합성 검정

두 변수의 상관정도와 회귀계수의 크기

회귀방정식 $\hat{Y} = b_0 + b_1 X$ 에서 회귀계수 b_1 은 회귀직선의 기울기로서 독립변수 X 가 1단위 증가할 때 종속변수 Y 의 예측치 $\hat{Y}$ 가 b_1 만큼 변화한다는 것을 의미하는 것이다.

만약 b_1 이 (+)이면 X 가 증가함에 따라 Y 도 증가하며 b_1 이 (−)이면 X 가 증가함에 따라 Y 는 감소하는 추세를 보이고 있음을 나타내는 것이다. 또한 부호에 관계없이 b_1 의 절대값이 작다는 것은 X 의 변화에 Y 가 영향을 적게 받고 있음을 나타내는 것이다.

그런데 여기서 b_1 은 회귀모형 $Y = \beta_0 + \beta_1 X + \varepsilon$ 에서 β_1 에 대한 추정치로서 모집단이 아닌 표본에 의해 얻어진 것이므로 추정된 b_1 의 값을 전적으로 믿을 수는 없다. 다시 말해 모집단의 모수 β_1 이 '0'인 값을 가지고 있음에도 표본에 의해 추정된 b_1 은 '0'

이 아닌 값을 가질 수도 있기 때문이다.

　이러한 사실은 바로 우리가 회귀분석을 한 후 반드시 모수 β_1에 대해 $\beta_1 = 0$이라는 귀무가설을 세우고 이를 검정해야 함을 시사하는 것이다.

회귀계수의 표본분포

회귀계수 b_1은 표본에 의해 추정된 것이므로 어떤 표본이 추출되느냐에 따라 그 값이 달라지는 확률변수에 해당한다. 이때 회귀모형 $Y = \beta_0 + \beta_1 X + \varepsilon$ 의 오차항 ε이 정규분포를 한다고 가정할 때 b_1에 대한 표본분포는 평균이 β_1이고 표준오차(σ_{b_1})가 $\dfrac{\sigma}{\sqrt{SSX}}$인 정규분포를 하게 된다.

(회귀계수 b_1에 대한 표본분포의 평균과 표준오차)

$$\text{평균}: \quad \mu_{b_1} = \beta_1$$

$$\text{표준오차}: \quad \sigma_{b_1} = \frac{\sigma}{\sqrt{SSX}}$$

그림 10-7　　회귀계수 b_1에 대한 표본분포

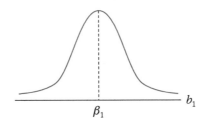

　그런데 여기서 회귀모형 $Y = \beta_0 + \beta_1 X + \varepsilon$의 오차항 ε의 분산인 σ^2은 알려져 있지 않기 때문에 σ^2 대신에 표본에 의해 추정된 확률오차의 분산인 S_e^2, 즉

$$S_e^2 = \frac{\sum (Y - \hat{Y})^2}{n - 2} = \frac{SSE}{n - 2}$$

로 대체하여 다음의 식에 따라 b_1의 추정된 표준오차를 구하게 된다.

$$b_1 \text{의 추정된 표준오차: } S_{b_1} = \frac{S_e}{\sqrt{SSX}}$$

회귀모수 β_1에 대한 가설검정

독립변수 X와 종속변수 Y 사이에 선형관계가 성립하는가는 $\beta_1 = 0$인지의 여부에 따라 결정된다. 즉 $\beta_1 = 0$이라면 회귀선 $\hat{Y} = b_0 + b_1 X$는 수평선이 되고 두 변수 사이에는 어떤 선형관계도 존재하지 않음을 의미하는 것이다.

따라서 X와 Y 사이에 선형관계가 성립하는가를 확인하기 위해서는 다음과 같이 가설을 설정한다.

$$H_0 : \beta_1 = 0$$
$$H_a : \beta_1 \neq 0$$

위의 귀무가설 $H_0 : \beta_1 = 0$은 X와 Y 사이에 선형관계가 존재하지 않는다는 것이고 대립가설 $H_a : \beta_1 \neq 0$은 X와 Y 사이에 선형관계가 존재한다는 것을 의미하는 것이다. 여기서 대립가설은 $H_1 : \beta_1 \neq 0$ 대신에 $H_a : \beta_1 > 0$ 또는 $H_a : \beta_1 < 0$으로 설정할 수도 있다.

회귀모수 β_1에 대한 검정통계량

회귀방정식 $\hat{Y} = b_0 + b_1 X$의 회귀계수 b_1은 평균이 β_1이고 추정된 표준오차가 $S_{b_1}\left(= \dfrac{S_e}{\sqrt{SSX}}\right)$인 정규분포를 하는 표본분포의 확률변수이므로, b_1의 평균이 β_1인지를 유의수준 α에서 검정하기 위해서는 b_1의 표준화 값을 구하여 이 값이 유의수준 α에서의 채택역에 속하는지 기각역에 속하는지를 확인하여야 한다.

이때 회귀모형 $Y = \beta_0 + \beta_1 X + \varepsilon$에서 ε의 표준편차 σ가 알려져 있지 않은 경우 회

귀의 표준오차 S_{b_1}을 이용하여 가설검정을 위한 b_1의 표준화 값인 t 통계량을 구한다.

회귀계수 b_1은 평균이 β_1이고 표준오차가 S_{b_1}인 정규분포를 하는 표본분포의 확률변수이므로 b_1의 표준화 t 값은 다음과 같이 구한다.

$$t = \frac{b_1 - \beta_1}{S_{b_1}}$$

예제 10.12

여기서는 회귀모수 β_1에 대한 가설검정 과정을 살펴보기로 하자.

해설

귀무가설 채택여부는 위에서 구한 t 값이, 유의수준이 α이고 자유도가 $(n-2)$일 때의 t 임계값에 의해 결정되는 기각역 구간에 속하는지의 여부에 따라 결정된다.

대립가설이 $\beta_1 \neq 0$인 경우는 양측검정이 되어 아래 〈그림 10-8(a)〉에서처럼 기각역이 t 분포의 양쪽 꼬리 부분에 나타나지만 대립가설이 $\beta_1 > 0$ 또는 $\beta_1 < 0$인 경우는 각각 그림 (b)와 (c)에서와 같이 상한단측검정과 하한단측검정을 하게 된다.

그림 10-8 β_1에 대한 가설검정

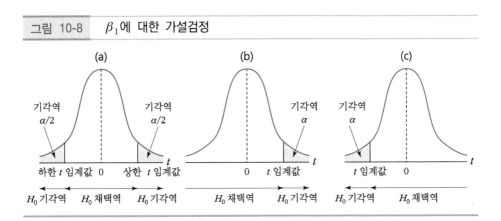

예제 10.13

[예제 10.10]의 자료에 대해 X, Y 사이에 선형적 관계가 존재하는지 5%의 유의수준에서 검정하는 과정을 SAS의 결과물을 통해 살펴보기로 하자.

[sas program]

```
DATA ex1013;
  INPUT x y;
  CARDS;
  1 5
  2 8
  3 10
  4 12
  5 15
;
RUN;

PROC REG DATA=ex1013;
  MODEL y=x;
RUN;
```

[결과물]

The REG Procedure

Model: MODEL1

Dependent Variable: y

| Number of Observations Read | 5 |
| Number of Observations Used | 5 |

Analysis of Variance

Source	DF	Sum of Squares	Mean Square	F Value	Pr > F
Model	1	57.60000	57.60000	432.00	0.0002
Error	3	0.40000	0.13333		
Corrected Total	4	58.00000			

```
            Root MSE              0.36515    R-Square      0.9931
            Dependent Mean       10.00000    Adj R-Sq      0.9908
            Coeff Var             3.65148
```

Parameter Estimates

Variable	DF	Parameter Estimate	Standard Error	t Value	Pr > |t|
Intercept	1	2.80000	0.38297	7.31	0.0053
x	1	2.40000 ①	0.11547 ②	20.78 ③	0.0002 ④

해설

회귀방정식 $\hat{Y} = 2.8 + 2.4X$이므로 회귀모형의 기울기를 나타내는 모수 β_1은 $b_1 = 2.4$로 추정되었다. X, Y 사이에 선형적 관계가 존재하는지의 여부는 회귀모형 $Y = \beta_0 + \beta_1 X + \varepsilon$의 기울기인 β_1이 $\beta_1 = 0$인지의 여부를 확인하는 것을 의미하므로 먼저 다음과 같이 가설을 설정한다.

(1단계)

H_0: $\beta_1 = 0$ (X, Y 사이에 선형적 관계가 존재하지 않는다)

H_a: $\beta_1 \neq 0$ (X, Y 사이에 선형적 관계가 존재한다)

(2단계)

회귀계수 b_1에 대한 검정통계량 t 값을 구한다.

귀무가설에 나타난 바와 같이 b_1에 대한 모수 β_1이 $\beta_1 = 0$인지를 검정하는 것이므로 t 값을 구하는 식 $t = \dfrac{b_1 - \beta_1}{S_{b_1}}$의 β_1에는 '0'을 대입한다.

결과물 ②에 회귀계수 b_1에 대한 표준오차 S_{b_1}이 0.1154로 출력되어 있고 결과물 ①에는 회귀계수 b_1이 2.4로 나타나 있다. 따라서 b_1에 대한 표준화 t 값은

$$t = \frac{b_1 - \beta_1}{S_{b_1}} = \frac{b_1 - 0}{S_{b_1}} = \frac{2.4 - 0}{0.1155} = 20.78$$

로 계산되고 이는 결과물 ③에 나타나 있다. 즉 ①에 있는 b_1값 2.4를 ②에 있는 b_1

에 대한 표준오차(S_{b_1}) 0.11547로 나누어서 얻은 결과이다.

(3단계)

결과물 ④에는 위에서 구한 $b_1 = 2.4$에 대한 표준화 t 값 20.78을 임계값을 설정했을 경우의 기각역 확률$(P(|t| > 20.785))$이 0.0002로 나타나 있다. 즉 t 값 20.78이 기각되기 위해서는 유의수준을 0.0002로 설정해야 한다는 것을 의미한다.

따라서 유의수준이 5%인 경우 20.785의 t 값은 기각역에 속하게 되어 $\beta_1 = 0$의 귀무가설을 기각하게 된다. 즉 X, Y 사이에 선형적 관계가 존재한다는 결론을 내리게 된다.

| 그림 10-9 | 귀무가설$(\beta_1 = 0)$ 채택역과 기각역 |

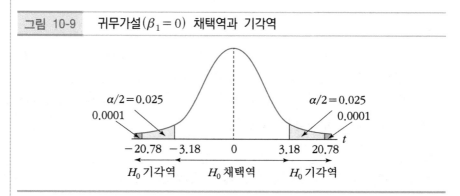

예제 10.14

다음은 비료 투입량과 어느 농작물의 수확량을 나타낸 자료이다. 아래 물음에 답하시오.

비료투입량(X)	25	20	18	15	14	8
수확량(Y)	45	38	32	24	22	10

(1) 회귀방정식을 구하시오.

(2) 회귀의 표준오차를 구하시오.

(3) 회귀계수 b_1에 대한 표준오차를 구하고 비료투입량과 수확량 사이에 선형관계가 있는지 10% 유의수준에서 검정하시오.

해설

위 예제에 대한 해는 SAS에 의해 간단히 구할 수 있으나 여기서는 공식에 대한 이 해도를 높이기 위해 위 문제의 해를 먼저 공식에 따라 구해 보기로 한다.

(1) 회귀 방정식 $\hat{Y} = b_0 + b_1 X$에서 회귀계수 b_1과 b_0를 구한다.

$b_1 = \dfrac{SSXY}{SSX}$ 이므로 먼저 SSX와 $SSXY$를 구한다.

$$SSXY = \sum XY - \frac{(\sum X)(\sum Y)}{n} = 3209 - \frac{(100)(171)}{6} = 359$$

$$SSX = \sum X^2 - n\overline{X}^2 = 1834 - (6)(16.66667)^2 = 167.33$$

$$b_1 = \frac{SSXY}{SSX} = \frac{359}{167.33} = 2.145$$

$$b_0 = \overline{Y} - b_1\overline{X} = 28.5 - (2.145)(16.667) = -7.257$$

X	Y	XY	X^2
25	45	1125	625
20	38	760	400
18	32	576	324
15	24	360	225
14	22	308	196
8	10	80	64

$\sum X = 100$ $\sum Y = 171$ $\sum XY = 3209$ $\sum X^2 = 1834$

$\overline{X} = 16.66667$ $\overline{Y} = 28.5$

따라서 회귀방정식은 $\hat{Y} = -7.257 + 2.145X$가 된다.

(2) 회귀의 표준오차를 구하기 위해 먼저 잔차의 제곱합 $SSE = \sum(Y - \hat{Y})^2$를 계산한다.

$\hat{Y} = -7.257 + 2.145X$에 따라 X에 대응하는 Y 예측값 $\hat{Y}$을 구한다.

X	Y	$\hat{Y} = -7.257 + 2.145X$	$(Y - \hat{Y})^2$
25	45	46.379	1.90048
20	38	35.651	5.51578
18	32	31.361	0.40887
15	24	24.924	0.85429
14	22	22.779	0.60661
8	10	9.906	0.00879

$$\sum (Y - \hat{Y})^2 = 9.29482$$

$SSE = \sum (Y - \hat{Y})^2 = 9.29482$이고 관찰치 수가 $n = 6$이므로 회귀의 표준오차는

$$S_e = \sqrt{\frac{\sum (Y - \hat{Y})^2}{n - 2}} = \sqrt{\frac{9.29482}{6 - 2}} = \sqrt{2.32371} = 1.52437$$

이 된다.

NOTE

잔차의 제곱합 SSE는 간단히 $SSE = SSY - b_1 SSXY$에 의해서 구할 수도 있다.

(3) (1)에서 $SSX = 167.33$이고 (2)에서 회귀의 표준오차가 $S_e = 1.52437$이므로 회귀
계수 b_1에 대한 표준오차 S_{b_1}은

$$S_{b_1} = \frac{S_e}{\sqrt{SSX}} = \frac{1.52437}{\sqrt{167.33}} = 0.11784$$

가 된다.

비료투입량(X)과 수확량(Y) 사이에 선형관계가 있는지를 검정하기 위해 다음
과 같이 가설을 설정한다.

(1단계)

$H_0 :$ $\beta_1 = 0$ (비료투입량(X)과 수확량(Y) 사이에 선형적 관계가 존재하지 않는다)

$H_a :$ $\beta_1 \neq 0$ (비료투입량(X)과 수확량(Y) 사이에 선형적 관계가 존재한다)

(2단계)

회귀계수 b_1에 대한 t 값을 구한다.

$$t = \frac{b_1 - \beta_1}{S_{b_1}} = \frac{b_1 - 0}{S_{b_1}} = \frac{2.14543}{0.11784} = 18.206$$

(3단계)

자유도가 $n-2=6-2=4$이고 유의수준 10%일 때 양측검정하의 t 임계값을 t 분포표에서 찾으면 2.132가 되어 귀무가설 기각역은 $t > 2.132$ 또는 $t < -2.132$가 됨을 알 수 있다. 2단계에서 구한 t 값 18.206은 $t > 2.132$의 기각역 범위에 속하게 되어 비료투입량과 수확량 사이에 선형관계가 존재하지 않는다는 귀무가설을 기각하게 된다. 즉 비료투입량과 수확량 사이에 선형관계가 존재한다고 판단할 수 있다.

t	양측 확률			
df	0.20	0.10	0.05	0.01
3	1.638	2.353	3.182	5.841
4	1.533	2.132	2.776	4.604
5	1.476	2.015	2.571	4.032
	0.100	0.050	0.025	0.005
	단측 확률			

[sas program]

```
DATA ex1014;
  INPUT x y @@;
  CARDS;
25 45 20 38 18 32
15 24 14 22  8 10
;
RUN;

PROC REG DATA=ex1014;
  MODEL y=x;
RUN;
```

[결과물]

The REG Procedure
Model: MODEL1
Dependent Variable: y

Number of Observations Read   6
Number of Observations Used   6

Analysis of Variance

Source	DF	Sum of Squares	Mean Square	F Value	Pr > F
Model	1	770.20518	770.20518	331.46	<.0001
Error	4	9.29482	2.32371		
Corrected Total	5	779.50000			

Root MSE	①	1.52437	R-Square	0.9881	
Dependent Mean		28.50000	Adj R-Sq	0.9851	
Coeff Var		5.34867			

Parameter Estimates

Variable	DF	Parameter Estimate ②	Standard Error ③	t Value ④	Pr > |t| ⑤
Intercept	1	-7.25697	2.06027	-3.52	0.0244
x	1	2.14542	0.11784	18.21	<.0001

해설

① Root MSE라는 이름으로 회귀의 표준오차 S_e가 1.52437로 계산되어 있다.

② 회귀방정식의 절편 $b_0(=-7.256)$와 기울기를 표시하는 회귀계수 $b_1(2.145)$이 나타나 있다. 위에서 계산한 것과 차이가 나는 것은 유효숫자를 충분히 고려하지 않은 상태에서의 소숫점 계산에 따른 오차 때문이다.

③ 회귀계수 b_1에 대한 표준오차가 0.1178로 나타나 있다.

④ 회귀계수 b_1에 대한 t 값이 18.21로 나타나 있다. 이는 ②의 회귀계수(=2.145)를

③의 표준오차(=0.1178)로 나누어 얻은 것이다.

⑤ 회귀계수 b_1에 대한 t 값 18.206을 귀무가설 기각역의 임계값으로 했을 때의 기각역 확률이 0.0001보다 작은 것으로 계산되어 있다. 이는 회귀계수 b_1에 대한 t 값 18.206은 유의수준이 10%일 때의 기각역에 속해 있음을 나타내는 것이다. 따라서 비료투입량과 수확량 사이에 선형관계가 존재한다는 대립가설을 채택하게 된다.

회귀모수 β_1에 대한 신뢰구간

회귀모수 β_1에 대한 가설검정을 통해 $H_a : \beta_1 \neq 0$이라는 대립가설이 채택되어 X, Y 사이에 선형관계가 존재한다는 결론을 내리게 되었을 때, 우리의 관심을 끄는 것은, 그렇다면 독립변수 X의 변화가 종속변수 Y에 얼마나 영향을 미칠 것인가 하는 점이다.

물론 회귀선에서 기울기를 나타내는 회귀계수 b_1은 X가 Y에 미치는 영향의 정도를 표시하고는 있으나 b_1은 어디까지나 점추정치(point estimate)이기 때문에 이 값이 모집단의 회귀모수 β_1와 정확히 일치한다고 볼 수는 없다. 따라서 점추정치인 b_1만으로 영향 정도를 파악하는 것에는 위험성이 따르게 된다.

이러한 면에서 β_1에 대한 신뢰구간 추정은 점추정치가 갖는 위험성은 보완할 수 있는 추정방법으로서 넓게 이용되고 있으며, 신뢰수준이 주어진 경우 β_1에 대한 신뢰구간은 다음과 같이 구한다.

$$(\beta_1\text{에 대한 신뢰구간})$$
$$b_1 \pm t\, S_{b_1}$$

위의 식에서 t 값은 주어진 신뢰수준과 자유도($df = n - 2$)에 따라 결정된다.

예제 10.15

[예제 10.14]에서 추정한 회귀계수 b_1에 대한 모수 β_1의 신뢰구간을 95% 신뢰수준에서 추정하시오.

해설

회귀방정식 $\hat{Y} = -7.257 + 2.145X$에서 $b_1 = 2.145$이고 b_1에 대한 표준오차 S_{b_1}은 [예제 10.14]의 (3)에서 0.11784로 계산되어 있다. 신뢰수준이 95%이므로 양측검정을 기준으로 했을 때의 기각역 확률은 5%가 되고 자유도는 $df = n - 2 = 6 - 2 = 4$이므로 t 값은 2.776임을 알 수 있다. 따라서 b_1에 대한 신뢰구간은 다음과 같이 구할 수 있다.

$$b_1 \pm t \, S_{b_1} = 2.145 \pm (2.776)(0.118)$$
$$= 2.145 \pm 0.327 = 1.818, \ 2.472$$

즉 b_1의 모수 β_1이 약 1.818에서 2.472 사이의 구간에 있을 확률이 95%임을 나타내는 것이다. 다시 말해 $P(1.818 \le \beta_1 \le 2.472) = 0.95$임을 의미하는 것이다.

t	양측 확률			
df	0.20	0.10	0.05	0.01
3	1.638	2.353	3.182	5.841
4	1.533	2.132	2.776	4.604
5	1.476	2.015	2.571	4.032
	0.100	0.050	0.025	0.005
	단측 확률			

[sas program]

```
DATA ex1015;
  INPUT x y @@;
  CARDS;

25 45 20 38 18 32
15 24 14 22  8 10
;
RUN;


PROC REG DATA=ex1015;
  MODEL y=x / CLB ALPHA=0.05; ①
RUN;
```

해설

① MODEL 스테이트먼트 다음에 모형을 y = x 로 지정한 후, 회귀계수의 신뢰구간
을 구하기 위해 옵션 CLB를 설정한다. 그리고 신뢰수준이 95%이므로 유의수준
5%에 옵션으로 ALPHA = 0.05를 설정한다. 결과물 ①에 절편 b_0와 회귀계수 b_1
에 대한 신뢰구간이 출력되어 있다.

[결과물]

The REG Procedure
Model: MODEL1
Dependent Variable: y

Number of Observations Read	6
Number of Observations Used	6

Analysis of Variance

Source	DF	Sum of Squares	Mean Square	F Value	Pr > F
Model	1	770.20518	770.20518	331.46	<.0001
Error	4	9.29482	2.32371		
Corrected Total	5	779.50000			

Root MSE	1.52437	R-Square	0.9881
Dependent Mean	28.50000	Adj R-Sq	0.9851
Coeff Var	5.34867		

Parameter Estimates

Variable	DF	Parameter Estimate	Standard Error	t Value	Pr > |t|	95% Confidence Limits ①	
Intercept	1	-7.25697	2.06027	-3.52	0.0244	-12.97719	-1.53676
x	1	2.14542	0.11784	18.21	<.0001	1.81824	2.47260

모형에 대한 적합성 검정 – F 검정

회귀모형에 대한 적합성 검정이란 주어진 독립변수와 종속변수 사이에 선형관계가 존재하는지 여부를 검정하는 것을 말하는 것으로서, 이는 분산분석을 이용한 F 검정을 통해 확인할 수 있다. 이는 종속변수가 독립변수들의 선형결합으로 설명되어질 수 있는지를 검정하는 것인데, 독립변수가 두 개 이상인 경우 독립변수들의 회귀모수인 β 값들 중 '적어도 하나 이상'의 β가 $\beta \neq 0$인지의 여부를 검정하는 것을 의미하는 것이다.

 NOTE

따라서 독립변수가 하나인 단순회귀모형의 경우, 모형에 대한 적합성 검정은 회귀모수가 $\beta_1 \neq 0$인지의 여부를 검정하는 것을 의미하게 되어, 이는 바로 앞 절에서 살펴본 회귀계수에 대한 t 검정과 동일함을 알 수 있다. 즉 단순회귀모형의 경우는 독립변수가 하나이기 때문에 독립변수와 종속변수 사이에 선형관계가 존재하는지를 확인하기 위한 회귀계수에 대한 t 검정은 바로 모형에 대한 적합성 검정이 되는 것이다.

단순회귀방정식 $\hat{Y} = b_0 + b_1 X$ 에서 회귀계수 b_1에 대한 검정통계량 t 값과 전반적인 모형의 적합성에 대한 검정통계량 F 값 사이에는 다음과 같은 관계가 성립한다.

$$t^2_{\alpha/2, n-2} = F_{\alpha(1, n-2)}$$

예제 10.16

여기서는 모형의 적합성 검정을 위한 분산분석표 작성 과정을 F 값 계산과 함께 살펴보기로 하자.

해설

9장에서 살펴본 분산분석표는 변동요인에 따라 처리(treatment)에 의한 변동과 오차(error)에 의한 변동으로 구분하여, 이들 각각의 변동요인에 대한 제곱합, 자유도, 평균제곱합을 계산하여 작성했던 것과 마찬가지로, 회귀분석에서의 분산분석표 역시 변동요인만 회귀에 의한 변동(regression variation)과 오차에 의한 변동(error variation)으로 구분하는 것만 다를 뿐 이들 변동요인에 따른 제곱합, 자유도, 평균제곱합을 계산하여 작성하게 되는 과정은 동일하다.

회귀에 의한 변동과 오차에 의한 변동을 합한 것을 총변동(total variation)이라 하며 이들은 모두 아래와 같은 제곱합의 형태로 계산된다.

총변동(total sum of squares) $\qquad SST = \sum(Y - \bar{Y})^2$

회귀변동(regression sum of squares) $\quad SSR = \sum(\hat{Y} - \bar{Y})^2$

오차변동(error sum of squares) $\qquad SSE = \sum(Y - \hat{Y})^2$

$$\sum(Y - \bar{Y})^2 = \sum(\hat{Y} - \bar{Y})^2 + \sum(Y - \hat{Y})^2$$
$$(\quad SST \quad = \quad SSR \quad + \quad SSE\ )$$

또한 이때 총변동의 자유도는 $n-1$이고 단순회귀모형에서 오차변동의 자유도는 $n-2$이므로 회귀변동의 자유도는 $df_{SST} = df_{SSR} + df_{SSE}$의 관계식으로부터 $df_{SSR} = df_{SST} - df_{SSE} = (n-1) - (n-2) = 1$이 됨을 알 수 있다.

변동요인별로 회귀의 제곱합인 SSR과 오차의 제곱합 SSE를 각각의 자유도로 나누면 회귀의 평균제곱합(mean square for regression: MSR)과 오차의 평균제곱합(mean square for error: MSE)을 구할 수 있다. 이때 모형의 적합성을 검정하는데 사용하는 F 통계량은 $F = MSR/MSE$에 의해 구한다.

따라서 단순회귀분석에서의 분산분석표는 다음과 같이 작성할 수 있다.

표 10-1 　단순회귀분석에서의 분산분석표

변동요인	제곱합	자유도	평균제곱합	F
회귀	SSR	1	$MSR = SSR/1$	MSR/MSE
오차	SSE	$n-2$	$MSE = SSE/(n-2)$	
총변동	SST	$n-1$		

모형의 적합성 검정 과정

앞서 분산분석표가 작성되면 아래의 과정에 따라 모형의 적합성을 검정한다.

(1단계) 가설을 설정한다.

$\qquad H_0: \beta_1 = 0$ (X, Y 사이에 선형관계가 존재하지 않는다)

$\qquad H_a: \beta_1 \neq 0$ (X, Y 사이에 선형관계가 존재한다)

(2단계) 분산분석표의 평균제곱합을 이용하여 모형의 적합성을 검정하는 통계량 F 값을 다음과 같이 계산한다.

$$F = \frac{MSR}{MSE}$$

(3단계) 2단계에서 구한 F 값이 유의수준이 α일 때의 임계값 $F_{\alpha,(1,n-2)}$(1과 $n-2$는 각각 분자와 분모의 자유도)보다 크면 $\beta_1 = 0$의 귀무가설을 기각하고 선형모형이 X, Y 사이의 관계를 설명하는데 모형으로서 적합하다는 결론을 내리게 되며, 반대로 2단계에서 구한 F 값이 유의수준이 α일 때의 임계값 $F_{\alpha,(1,n-2)}$보다 작으면 $\beta_1 = 0$의 귀무가설을 채택하게 되어 X, Y 사이에 어떤 선형관계도 존재하지 않으므로 회귀모형이 모형으로서 적합하지 않다는 결론을 내리게 된다.

그림 10-10 모형의 적합성 검정통계량 F 값의 기각역

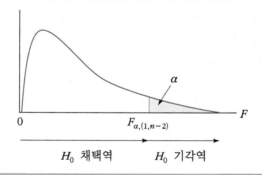

예제 10.17

아래는 [예제 10.10]의 자료를 옮겨놓은 것이다. 그리고 [예제 10.10]에서 회귀방정식은 $\hat{Y} = 2.8 + 2.4X$로 추정되었다. 이 회귀분석에 대한 분산분석표의 빈 칸에 들어갈 값을 계산하고 5% 유의수준에서 모형의 적합성을 검정하시오.

X	1	2	3	4	5
Y	5	8	10	12	15

변동요인	제곱합	자유도	평균제곱합	F
회귀	————	————	————	————
오차	————	————	————	
총변동	————	————		

해설

먼저 아래 계산표를 작성하여 변동요인별로 회귀의 제곱합 SSR과 오차의 제곱합 SSE를 구한다.

X	Y	$\hat{Y} = 2.8 + 2.4X$	$(\hat{Y} - \bar{Y})^2$	$(Y - \hat{Y})^2$
1	5	5.2	23.04	0.04
2	8	7.6	5.76	0.16
3	10	10.0	0.00	0
4	12	12.4	5.76	0.16
5	15	14.8	23.04	0.04

$$\sum X = 15 \quad \sum Y = 50 \quad \bar{X} = 3 \quad \bar{Y} = 10 \quad \sum(\hat{Y} - \bar{Y})^2 = 57.6 \quad \sum(Y - \hat{Y})^2 = 0.40$$

$$SSR = \sum(\hat{Y} - \bar{Y})^2 = 57.6$$
$$SSE = \sum(Y - \hat{Y})^2 = 0.40$$
$$SST = \sum(Y - \bar{Y})^2 = \sum(\hat{Y} - \bar{Y})^2 + \sum(Y - \hat{Y})^2 = SSR + SSE = 57.6 + 0.40 = 58$$

SSR과 SSE를 이들의 자유도로 나누면 평균제곱합을 구할 수 있고, 회귀의 평균제곱합(MSR)을 오차의 평균제곱합(MSE)으로 나누면 모형의 적합성에 대한 검정통계량 F 값을 구할 수 있다. 여기서 회귀의 제곱합의 자유도는 $(p-1)$이고, 오차의 제곱합에 대한 자유도는 $(n-p)$이다. 이때 n은 총관찰치 개수이고, p는 추정 대상이 되는 계수의 개수이다.

따라서 $n = 5$이고, 추정 대상이 되는 계수는 β_0, β_1 두 개이므로 $p = 2$가 되어 SSR의 자유도는 $p - 1 = 2 - 1 = 1$이고, SSE의 자유도는 $n - p = 5 - 2 = 3$이 된다. 또한 총제곱합 SST에 대한 자유도는 $n - 1$로서 4가 된다.

$$MSR = SSR/df_{SSR} = 57.6/1 = 57.6$$
$$MSE = SSE/df_{SSE} = 0.4/3 = 0.13333$$

$$F = MSR/MSE = 57.6/0.13333 = 432.0$$

변동요인	제곱합	자유도	평균제곱합	F
회귀	57.6	1	57.6	432.0
오차	0.4	3	0.13333	
총변동	58.0	4		

모형의 적합성을 검정하기 위해 먼저 다음과 같이 가설을 설정한다.

H_0: $\beta_1 = 0$ (X, Y 사이에 선형관계가 존재하지 않는다)

H_a: $\beta_1 \neq 0$ (X, Y 사이에 선형관계가 존재한다.)

위의 분산분석표에서 구한 F 값(432.0)은 유의수준이 5%이고 분자, 분모의 자유도가 (1, 3)일 때의 F 임계값 10.128보다 크므로 귀무가설을 기각한다. 즉 X, Y 사이에 선형관계가 존재한다고 볼 수 있으므로 모형으로서 적합하다는 결론을 내리게 된다.

F		상한 단측기각확률		
df		0.05		
분모 \ 분자	1	2	3	4
2	18.513	19.000	19.164	19.247
3	10.128	9.552	9.277	9.117
4	7.709	6.944	6.591	6.388

NOTE

위에서 모형의 적합성 여부를 확인하기 위해 설정한 귀무가설 H_0: $\beta_1 = 0$에 대한 F 검정은 바로 t 검정과 동일함을 알 수 있다. 실제로 이들 검정통계량 사이의 $t^2 = F$ 관계가 성립함을 아래 결과물에서 확인할 수 있다. 결과물 ⑥에 회귀계수 b_1에 대한 t 값이 20.785로 나타나 있는데 이를 제곱하면 결과물 ④에 있는 F 값 432.0이 됨을 알 수 있다.

NOTE

분산분석표를 작성할 때 회귀의 제곱합(SSR), 오차의 제곱합(SSE)은 다음과 같은 식을 이용하여 구할 수도 있다.

$$SSR = b_1 SSXY$$
$$SSE = SSY - b_1 SSXY$$

여기서

$$SSXY = \sum (X - \overline{X})(Y - \overline{Y}) = \sum XY - n\overline{X}\,\overline{Y}$$
$$SSY = \sum (Y - \overline{Y})^2 = \sum Y^2 - n\overline{Y}^2$$
$$SST = \sum (Y - \overline{Y})^2$$

이므로 $SST = SSY$임을 알 수 있다.

[sas program]

```
DATA ex1017;
  INPUT x y;
  CARDS;
 1 5
 2 8
 3 10
 4 12
 5 15
;
RUN;

PROC REG DATA=ex1017;
  MODEL y=x;
RUN;
```

[결과물]

The REG Procedure

Model: MODEL1

Dependent Variable: y

Number of Observations Read   5

Number of Observations Used   5

Analysis of Variance

Source	DF	Sum of Squares	Mean Square	F Value	Pr > F
	①	②	③	④	⑤
Model	1	57.60000	57.60000	432.00	0.0002
Error	3	0.40000	0.13333		
Corrected Total	4	58.00000			

Root MSE	0.36515	R-Square	0.9931
Dependent Mean	10.00000	Adj R-Sq	0.9908
Coeff Var	3.65148		

Parameter Estimates

Variable	DF	Parameter Estimate	Standard Error	t Value	Pr > |t|
Intercept	1	2.80000	0.38297	7.31	0.0053
x	1	2.40000	0.11547	20.78	0.0002
				⑥	

해설

① 변동요인별로 자유도가 나타나 있다.

② 회귀의 제곱합(SSR)과 오차의 제곱합(SSE) 그리고 총제곱합(SST)가 각각 57.6, 0.4, 58로 계산되어 있다.

③ 회귀의 제곱합과 오차의 제곱합을 자유도로 나누어 얻은 회귀의 평균제곱합 (MSR)과 오차의 평균제곱합(MSE)이 57.6, 0.1333으로 나타나 있다.

④ $F = MSR/MSE$에 따라 계산한 F 값이 432.0으로 나타나 있다.

⑤ F 값 432.0을 귀무가설의 채택여부를 결정하는 F 임계값으로 했을 때의 기각역 확률이 0.0002로 나타나 있다. 따라서 F 값 432.0는 유의수준을 5%로 했을 때 기각역에 위치해 있음을 알 수 있으며 이에 따라 귀무가설을 기각하게 된다.

그림 10-11 F 분포의 기각역 확률

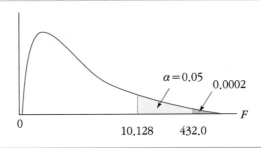

결정계수

선형회귀분석에서 총변동(SST)에 대한 회귀변동(SSR)의 비율을 결정계수(coefficient of determination)라 하며 R^2로 표시한다.

$$R^2 = \frac{SSR}{SST} = 1 - \frac{SSE}{SST}$$

$SST = SSR + SSE$이므로 $0 \le SSR \le SST$가 되어 회귀계수는 항상 $0 \le \frac{SSR}{SST} \le 1$ 범위의 값을 가지게 된다. 결정계수 R^2가 높다는 것은 종속변수 Y 변동의 더 많은 부분이 회귀모형에 의해 설명되어질 수 있다는 것을 의미하는 것으로서, X, Y 사이의 관계를 설명하는데 선형회귀모형이 모형으로서의 적합성 정도가 크다는 것을 의미하는 것이다. 따라서 $R^2 = 0$인 경우 X, Y 사이의 관계는 서로 독립적임을 의미하며 이는 $\beta_1 = 0$임을 시사하는 것이기도 하다.

예제 10.18

단순회귀모형에 대한 분산분석의 결과 회귀의 제곱합이 $SSR = 248.4$ 그리고 오차의 제곱합이 $SSE = 23.1$로 나타났다. 결정계수를 계산하고 그 의미를 설명하시오.

해설

아래 식을 이용하여 결정계수를 계산할 수 있다.

$$SST = SSR + SSE = 248.4 + 23.1 = 271.5$$
$$R^2 = \frac{SSR}{SST} = \frac{248.4}{271.5} = 0.915 \, (91.5\%)$$

가 된다.

이는 종속변수 Y 변동의 91.5%가 독립변수 X의 변동에 의해 설명되어질 수 있음을 의미한다.

10.4 회귀모형을 이용한 예측

회귀모형에 의한 예측

회귀모형이 X, Y 사이의 관계를 설명하는 모형으로서 적합성이 인정된 경우, 즉 $\beta_1 = 0$의 귀무가설이 기각된 경우 $\hat{Y} = b_0 + b_1 X$의 회귀방정식으로 종속변수 Y를 예측하는데는 두 가지 접근방법이 있다.

첫 번째 접근방법은 독립변수 X값이 주어진 경우 이에 대응하는 '특정한' Y값을 예측하는 것이고, 다른 한 가지 방법은 독립변수 X값이 주어진 경우 이에 대응하는 Y변수의 '평균값'을 추정하는 것이다.

종속변수 Y의 특정 개별값에 대한 예측구간

주어진 X에 대응하는 특정한 Y값의 예측은 회귀방정식 $\hat{Y} = b_0 + b_1 X$에 주어진 X값을 대입함으로써 쉽게 얻을 수 있다. 그러나 이는 점추정에 해당하는 값이기 때문에 잘못 예측될 위험을 가지고 있으며 이를 피하기 위해 신뢰구간과 비슷한 개념의 예측구간 (prediction interval)을 아래의 식에 따라 구하게 된다.

$$(X = x에 \ 대응하는 \ 특정한 \ 개별 \ Y \ 값의 \ 예측구간)$$

$$\hat{Y} \pm t\,S_e\sqrt{1 + \frac{1}{n} + \frac{(x - \overline{X})^2}{SSX}}$$

위의 예측구간 추정식에서 $\hat{Y}$는 회귀방정식 $\hat{Y} = b_0 + b_1 X$에 의해 얻은 점추정치에 해당하는 예측값이고 t 값은 위험을 표시하는 기각확률과 자유도 $df = n - 2$에 의해 결정된다.

 NOTE

위에서 신뢰구간 대신에 예측구간이라는 용어를 사용하는 것은, 신뢰구간이 모수(parameter)의 구간을 추정하는 과정에서 얻게 되는 구간추정인데 반해, 여기서 추정하는 것은 주어진 X값에 대응하는 Y의 특정한 개별값으로서 이는 Y가 얼마든지 다른 값을 가질 수 있는 확률변수이기 때문에 이를 구분하기 위한 것이다. 따라서 다음에 살펴볼 Y 평균값에 대한 구간추정은 신뢰구간이라는 용어를 사용하게 된다.

그림 10-12 Y의 특정값과 평균값의 비교

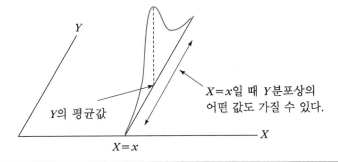

예제 10.19

[예제 10.14]에서 비료투입량이 $X = 30$일 때 수확량 Y의 예측구간을 신뢰수준 95% 하에서 구하시오.

해설

[예제 10.14]에서 구한 회귀방정식 $\hat{Y} = -7.257 + 2.145X$에 $X = 30$을 대입하면 점 추정치에 해당하는 종속변수 Y의 예측값을 다음과 같이 구할 수 있다.

$$\hat{Y} = -7.257 + 2.145X = -7.257 + 2.145(30) = 57.1$$

신뢰수준이 95%이고 자유도가 $df = n - 2 = 6 - 2 = 4$일 때의 t값은 유의수준 5%일 때 2.776이다.

t	양측 확률			
df	0.20	0.10	0.05	0.01
3	1.638	2.353	3.182	5.841
4	1.533	2.132	2.776	4.604
5	1.476	2.015	2.571	4.032
	0.100	0.050	0.025	0.005
	단측 확률			

그리고 [예제 10.14]의 (1)과 (2)에서 회귀의 표준오차와 독립변수 X의 제곱합이 각각

$$S_e = 1.524, \quad SSX = 167.3, \quad n = 6, \quad \overline{X} = 16.67$$

이므로, 독립변수가 $X = 30$일 때 수확량 Y의 예측구간은 다음과 같이 구할 수 있다.

$$\hat{Y} \pm t\, S_e \sqrt{1 + \frac{1}{n} + \frac{(x - \overline{X})^2}{SSX}}$$

$$= 57.1 \pm (2.776)(1.524)\sqrt{1 + \frac{1}{6} + \frac{(30 - 16.67)^2}{167.3}}$$

$$= 57.1 \pm 6.32 = 50.78,\ 63.42$$

즉 예측구간은 50.78에서 63.42로서 비료투입량이 $X = 30$일 때 수확량 Y가 이 구간의 예측구간의 값을 가질 확률이 95%에 이르고 있음을 나타내는 것이다.

```
[sas program]
DATA ex1019;
  INPUT x y;
  CARDS;
25 45
20 38
18 32
15 24
14 22
 8 10
30 .    ①
;
RUN;

PROC REG DATA=ex1019;
  MODEL y=x / CLI; ②
RUN;
```

해설

① 독립변수가 $X=30$일 때 Y의 신뢰구간을 구하기 위해 데이터의 끝에 X값을 입력한다. 이때 Y값은 결측치(missing value)로 입력해야 하므로 결측치를 표시하는 '.'을 입력하였다.

② MODEL 스테이트먼트 다음에 지정한 옵션 CLI는 주어진 독립변수 X값에 대응하는 종속변수 Y값의 95%의 상하한 예측구간을 출력하도록 한다. 아래 결과물은 실행결과의 일부로서 결과물 ①에 $X=30$일 때의 Y의 예측값이 57.1056으로 계산되어 있고 ②와 ③에는 95%의 예측구간이 50.7867에서 63.4245로 출력되어 있다(앞에서 식에 따라 계산한 결과가 약간의 차이를 보이는 것은 반올림 계산에 의해 나타난 것이다).

[결과물]

The REG Procedure
Model: MODEL1
Dependent Variable: y

Output Statistics

Obs	Dependent Variable	Predicted Value	Std Error Mean Predict	95% CL Predict		Residual
1	45.0000	46.3785	1.1626	41.0557	51.7013	-1.3785
2	38.0000	35.6514	0.7359	30.9517	40.3511	2.3486
3	32.0000	31.3606	0.6419	26.7684	35.9528	0.6394
4	24.0000	24.9243	0.6526	20.3205	29.5282	-0.9243
5	22.0000	22.7789	0.6972	18.1249	27.4328	-0.7789
6	10.0000	9.9064	1.1960	4.5269	15.2858	0.0936
7	.	57.1056	1.6900	50.7867	63.4245	.
		①		②	③	

Sum of Residuals   0
Sum of Squared Residuals   9.29482
Predicted Residual SS (PRESS)   23.15067

종속변수 Y의 평균값에 대한 신뢰구간

주어진 X값에 대응하여 나타날 수 있는 종속변수 Y값의 평균, 즉 기대값에 대한 신뢰구간은 아래 식에 따라 구한다.

$$\hat{Y} \pm t\,S_e\sqrt{\frac{1}{n} + \frac{(x-\overline{X})^2}{SSX}}$$

위의 식을 앞에서 살펴본 주어진 X값에 대응하는 Y의 특정한 개별 값에 대한 예측구간의 식과 비교해 보면 제곱근 속의 '1'이 빠져 있는 것을 제외하고는 동일하다.

이는 결국 Y의 평균값에 대한 신뢰구간이 개별 값에 대한 예측구간보다 좁은 오차범위를 가지고 있음을 뜻하는 것이다.

예제 10.20

[예제 10.14]에서 비료투입량이 $X=30$일 때 수확량 Y의 평균값에 대한 신뢰구간을 신뢰수준 95%하에서 구하시오.

해설

[예제 10.19]에서 사용한 값들을 그대로 이용하여 수확량 Y의 평균값에 대한 신뢰구간을 구할 수 있다. [예제 10.19]에서 $X=30$일 때 Y의 예측값은

$$\hat{Y} = -7.257 + 2.145X = -7.257 + 2.145(30) = 57.1$$

이고 95% 신뢰수준하에서 자유도가 $df = n-2 = 6-2 = 4$일 때의 t값, 즉 유의수준 5%일 때의 t값은 2.776이다. 또한 $n=6$, $\overline{X}=16.67$, $SSX=167.3$ 그리고 회귀의 표준오차는 $S_e=1.524$로 계산되었으므로

$$\hat{Y} \pm t\, S_e \sqrt{\frac{1}{n} + \frac{(x-\overline{X})^2}{SSX}}$$
$$= 57.1 \pm (2.776)(1.524)\sqrt{\frac{1}{6} + \frac{(30-16.67)^2}{167.3}}$$
$$= 57.1 \pm 4.69 = 52.4,\ 61.8$$

즉 $X=30$일 때 수확량 Y 분포의 평균값이 52.4에서 61.8 사이의 신뢰구간에 있을 확률이 95%가 됨을 의미하는 것이다.

[sas program]

```
DATA ex1020;
  INPUT x y;
  CARDS;
25 45
20 38
18 32
15 24
14 22
 8 10
```

```
30 .
;
RUN;


PROC REG DATA=ex1020;
   MODEL y=x / CLM; ①
RUN;
```

해설

① MODEL 스테이트먼트 다음에 지정한 옵션 CLM은 주어진 독립변수 X값에 대응하는 종속변수 Y분포의 평균값의 신뢰구간을 95%의 신뢰수준에서 출력하도록 한다. 아래 결과물은 실행결과의 일부로서 결과물 ①에 $X=30$일 때의 Y의 예측값 $\hat{Y}$이 57.1056으로 계산되어 있고 ②와 ③에는 95%의 신뢰구간이 52.4134에서 61.7977로 출력되어 있다.

[결과물]

The REG Procedure
Model: MODEL1
Dependent Variable: y

Output Statistics

Obs	Dependent Variable	Predicted Value	Std Error Mean Predict	95% CL Mean		Residual
1	45.0000	46.3785	1.1626	43.1506	49.6064	-1.3785
2	38.0000	35.6514	0.7359	33.6081	37.6946	2.3486
3	32.0000	31.3606	0.6419	29.5785	33.1426	0.6394
4	24.0000	24.9243	0.6526	23.1125	26.7362	-0.9243
5	22.0000	22.7789	0.6972	20.8433	24.7145	-0.7789
6	10.0000	9.9064	1.1960	6.5858	13.2269	0.0936
7	.	57.1056	1.6900	52.4134	61.7977	.
		①		②	③	

Sum of Residuals	0
Sum of Squared Residuals	9.29482
Predicted Residual SS (PRESS)	23.15067

10.5 상관분석

상관분석

두 변수가 있을 때 어느 한 변수를 통해 다른 변수를 예측하기보다는, 단지 이들 두 변수 사이에 연관성만을 측정하는 과정을 상관분석이라 한다. 상관분석의 초점은 두 변수 사이에 얼마나 밀접한 관계가 있는지를 측정하는데 있으며, 이때 밀접한 관계가 양(+)의 관계인지, 음(−)의 관계인지는 중요하지 않다. 다시 말해 X 변수 값이 커짐에 따라 Y 변수 값도 커지는 경우 이들 두 변수 사이에는 양의 관련성이 있는 것이며, 반대로 Y 변수 값이 작아지는 경우 이들 두 변수 사이에는 음(−)의 관련성이 있는 것이다.

상관계수

상관분석에서 두 변수 사이의 밀접한 관련성의 정도를 나타내는 척도를 상관계수(correlation coefficient)라 하며, 모집단의 상관계수는 ρ 그리고 표본의 상관계수는 r 로 표시한다.
　표본을 통해 두 변수의 관찰치를 얻었을 때 이들 사이의 상관계수는 아래의 식에 따라 구할 수 있다.

$$r = \frac{SSXY}{\sqrt{SSX\,SSY}}$$

$$SSX = \sum (X - \overline{X})^2, \quad SSY = \sum (Y - \overline{Y})^2, \quad SSXY = \sum (X - \overline{X})(Y - \overline{Y})$$

　특히 상관계수 r 의 제곱을 결정계수(R^2)라고 한다.
　상관분석을 하는 경우 대부분 표본을 대상으로 하고 있기 때문에, 상관분석의 목적은 표본으로 추출된 두 변수의 상관계수 r 을 통해 모집단의 모수인 상관계수 ρ 를 추정하는 데 있다.

NOTE

여기서 상관계수 r은 결정계수 R^2의 양의 제곱근과 같다. 따라서 상관계수 r을 구하여 제곱하면 결정계수를 얻을 수 있다.

결정계수 R^2는 다음과 같은 과정을 통해서도 쉽게 구할 수 있다.

$$R^2 = \frac{SSR}{SST} = \frac{b_1 SSXY}{SSY} = \frac{\left(\frac{SSXY}{SSX}\right)SSXY}{SSY} = \frac{(SSXY)^2}{SSX\,SSY}$$

$$SST = \sum(Y - \overline{Y})^2 = SSY: \text{총변동}, \quad SSR = \sum(\widehat{Y} - \overline{Y})^2: \text{회귀변동}$$

따라서 $r = \dfrac{SSXY}{\sqrt{SSX\,SSY}}$ 가 된다.

예제 10.21

여기서는 상관계수와 점산도(scatter diagram)에 대해 살펴보기로 하자.

해설

만약 모집단에서 두 변수의 상관계수가 $\rho = 0$이라면 두 변수 사이에는 어떤 관련성도 없음을 나타내는 것이며, ρ가 $(+)1$ 또는 $(-)1$에 가까운 값을 가질수록 두 변수 사이에는 더 밀접한 관련성이 있음을 나타내는 것이다. 단지 $(+)(-)$의 부호는 X의 변화에 대해 Y가 같은 방향으로 변화하느냐 아니면 반대 방향으로 변화하느냐를 나타낼 뿐이다.

상관계수가 $\rho = \pm 1$인 경우 두 변수에 대한 점산도를 그렸을 때 〈그림 10-13〉과 같이 직선상에 관찰치를 나타내는 점들이 위치해 있을 것이다. 아래는 상관계수가 -1에서 $+1$ 사이의 값을 가지게 될 때의 점산도를 나타내고 있다.

상관계수 ρ가 $(+)1$ 또는 $(-)1$에 가까운 값을 가질수록 점산도는 직선에 가까운 가는 모양의 형태를 지니게 될 것이다.

그림 10-13   상관계수와 점산도

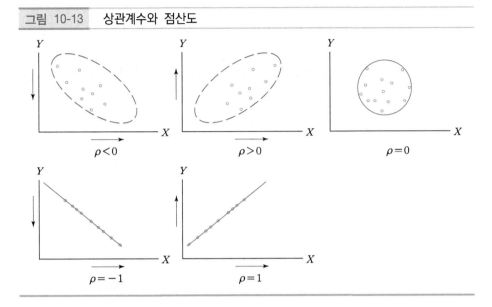

예제 10.22

[예제 10.14]의 자료를 이용하여 비료투입량과 수확량 사이의 상관계수를 구하시오.

해설

[예제 10.14]에서 $SSXY = 359$, $SSX = 167.33$으로 계산되어 있다. SSY를 추가로 계산하면 상관계수를 구할 수 있다. 또 아래 계산 결과에서 $\sum Y^2 = 5653$, $\bar{Y} = 28.5$이므로 SSY는 779.5가 되고 이들 값을 아래 식에 대입하면 상관계수 0.994를 얻을 수 있다. 이로부터 X, Y 두 변수 사이에는 아주 밀접한 관계가 있음을 알 수 있다.

X	Y	Y^2
25	45	2,025
20	38	1,444
18	32	1,024
15	24	576
14	22	484
8	10	100

$$\sum X = 100, \quad \bar{X} = 16.7$$
$$\sum Y = 171, \quad \bar{Y} = 28.5, \quad \sum Y^2 = 5653$$

$$SSY(=SST) = \sum(Y-\bar{Y})^2 = \sum Y^2 - n\bar{Y}^2 = 5653 - (6)(28.5)^2 = 779.5$$

$$r = \frac{SSXY}{\sqrt{SSX\,SSY}} = \frac{359}{\sqrt{(167.332)(779.5)}} = 0.994$$

[sas program]

```
DATA ex1022;
  INPUT x y;
  CARDS;
25 45
20 38
18 32
15 24
14 22
8 10
;
RUN;

PROC CORR DATA=ex1022; ①
  VAR x y; ②
RUN;
```

해설

① 상관분석을 하기 위해 CORR 프로시저를 실행한다.

② 상관계수를 구하기 위한 변수를 VAR 스테이트먼트 다음에 지정한다. 결과물 ① 에 상관계수가 0.994로 계산되어 있다. 0.994가 표시되어 있는 행의 가장 왼쪽에 변수명 X가 그리고 열의 위쪽에 변수명 Y가 표시되어 있다. 이는 0.994가 X, Y 사이의 상관계수(r)임을 나타내는 것이다. 상관계수는 행렬의 형태로 출력되기 때문에 X, Y 두 변수의 상관계수는 ②에도 동일하게 출력되어 있다.

③ [예제 10.23]에서 참조.

[결과물]

The CORR Procedure

2 Variables: x   y

Simple Statistics

Variable	N	Mean	Std Dev	Sum	Minimum	Maximum
x	6	16.66667	5.78504	100.00000	8.00000	25.00000
y	6	28.50000	12.48599	171.00000	10.00000	45.00000

Pearson Correlation Coefficients, N = 6
Prob > |r| under H0: Rho=0

	x	y
x	1.00000	0.99402 ①
		<.0001 ③
y	0.99402 ②	1.00000
	<.0001	

상관계수의 가설검정

상관계수 r 은 모수 ρ 에 대한 추정치이므로 r 을 계산한 후에는 가설검정 과정을 거쳐야 한다. 즉 다음과 같이 가설을 설정하고 귀무가설에 대한 채택여부를 결정한다.

$$H_0 : \ \rho = 0 \quad (X, \ Y \ \text{사이에 상관관계가 없다})$$
$$H_a : \ \rho \neq 0 \quad (X, \ Y \ \text{사이에 상관관계가 있다})$$

만약 $X, \ Y$ 사이에 정(+)의 상관관계가 있는지 여부를 검정하고자 한다면 위의 가설은 $H_0 : \rho \leq 0, \ H_a : \rho > 0$ 이 되고, 반대로 부(−)의 상관관계가 있는지 여부를 검정하고자 한다면 가설은 $H_0 : \rho \geq 0, \ H_a : \rho < 0$ 이 된다.

상관계수 r의 검정통계량

위의 가설에 대한 채택여부를 결정하기 위한 상관계수 r의 검정통계량 t는 다음과 같이 구한다.

$$t = \frac{r}{\sqrt{\dfrac{1-r^2}{n-2}}}$$

이 t 값을 주어진 유의수준 α에서의 t 임계값(이때 자유도는 $df = n-2$)과 비교하여 귀무가설 채택여부를 결정한다.

예제 10.23

[예제 10.22]에서 구한 상관계수를 유의수준 $\alpha = 0.01$에서 양측검정을 기준으로 검정하시오.

해설

(1단계) 양측검정이므로 먼저 다음과 같이 가설을 설정한다.

$$H_0 : \ \rho = 0$$
$$H_a : \ \rho \neq 0$$

(2단계) 검정통계량을 계산한다.

[예제 10.22]에서 구한 상관계수가 $r = 0.994$이고 표본의 크기는 [예제 10.14]에서 $n = 6$이므로 t 검정통계량은 아래와 같이 구할 수 있다.

$$t = \frac{r}{\sqrt{\dfrac{1-r^2}{n-2}}} = \frac{0.994}{\sqrt{\dfrac{1-(0.994)^2}{6-2}}} = 18.175$$

양측검정하의 유의수준이 $\alpha = 0.01$이고 자유도가 $df = n-2 = 4$일 때의 t 임계값은 4.604이므로 귀무가설 채택역은 $-4.604 \leq t \leq 4.604$가 된다.

t	양측 확률			
df	0.20	0.10	0.05	0.01
3	1.638	2.353	3.182	5.841
4	1.533	2.132	2.776	4.604
5	1.476	2.015	2.571	4.032
	0.100	0.050	0.025	0.005
	단측 확률			

위에서 구한 t 검정통계량값은 18.175로 이 범위를 벗어나 있으므로 $\rho=0$의 귀무가설을 기각하고 대립가설을 채택하게 된다. 즉 X, Y 사이에는 상관관계($\rho \neq 0$)가 있으며 특히 $r=0.994>0$이므로 양의 상관관계가 있다고 판단할 수 있다.

이러한 귀무가설 기각 결과는 [예제 10.22]의 [sas program] 실행결과 ③에 '<.0001'로 나타나 있다.

이는 추정된 상관계수가 $r=0.994$인 상태에서, $\rho=0$의 귀무가설이 기각되려면, 유의수준을 0.0001보다 작게 설정해야함을 의미하는 것이다. 그런데 우리가 설정한 귀무가설 기각확률, 즉 유의수준은 0.01로 이보다 훨씬 크게 설정한 상태이므로, $\rho=0$의 귀무가설이 기각되고 대립가설이 채택된다. 따라서 X, Y 두 변수 사이에는 $r=0.994$의 정($+$)의 상관관계가 있다고 볼 수 있다.

그림 10-14 귀무가설($\rho=0$)에 대한 기각역과 채택역

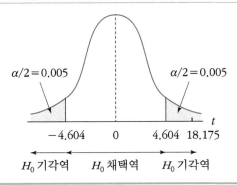

제11장

다중회귀분석

제11장
다중회귀분석

11.1 다중회귀모형

하나의 독립변수만으로 종속변수의 변화를 충분히 설명할 수 없을 때, 회귀모형에 새로운 독립변수를 추가함으로써 종속변수의 변화를 좀 더 정확하게 설명할 수가 있다.

    이와 같이 종속변수의 변화를 설명하는 독립변수가 '두 개' 이상인 경우의 회귀모형을 다중회귀모형(multiple regression)이라 한다.

    독립변수가 X_1, X_2, $\cdots$, X_k로 k개이고 종속변수가 Y인 경우 다중회귀모형은 다음과 같이 나타낼 수 있다.

$$Y = \beta_0 + \beta_1 X_1 + \beta_2 X_2 + \cdots + \beta_k X_k + \varepsilon$$

$$\beta_1,\ \beta_2,\ \cdots,\ \beta_k : \text{회귀계수}, \quad \varepsilon : \text{확률오차}$$

해 설

단순회귀모형 $Y = \beta_0 + \beta_1 X_1 + \varepsilon$에서와 같이 위의 다중회귀모형도 확률변수인 확률오차 ε이 포함되어 있으므로 통계적 모형(statistical model)에 해당한다. 이는 k개의 독립변수 X_1, X_2, $\cdots$, X_k의 값이 주어졌을 때, 종속변수 Y의 값이 항상 일정하게 하나의 값으로 정해지는 것이 아니라 확률변수인 확률오차 ε 의 값에 따라 Y 의 값이 얼마든지 다른 값으로 나타날 수 있음을 의미하는 것이다. 따라서 종속변수 Y 역시 확률변수임을 알 수 있다.

확률오차 ε 에 대한 가정

종속변수 Y 값의 결정에 중요한 역할을 하는 확률오차 ε 에 대해 다중회귀모형에서는 다음과 같은 가정을 하고 있다.

(1) 확률오차 ε 은 확률변수이다.

(2) 확률오차 ε 은 평균이 '0'이고 분산이 σ^2 인 정규분포를 한다.

(3) 독립변수 $X_1, X_2, \cdots, X_k$ 에 대해 확률오차 ε 은 독립적이다.

11.2 다중회귀모형의 추정

최소자승법

다중회귀모형 $Y = \beta_0 + \beta_1 X_1 + \beta_2 X_2 + \cdots \beta_k X_k + \varepsilon$ 을 통해 독립변수 $X_1, X_2, \cdots,$ X_k 와 종속변수 Y 사이의 선형관계를 파악하고자 할 때, 다중회귀분석을 하는 가장 중요한 목적 중의 하나는 회귀계수인 k 개의 모수 $\beta_1, \beta_2, \cdots, \beta_k$ 를 추정하는 것이다.

단순회귀분석에서 살펴본 바와 같이 최소자승법(least square method)은 실제 관찰된 종속변수 값 Y 와, 예측된 종속변수 값 $\hat{Y}$ 사이의 차이의 제곱합, 즉 오차의 제곱합(error sum of squares: SSE)인 $\sum (Y - \hat{Y})^2$ 를 최소화하도록 회귀모수 $\beta_1, \beta_2, \cdots, \beta_k$ 를 추정하는 방법이다. 최소자승법에 의해 추정된 회귀모수 $\beta_1, \beta_2, \cdots, \beta_k$ 에 대한 추정값을 $b_1, b_2, \cdots, b_k$ 라 하면 추정된 다중회귀모형은 다음과 같이 표시할 수 있다.

(추정된 다중회귀모형)

$$\hat{Y} = b_0 + b_1 X_1 + b_2 X_2 + \cdots b_k X_k$$

 NOTE

다중회귀분석의 경우 통계소프트웨어의 도움 없이 데이터를 처리하는 것에는 한계가 있기 때문에 여기서는 처음부터 SAS를 이용하여 분석하는 과정을 중심으로 살펴보기로 한다.

예제 11.1

아래는 어느 지역에 있는 건물 12개를 추출하여 가격과 면적 그리고 건축경과년수를 조사한 자료이다. 이 지역의 부동산 가격이 건물의 면적과 건축경과년수에 의해 얼마나 영향을 받는지 회귀방정식을 통해 확인하시오.

(단위: $1000, ft^2)

가격(Y)	면적(X_1)	건축경과년수(X_2)
45.1	2450	45
56.8	2404	32
59.7	1554	14
56.4	1784	10
59.2	1684	28
63.4	2472	30
69.3	2144	8
65.6	2458	9
89.5	2714	4
101.4	3073	7
108.7	3269	6
98.1	4534	11

[sas program]

```
DATA pr111;
  INPUT y x1 x2;
```

```
    CARDS;
    45.1   2450   45
    56.8   2404   32
    59.7   1554   14
    56.4   1784   10
    59.2   1684   28
    63.4   2472   30
    69.3   2144    8
    65.6   2458    9
    89.5   2714    4
   101.4   3073    7
   108.7   3269    6
    98.1   4534   11
   ;
   RUN;


   PROC REG DATA=pr111; ①
     MODEL y=x1 x2; ②
   RUN;
```

해설

① 회귀분석을 위해 REG 프로시저를 실행한다.

② MODEL 스테이트먼트 다음에 '종속변수=독립변수'의 형태로 모형을 지정한다.
독립변수가 X_1, X_2 두 개로 지정되어 있다.

[결과물]

The REG Procedure

Model: MODEL1

Dependent Variable: y

Number of Observations Read   12

Number of Observations Used   12

Analysis of Variance

Source	DF	Sum of Squares	Mean Square	F Value	Pr > F
Model	2	3934.63528	1967.31764	19.84	0.0005
Error	9	892.37139	99.15238		
Corrected Total	11	4827.00667			

Root MSE	9.95753	R-Square	0.8151 ④	
Dependent Mean	72.76667	Adj R-Sq	0.7740	
Coeff Var	13.68419			

Parameter Estimates

Variable	DF	Parameter Estimate ①	Standard Error	t Value ②	Pr > |t| ③
Intercept	1	47.42098	11.73626	4.04	0.0029
x1	1	0.01559	0.00381	4.09	0.0027
x2	1	-0.84372	0.23438	-3.60	0.0058

해설

① 회귀계수에 대한 추정치 b_0, b_1, b_2가 출력되어 있다.

따라서 추정된 회귀방정식은

$$\hat{Y} = 47.421 + 0.016X_1 - 0.844X_2$$

가 된다.

여기서 X_1의 회귀계수는 (+)0.016으로, 그리고 X_2의 회귀계수는 (-)0.844로 추정됨으로써 건물가격이 건물면적과는 정(+)의 관계를 보이는 반면, 건축경과 년수와는 부(-)의 관계를 가지고 변화하고 있음을 알 수 있다.

② 모수인 회귀계수 β_1, β_2 각각에 대하여 $\beta_1 = 0$, $\beta_2 = 0$의 귀무가설을 검정하기 위한 검정통계량 t 값이 4.09, -3.60으로 계산되어 있다.

그리고 ③에는 이들 t 값을 임계값으로 했을 때, 양측검정하의 귀무가설 기각역 확률이 각각 0.0027, 0.0058로 제시되어 있다. 이 기각역 확률들은 주어진 유의수준 5%보다 작으므로 $\beta_1 = 0$, $\beta_2 = 0$의 두 개 귀무가설을 기각하게 된다. 따라서 최종적으로 건물가격은 면적이 넓을수록, 그리고 건축경과년수가 짧을수록 높아진다는 결론을 내리게 된다.

그리고 ④에는 R^2가 0.8151로 나타나고 있어 건물 가격 변동의 81.5%를 면적과 경과년수로 설명할 수 있음을 보여주고 있다.

확률오차 ε의 분산

다중회귀모형 $Y = \beta_0 + \beta_1 X_1 + \beta_2 X_2 + \cdots + \beta_k X_k + \varepsilon$에서 오차항 ε은 평균이 '0'이고 분산이 σ^2인 정규분포를 하는 확률변수로 가정하였다. 그런데 회귀분석에서 사용되는 데이터는 모집단이 아닌 표본자료에 의한 것이기 때문에 모수인 β_1, β_2, $\cdots$, β_k는 물론 ε에 대한 분산 σ^2 역시 알 수 없다.

단지 최소자승법을 통해 회귀계수 β_1, β_2, $\cdots$, β_k에 대한 추정치 b_1, b_2, $\cdots$, b_k 만을 알 수 있기 때문에 확률오차 ε의 분산 σ^2 역시 추정값을 사용할 수밖에 없다.

표본자료를 통해 얻은 추정된 회귀모형이 $\hat{Y} = b_0 + b_1 X_1 + b_2 X_2 + \cdots + b_k X_k$일 때, ε에 대한 추정치인 잔차(residual) e는 $e = Y - \hat{Y} = Y - (b_0 + b_1 X_1 + \cdots + b_k X_k)$이 되고, 이를 이용하여 ε의 분산 σ^2에 대한 추정치 S_e^2를 다음과 같이 구할 수 있다.

(ε의 분산 σ^2에 대한 추정치)

$$S_e^2 = \frac{\sum (Y - \hat{Y})^2}{df} = \frac{SSE}{n - (k+1)}$$

그리고 S_e^2의 제곱근, 즉 S_e를 추정된 회귀의 표준오차(estimated standard error of the regression)라 한다.

(추정된 회귀의 표준오차)

$$S_e = \sqrt{S_e^2} = \sqrt{\frac{SSE}{n - (k+1)}}$$

예제 11.2

[예제 11.1]에서 오차에 대한 제곱합 SSE와 추정된 회귀의 표준오차 S_e는 REG 프로시저를 실행한 결과물에 기본적으로 출력되어 있다. 아래는 [예제 11.1]의 결과물의 일부이다.

②에 $\sum(Y-\hat{Y})^2$, 즉 오차의 제곱합 SSE가 892.371로 계산되어 있고 그 옆의 ①에는 자유도가 $df = n-(k+1) = 12-(2+1) = 9$로 나타나 있다.

$S_e^2 = \dfrac{\sum(Y-\hat{Y})^2}{df} = \dfrac{SSE}{n-(k+1)}$ 이므로 ②의 SSE=892.371을 ①의 df=9로 나누면 S_e^2를 구할 수 있다. 이 값이 ③에 평균제곱오차 MSE라는 이름 아래 99.152로 출력되어 있다. 바로 이 값 S_e^2=99.15의 제곱근인 추정된 회귀의 표준오차 S_e가 'Root MSE'라는 이름으로 ④에 9.958로 출력되어 있는 것이다.

[결과물]

Analysis of Variance

Source	DF	Sum of Squares	Mean Square	F Value	Pr > F
Model	2	3934.63528	1967.31764	19.84	0.0005
Error	9 ①	892.37139 ②	99.15238 ③		
Corrected Total	11	4827.00667			

Root MSE	9.95753 ④	R-Square	0.8151
Dependent Mean	72.76667	Adj R-Sq	0.7740
Coeff Var	13.68419		

11.3 다중회귀모형의 적합성 검정

회귀모형으로서의 적합성

독립변수 X_1, X_2, $\cdots$, X_k 와 종속변수 Y 사이의 관계를 다음과 같이 선형다중회귀모형으로 설정했을 때

$$Y = \beta_0 + \beta_1 X_1 + \beta_2 X_2 + \cdots + \beta_k X_k + \varepsilon$$

이 모형이 독립변수와 종속변수 사이의 선형관계를 설명하는 모형으로서 적합한가는 회귀계수 β_1, β_2, $\cdots$, β_k가 모두 '0'의 값을 가지는가의 여부에 달려 있다.

해 설

위의 다중회귀모형 $Y = \beta_0 + \beta_1 X_1 + \beta_2 X_2 + \cdots + \beta_k X_k + \varepsilon$에서 k개의 회귀계수 β_1, β_2, $\cdots$, β_k가 모두 '0'이라면 독립변수 X_1, X_2, $\cdots$, X_k의 변화가 종속변수 Y의 변화에 전혀 영향을 주지 않고 있음을 의미하는 것이므로, Y와 X_1, X_2, $\cdots$, X_k의 관계를 $Y = \beta_0 + \beta_1 X_1 + \beta_2 X_2 + \cdots + \beta_k X_k + \varepsilon$로 설정한 선형 다중회귀모형은 전혀 모형으로서 적합하지 않은 것이다.

그런데 여기서 실제로 회귀분석에 사용되는 관찰치는 모집단이 아닌 표본에 의한 것이므로, 이로부터 얻게 되는 회귀계수는 모수인 β_1, β_2, $\cdots$ β_k가 아니라 이에 대한 추정치인 b_1, b_2, $\cdots$ b_k인 것이다.

따라서 다중회귀모형이 모형으로서 적합한지를 알기 위해서는 추정된 회귀계수인 b_1, b_2, $\cdots$, b_k를 통해 모수인 β_1, β_2, $\cdots$, β_k의 값들이 모두 '0'인지의 여부를 확인하는 검정과정을 거쳐야 한다. 이러한 검정과정은 분산분석을 통해 이루어지기 때문에 검정통계량은 F 값이 된다.

모형의 적합성 검정 – F 검정

모형의 적합성을 검정하는 과정은 다음과 같은 세 단계를 거치게 된다.

(1단계) 다음과 같이 가설을 설정한다.

$$H_0 : \ \beta_1 = \beta_2 = \cdots = \beta_k = 0$$

$$H_a : \ H_0 \text{가 아니다.}$$

(2단계) $F = \dfrac{MSR}{MSE}$ 에 따라 F 값을 계산한다.

(3단계) 2단계의 F 값과 유의수준이 α 로 주어진 경우의 F 임계값을 비교하여 귀무가설 채택 여부를 결정한다.

해 설

모형의 적합성을 검정하는 세 단계의 과정을 자세히 살펴보기로 하자.

(1단계) 다음과 같이 가설을 설정한다.

$$H_0 : \ \beta_1 = \beta_2 = \cdots = \beta_k = 0 \quad \text{(모형으로서 적합하지 않다)}$$

$$H_a : \ H_0 \text{가 아니다.} \qquad \text{(모형으로서 적합하다)}$$

(2단계)

$F = \dfrac{MSR}{MSE}$ 에 따라 F 값을 계산한다.

여기서 MSR은 회귀의 평균제곱합(mean square for regression)을, 그리고 MSE는 오차의 평균제곱합(mean square for error)을 나타내는 것으로써 이들은 회귀에 대한 제곱합(sum of square for regression) SSR과 오차에 대한 제곱합 SSE(sum of square for error)를 각각 자유도로 나누어 얻게 된다.

$$MSR = \frac{SSR}{k} = \frac{SSY - SSE}{k}$$

$$\left(SSY = \sum (Y - \bar{Y})^2 = \sum Y^2 - \frac{\sum Y^2}{n} \right)$$

$$MSE = \frac{SSE}{n - (k+1)}$$

(3단계)

유의수준이 α 로 주어진 경우의 F 임계값을 F 분포표에서 구한다. 이때 F 임계값을 구할 때, 분자의 자유도는 독립변수의 개수인 k가 되고 분모의 자유도는 $df = n - (k+1)$이 된다.

그리고 2단계에서 구한 F 값과 F 임계값을 비교하여 귀무가설 채택여부를 결정한다. 즉 2단계에서 구한 F 값이 F 임계값보다 클 경우 귀무가설을 기각하고 대립가설을 채택함으로써 모형으로서 적합하다는 판단을 내리게 된다.

그림 11-1   모형의 적합성 검정

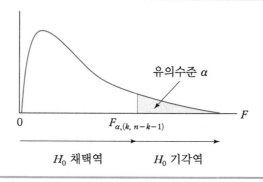

NOTE

위의 (1단계)에서 설정한 가설하에서는 k개의 파라메터 $\beta_1, \beta_2, \cdots, \beta_k$ 중 어느 하나의 파라메터라도 '0'이 아니면 대립가설이 채택되어 모형으로서 적합하다는 결론을 내리게 된다는 점에 유의해야 한다. 즉 k개의 파라메터가 '모두' '0'이 아닌 것으로 추정되어서 F 검정의 귀무가설이 기각될 수도 있지만, 적어도 k개 중 $(k-1)$개의 파라메터는 '0'이고 나머지 어느 '하나'의 파라메터만 '0'이 아니어도 F 검정의 귀무가설은 기각되게 되어 모형의 적합성을 인정받게 된다.

따라서 모형 적합도 검정에서 F 검정의 귀무가설이 기각되었다 하더라도 여기서 끝나는 것이 아니라, 어느 파라메터가 '0'이 아닌 것으로 추정되어서 적합도 검정의 귀무가설이 기각되었는지를 확인하는 과정을 거쳐야 한다.

이러한 이유로 회귀분석에서는 분산분석을 통한 일반적인 모형의 적합성을 확인한 후에 다시 개별 파라메터를 대상으로 어떤 파라메터가 '0'이 아닌 것으로 판단할 수 있는지를 t 검정을 통해 확인하게 된다. 그리고 t 검정 결과, 파라메터가 '0'인 것으로 간주할 수 있다는 결론이 나면 해당 독립변수를 회귀모형에서 제외시킨 후 다시 회귀분석을 하는 과정을 거치게 된다.

결론적으로 F 검정을 통해 $Y = \beta_0 + \beta_1 X_1 + \beta_2 X_2 + \cdots + \beta_k X_k + \varepsilon$ 이 모형으로서 적합하다는 결론을 얻었다고 하더라도 개별 회귀계수에 대한 t 검정에서 $\beta_k = 0$의 귀무가설

이 채택되는 경우 X_k 를 제외한 후 다시 독립변수 $X_1, X_2, \cdots, X_{k-1}$ 과 종속변수 Y 사이에 다중회귀모형을 설정하고 이를 회귀분석하게 된다.

예제 11.3

아래는 [예제 11.1]의 자료에 대한 회귀분석 결과물을 나타낸 것이다. 이 결과물에 붙여진 번호를 중심으로 회귀에 대한 제곱합(SSR), 오차에 대한 제곱합(SSE), 회귀에 대한 평균제곱합(MSR), 오차에 대한 평균제곱합(MSE)를 구하고 검정통계량 F 값을 통해 모형의 적합성을 검정하시오.

```
                          The REG Procedure
                          Model: MODEL1
                        Dependent Variable: y

                Number of Observations Read        12
                Number of Observations Used        12

                          Analysis of Variance

                              Sum of        Mean
        Source       DF      Squares      Square    F Value    Pr > F
                              ①            ②          ③         ④
        Model         2    3934.63528  1967.31764    19.84     0.0005
        Error         9     892.37139    99.15238
        Corrected Total  11 4827.00667

              Root MSE          9.95753   R-Square    0.8151 ④
              Dependent Mean   72.76667   Adj R-Sq    0.7740
              Coeff Var        13.68419

                          Parameter Estimates

                        Parameter     Standard
        Variable   DF    Estimate       Error    t Value   Pr > |t|
```

Intercept	1	47.42098	11.73626	4.04	0.0029
x1	1	0.01559	0.00381	4.09	0.0027 ⑤
x2	1	-0.84372	0.23438	-3.60	0.0058 ⑥

해설

① Sum of Squares라는 이름 아래 회귀의 제곱합(SSR)과 오차의 제곱합(SSE)이 순서대로 각각 3924.6, 892.3으로 나타나 있다. 이들 수치가 SSR, SSE임을 나타내는 이름이 첫 번째 열에 각각 Model, Error로 표시되어 있다. ①의 SSR과 SSE를 더한 총제곱합(SST)은 그 아래에 4827.0으로 나타나 있다.

물론 여기서 SSR은 $\sum(\hat{Y}-\bar{Y})^2$에 따라 계산된 것이고 SSE는 $\sum(Y-\hat{Y})^2$에 의해 계산된 결과이다. 그리고 $SST=\sum(Y-\bar{Y})^2=SSR+SSE$이므로 SSR, SSE, SST 가운데 어느 두 가지만 알면 나머지 하나는 $SST=SSR+SSE$에 따라 구할 수 있다.

② ①의 SSR과 SSE를 왼쪽에 있는 열의 자유도로 나누면 회귀와 오차에 대한 각각의 평균제곱합 MSR, MSE를 구할 수 있다. 즉

$$MSR = \frac{SSR}{k} = \frac{3934.63528}{2} = 1967.31$$

$$MSE = \frac{SSE}{n-(k+1)} = \frac{892.37139}{9} = 99.15$$

③ $F=\dfrac{MSR}{MSE}$에 따라 계산된 검정통계량 결과가 19.84로 나타나 있다.

즉 $MSR = 1967.31$을 $MSE = 99.15$로 나눈 결과가 모형의 적합성을 검정하는 F 통계량이 된다.

④ ③의 F값 19.84를 귀무가설 기각역의 임계값으로 설정했을 때의 기각역 확률이 0.0005로 나타나 있다. 따라서 유의수준을 5%로 했을 경우, F 검정통계량 값은 기각역 안에 속하게 되어 귀무가설 $H_0: \beta_1 = \beta_2 = 0$을 기각하게 된다. 즉 모형으로서의 적합성을 인정하는 결론을 내리게 된다.

그러나 여기서 유의할 것은 앞에서도 언급했듯이 귀무가설은 회귀계수인 β_1, β_2가 모두 '0'인 경우를 의미하고 있기 때문에 β_1, β_2 가운데 어느 하나의 계수라도 '0'이 아닌 것으로 검정되면 귀무가설은 기각되어 모형으로서의 적합성을 인정받게 된다.

따라서 분산분석을 통한 F 검정에서 모형의 적합성이 인정되었다고 하더라도 아래의 각 계수별로 t 검정을 통해 $\beta_i \neq 0$ 여부를 확인하는 과정을 거쳐야 한다.

이 경우는 X_1, X_2의 회귀계수 β_1, β_2에 대한 각각의 t 검정에서 기각역 확률이 각각 ⑤와 ⑥에 나타난 바와 같이 0.0027과 0.0058로서 주어진 유의수준 5%보다 작게 나타나고 있어, $\beta_1 = 0$의 귀무가설과 $\beta_2 = 0$의 귀무가설을 모두 기각하게 된다. 따라서 X_1, X_2 두 독립변수는 각각 종속변수 Y에 (+)의 영향을 미치고 있다는 결론을 내리게 된다.

결정계수

다중회귀분석에서의 결정계수는 단순회귀분석에서의 의미와 완전히 동일하다. 즉 결정계수 R^2는 종속변수 Y의 총변동량(SSY) 중 독립변수에 의해 설명되어지는 변동량(SSR)의 비율을 의미하는 것이다. 따라서 당연히 결정계수 R^2는 0과 1 사이의 값을 가지게 되며 회귀분석을 하는 입장에서는 R^2가 높은 모형을 선호하게 된다.

$$R^2 = \frac{SSR}{SSY} = 1 - \frac{SSE}{SSY}$$

 NOTE

결정계수 R^2가 높은 모형이 항상 좋은 모형이 되는 것은 아니다. 그 이유는 독립변수의 수를 증가시키게 되면 종속변수의 변동량 중 독립변수에 의해 설명되는 부분이 커지게 되어 결정계수도 커지게 되기 때문이다. 좋은 모형이라는 것은 적은 수의 독립변수를 통해 종속변수의 변동을 잘 설명할 수 있는 것이어야 하므로, 이러한 면에서 볼 때 결정계수 하나만으로 종속변수에 대한 독립변수의 설명력을 판단하는데는 문제점이 있다.

이를 해결하기 위해 고안된 개념이 바로 조정된 결정계수(adjusted coefficient of determination)인 것이다. 이는 종속변수에 영향을 별로 주지 못하는 변수임에도 불구하고 회귀모형에 독립변수로 추가됨으로써 결정계수 R^2를 증가시키는 것을 방지하기 위해, 독립변수가 추가되었을 때 발생하는 자유도의 변화를 결정계수의 계산에 반영하고 있다.

$$\mathrm{adj}\, R^2 = 1 - \frac{\dfrac{SSE}{n-k-1}}{\dfrac{SSY}{n-1}}$$

예제 11.4

독립변수가 X_1, X_2 두 개인 회귀모형에서 회귀의 제곱합이 $SSR = 1462.8$이고 종속변수의 제곱합에 해당하는 총제곱합이 $SSY = 1643.4$일 때 결정계수와 수정된 결정계수를 구하는 과정을 살펴보자.

해설

먼저 결정계수를 구하면 다음과 같다.

$$R^2 = \frac{SSR}{SSY} = \frac{1462.8}{1643.4} = 0.8901$$

종속변수 변동의 약 89%가 두 개의 독립변수 X_1, X_2에 의해 설명되어지고 있음을 알 수 있다.

만약 위의 통계량이 30개의 관찰치를 분석하여 얻은 결과라 하면 조정된 결정계수는 다음과 같이 구할 수 있다. 즉 독립변수의 개수가 $k = 2$이고 관찰치 수는 $n = 30$이며 또 오차의 제곱합은 $SSE = SSY - SSR = 1643.4 - 1462.8 = 180.6$이 되므로 조정된 결정계수는 다음과 같다.

$$\mathrm{adj}\, R^2 = 1 - \frac{\dfrac{SSE}{n-k-1}}{\dfrac{SSY}{n-1}} = 1 - \frac{\dfrac{180.6}{30-2-1}}{\dfrac{1643.4}{30-1}} = 0.882$$

예제 11.5

다음은 [예제 11.1]의 자료에 대한 회귀분석 결과의 일부를 나타낸 것이다. 이로부터 결정계수 R^2와 조정된 결정계수 $\mathrm{adj}\, R^2$를 찾아 확인하시오.

```
                        Analysis of Variance

                              Sum of         Mean
Source             DF        Squares        Square     F Value    Pr > F

Model               2      3934.63528     1967.31764     19.84    0.0005
Error               9       892.37139       99.15238
Corrected Total    11      4827.00667


         Root MSE              9.95753    R-Square    0.8151
         Dependent Mean       72.76667    Adj R-Sq    0.7740
         Coeff Var            13.68419
```

해설

아래 결과물 ①과 ②부분에 'R-square'와 'Adj R-sq'라는 이름으로 결정계수와 조정된 결정계수가 각각 0.8151, 0.7740으로 나타나 있다. 여기서 결정계수 $R^2 = 0.8151$은 결과물 ⓐ의 $SSR = 3934.63$을 ⓒ에 표시되어 있는 $SSY = 4827.0$으로 나누어 얻은 결과이다.

조정된 결정계수 또한 분산분석표에 이를 계산하기 위한 정보가 모두 수록되어 있다. 즉 $\text{adj } R^2 = 1 - \dfrac{SSE/(n-k-1)}{SSY/(n-1)}$에서 SSE는 ⓑ에 892.37로 그리고 이에 대한 자유도는 ⓓ에 9로 나타나 있으며, ⓒ와 ⓔ에는 SSY와 자유도가 각각 4827.0과 11로 나타나 있다.

```
                        Analysis of Variance

                              Sum of         Mean
Source             DF        Squares        Square     F Value    Pr > F

Model               2      3934.63528 ⓐ   1967.31764     19.84    0.0005
Error               9 ⓓ     892.37139 ⓑ     99.15238
Corrected Total    11 ⓔ    4827.00667 ⓒ


         Root MSE              9.95753    R-Square    0.8151 ①
         Dependent Mean       72.76667    Adj R-Sq    0.7740 ②
         Coeff Var            13.68419
```

11.4 다중회귀모형을 이용한 예측

다중회귀분석을 통해 회귀모형이 $\hat{Y} = b_0 + b_1 X_1 + b_2 X_2 + \cdots + b_k X_k$ 로 추정되었을 때 이 회귀방정식에 독립변수들의 값들을 대입하면 종속변수 $\hat{Y}$ 값을 예측할 수 있다. 그러나 여기서 주의할 것은, $\hat{Y}$는 회귀방정식에 대입한 독립변수 값에 대해 나타날 수 있는 여러 예측값들 가운데 어느 하나의 값에 해당하므로 확률변수 값의 성격을 가지고 있다는 점이다. 다시 말해 회귀방정식을 통해 종속변수의 값을 예측하려 할 때, 이 $\hat{Y}$ 값이 확률변수의 성격을 가지고 있는 이상, 점추정에 해당하는 Y의 예측값인 $\hat{Y}$만으로 예측을 하는 경우 예측 자체가 상당한 위험을 가지게 되기 때문에, Y값이 가질 수 있는 값의 범위인 '구간을 예측'하는 것이 더 합리적일 것이다.

그리고 이러한 구간예측은 종속변수 Y의 특정한 개별 값에 대한 예측구간과 Y의 평균값에 대한 신뢰구간으로 구분하여 예측할 수 있으며 어느 경우든 기본 개념인

$$\hat{Y} \pm (t \text{ 값}) \times (\text{추정된 표준오차})$$

에 따라 계산된다. 이는 결국 종속변수의 예측값 $\hat{Y}$를 중심으로 일정 범위의 구간에 Y의 개별 값이나 평균값이 속해 있을 확률, 즉 신뢰수준이 몇 %인가를 기준으로 결정되는 것이다.

예제 11.6

[예제 11.1]의 자료를 회귀분석하여 건물면적(X_1)이 5,000ft^{2}이고 건축경과년수(X_2)가 5년인 건물의 가격을 신뢰수준 95%에서 예측하고자 하는 경우 SAS를 이용할 경우 옵션의 지정만으로 종속변수 Y의 특정 개별 값에 대한 예측구간과 평균값에 대한 신뢰구간을 간단히 구할 수 있다.

[sas program]

```
DATA pr116;
  INPUT y x1 x2;
  CARDS;
```

```
 45.1   2450   45
 56.8   2404   32
 59.7   1554   14
 56.4   1784   10
 59.2   1684   28
 63.4   2472   30
 69.3   2144    8
 65.6   2458    9
 89.5   2714    4
101.4   3073    7
108.7   3269    6
 98.1   4534   11
   .    5000    5  ①
;
RUN;


PROC REG DATA=pr116;  ②
 MODEL y=x1 x2 / CLI CLM;  ③
RUN;
```

해설

① 주어진 자료 아래에 예측하고자 하는 종속변수의 값은 결측값(missing value)으로 나타내기 위해 '.'로 입력하고 주어진 독립변수의 값을 입력한다. 즉 여기서는 $X_1 = 5000$, $X_2 = 5$일 때 Y값을 예측하는 것이므로 Y값은 결측값으로 그리고 X_1 과 X_2에는 각각 5000, 5의 값을 입력한다.

② 회귀분석을 하기 위해 REG 프로시저를 실행한다.

③ MODEL 스테이트먼트 다음에 모형을 설정하고 95% 신뢰수준하에서 종속변수의 Y의 특정 개별 값에 대한 예측구간과, 평균값에 대한 신뢰구간을 구하기 위해 옵션으로 CLI, CLM을 지정한다. 옵션 CLI는 개별값에 대한 예측구간을, 옵션 CLM은 평균값에 대한 신뢰구간을 출력하도록 한다.

[결과물]

The REG Procedure
Model: MODEL1

Dependent Variable: y

Number of Observations Read	13
Number of Observations Used	12
Number of Observations with Missing Values	1

Analysis of Variance

Source	DF	Sum of Squares	Mean Square	F Value	Pr > F
Model	2	3934.63528	1967.31764	19.84	0.0005
Error	9	892.37139	99.15238		
Corrected Total	11	4827.00667			

Root MSE	9.95753	R-Square	0.8151	
Dependent Mean	72.76667	Adj R-Sq	0.7740	
Coeff Var	13.68419			

Parameter Estimates

Variable	DF	Parameter Estimate	Standard Error	t Value	Pr > |t|
Intercept	1	47.42098	11.73626	4.04	0.0029
x1	1	0.01559	0.00381	4.09	0.0027
x2	1	-0.84372	0.23438	-3.60	0.0058

The SAS System

The REG Procedure
Model: MODEL1
Dependent Variable: y

Output Statistics

Obs	Dependent Variable	Predicted Value	Std Error Mean Predict	95% CL Mean		95% CL Predict		Residual
1	45.1000	47.6609	7.0896	31.6231	63.6987	20.0093	75.3125	-2.5609
2	56.8000	57.9119	4.4673	47.8061	68.0178	33.2234	82.6005	-1.1119
3	59.7000	59.8433	4.9358	48.6777	71.0089	34.7023	84.9843	-0.1433
4	56.4000	66.8050	4.6659	56.2501	77.3599	41.9293	91.6808	-10.4050
5	59.2000	50.0585	4.6261	39.5935	60.5235	25.2208	74.8963	9.1415
6	63.4000	60.6598	4.1468	51.2792	70.0405	36.2591	85.0605	2.7402
7	69.3000	74.1066	4.0838	64.8685	83.3448	49.7604	98.4529	-4.8066
8	65.6000	78.1597	3.4932	70.2574	86.0620	54.2883	102.0311	-12.5597
9	89.5000	86.3706	4.1194	77.0518	95.6894	61.9936	110.7476	3.1294
10	101.4000	89.4380	3.9270	80.5545	98.3216	65.2241	113.6520	11.9620
11	108.7000	93.3383	4.3506	83.4967	103.1800	68.7567	117.9200	15.3617
12	98.1000	108.8472	7.8936	90.9906	126.7039	80.1026	137.5919	-10.7472
13	.	121.1768	9.5083	99.6676	142.6860	90.0313	152.3223	.
	①			②	③	④	⑤	

Sum of Residuals		0
Sum of Squared Residuals		892.37139
Predicted Residual SS (PRESS)		2004.02941

해설

① $X_1 = 5000$, $X_2 = 5$일 때 회귀방정식 $\hat{Y} = 47.42 + 0.0156X_1 - 0.8437X_2$에 의해
   예측된 $\hat{Y}$값이 121.2로 나타나 있다.
   이는 다음과 같이 회귀방정식에 $X_1 = 5000$, $X_2 = 5$를 대입하여 얻은 결과이다.

$$\hat{Y} = 47.42 + 0.0156X_1 - 0.8437X_2$$
$$= 47.42 + 0.0156(5000) - 0.8437(5) = 121.2$$

②-③ $X_1 = 5000$, $X_2 = 5$일 때 95% 신뢰수준하에서 종속변수 Y 평균값에 대한 신
   뢰구간이 99.66에서 142.68로 나타나 있다.

④-⑤ $X_1 = 5000$, $X_2 = 5$일 때 95% 신뢰수준하에서의 개별 Y예측값에 대한 예측구
   간이 90.03에서 152.32로 나타나 있다. 이는 $X_1 = 5000$, $X_2 = 5$일 때 종속변수 Y
   가 가질 수 있는 개별 값의 95%가 90.03에서 152.32 사이의 구간에 있음을 의미
   하는 것이다.

제12장

χ^2 검정과
비모수 검정

제12장
χ^2 검정과 비모수 검정

12.1 비모수 검정

비모수 검정

지금까지 가설검정의 대상이 된 변수는 등간척도(interval scale)나 비율척도(ratio scale)에 의해 측정된 양적(quantitative) 성격을 가진 것이었으나, 여기서는 명목척도(nominal scale)나 순위척도(ordinal scale)로 측정된 질적(qualitative) 성격을 지닌 변수의 가설검정에 대해 살펴보고자 한다. 명목척도나 순위척도로 측정된 질적 변수에 대한 가설검정은 이들 변수의 분포를 가정하고 또 이에 따른 모수를 추정할 수가 없는 비모수적 검정(nonparametric test)에 따라 행해진다.

모수적 통계와 비모수적 통계

통계적 추정을 할 때 모수적 통계방법은, 사용하는 표본자료가 어떤 분포를 가진 모집단으로부터 추출되었는가를 먼저 가정한 후에 추정과정을 거치게 되기 때문에, 가설검정역시 이러한 가정을 전제로 검정과정을 거치게 된다. 따라서 모수적 통계에서의 초점은확률분포에 기반한 모수(parameter)를 추정하고 이에 대한 가설을 검정하는 데에 있다.

반면에 비모수적 통계방법은 분석에 이용되는 표본자료가 어떤 분포를 가진 모집단으로부터 추출되었는지에 대한 가정을 거의 하지 않는다는 점이다. 비모수 방법의 장점은 모수의 추정에 초점이 두어지지 않기 때문에, 모집단의 형태가 알려지지 않은 경우에도 모수에 대한 일반적인 가설을 검정하는 것이 가능하다는 점이다.

12.2 χ^2 검정

χ^2 검정

명목척도(nominal scale)와 순위척도(ordinal scale)로 측정된 자료를 범주형 자료(categorical data)라 하는데 이러한 범주형 자료가 세 개 이상의 범주로 분류되는 경우의 모집단을 다항모집단(multinomial population)이라 하고, 이러한 모집단의 분포를 다항분포(multinomial distribution)라 한다.

χ^2 검정은 바로 이러한 다항분포를 하는 확률변수에 대한 가설을 검정하고자 할 때 사용하는 검정방법이다.

예제 12.1

다음은 범주형 자료의 예이다. 이를 통해 다항모집단의 분포에 대해 살펴보자.

해설

(1) 무작위로 300명을 선정하여 이들의 생활수준이 상, 중, 하의 어디에 속하는지를 설문조사하여 다음과 같은 결과를 얻었다.

상 : 30명   중 : 180명   하 : 90명

여기서 응답자는 상, 중, 하 가운데 어느 한 계층에 속한다고 응답했을 것이다. 다시 말해 생활수준을 X로 표시할 때 X값은 상, 중, 하 가운데 어느 하나의 값을 가질 것이다. 만약 여기서 상, 중, 하의 생활수준을 각각 '1', '2' '3'으로 나타낸다면 생활수준을 나타내는 모집단은 상, 중, 하, 즉 1, 2, 3 세 개의 값을 갖는

다항모집단이 되고 X값은 1, 2, 3 중의 하나의 값을 가지는 다항모집단의 확률변수가 된다. 이때 1, 2, 3은 크기를 나타내는 것이 아니고 단지 명목변수의 내용을 표시하는데 지나지 않는다.

이러한 상황에서 조사담당자가 다항모집단에서 상, 중, 하 계층별로 응답자의 비율이 실제로 상이한지를 확인하고자 하는 경우, 이때 귀무가설은 세 계층간 응답비율이 동일하다고 설정하고 대립가설은 서로 다른 비율을 가지고 있다고 설정하게 된다.

$$H_0: \ \pi_1 = \pi_2 = \pi_3$$
$$H_a: \ H_0\text{가 아니다.}$$

(2) 연령층에 따라 여당과 야당에 대한 지지도가 다른지를 알아보기 위해 20세 이상의 남녀 400명을 대상으로 여당과 야당의 국회의원 입후보자에 대한 지지도를 조사하여 다음과 같은 결과를 얻었다(무응답은 없다고 가정).

연령＼당	여당	야당
20대	10	80
30대	40	70
40대	40	55
50대 이상	60	45

여기서 당을 나타내는 변수는 여당, 야당의 두 가지로 구분되어 있으며, 연령 또한 20대, 30대, 40대, 50대 이상의 네 가지로 구분하고 있어 이 자료는 범주형 자료에 속한다. 이때 당을 나타내는 변수에서 여당을 '1' 야당을 '2'라고 표시할 때 이 값들은 명목척도에 의해 측정된 값에 해당한다. 연령변수 또한 20대를 '1', 30대를 '2', 40대와 50대 이상을 각각 '3'과 '4'로 나타낼 수 있는데, 당을 표시하는 변수와 다른 점은 연령변수의 경우는 순위척도에 의한 것으로서 서열을 지정할 수 있다는 점이다.

이러한 자료에 대해 조사담당자가 연령층에 따라 여당과 야당에 대한 지지도가 다른지를 알아보고자 한다면, 귀무가설과 대립가설은 다음과 같이 설정할 수 있다.

H_0: 지지도는 연령에 대해 독립적이다. 즉 연령과는 상관이 없다.

H_a: 지지도는 연령에 대해 종속적이다. 즉 연령과 상관이 있다.

적합도 검정

적합도 검정(goodness of fit test)은 하나의 범주형 변수가 다항분포(multinomial distri-bution)를 하는 경우, 이 범주형 확률변수의 분포가 귀무가설에서 설정한 분포를 따르고 있는지를 확인하는 검정 방법이다. 예를 들어 앞에서 제시한 [예제 12.1(1)]에서 X는 생활수준을 나타내는 범주형 변수로서 다항분포(상, 중, 하)의 확률변수가 되는데, 이러한 확률변수 X의 분포가 귀무가설에서 설정한 계층간 비율과 동일한가를 검정하는 것이 적합도 검정인 것이다.

이때 검정통계량은 χ^2 값을 사용하게 되는데, 이는 다항분포를 하는 모집단의 기대도수(expected frequency)와 표본을 통해 얻은 관찰도수(observed frequency) 사이의 차이를 기초로 아래와 같이 구한다.

(χ^2 검정통계량과 자유도)

$$\chi^2 = \sum \frac{(관찰도수 - 기대도수)^2}{기대도수} = \sum \frac{(O-E)^2}{E}$$

$$df = (전체 \ 셀수) - 1 = k - 1$$

 NOTE

df =(전체 셀 수)−1에서 셀(cell) 수는 범주형 변수가 가질 수 있는 값의 수를 말한다. 따라서 [예제 12.1(1)]에서 범주형 변수 X가 가질 수 있는 값은 상, 중, 하 세 개이므로 셀 수는 3이 되고 자유도는 df = 2가 된다.

예제 12.2

[예제 12.1]의 생활수준 조사(상: 30명, 중: 180명, 하: 90명)에서 담당자가 알고자 하는 것은 300명을 대상으로 표본조사를 통해 얻은 결과처럼 다항모집단에서도 상, 중, 하 계층의 비율이 10%(=30/300), 60%(=180/300), 30%(=90/300)인 다항분포를 보일 것인가 하는 점이다. 다시 말해 모집단의 다항분포 형태가 표본에 의해 얻은 도수분포(상: 10%, 중: 60%, 하: 30%)에 잘 반영되고 있는가 하는 점이다.

만약 정확하게 반영되었다면 표본으로부터 얻은 도수분포에서처럼 모집단의 다항

분포 역시 상:10%, 중:60%, 하:30%로 볼 수 있으므로 국민의 60%가 중산층으로
간주하고 있다는 판단을 내릴 수 있다.

그러나 표본조사에 의한 결과는 예를 들어 실제로 모집단의 다항분포가 계층간에
동일하게 분포되는 형태를 지니고 있음에도 불구하고, 즉 각 계층에 속한다고 생각하
는 국민들의 비율이 1/3로 동일하게 나타나고 있음에도 불구하고 표본조사 과정에서
우연히 상류층이라고 생각하는 사람은 적게 뽑히고 중류층이라고 생각하는 사람이 많
이 뽑혀 앞서 표본조사 결과가 나올 수도 있는 것이다.

단일 범주형 변수에 대한 적합도 검정은 바로 모집단의 다항분포와 표본에서 얻은
도수분포 사이에 차이가 존재하는지를 확인하는 과정인 것이다. 이를 위해서는 먼저 가
설을 설정하고 이 가설의 채택여부를 적합도 검정통계량인 χ^2를 통해 검정하게 된다.

예제 12.3

[예제 12.1]의 자료를 이용하여 모집단의 다항분포가 계층간에 동일한 비율을 가지고
있는지 여부를 5% 유의수준하에서 검정하는 과정을 살펴보자.

해설

모집단의 다항분포가 계층간에 동일한 비율을 가지고 있는지를 검정하는 것이므로
먼저 다음과 같이 가설을 설정하고 χ^2 검정통계량 값을 구한다. 그리고 이를 주어진 유
의수준하에서의 χ^2 임계값과 비교하여 귀무가설 채택여부를 결정하는 과정을 거친다.

(1단계) 다음과 같이 가설을 설정한다.

H_0: $\pi_1 = \pi_2 = \pi_3 = 1/3$
H_a: 모집단의 다항분포는 계층간 동일 비율로 분포되어 있지 않다.

(2단계) 검정통계량 χ^2 값을 구한다.

생활수준(계층)	관찰도수	기대도수
상	30	100
중	180	100
하	90	100

　귀무가설에서 나타난 것처럼 모집단의 다항분포가 계층간에 동일한 비율을 가지고 있다고 가정하면 기대도수는 각 계층별로 100명(=300명×1/3)이 된다. 따라서 χ^2 검정통계량을 아래 식에 따라 구하면 다음과 같다.

$$\chi^2 = \sum \frac{(O-E)^2}{E}$$

$$= \frac{(30-100)^2}{100} + \frac{(180-100)^2}{100} + \frac{(90-100)^2}{100} = 49+64+1 = 114$$

(3단계) χ^2 임계값을 구하고 이를 χ^2 검정통계량 값과 비교한다.

　유의수준이 5%이고 자유도는 $df = k-1 = 3-1 = 2$이므로 이를 χ^2 분포표에서 찾으면 5.991이 된다.

χ^2	상한 단측확률			
df	0.10	0.05	0.025	0.01
1	2.706	3.841	5.024	6.635
2	4.605	5.991	7.378	9.210
3	6.251	7.815	9.348	11.345

그림 12-1	χ^2 분포

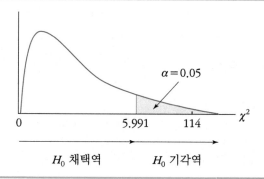

　위의 그림에서 보는 바와 같이 2단계에서 구한 검정통계량 χ^2 값(=114)은 유의수준이 5%이고 자유도가 $df = 2$일 때의 χ^2 임계값 5.991보다 크므로 귀무가설을 기각하고 대립가설을 채택한다. 즉 다항모집단이 계층간에 동일하게 분포되어 있다고 볼 수 없다는 결론을 내린다.

```
[sas program]

DATA ex123;
  INPUT x $ freq;
  CARDS;
 upper 30
 middle 180
 lower 90
;
RUN;


PROC FREQ DATA=ex123; ①
  TABLES x / CHISQ; ②
  WEIGHT freq;
RUN;
```

해 설

① 적합도 검정을 하기 위해 FREQ 프로시저를 실행한다.

② 다항분포를 하는 범주형 변수명을 TABLES 스테이트먼트 다음에 기재하고, χ^2 검정 결과를 출력하도록 옵션으로 슬래시(/) 다음에 CHISQ를 지정한다.

③ 확률변수 X값에 대응하는 각 셀(cell)의 관찰도수를 나타내는 freq 변수를 WEIGHT 스테이트먼트 다음에 지정하여 가중치로 사용한다.

[결과물]

The FREQ Procedure

x	Frequency	Percent	Cumulative Frequency	Cumulative Percent
	②	③		
lower	90	30.00	90	30.00
middle	180	60.00	270	90.00
upper	30	10.00	300	100.00

```
              Chi-Square Test
          for Equal Proportions  ④
          ──────────────────────
          Chi-Square   114.0000  ⑤
          DF                  2  ⑥
          Pr > ChiSq     <.0001  ⑦


            Sample Size = 300
```

해설

① 확률변수 X의 값이 lower, middle, upper의 순으로 나열되어 있고 ②에는 확률
변수 값에 해당하는 도수가 출력되어 있다. 그리고 ③에는 상대도수, 즉 비율이
표시되어 있다.

④ 다항분포의 모집단이 확률변수 값인 상, 중, 하별로 동일한 비율을 가지고 있다
는 귀무가설에 대한 적합도 검정 결과가 나타나 있다. ⑤에 χ^2 검정통계량 값이
114.0으로 ⑥에는 자유도가 2로 나타나 있다.

그리고 ⑦에는 자유도가 2일 때 χ^2 검정통계량 값인 114.0을 임계값으로 했을
때의 기각확률이 0.0001보다 작은 것으로 나타나 있다. 따라서 확률변수 X가 동
일한 비율로 분포되어 있다는 귀무가설을 기각하게 된다.

예제 12.4

세탁기 제조회사는 고객이 신제품과 관련된 불만의 목소리를 적은 편지 150통을 임
의로 추출하여 고객이 불만을 갖는 분야를 아래 표와 같이 네 가지로 분류하였다.

불만 분야	편지 수
제품의 성능(A)	54
서비스 질(B)	44
가격(C)	30
기타(D)	22

전반적으로 기존 세탁기의 경우 고객의 불만이 A = 40% B = 30% C = 20% D =
10%인 것으로 알려져 있다고 할 때 신제품 세탁기에 대한 고객의 불만 패턴이 달라
졌다고 볼 수 있는지 5%의 유의수준에서 검정하시오.

해설

[예제 12.3]과는 달리 여기에서는 불만의 요인을 나타내는 범주형 변수의 값 즉 A, B, C, D에 따른 모집단의 기대확률인 기대상대도수가 각각 0.4, 0.3, 0.2, 0.1로 균등하지 않은 것으로 나타난 경우를 검정하고 있다. 이 경우 역시 검정과정은 물론 χ^2 검정통계량 값을 구하는 식은 동일하다.

(1단계) 다음과 같이 가설을 설정한다.

$$H_0: \ \pi_A = 0.4, \ \ \pi_A = 0.25, \ \ \pi_A = 0.2, \ \ \pi_A = 0.15$$
$$H_a: \ H_0 가 \ 아니다.$$

(2단계) χ^2 검정통계량 값을 구하기 위해 먼저 기대도수를 계산한다.

다항모집단의 확률변수 값에 대한 기대확률이 $P(A) = 0.4$, $P(B) = 0.25$, $P(C) = 0.2$, $P(D) = 0.15$인 것으로 알려져 있으므로 표본크기 150에 이 확률을 곱하면 기대도수를 구할 수 있다.

$$A: \ 150 \times 0.4 = 60$$
$$B: \ 150 \times 0.25 = 37.5$$
$$C: \ 150 \times 0.2 = 30$$
$$D: \ 150 \times 0.15 = 22.5$$

도수	A	B	C	D
관찰도수(O)	54	44	30	22
기대도수(E)	60	37.5	30	22.5

$$\chi^2 = \frac{(54-60)^2}{60} + \frac{(44-37.5)^2}{37.5} + \frac{(30-30)^2}{30} + \frac{(22-22.5)^2}{22.5} = 1.738$$

(3단계) 자유도가 $df = k - 1 = 4 - 1 = 3$이고 유의수준이 5%일 때 χ^2 임계값은 9.488이 되고 2단계에서 구한 검정통계량 값은 1.738로 이보다 작으므로 귀무가설을 채택하게 된다. 즉 신제품에 대한 고객들의 불만요인의 발생행태가 기존의 행태와 다름이 없다는 결론을 내리게 된다.

χ^2	상한 단측확률			
df	0.10	0.05	0.025	0.01
3	6.251	7.815	9.348	11.345
4	7.779	9.488	11.143	13.277
5	9.236	11.070	12.832	15.086

그림 12-2 χ^2 분포

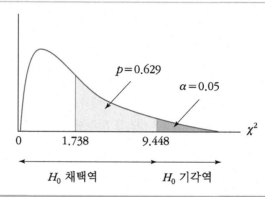

[sas program]

```
DATA ex124;
  INPUT x $ freq;
  CARDS;
 a 54
 b 44
 c 30
 d 22
;
RUN;

PROC FREQ DATA=ex124; ①
  TABLES x / CHISQ TESTP=(0.4 0.25 0.2 0.15); ②
  WEIGHT freq;
RUN;
```

해설

① 적합도 검정을 하기 위해 FREQ 프로시저를 실행한다.

② 범주형 변수명을 TABLES 스테이트먼트 다음에 기재하고 χ^2 검정통계량을 구하기 위해 옵션으로 슬래시(/) 다음에 'CHISQ'를 지정한다. 그리고 옵션 'TESTP ='다음에 귀무가설에서 설정한 확률변수 X에 대한 기대확률을 괄호 속에 지정한다.

③ 확률변수 X값에 대응하는 각 셀(cell)의 관찰도수를 나타내는 freq 변수를 WEIGHT 스테이트먼트 다음에 지정한다.

[결과물]

The FREQ Procedure

x	Frequency	Percent	Test Percent	Cumulative Frequency	Cumulative Percent
a	54	36.00	40.00	54	36.00
b	44	29.33	25.00	98	65.33
c	30	20.00	20.00	128	85.33
d	22	14.67	15.00	150	100.00

①

Chi-Square Test
for Specified Proportions
————————————————
Chi-Square   1.7378
DF   3
Pr > ChiSq   0.6286

Sample Size = 150

해설

① χ^2 검정통계량 값이 1.7378로 그리고 자유도가 3으로 나타나 있다. 또한 검정통계량 값 1.738을 임계값으로 했을 때의 기각확률이 0.6286으로 차례로 출력되어 있다. 이는 유의수준 5%를 훨씬 상회하고 있어 χ^2 검정통계량 값 1.7378이 귀무가설 채택역에 속해 있음을 알 수 있으며 이에 따라 귀무가설을 채택하게 된다. 즉 귀무가설에서 설정한 다항분포의 비율을 따르고 있다고 결론내리게 된다.

독립성 검정

앞에서 살펴본 적합도 검정은 범주형 변수가 하나인 경우를 대상으로 분석하였다. 그러나 범주형 변수가 두 개인 경우, 우리가 관심을 가지게 되는 것은 이들 두 범주형 변수 사이에 독립적 또는 종속적 관계가 있는가 하는 점인데, 이러한 독립성 여부를 검정하는 것을 독립성 검정(test of independence)이라 한다.

 NOTE

두 변수가 범주형이 아닌 연속형(continuous)이라면 두 변수 사이의 관계를 알아보기 위해서 상관분석이나 회귀분석을 하게 된다.

독립성 검정통계량

독립성 검정을 수행하기 위해서는 먼저 다음과 같이 가설을 설정한다.

$$H_0: \text{두 변수는 독립적이다.}$$
$$H_a: \text{두 변수는 종속적이다.}$$

위와 같이 가설을 설정하고 난 후에는 이를 검정하기 위한 검정통계량 χ^2 값을 아래 식에 따라 구하고, 이를 주어진 유의수준과 자유도를 감안한 χ^2 임계값과 비교하여 귀무가설 채택여부를 결정한다.

(독립성 검정통계량)

$$\chi^2 = \sum_{i,j} \frac{(O_{ij} - E_{ij})^2}{E_{ij}}$$

O_{ij}: 관찰도수, E_{ij}: 기대도수, $df = (r-1)(c-1)$: 자유도

(r과 c는 두 범주형 변수가 취할 수 있는 값의 수, 즉 범주의 수)

위 식에서 O_{ij}와 E_{ij}는 두 개의 범주형 변수가 X, Y인 경우 이들 변수의 값이 각각 $X = i$, $Y = j$일 때의 관찰도수(O_{ij})와 기대도수(E_{ij})를 나타내는 것으로서 E_{ij}는 다음과

같이 계산한다.

$$E_{ij} = \frac{(i\text{행의 도수합계})(j\text{열의 도수합계})}{\text{총도수}}$$

예제 12.5

다음은 어느 부동산중개업소에서 매매가 이루어진 95건에 대해, 가격별 그리고 매물로 시장에 나와 매매가 이루어지기까지의 기간별로 거래건수를 정리한 것이다. 이 자료를 통해 가격과 기간, 두 범주형 변수 사이의 독립성 여부를 5% 유의수준에서 판단하는 과정을 살펴보자.

가격(X)	매매대기일수 (Y)	
	90일 미만 (1)	90일 이상 (2)
5억 미만(1)	22	11
5억-10억 미만(2)	15	32
10억 이상(3)	5	10

해설

가격과 매매대기일수를 각각 X, Y라 할 때 가격(X)는 5억 미만, 5억 이상 10억 미만, 10억 이상의 세 범주로 구분되어 있으며 이들 세 범주를 나타내는 X값을 각각 1, 2, 3으로 표시하고 있다. 또한 매매대기일수(Y)는 90일 미만, 90일 이상의 두 범주로 구분되어 있으며 이들 두 범주를 나타내는 Y 값을 각각 1, 2로 표시하고 있다.

따라서 가격을 나타내는 첫 행과 매매대기일수를 나타내는 두 번째 열, 즉 $X=1$, $Y=2$일 때의 관찰도수 11은, 바로 가격이 5억 미만인 부동산이 거래가 이루어지기까지 90일 이상이 소요된 매물 건수가 11건이 됨을 의미하는 것으로서 $O_{12}=11$로 나타낸다. 이와 같이 범주형 변수 값에 따라 관찰도수를 위와 같은 표로 나타낸 것을 분할표(contingency table)라 한다.

여기서 우리가 알고자 하는 것은 가격대별로, 즉 가격이 높고 낮음이 거래가 성사되기까지의 소요일수와 관련성을 가지고 있는지, 아니면 아무 상관이 없는 독립적 관계인지를 확인하는 것이다. 예를 들어 모집단에서 가격이 높은 부동산일수록 매매대기일수가 높아지는 연관성이 존재한다고 하자. 이러한 모집단의 성격이 표본에 잘 반영되어진 분할표라면, 매매대기일수가 90일 이상인 경우 O_{32}의 관찰도수는 높고 O_{22}, O_{12}로 갈수록 관찰도수는 낮아질 것이며, 반대로 매매대기일수가 90일 미만인 경우는 O_{11}의 관찰도수가 높고 O_{21}, O_{31}으로 갈수록 관찰도수는 낮아지는 형태를 지니게 될 것이다.

앞에서 살펴본 바와 같이 범주형 변수의 독립성 여부를 관찰하기 위해, 아래와 같은 과정에 따라 가설을 설정하고 χ^2 검정통계량 값을 구한 후, 이를 주어진 유의수준과 자유도하에서의 χ^2임계값과 비교하여 귀무가설 채택여부를 확인해 보기로 하자.

(1단계) 가설을 다음과 같이 설정한다.

H_0: 두 변수는 독립적이다.

H_a: 두 변수는 종속적이다.

(2단계)

χ^2 검정통계량을 구하기 위해서는 먼저 아래 분할표를 이용하여 기대도수를 구해야 한다.

	90일 미만(1)	90일 이상(2)	합계
5억 미만(1)	22	11	33
5억-10억 미만(2)	15	32	47
10억 이상(3)	5	10	15
합계	42	53	95

이때 기대도수는 $E_{ij} = \dfrac{(i\text{행의 도수합계})(j\text{열의 도수합계})}{\text{총도수}}$ 에 따라 계산한다.

$$E_{11} = (33)(42)/95 = 14.589 \qquad E_{12} = (33)(53)/95 = 18.411$$

$$E_{21} = (47)(42)/95 = 20.779 \qquad E_{22} = (47)(53)/95 = 26.221$$

$$E_{31} = (15)(42)/95 = 6.632 \qquad E_{32} = (15)(53)/95 = 8.368$$

관찰도수와 기대도수를 알고 있으므로 χ^2검정통계량 값을 구할 수 있다.

$$\chi^2 = \sum_{i,j} \frac{(O_{ij} - E_{ij})^2}{E_{ij}}$$

$$= (22-14.589)^2/14.589 + (11-18.411)^2/18.411 + (15-20.779)^2/20.779$$
$$+ (32-26.221)^2/26.221 + (5-6.632)^2/6.632 + (10-8.368)^2/8.368$$
$$= 10.347$$

(3단계)

자유도는 X, Y 변수의 범주 수가 각각 $r=3$, $c=2$이므로 $df=(r-1)(c-1)$ $=2$가 되고 유의수준이 5%이므로 이에 해당하는 χ^2임계값을 구하면 5.991가 된다. 2단계에서 구한 검정통계량 χ^2값 10.347은 임계값 5.991보다 크므로 귀무가설을 기각하고 대립가설을 채택한다. 즉 부동산 가격과 매매가 성사되기까지의 대기기간은 독립적이라고 볼 수 없다는 결론을 내리게 된다.

χ^2	상한 단측확률			
df	0.10	0.05	0.025	0.01
1	2.706	3.841	5.024	6.635
2	4.605	5.991	7.378	9.210
3	6.251	7.815	9.348	11.345

[sas program]

```
DATA ex125;
  INPUT price period freq; ①
  CARDS; ②
1 1 22
1 2 11
2 1 15
2 2 32
3 1 5
3 2 10
;
RUN;

PROC FREQ DATA=ex125; ③
  TABLES price * period / CHISQ  EXPECTED; ④
  WEIGHT freq;
RUN;
```

해설

① 가격과 매매대기일수를 나타내는 변수명을 각각 price, period로 하고 관찰도수를 나타내는 변수명을 freq로 지정하였다.

② CARDS 스테이트먼트 다음에 price의 가격대를 나타내는 범주는 1, 2, 3으로 그리고 period의 기간은 1, 2로 표시하여 이에 해당하는 관찰도수를 입력하였다.

③ χ^2 독립성 검정을 하기 위해 FREQ 프로시저를 실행한다.

④ TABLES 스테이트먼트 다음에 두 개의 범주형 변수명을 '*'으로 연결하여 지정하고 χ^2 검정을 하도록 슬래시 '/' 다음에 옵션으로 'CHISQ'를 지정한다. CHISQ 옵션의 지정으로 χ^2 검정 결과를 얻을 수 있으나, 만약 기대도수를 구하고자 한다면 EXPECTED 옵션을 추가한다.

⑤ WEIGHT 스테이트먼트 다음에 각 셀의 관찰도수를 나타내는 변수명 freq를 지정한다.

[결과물]

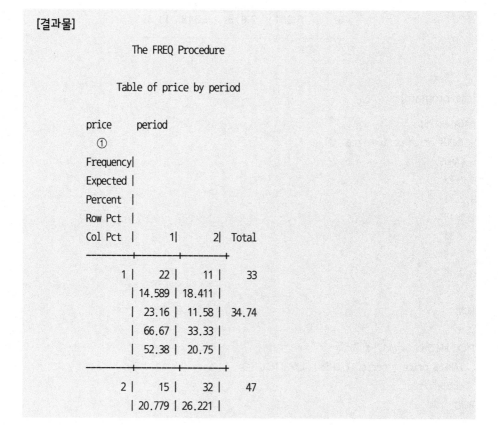

```
                    The FREQ Procedure


                 Table of price by period


        price        period
          ①
        Frequency|
        Expected |
        Percent  |
        Row Pct  |
        Col Pct  |      1|      2| Total
        ---------+-------+-------+
              1 |    22 |    11 |    33
                | 14.589| 18.411|
                | 23.16 | 11.58 | 34.74
                | 66.67 | 33.33 |
                | 52.38 | 20.75 |
        ---------+-------+-------+
              2 |    15 |    32 |    47
                | 20.779| 26.221|
```

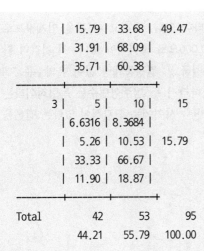

```
          |  15.79 |  33.68 | 49.47
          |  31.91 |  68.09 |
          |  35.71 |  60.38 |
       ---------+--------+--------+
        3 |      5 |     10 |    15
          | 6.6316 | 8.3684 |
          |   5.26 |  10.53 | 15.79
          |  33.33 |  66.67 |
          |  11.90 |  18.87 |
       ---------+--------+--------+
  Total       42       53       95
            44.21    55.79   100.00
```

Statistics for Table of price by period

Statistic	DF	Value	Prob
Chi-Square	2	10.3473	0.0057
Likelihood Ratio Chi-Square	2	10.4508	0.0054
Mantel-Haenszel Chi-Square	1	7.3559	0.0067
Phi Coefficient		0.3300	
Contingency Coefficient		0.3134	
Cramer's V		0.3300	

Sample Size = 95

해설

① 각 셀의 내용은 관찰도수(frequency), 기대도수(expected), 상대도수(percent), 각 행(row pct)과 열(col pct)을 기준으로 했을 때의 상대도수 순으로 출력되어 있다. 예를 들어 price=1 period=2인 경우 관찰도수가 11, 기대도수가 18.411, 그리고 전체 관찰도수 95에 대한 관찰도수의 비율인 상대도수가 11.58로 나열되어 있다. 그 아래에는 price=1인 행의 도수 합계 33을 기준으로 했을 때의 관찰도수 11의 상대도수가 33.33%(=11/33)으로 표시되어 있고, 다음에는 period=2인 열의 도수 합계 53을 기준으로 했을 때의 관찰도수 11의 상대도수가 20.75%(=11/53)로 나타나 있다.

② χ^2 검정통계량 값이 10.347로 나타나 있다. 그리고 이 값을 임계값으로 정했을
경우의 기각역 확률이 오른쪽에 0.006으로 출력되어 있다. 이 기각역 확률은 주
어진 유의수준 5%보다 작으므로 결국 χ^2 검정통계량 값이 유의수준 5%의 기각
역에 위치해 있음을 알 수 있다. 따라서 두 범주형변수는 독립적이라는 귀무가
설을 기각하게 된다. 즉 이들 두 변수 사이에는 연관성이 있다는 결론을 내리게
된다.

12.3 순위상관계수

순위상관계수

10장에서 우리는 두 변수의 관련성 정도를 나타내는 상관계수(correlation coefficient)에
대해 살펴보았다. 이때 두 변수는 정규분포를 하는 양적 데이터를 전제로 상관분석이 이
루어졌으며, 두 변수가 얼마나 밀접하게 양(+) 또는 음(-)의 관계를 가지고 있느냐에 따
라 상관계수는 -1에서 +1 사이의 값을 갖게 됨을 확인하였다.

그러나 여기서 관심의 대상이 되는 것은 두 변수가 양적(quantitative)이 아닌 질적
(qualitative)인 데이터에 대한 상관관계를 파악하는 것인데 이러한 질적 변수에 대한 상
관분석을 순위상관분석(rank correlation coefficient)이라 한다.

이는 스페어만 상관계수(Spearman's correlation coefficient)라고 불리는 순위상관계
수에 의해 측정할 수 있으며 아래의 식에 따라 구한다.

(스페어만 순위상관계수)

$$r_s = 1 - \frac{6 \sum d^2}{n(n^2 - 1)}$$

d: 순위의 차이 n: 표본크기

예제 12.6

다음은 순위상관분석에 대한 개념을 이해하기 위한 예이다.

   다음 자료는 재무담당이사 승진 대상자 8명에 대해 인사위원 두 사람으로 하여금
순위를 매기도록 하여 얻은 결과이다. 즉 인사위원1은 승진대상자 G에 대해 1순위로
결정하였으나 인사위원2는 2순위로 결정하고 있다. 이 자료를 통해 알고자 하는 것은
인사위원 두 사람이 매긴 순위변수 X와 Y가 얼마나 서로 밀접한 관계를 가지고 있는
가 하는 점이다. 만약 두 인사위원이 8명의 승진대상자에 대해 동일한 순위를 정했다
면 순위상관계수 r_s는 (+)1.0이 되고 완전히 정반대였다면 (−)1.0이 된다. 따라서 순
위상관계수 역시 −1.0에서 +1.0 사이의 값을 가질 것이다.

승진 대상자	인사위원1 (X)	인사위원2 (Y)
A	5	4
B	4	5
C	8	8
D	2	3
E	3	1
F	7	6
G	1	2
H	8	7

   물론 이때 두 인사위원이 매긴 순위가 연관성을 가지고 있는가에 대한 가설은, 전
혀 상관관계가 없다는 귀무가설과, 순위가 양(+)의 상관관계를 가지고 있다는 대립가
설로 설정한다.

$$H_0: \ \rho_s = 0$$
$$H_a: \ \rho_s > 0$$

NOTE

가설에서 설정하고 있는 내용은 모집단의 순위상관계수를 기준으로 하고 있기 때문에 r_s가
아닌 ρ_s로 표시하고 있다. 또한 귀무가설이 $\rho_s = 0$이므로 대립가설은 $\rho_s \neq 0$으로 설정해도
되나 위 예의 경우 두 인사위원의 순위변수가 얼마나 밀접한 양(+)의 관계를 가지고 있는가
를 알고자 하는 것이므로 $\rho_s > 0$으로 대립가설을 설정하였다.

예제 12.7

[예제 12.6]의 자료에 대해 두 인사위원이 내린 순위변수에 대한 순위상관계수를 구하고 이를 유의수준 5%하에서 검정하시오.

해설

(1단계) 다음과 같이 가설을 설정한다.

$$H_0: \rho_s = 0 \ (순위에 \ 상관관계가 \ 없다)$$
$$H_a: \rho_s > 0 \ (순위에 \ 양(+)의 \ 상관관계가 \ 있다)$$

(2단계)

두 순위변수 X, Y에 대한 차이 d와 이에 대한 제곱 d^2을 계산한다.

$$r_s = 1 - \frac{6\sum d^2}{n(n^2-1)} = 1 - \frac{(6)(10)}{(8)(8^2-1)} = 0.881$$

승진 대상자	인사위원1 (X)	인사위원2 (Y)	d ($X-Y$)	d^2
A	5	4	1	1
B	4	5	−1	1
C	8	8	0	0
D	2	3	−1	1
E	3	1	2	4
F	7	6	1	1
G	1	2	−1	1
H	6	7	1	1

$$\sum d^2 = 10$$

(3단계) 유의수준이 5%이고 상한단측검정일 때의 스페어만 상관계수 임계값을 찾으면 표본크기가 $n=8$인 경우 0.643이고, 2단계에서 구한 순위상관계수는 0.881로 임계값을 상회하므로 순위변수 사이에 상관이 없다는 귀무가설은 기각된다. 즉 두 인사위원이 평가한 순위에는 양(+)의 상관관계가 존재한다는 결론을 내리게 된다.

[sas program]

```
DATA ex127;
  INPUT x y;
  CARDS;
5 4
4 5
8 8
2 3
3 1
7 6
1 2
6 7
;
RUN;

PROC CORR DATA=ex127 SPEARMAN; ①
 VAR x y;
RUN;
```

해설

① 스페어만 순위상관계수를 구하기 위해 CORR 프로시저를 실행하고 SPEARAMAN 옵션을 설정한다.

　　결과물 ①에 순위상관계수가 0.88095로 출력되어 있으며 이를 임계값으로 했을 때의 양측검정하의 기각역 확률이 ②에 0.0039로 나타나 있다. 따라서 상한단측의 기각역 확률은 0.0039의 1/2인 0.002가 되고 이는 주어진 유의수준 5%보다 작으므로 귀무가설을 기각하고 대립가설을 채택하게 된다. 상관계수 행렬은 대칭행렬이므로 ①과 ②의 결과는 ③ ④에 동일하게 나타나 있다.

[결과물]

The CORR Procedure

2 Variables:　　x　　　y

Simple Statistics

Variable	N	Mean	Std Dev	Median	Minimum	Maximum
x	8	4.50000	2.44949	4.50000	1.00000	8.00000
y	8	4.50000	2.44949	4.50000	1.00000	8.00000

Spearman Correlation Coefficients, N = 8
Prob > |r| under H0: Rho=0

	x	y
x	1.00000	0.88095 ①
		0.0039 ②
y	0.88095 ③	1.00000
	0.0039 ④	

12.4 순위합 검정

순위합 검정

7장에서 우리는 두 개의 독립표본으로부터 두 모집단의 모평균 μ_1, μ_2 사이에 차이가 존재하는지를 확인하기 위해 모수적 통계분석인 t 검정방법을 이용하였다.

이러한 두 개의 독립 모집단에 대한 모평균 차이의 존재 여부는 비모수적 통계분석을 통해서도 검정할 수 있는데, 이때 사용하는 검정방법을 순위합 검정(rank sum test)이라 하며, 이는 윌콕슨 순위합 검정(Wilcoxon rank sum test) 또는 맨-위트니 U검정 (Mann-Whitney U test)이라고도 한다.

해 설

독립적인 두 모집단에 대한 비교에 있어서 순위합 검정은 다음과 같은 점에서 t 검정에 비해 장점을 가지고 있다.

첫째 모수적 통계기법인 t 검정을 수행하기 위해서는 평균과 표준편차의 계산이 요구되나, 비모수적 통계기법인 순위합 검정에서는 이를 필요로 하지 않기 때문에 전반적인 검정과정이 훨씬 용이하다는 점이다.

둘째 가정 자체가 t 검정에 비해 제약적이지 않다는 점이다. 즉 소표본의 t 검정을 하기 위해서는 모집단이 정규분포를 한다는 가정이 필요한 반면 순위합 검정에서는 이를 요구하지 않는다는 점이다. 따라서 순위합 검정이 t 검정보다 훨씬 포괄적으로 이용될 수 있는 검정방법인 것이다.

순위합 검정통계량

순위합 검정 역시 다른 검정과정과 마찬가지로 먼저 가설을 설정하고, 이 가설의 채택여부를 결정할 순위합 검정통계량을 계산하는 과정을 거치게 된다.

순위합 검정통계량을 계산한 후에는 이를 주어진 유의수준하에서의 순위합 검정 임계값과 비교하여 귀무가설 채택여부를 결정하게 된다. 순위합 검정통계량은 표본이 소표본이냐 대표본이냐에 따라 계산 과정이 달라지게 되는데, 이때 소표본과 대표본의 기준은 표본크기에 따라 구분하게 된다. 독립적인 두 표본의 크기가 모두 10보다 작은 경우는 소표본으로 간주하며 두 표본 가운데 어느 한 표본이라도 크기가 10보다 크면 대표본으로 간주하여 순위합 검정통계량을 계산하게 된다.

예제 12.8

여기서는 소표본의 경우를 대상으로 순위합 검정이 이루어지는 과정을 살펴보기로 하자. 다음은 A, B 두 지역에 있는 대리점 가운데 각각 8개 점포와 7개 점포를 무작위로 뽑아 작년 1년 동안의 월평균매출액을 조사한 것이다. 두 지역에 있는 대리점 매출액에 차이가 존재하는지를 5% 유의수준하에서 순위합 검정을 통해 살펴보기로 하자.

(단위: 억원)

지역	매출액							
A	22.9	20.6	24.3	22.5	24.5	23.1	23.9	25.2
B	17.8	21.4	18.8	19.1	22.1	19.8	20.9	

해설

앞서 자료에서 알고자 하는 것은 두 지역의 매출액 사이에 차이가 있는지를 확인하는데 있으므로 먼저 다음과 같이 가설을 설정할 수 있다.

(1단계)

$$H_0: \ \mu_A = \mu_B$$

$$H_a: \ \mu_A \neq \mu_B$$

(2단계)

순위합 검정의 검정통계량을 계산한다. 이를 위해 제일 먼저 해야 할 일은 독립적인 두 표본의 관찰치를 통합한 후, 크기에 따라 오름차순으로 정렬하여 순위를 결정하는 일이다.

만약 두 지역에 있는 대리점의 평균매출액이 동일하다면, 순위에 따라 정렬한 아래 표에서 지역을 표시하는 A, B 문자는 어느 한 쪽으로 편중되어 나열되기보다는 혼합되어 나타날 것이라는 사실을 예상할 수 있다.

만약 위의 가설검정을 t 검정에 따라 하는 경우 표본평균과 표준편차 등을 계산하여야 하나 순위합 검정에 따라 비모수적으로 검정하는 경우는 다음과 같이 간단히 검정할 수 있다.

즉 n_1, n_2, T_1, T_2를 다음과 같이 정의했을 때 T_1이 검정통계량이 되며, 이를 순위합 검정의 임계값과 비교하여 귀무가설 채택여부를 결정하게 된다.

> $n_1 =$ 두 표본 중 크기가 작은 표본의 관찰치 수
>
> $n_2 =$ 두 표본 중 크기가 큰 표본의 관찰치 수
>
> $T_1 =$ 크기가 작은 표본의 n_1개 관찰치의 순위들의 합
>
> $T_2 =$ 크기가 작은 표본의 n_2개 관찰치의 순위들의 합

다음 표는 두 지역의 표본을 통합하여 매출액을 오름차순으로 정렬하여 순위를 부여한 것이다.

여기서 A지역의 표본크기는 8이고 B지역의 표본크기는 7이므로 $n_1=7$, $n_2=8$임을 알 수 있다. 여기서 n_1을 구성하는 관찰치, 즉 B지역의 대리점 매출액의 순위는 1, 2, 3, 4, 6, 7, 8위를 차지하고 있으므로 이들 순위를 합한 31(=1+2+3+4+6+7+8)이 T_1이 된다. 물론 이때 T_2는 A지역의 대리점 매출액의 순위 5, 9, 10, 11, 12, 13, 14, 15위를 모두 더한 89가 된다. 그러나 순위합 검정통계량으로 사용되

는 것은 T_1이므로 T_2는 계산하지 않아도 상관없다.

매출액	순위	지역
17.8	1	B
18.8	2	B
19.1	3	B
19.8	4	B
20.6	5	A
20.9	6	B
21.4	7	B
22.1	8	B
22.5	9	A
22.9	10	A
23.1	11	A
23.9	12	A
24.3	13	A
24.5	14	A
25.2	15	A

(3단계)

순위합 검정통계량이 $T_1 = 31$로 도출되었으므로 이를 순위합 검정 임계값과 비교하여 귀무가설 채택여부를 결정해야 한다.

$n_1 = 7$, $n_2 = 8$일 때 5% 유의수준하의 순위합검정 임계값을 찾으면 $T_L = 41$, $T_U = 71$이 되는데 여기서 T_L과 T_U는 각각 순위합 검정통계량의 하한값과 상한값을 표시하는 것으로서, 하한값 T_L과 상한값 T_U 사이에 T_1이 속하면 귀무가설을 채택하고, T_1이 이 범위를 벗어나 있으면 귀무가설을 기각한다.

순위합 검정통계량 $T_1 (=31)$은 하한값과 상한값인 41과 71 사이의 범위를 벗어나 있으므로 $H_0: \mu_1 = \mu_2$라는 귀무가설을 기각하게 된다. 따라서 두 모집단의 평균이 동일하다고 볼 수 없다는 결론을 내리게 된다.

그림 12-3 순위합 검정통계량의 하한값과 상한값

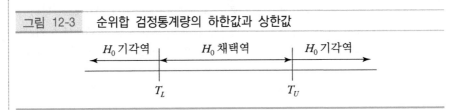

```
[sas program]
DATA ex128;
  INPUT region $ sales @@;
  CARDS;
A 22.9 A 20.6 A 24.3 A 22.5 A 24.5 A 23.1 A 23.9 A 25.2
B 17.8 B 21.4 B 18.8 B 19.1 B 22.1 B 19.8 B 20.9
;
RUN;


PROC NPAR1WAY DATA=ex128 WILCOXON; ①
  CLASS region; ②
  VAR sales; ③
  EXACT WILCOXON; ④
RUN;
```

해설

① 비모수적 검정을 위해 NPAR1WAY 프로시저를 실행한다. 이때 순위합 검정을 위한 옵션으로 WILCOXON을 지정한다.

② CLASS 스테이트먼트 다음에 독립적인 두 표본을 구분하는 범주형 변수를 지정한다. 여기서는 두 표본을 구분하는 변수인 region을 지정한다.

③ VAR 스테이트먼트 다음에는 반응변수 또는 종속변수에 해당하는 변수명을 지정한다. 지역별로 매출액의 차이가 있는지를 검정하는 것이므로 여기서는 매출액을 나타내는 sales 변수가 반응변수에 해당한다.

④ EXACT 스테이트먼트 다음에 NPAR1WAY 프로시저에서 옵션으로 지정했던 WILCOXON을 키워드(key word)로 지정하면 Wilcoxon 순위합 검정통계량에 대한 정확한 기각역 확률을 계산해 준다.

결과물 ①에 두 표본의 크기가 나타나 있다. 그리고 ②와 ③에 T_1의 값이 31로 출력되어 있다. ④와 ⑤에는 순위합 검정통계량 값에 대한 기각역 확률이 단측검정인 경우와 양측검정인 경우로 구분하여 각각 0.0011, 0.0022로 나타나 있다. 어느 것을 택하든지 유의수준을 5%로 하는 경우 모두 귀무가설을 기각하게 된다. 즉 두 모집단의 평균이 동일하다고 볼 수 없다는 결론을 내리게 된다.

NOTE

실제로 EXACT 스테이트먼트 부분은 생략하고 실행한 경우 결과물 ⑥을 기준으로 귀무가설 채택여부를 결정할 수 있다. 즉 ⑥에 양측검정하에서의 기각역 확률이 0.0046으로 계산되어 있으므로 유의수준이 5%인 경우 귀무가설을 기각하게 됨을 쉽게 알 수 있다.

[결과물]

The NPAR1WAY Procedure

Wilcoxon Scores (Rank Sums) for Variable sales
Classified by Variable region

region	N	Sum of Scores	Expected Under H0	Std Dev Under H0	Mean Score
①					
A	8	89.0	64.0	8.640988	11.125000
B	7	31.0 ②	56.0	8.640988	4.428571

Wilcoxon Two-Sample Test

Statistic (S)   31.0000 ③

Normal Approximation   ⑥
Z   -2.8353
One-Sided Pr < Z   0.0023
Two-Sided Pr > |Z| 0.0046

t Approximation
One-Sided Pr < Z   0.0066
Two-Sided Pr > |Z| 0.0132

Exact Test
One-Sided Pr <= S   0.0011 ④
Two-Sided Pr >= |S - Mean| 0.0022 ⑤

```
Z includes a continuity correction of 0.5.


                    Kruskal-Wallis Test


        Chi-Square          8.3705
        DF                       1
        Pr > Chi-Square     0.0038
```

대표본인 경우의 순위합 검정통계량

독립적인 두 표본 중 어느 한 표본이라도 크기가 10보다 큰 경우 대표본에 해당하는데, 이때는 T_1이 정규분포에 근접하기 때문에 다음과 같이 T_1에 대한 표준화 값을 순위합 검정통계량으로 사용할 수 있다.

$$Z = \frac{T_1 - T_1 \text{의 평균}}{T_1 \text{의 표준편차}}$$

T_1의 표본분포는 평균이 $n_1(n+1)/2$이고 표준편차가 $\sqrt{n_1 n_2(n+1)/12}$ 인 것으로 알려져 있으므로 이를 위 식에 대입하면 다음과 같은 순위합 검정통계량을 얻을 수 있다.

$$Z = \frac{T_1 - \dfrac{n_1(n+1)}{2}}{\sqrt{\dfrac{n_1 n_2(n+1)}{12}}}, \quad n = n_1 + n_2$$

그리고 순위합 검정통계량인 이 표준화 Z 값을 주어진 유의수준하의 표준화 정규분포표 임계값과 비교하여 귀무가설 채택여부를 결정하게 된다.

예제 12.9

아래는 렌트카 회사에서 두 자동차회사(T, N)로부터 새로 구입한 20대(T 회사: 8대, N 회사: 12대)에 대해 1갤론당 주행거리를 조사한 표이다. 순위합 검정방법을 이용하여 두 회사 차량의 1갤론당 평균 주행거리는 동일하다는 가설을 5% 유의수준에서 검정하시오.

제조회사	주행거리(mile/gallon)
T	9.82 11.92 9.65 10.13 10.29 9.84 11.39 10.67
N	10.23 12.48 10.53 10.40 12.05 11.03 12.20 12.61 10.42 10.72 11.38 12.85

해설

(1단계) 두 회사에 제조된 차량의 연비가 동일한지를 검정하는 것이므로 다음과 같이 가설을 설정한다.

$$H_0: \ \mu_T = \mu_N$$

$$H_a: \ \mu_T \neq \mu_N$$

(2단계) 순위합 검정통계량을 구한다.

이를 위해 아래와 같이 먼저 자동차 제조회사에 관계없이 20대를 대상으로 순위를 결정한다. 이때 순위는 두 회사 자동차의 연비가 동일한지를 검정하는 것이므로 연비가 낮은 순서대로 하든 높은 순서대로 하든 상관없다.

회사	주행거리	순위	회사	주행거리	순위
T	9.65	1	N	10.72	11
T	9.82	2	N	11.03	12
T	9.84	3	N	11.38	13
T	10.13	4	T	11.39	14
N	10.23	5	T	11.92	15
T	10.29	6	N	12.05	16
N	10.40	7	N	12.20	17
N	10.42	8	N	12.48	18
N	10.53	9	N	12.61	19
T	10.67	10	N	12.85	20

표본크기가 $n_2 = 12$로 10보다 크므로 대표본하에서의 순위합 검정통계량을

구한다. 이를 위해 먼저 n_1, n_2, T_1을 계산한다.

$n_1 =$ 두 표본 중 크기가 작은 표본의 관찰치 수 $= 8$

$n_2 =$ 두 표본 중 크기가 큰 표본의 관찰치 수 $= 12$

$T_1 =$ 크기가 작은 표본의 n_1개 관찰치의 순위들의 합

$= 1+2+3+4+6+10+14+15 = 55$

T_1에 대한 표본분포의 평균과 표준편차를 계산하여 순위합 검정통계량 식에 대입한다.

(평균)
$$\frac{n_1(n+1)}{2} = \frac{(8)(20+1)}{2} = 84$$

(표준편차)
$$\sqrt{\frac{n_1 n_2 (n+1)}{12}} = \sqrt{\frac{(8)(12)(20+1)}{12}} = 12.96$$

(순위합 검정통계량)
$$Z = \frac{T_1 - \dfrac{n_1(n+1)}{2}}{\sqrt{\dfrac{n_1 n_2 (n+1)}{12}}} = \frac{55-84}{12.96} = -2.24$$

(3단계) 유의수준이 5%이고 대립가설($H_a : \mu_T \neq \mu_N$)이 양측검정에 해당하므로 표준 정규분포표에서 Z 임계값을 찾으면 1.96이 된다. 이는 상한 임계값에 해당하므로 여기에 $(-)$부호를 붙인 -1.96이 하한임계값이 된다. 즉 귀무가설 채택역이 $-1.96 \leq Z \leq 1.96$임을 알 수 있다. 2단계에서 구한 순위합 검정통계량 -2.24는 이 범위를 벗어나 있으므로 두 회사 자동차의 연비가 동일하다는 귀무가설은 기각된다.

[sas program]

```
DATA ex129;
  INPUT company $ mpg @@;
  CARDS;
T  9.82 T 11.92 T  9.65 T 10.13 T 10.29 T  9.84 T 11.39 T 10.67
N 10.23 N 12.48 N 10.53 N 10.40 N 12.05 N 11.03 N 12.20 N 12.61
```

```
N 10.42 N 10.72 N 11.38 N 12.85
;
RUN;

PROC NPAR1WAY DATA=ex129 WILCOXON; ①
  CLASS company; ②
  VAR mpg; ③
RUN;
```

해설

① Wilcoxon 순위합 검정을 하기 위해 NPAR1WAY 프로시저를 옵션 WILCOXON
   을 지정하여 실행한다.
② 두 개의 독립적인 표본을 표시하는 범주형 변수인 company를 CLASS 스테이트
   먼트 다음에 지정한다.
③ 범주형 변수에 대한 반응변수에 해당하는 mpg 변수를 VAR 스테이트먼트 다음
   에 지정한다.

[결과물]

The NPAR1WAY Procedure

Wilcoxon Scores (Rank Sums) for Variable mpg
Classified by Variable company

company	N	Sum of Scores	Expected Under H0	Std Dev Under H0	Mean Score
	①	②	③	④	
T	8	55.0	84.0	12.961481	6.875000
N	12	155.0	126.0	12.961481	12.916667

Wilcoxon Two-Sample Test

Statistic   55.0000 ⑤

Normal Approximation

```
         Z                        -2.1988 ⑥
         One-Sided Pr < Z          0.0139
         Two-Sided Pr > |Z|        0.0279 ⑦


         t Approximation
         One-Sided Pr < Z          0.0202
         Two-Sided Pr > |Z|        0.0405


     Z includes a continuity correction of 0.5.


              Kruskal-Wallis Test


         Chi-Square                5.0060
         DF                             1
         Pr > Chi-Square           0.0253
```

> **해설**

①-② n_1과 T_1이 각각 8, 55로 나타나 있다. T_1은 ⑤에도 출력되어 있다.

　③과 ④에는 위에서 구했던 T_1의 평균인 기대값과 표준편차가 84.0, 12.961로 나타나 있다.

⑥ T_1에 대한 표준화 Z 값이 약 -2.2로 나타나 있다(이 값은 정규분포의 근사치로 계산된 것으로서 앞에서 구한 -2.24와 약간의 차이를 보이고 있으나 가설검정 결과에는 영향을 미치지 않는다).

⑦ -2.2를 임계값으로 했을 때의 양측검정하에서의 기각역 확률이 0.0279로 나타나 있다. 이는 유의수준이 5%일 때 귀무가설이 기각됨을 의미하는 것이다.

12.5 부호순위 검정

> **부호순위 검정**

윌콕슨 순위합 검정이 독립적인 두 표본에 대한 평균이 동일한지를 검정하는 비모수적 방법인데 반해, 부호순위 검정은 두 표본이 서로 짝을 이루고 있는(paired or matched)

상태에서, 두 표본의 평균이 동일한지를 검정하는 비모수적 방법으로서 윌콕슨 부호순위 검정(Wilcoxon sign rank test)이라고도 한다.

부호순위 검정통계량(소표본)

부호순위 검정의 검정통계량은 표본의 크기가 30 이하인 경우($n \leq 30$) 다음과 같이 구한다.

먼저 두 표본에서 짝을 이루고 있는 n개 관찰치 각각의 차이(d)를 구한 후, d의 절대값을 기준으로 오름차순의 순위를 정하는데 이 순위를 절대순위(absolute rank)라고 한다. 그리고 이 절대순위에 d가 음이면 (−)부호를, d가 양이면 (+)부호를 붙인 순위를 부호순위(sign rank)라고 한다.

이때 d의 절대값이 동일한 값을 가지는 경우 이들 값에 대한 순위를 평균한 값을 지정한다. 즉 예를 들어 3위와 4위에서 d의 절대값이 동일한 값을 가지고 있는 경우 이들 관찰치에 대한 절대순위는 모두 3.5로 지정하게 되는 것이다. 또한 한 가지 주의할 것은 $d=0$인 경우는 두 표본에서 해당 관찰치를 제거해야 한다는 점이다.

이와 같이 구한 부호순위에서 양(+)의 값만을 모아 합한 값을 T_+, 음(−)의 값만을 모아 합한 값을 T_-라 하고, $\min(T_+, T_-)$, 즉 T_+와 T_- 중 최소값을 T라 할 때, 양측검정에서는 T가 부호순위 검정통계량이 되고 상한단측검정과 하한단측검정에서는 각각 T_-, T_+가 부호순위 검정통계량이 된다.

여기서 주의할 것은 (−)의 역할은 부호순위가 (+)인가 (−)인가만을 구분하는데 있기 때문에 T_- 계산을 할 때 (−) 부호가 제외된 절대값 개념의 순위를 더하면 된다. 또한 T_+와 T_-의 합은 $n(n+1)/2$이 되어야 하는데 이를 이용하면 T_+와 T_-의 계산이 정확한지를 검산할 수 있다.

끝으로 이 부호순위 검정통계량 T, T_+, T_-가 임계값 '이하'일 때 두 표본의 평균이 동일하다는 귀무가설을 기각하게 된다.

해설

부호순위 검정의 배경은 만약 두 표본의 평균이 동일하다면, 짝을 이룬 관찰치의 차이 d는 거의 '0'에 가까운 양수 또는 음수 값을 가지게 될 것이고 T_+와 T_- 값 역시 거의 동일한 값을 가지게 될 것이나, 귀무가설이 기각되어 지는 경우는 T_+와 T_- 값이 상당한 불균형 상태에 있게 될 것이라는 점이다.

부호순위 검정통계량(대표본)

표본크기가 30을 넘어서는 경우, 이는 부호순위 검정에서 대표본에 해당하며, 이때 부호순위 검정통계량은 정규분포에 근사하기 때문에 다음과 같이 정규분포의 표준화 값을 구하는 방식을 통해 도출하게 된다. 그리고 이 Z 값을 표준화 임계값과 비교하여 귀무가설 채택여부를 결정하게 된다.

$$Z = \frac{T - \mu_T}{\sigma_T}$$

$$\mu_T = \frac{n(n+1)}{4}, \quad \sigma_T = \sqrt{\frac{n(n+1)(2n+1)}{24}}, \quad T = \min(T_+,\ T_-)$$

NOTE

표본크기가 $n > 15$이면 Z 값에 의한 가설검정이 가능한 것으로 알려져 있다.

예제 12.10

아래 자료는 생산 현장에 있는 근로자에게 기계에 대한 작동원리 교육을 시킨 후, 이들 중 11명을 무작위로 선정하여 교육 전과 후의 제품에 대한 생산량을 비교조사한 것이다. 이 자료를 이용하여 다음 물음에 답하시오.

(1) 교육 후에 생산량이 증가했다고 볼 수 있는지를 검정하는 가설을 설정하시오.
(2) 윌콕슨 부호순위 검정을 하는 경우 이용가능한 관찰치 쌍 n은 몇 개인가?
(3) 위의 가설을 5% 유의수준에서 윌콕슨 부호순위 검정에 따라 검정하시오.

근로자	교육전	교육후
A	18	22
B	22	25
C	24	23
D	17	25
E	16	29
F	18	18
G	14	22
H	20	18
I	17	24
J	23	31
K	26	23

해설

(1) 교육 후에 생산량이 증가했는지를 검정하는 것이므로 단측검정에 해당하며 교육 전의 평균 생산량을 μ_1, 교육 후의 평균 생산량을 μ_2라 할 때 다음과 같이 가설을 설정할 수 있다.

$$H_0: \ \mu_1 = \mu_2$$
$$H_a: \ \mu_1 < \mu_2$$

또는

$$H_0: \ \mu_1 - \mu_2 = 0$$
$$H_a: \ \mu_1 - \mu_2 < 0$$

(2) 교육 전과 교육 후의 두 표본에서 짝을 이루고 있는 관찰치의 차인 d가 '0'인 경우 이는 부호순위 검정을 할 때 제외된다. 근로자 F의 경우 생산량이 18로 동일하므로 이 관찰치는 제외된다. 즉 유용한 관찰치 수는 $n = 10$이 된다.

(3) 부호순위 검정을 위해 이용가능한 관찰치 10개에 대해 관찰치의 차이 d와 d의 절대값을 기준으로 한 절대순위와 함께 부호순위를 결정하여 다음과 같은 표를 작성한다.

근로자	교육전 (before)	교육후 (after)	차이(d) (after−before)	d절대값	절대순위	부호순위	부호
A	18	22	4	4	5.0	5.0	+
B	22	25	3	3	3.5	3.5	+
C	24	23	−1	1	1.0	−1.0	−
D	17	25	8	8	8.0	8.0	+
E	16	29	13	13	10.0	10.0	+
G	14	22	8	8	8.0	8.0	+
H	20	18	−2	2	2.0	−2.0	−
I	17	24	7	7	6.0	6.0	+
J	23	31	8	8	8.0	8.0	+
K	26	23	−3	3	3.5	−3.5	−

위 표에서 보는 바와 같이 근로자 F의 관찰치는 제외되어 있다.

부호순위가 (+)인 경우와 (−)인 경우로 구분하여 T_+, T_-를 계산하면

$$T_+ = 48.5$$
$$T_- = 6.5$$

가 되고 $T = \min(T_+, T_-)$이므로 $T = 6.5$임을 알 수 있다.

그리고 부호순위 검정에서 양측검정을 하는 경우는 T가 검정통계량이 되고 이를 임계값과 비교하여 귀무가설 채택여부를 결정하게 되나, 단측검정의 경우는 상한단측검정인지 하한단측검정인지에 따라 부호검정 통계량이 T_-, T_+로 달라지므로 주의해야 한다.

이 문제의 경우 교육 후의 생산량이 교육 전의 생산량보다 증가했는지를 검정하는 것으로서 대립가설이 $H_a: \mu_2 - \mu_1 > 0$이고 이에 따라 짝을 이룬 관찰치의 차이 역시 교육 후 생산량에서 교육 전 생산량을 빼는 과정을 통해 이루어졌으므로 상한단측검정에 해당한다. 따라서 검정통계량은 T_-의 값 6.5가 된다.

표본크기가 $n = 10$이고 유의수준이 5%인 경우 단측검정하의 부호순위 임계값은 10이 되는데, 검정통계량 값은 $T_- = 6.5$로 이보다 작으므로 귀무가설을 기각하게 된다. 즉 교육 후 생산량이 증가했다고 볼 수 있다는 결론을 내리게 된다.

```
[sas program]
DATA ex1210;
  INPUT worker $ before after;
  d=after-before;
  CARDS;
A 18 22
B 22 25
C 24 23
D 17 25
E 16 29
F 18 18
G 14 22
H 20 18
I 17 24
J 23 31
K 26 23
;
RUN;

PROC UNIVARIATE DATA=ex1210; ①
  VAR d;
RUN;
```

해설

① 윌콕슨 부호순위검정을 위해 UNIVARIATE 프로시저를 실행한다. 부호순위 검정
   통계량에 대한 귀무가설 기각역 확률이 결과물 ①에 0.0293으로 출력되어 있으
   며 이는 주어진 유의수준 5%보다 작으므로 귀무가설을 기각한다.

 NOTE

다음 결과물의 부호순위 검정통계량 계산은 정규근사를 전제로 대표본을 기준으로 계산한
결과이다.

[결과물]

The UNIVARIATE Procedure
Variable: d

Moments

N	11	Sum Weights	11
Mean	4.09090909	Sum Observations	45
Std Deviation	5.14693201	Variance	26.4909091
Skewness	0.11361394	Kurtosis	-1.0500747
Uncorrected SS	449	Corrected SS	264.909091
Coeff Variation	125.813894	Std Error Mean	1.55185839

Basic Statistical Measures

Location		Variability	
Mean	4.090909	Std Deviation	5.14693
Median	4.000000	Variance	26.49091
Mode	8.000000	Range	16.00000
		Interquartile Range	9.00000

Tests for Location: Mu0=0

Test	-Statistic-		——p Value——	
Student's t	t	2.636136	Pr > |t|	0.0249
Sign	M	2	Pr >= |M|	0.3438
Signed Rank	S	21	Pr >= |S|	0.0293 ①

예제 12.11

부동산 중개업소에서는 금년의 경우 부동산이 시장에 매물로 나와 매매가 이루어지기까지의 평균대기일수가 작년에 비해 증가했다고 보고 있다. 이를 확인하기 위해 금년에 매매가 이루어진 부동산 중 15개를 무작위로 뽑아 평균대기일수를 조사한 결과 다음과 같은 자료를 얻었다. 작년의 매매가 이루어지기까지 소요되는 평균대기일수가

88일이라고 할 때 금년의 매매 소요일수가 증가했다고 판단하는 부동산 중개업소의
견해를 5% 유의수준하에서 부호순위 검정을 통해 검정하시오.

금년의 매매소요일수				
17	41	62	70	88
103	111	119	131	137
144	168	171	179	213

해설

직접 SAS를 이용하여 결과를 도출하도록 하자.

```
[sas program]
DATA ex1211;
  INPUT x @@;
  d=x-88;
  CARDS;
 17  41  62  70  88
103 111 119 131 137
144 168 171 179 213
;
RUN;

PROC UNIVARIATE DATA=ex1211;
  VAR d;
RUN;
```

해설

① 윌콕슨 부호순위검정을 위해 UNIVARIATE 프로시저를 실행한다. 부호순위 검정
통계량에 대한 귀무가설 기각역 확률이 결과물 ①에 0.0676으로 출력되어 있다.
그런데 우리가 분석하고자 하는 것은 상한단측검정으로서 다음과 같은 가설을
검정하는 것이다.

$$H_0: \mu = 88, \quad H_a: \mu > 88$$

따라서 상한단측 검정통계량에 대한 기각역 확률은 결과물 ①의 출력된 확률 0.0676의 1/2인 0.0338이 된다. 이 값은 주어진 유의수준 5%보다 작으므로 귀무가설을 기각하고 대립가설을 채택한다. 즉 금년의 매매소요일수는 작년의 평균 소요일수 88일보다 증가했다고 볼 수 있다.

[결과물]

```
                    The UNIVARIATE Procedure
                         Variable:  d

                           Moments

N                        15    Sum Weights              15
Mean             28.9333333    Sum Observations        434
Std Deviation    54.7650392    Variance         2999.20952
Skewness         -0.1427608    Kurtosis         -0.5468783
Uncorrected SS        54546    Corrected SS     41988.9333
Coeff Variation   189.28009    Std Error Mean   14.1402723


                   Basic Statistical Measures

        Location                    Variability

    Mean     28.93333    Std Deviation          54.76504
    Median   31.00000    Variance                   2999
    Mode         .       Range                 196.00000
                         Interquartile Range    98.00000


                Tests for Location: Mu0=0


    Test          -Statistic-    -----p Value------

    Student's t   t  2.046165    Pr > |t|    0.0600
    Sign          M         3    Pr >= |M|   0.1796
    Signed Rank   S      29.5    Pr >= |S|   0.0676 ①
```

12.6 순위분산분석(크루스칼-월리스 검정)

크루스칼-월리스 검정

9장에서 살펴본 분산분석(analysis of variance)은 세 개 또는 그 이상의 모집단 평균이 동일한지를 검정하는 방법으로서, 이때 각 표본의 관찰치들은 등간척도이거나 비율척도로 측정된 경우에 한하였으며 동시에 이들 모집단의 분포가 정규분포를 하면서 표준편차가 동일하다는 가정이 전제되었다.

이러한 제약성을 벗어나 관찰치들이 서수적으로 측정된 경우까지 확장하여 세 개 또는 그 이상의 모집단 평균이 동일한지를 검정하기 위해 제시된 것이 크루스칼-월리스의 순위분산분석(analysis of variance by ranks)이다. 이는 간단히 크루스칼-월리스 검정 (Kruskal-Wallis test)이라고도 한다.

해 설

크루스칼-월리스 검정의 강점은 다른 비모수통계 검정방법이 갖는 것처럼 모집단이 반드시 정규분포를 해야 한다는 가정을 필요로 하지 않는다는 점이다. 크루스칼-월리스 검정을 적용하기 위해서는 단지 모집단에서 추출된 표본들이 서로 독립적이기만 하면 되는 것이다.

검정방법 역시 간단해서 다른 비모수검정방법과 마찬가지로 먼저 모든 표본들의 관찰치들을 하나로 묶은 후 이들 관찰치들을 오름차순으로 순위를 결정하는 과정을 거치게 된다. 그리고 이때 순위가 나열된 관찰치 값이 동일한 경우는 두 관찰치의 순위를 평균한 것을 사용하게 된다.

크루스칼-월리스 검정통계량

k개 모집단의 평균이 동일한지에 대해 크루스칼-월리스 검정을 하기 위해서는 먼저 다음과 같은 가설을 설정한다.

$$H_0: \mu_1 = \mu_2 = \cdots = \mu_k \text{ (즉 } k\text{개 모집단의 분포는 동일하다).}$$
$$H_a: k\text{개 모집단 중 적어도 하나는 다른 모집단 분포와 다르다.}$$

앞서와 같은 가설을 설정한 후에는 이를 검정하기 위해 아래 식에 따라 크루스칼-월리스 검정통계량 K를 구한다.

$$K = \frac{12}{n(n+1)} \sum_{j=1}^{k} \frac{T_j^2}{n_j} - 3(n+1)$$

k: 집단의 수 $\quad\quad\quad$ n: 총관찰치 수

T_j: j번째 집단의 순위합계 $\quad$ n_j: j번째 집단의 관찰치 수

그리고 크루스칼-월리스 검정통계량 K는 표본을 구성하고 있는 k개 각 그룹의 관찰치 수가 5 이상이면 $(k-1)$의 자유도를 가진 χ^2 분포에 근사한 분포를 하기 때문에 귀무가설 채택여부를 확인하기 위한 임계값은 χ^2 분포표로부터 찾는다.

예제 12.12

아래 표는 A, B, C 세 개 보험대리점에 속해 있는 영업사원 중 18명을 무작위로 뽑아 이들의 보험계약액을 조사한 것이다. 다음 물음에 답하시오.

(단위: 천만원)

대리점	계약액						
A	14	17	21	20	24		
B	26	18	20	23	27	15	19
C	27	23	33	29	32	35	

(1) 세 대리점에 속한 영업사원들의 보험계약액이 동일한지를 크루스칼-월리스 검정에 따라 검정하려 한다. 이를 위한 가설을 설정하시오.

(2) A, B, C 세 개 보험대리점의 순위합계 T_A, T_B, T_C는 얼마인가?

(3) $K = \dfrac{12}{n(n+1)} \sum_{j=1}^{k} \dfrac{T_j^2}{n_j} - 3(n+1)$에 따라 계산한 크루스칼-월리스 검정통계량 K는 얼마인가?

(4) 크루스칼-월리스 검정을 이용하여 5% 유의수준하에서 세 대리점 영업사원의 평균 계약액이 동일한지를 판단하시오.

해설

(1) 다음과 같이 가설을 설정한다.

H_0: $\mu_A = \mu_B = \mu_C$ (세 대리점 영업사원의 평균계약액은 동일하다.)

H_a: H_0가 아니다.(세 대리점 영업사원의 평균계약액은 모두 동일하지는 않다.)

(2) 결과물 ①에 대리점별 순위합계가 각각 $T_A = 29.5$, $T_B = 52.5$, $T_C = 89.0$으로 출력되어 있다.

(3) 크루스칼–월리스 검정통계량 K는 분석대상이 되는 각 집단의 관찰치 수가 5 이상인 경우 χ^2분포를 하며, 이 K 값이 결과물 ②에 9.2732로 나타나 있으며 그 아래 ③에는 자유도가 $df = k - 1 = 3 - 1 = 2$로 출력되어 있다.

그리고 크루스칼–월리스 검정통계량 K 값 9.2732를 가설검정의 임계값으로 설정할 경우의 귀무가설 기각 확률이 결과물 ④에 0.0097로 나타나 있다. 따라서 주어진 유의수준 5%하에서 귀무가설은 기각되고 대립가설이 채택된다. 즉 세 대리점에 속한 영업사원들의 평균계약액은 모두 동일하다고 볼 수 없다는 결론을 내리게 되는 것이다.

```
[sas program]
DATA ex1212;
  INPUT agent $ sales @@;
  CARDS;
 A 14 A 17 A 21 A 20 A 24
 B 26 B 18 B 20 B 23 B 27 B 15 B 19
 C 27 C 23 C 33 C 29 C 32 C 35
;
RUN;

PROC NPAR1WAY DATA=ex1212 WILCOXON; ①
  CLASS agent; ②
  VAR sales; ③
RUN;
```

해설

① 크루스칼-윌리스 검정을 하기 위해 NPAR1WAY 프로시저를 실행하면서 WILCOXON 옵션을 지정한다.
② CLASS 다음에 집단을 구분하는 변수 agent를 지정한다.
③ VAR 스테이트먼트 다음에 반응변수에 해당하는 sales를 지정한다.

📊 NOTE

NPAR1WAY 프로시저에서 WILCOXON 옵션을 지정했을 때 CLASS 다음에 지정하게 되는 집단을 구분하는 변수가 세 개 이상을 집단을 표시하고 있는 경우 크루스칼-윌리스 검정을 하게 되나 두 개 집단을 표시하고 있는 경우는 자동적으로 순위합 검정을 하게 된다.

[결과물]

The NPAR1WAY Procedure

Wilcoxon Scores (Rank Sums) for Variable sales
Classified by Variable agent

agent	N	Sum of Scores	Expected Under H0	Std Dev Under H0	Mean Score
A	5	29.50	47.50	10.129069	5.900000
B	7	52.50	66.50	11.024483	7.500000
C	6	89.00	57.00	10.660537	14.833333

Average scores were used for ties.

Kruskal-Wallis Test

Chi-Square   9.2732 ②
DF   2 ③
Pr > Chi-Square 0.0097 ④

찾아보기

저자 약력

권혁제

연세대학교 경제학과 졸업
연세대학교 경영대학원 경제학과 졸업(경제학 석사)
연세대학교 경영대학원 경제학과 졸업(경제학 박사)
일본 게이오대학 경제학부 연구원
현 한성대학교 경제학과 교수

데이터 분석과 해석: SAS 통계학

초판발행	2016년 9월 20일
중판발행	2024년 3월 15일
지은이	권혁제
펴낸이	안종만·안상준
편 집	배근하
기획/마케팅	강상희
표지디자인	조아라
제 작	고철민·조영환
펴낸곳	(주) **박영사**
	서울특별시 금천구 가산디지털2로 53, 210호(가산동, 한라시그마밸리)
	등록 1959. 3. 11. 제300-1959-1호(倫)
전 화	02)733-6771
f a x	02)736-4818
e-mail	pys@pybook.co.kr
homepage	www.pybook.co.kr
ISBN	979-11-303-0334-5 93310

정 가   30,000원